മനസ്സ് കഥ പറയുന്നു

AF518556

INSIGHT PUBLICA®

Nadakkavu, Kozhikode, Kerala, 673011
www.insightpublica.com
e-mail: insightpublica@gmail.com
Title: **Manassu Kadhaparayunnu**
Authors: **A. Venugopal, C.S. Sunidharan**
(Malayalam)
First Edition: November 2022
Book Design: kjvj@insight
Printed and Published by
InsightinPublica Printers & Publishers Pvt. Ltd.
ISBN 978-93-5517-224-2
₹ 360

മനസ്സ് കഥ പറയുന്നു

എ. വേണുഗോപാൽ
സി.എസ്. സുനിധരൻ

INSIGHT PUBLICA®

കൊച്ചിയിലെ അമൃത ഇൻസ്റ്റിറ്റ്യൂട്ട് ഓഫ് മെഡിക്കൽ സയൻസ്, പി.വി. എസ്സ് മെമ്മോറിയൽ ഹോസ്പിറ്റൽ, മെട്രോ മൈൻഡ് ക്ലിനിക്ക് എന്നിവിടങ്ങളിൽ സേവനം അനുഷ്ഠിച്ചിട്ടുണ്ട്. ബിരുദ ബിരുദാനന്തര അധ്യാപന രംഗത്തും പ്രവർത്തിക്കുന്നു.

സി.എസ്. സുനിധരൻ

സ്കൂൾ അധ്യാപകനായും മുഖ്യ അധ്യാപകനായും സേവനമനുഷ്ഠിച്ചു. ശിശു വിദ്യാഭ്യാസ മേഖലയിൽ പ്രവർത്തിച്ചുവരുന്നു. യൂണിവേഴ്സിറ്റി കോളേജ് ഓഫ് ലണ്ടനിലെ ഡോക്ടർ ലൂസി നോറിസിന്റെ കൂടെ ഗവേഷണ പ്രവർത്തനങ്ങളിൽ സഹകരിച്ച് പ്രവർത്തിച്ചു. കേരളത്തിലെയും, ആന്ധ്രാപ്രദേശിലെയും വിവിധ സ്കൂളുകളിൽ ശിശു വിദ്യാഭ്യാസ ഉപദേഷ്ടാവായി സേവനം ചെയ്തു. സാഹിത്യം, സംസ്കാരം എന്നീ വിഷയങ്ങളിലുള്ള പഠന ലേഖനങ്ങൾ പുസ്തകങ്ങളിലും,ആനുകാലികങ്ങളിലും പ്രസിദ്ധീകൃതമായിട്ടുണ്ട്. കേരളസർക്കാരിന്റെ വിദ്യഭ്യാസ ഉപദേഷ്ടാവായ ഡോക്ടർ കെ എൻ ആനന്ദന്റെ Tuition to Intuition എന്ന ഗ്രന്ഥത്തിന്റെ എഡിറ്റിംഗിലും പ്രസിദ്ധീകരണത്തിലും കൂട്ടുചേർന്ന് പ്രവർത്തിച്ചു.

എ. വേണുഗോപാൽ

ഏതാനും വർഷങ്ങൾക്ക് മുൻപ് യൂണിവേഴ്സിറ്റി കോളേജ് ഓഫ് ലണ്ടനിലെ ഡോക്ടർ ലൂസി നോറിസിന്റെ ഗവേഷണ പ്രവർത്തനങ്ങളിൽ സഹകരിച്ച് പോകാൻ അവസരം ലഭിച്ചപ്പോഴാണ് അവരുടെ ഭർത്താവും മാക്സ്പ്ലാങ്ക് ഇൻസ്റ്റിറ്റ്യൂട്ട് ഓഫ് സയൻസിലെ ശാസ്ത്ര ഗവേഷകനുമായ ഡെക് വിന്റർഗാനുമായി അടുക്കാൻ അവസരം കിട്ടിയത്. അദ്ദേഹവുമായി ചില വൈകുന്നേരങ്ങളിൽ നടത്തിയ സൗഹൃദ സംഭാഷണങ്ങളും, കൂടാതെ യു സി എൽ ലെ തന്നെ നരവംശശാസ്ത്ര വിഭാഗത്തിൽ മേധാവിയും The Sari എന്ന ഗ്രന്ഥത്തിന്റെ കർത്താവുമായ Daniel Miller Ethnographyയുമായി ബന്ധപെട്ട പങ്കുവച്ച ചില നിരീക്ഷണങ്ങളും വഴിയാണ് പരിണാമശാസ്ത്രത്തെക്കുറിച്ചും മനഃശാസ്ത്രത്തെ കുറിച്ചും കൂടുതൽ പഠിക്കാൻ പ്രേരണയായത്. പൊതുവിൽ ചർച്ചക്ക് വരുന്ന ചില വിഷയങ്ങളെ ഈ മേഖലകളുടെ ഉൾക്കാഴ്ചകൾ ഉപയോഗപ്പെടുത്തി പഠിക്കാൻ തുടങ്ങിയതും ഇതിനെ തുടർന്ന് തന്നെയാണ്. പിന്നീടുള്ള വർഷങ്ങളിൽ ശിശു വിദ്യാഭ്യാസ മേഖലയിലെ ഗവേഷണവും, ഒട്ടേറെ സ്കൂളുകളിലെ നഴ്സറി ക്ലാസ്സുകൾ മുതൽ നാലാം ക്ലാസ്സ് വരെ പഠിക്കുന്ന കുട്ടികളിലെ പഠന സംബന്ധിയും അല്ലാത്തതുമായ പ്രശ്നങ്ങളെ അവരുടെ രക്ഷിതാക്കൾ അവരിൽ നടത്തുന്ന ഇടപെടലുകളുടെ കൂടി വെളിച്ചത്തിൽ സമീപിക്കാൻ ശ്രമിച്ചതും ഒരു വഴിത്തിരിവായി മാറിയിട്ടുണ്ട്. അവരിൽ നിന്ന് കിട്ടിയ സ്നേഹവും പരിഗണനയും ഇങ്ങനെയുള്ള അന്വേഷണങ്ങൾ ഏറ്റെടുക്കാൻ പ്രോത്സാഹിപ്പിച്ചിട്ടുണ്ട്.

അതിനോടനുബന്ധിച്ച തന്നെ എന്റെ സുഹൃത്തും മനഃശാസ്ത്ര ചികിത്സകനുമായ സുനിധരനുമായി ഈ വിഷയങ്ങളെല്ലാം ചർച്ച ചെയ്യുകയും ചെയ്യതിനെ തുടർന്ന് അദ്ദേഹത്തിന്റെ കൂടി മുഖ്യ താല്പര്യമായി ഇത് മാറുകയുണ്ടായി. അതിനെ തുടർന്ന് നടന്ന ദീർഘകാലത്തെ ചർച്ചകളും പഠനങ്ങൾക്കും ശേഷമാണ് ഈ പുസ്തകം പുറത്തിറക്കാനായത്.

ഇതിന്റെ എഴുത്ത് പൂർത്തിയായ ഉടൻ തന്നെ പ്രമുഖ എഴുത്തുകാരനും കവിയുമായ പ്രൊഫെസ്സർ സച്ചിദാനന്ദൻ സാറിനെ കാണിക്കുകയുണ്ടായി. ശാരീരികമായ ബുദ്ധിമുട്ടുകളും ജോലിസംബന്ധമായ വിഷമങ്ങളും ഏറെയുണ്ടായിട്ടും ഈ പുസ്തകത്തെ കുറിച്ചുള്ള അദ്ദേഹത്തിന്റെ വിലയേറിയ അഭിപ്രായം രേഖപെടുത്തുകയുമുണ്ടായി.

ഇത് പുറത്തിറക്കുന്നതിനു ഞങ്ങളെ സഹായിച്ച ഒട്ടേറെ വ്യക്തികൾ ഉണ്ട്. പുസ്തകത്തിലെ ഓരോ അധ്യായങ്ങളും വിമർശനപരമായി സമീപിച്ച കൊണ്ട് വേണ്ട നിർദ്ദേശങ്ങൾ തന്ന പേര് പറയാൻ അനുവദിക്കാത്ത സുഹൃത്തുക്കളും ബന്ധുക്കളും എല്ലാമുണ്ട്, അവർക്കെല്ലാം സ്നേഹവും നന്ദിയും പ്രകാശിപ്പിക്കുന്നു.

എ. വേണുഗോപാൽ

സി.എസ്. സുനിധരൻ

ഉള്ളടക്കം

ആമുഖം

നിത്യ ജീവിതത്തിൽ നമ്മൾ ഓരോരുത്തരും നേരിടുന്ന പല തരത്തിലുള്ള അനുഭവങ്ങളെ പതിവ് രീതിയിൽ നിന്ന് വ്യത്യസ്തമായി വിവിധ ശാസ്ത്ര ശാഖകളുടെ സഹായത്തോടെ പഠിക്കാനുള്ള ശ്രമമാണ് ഈ പുസ്തകത്തിന്റെ രചനയിൽ മുഖ്യ പ്രേരണയായി മാറിയത്. ശാസ്ത്രീയമെന്നു നാം കരുതുന്ന ചില കാഴ്ചപ്പാടുകൾ പ്രത്യക്ഷമായോ പരോക്ഷമായോ ഏകപക്ഷീയമായ ലഘൂകരണങ്ങൾക്കു വഴങ്ങുന്നവയും, മനുഷ്യന്റെ മാത്രം മഹത്വം പെരുപ്പിച്ച് കാണിക്കുന്നവയുമാണ്. മനുഷ്യൻ മറ്റേതൊരു ജീവിവർഗത്തെപോലെയും ഒട്ടേറെ പരിമിതികളും സാധ്യതകളും ഉള്ള ഒരു വിഭാഗമാണെന്ന തിരിച്ചറിവ് നമുക്ക് പലപ്പോഴും ഉണ്ടാകാറില്ല എന്നുള്ളത് ഒരു സത്യമാണ്. നമുക്കുണ്ടെന്നു നാം കരുതുന്ന എല്ലാ കഴിവുകളും നമ്മുടെ വംശത്തിന്റെ നിലനിൽപ്പിനെ ഉറപ്പിച്ചെടുക്കാൻ സഹായിച്ചിട്ടുണ്ട് എന്നല്ലാതെ മറ്റു ജീവികൾക്ക് ഈ സാധ്യത എങ്ങനെ എന്നുള്ള കാര്യം നാം സൗകര്യപൂർവം മറക്കാറാണുള്ളത്. മനുഷ്യ വംശം ഉണ്ടാകുന്നതിനു ഏറെ മുമ്പേ തന്നെ ഈ ഭൂമിയിൽ ഉണ്ടായിരുന്നതും ഇപ്പോൾ ഉള്ളതുമായിട്ടുള്ള പല ജീവികളും അതിജീവനത്തിന്റെ കാര്യത്തിൽ മികവ് കാട്ടിയിട്ടുണ്ട്. ഇങ്ങനെയുള്ള തിരിച്ചറിവുകൾ മനുഷ്യൻ എന്ന നിലയിലുള്ള നമ്മുടെ ന്യായീകരണ യോഗ്യമല്ലാത്ത അവകാശവാദങ്ങളെ കൈയൊഴിക്കാനും കൂടുതൽ വിശാലമായ കാഴ്ചപ്പാടുകൾ വികസിപ്പിച്ചെടുക്കുവാനും സഹായിച്ചേക്കും എന്ന ശുഭാപ്തി വിശ്വാസം കൂടിയാണ് ഈ ഗ്രന്ഥത്തിന് ഉൾബലം പകരുന്നത്.

കുഞ്ഞുങ്ങളിലെ ഒട്ടുമിക്ക പരിമിതികളും പിൽക്കാല സാധ്യതകളായി വികസിച്ചു വരുകയാണെന്നും അത്തരത്തിലുള്ള വികാസഘട്ടങ്ങളിലൂടെ യാണ് ഓരോ കുഞ്ഞും തന്റെ വികാസം പൂർത്തീകരിക്കുന്നത് എന്നതിന് ഉപോൽബലകമായ പല തെളിവുകൾ ശാസ്ത്രലോകം ഇതിനോടകം തന്നെ കണ്ടെത്തിയിട്ടുണ്ട്. ഈ കണ്ടെത്തലിന്റെ വെളിച്ചത്തിലാണ് ഈ പുസ്തകത്തിലെ കാഴ്ചപ്പാടുകൾ അവതരിപ്പിച്ചിട്ടുള്ളത്. നമ്മുടെ കുഞ്ഞുങ്ങളുടേതിന് സമാനമായ രീതിയിൽ തന്നെയാണ് ചിമ്പാൻ സിയെ പോലെയുള്ള ആൾക്കുരങ്ങു വിഭാഗങ്ങളിലെ കുഞ്ഞുങ്ങളും ഒരു പ്രത്യക വികാസഘട്ടം വരെ പെരുമാറുന്നത്. എന്നാൽ, ശൈശവത്തി ന്റെ രണ്ടാമത്തെ ഘട്ടമാകുന്നതോടെ അവരിലും മനുഷ്യക്കുഞ്ഞുങ്ങളിലും ഉണ്ടാകുന്ന മാറ്റങ്ങൾ ഒരു പാതി ജനിതകമായ കാരണങ്ങളാലും മറു പാതി സാമൂഹ്യ ജീവിതത്തിന്റെ ഫലമായും സംഭവിക്കുന്നതാണെന്നു കാണാൻ കഴിയും.

മുതിർന്നവർ നടത്തുന്ന ശിക്ഷണത്തിന്റെയും പിൽക്കാലങ്ങളിൽ നൽകപ്പെടുന്ന അദ്ധ്യാപനത്തിന്റെയും ഫലമായിട്ടാണ് മനുഷ്യക്കുഞ്ഞു ങ്ങളിൽ ചിന്തിക്കാനും അതിനനുസരിച്ചു പ്രവർത്തിക്കാനുമുള്ള കഴിവ് വികസിച്ചു വരുന്നത് എന്ന സാമാന്യ ധാരണയെ സമീപ കാലങ്ങളിൽ ഉണ്ടായിട്ടുള്ള കണ്ടെത്തലുകളുടെ പിൻബലത്തിൽ പുനഃപരിശോധി ക്കുക എന്ന ശ്രമവും പുസ്തകത്തിൽ ലക്ഷ്യം വയ്ക്കുന്നുണ്ട്. എല്ലാറ്റിലുമുപരി, ശൈശവത്തിലും പിന്നീടുള്ള വികാസ ഘട്ടങ്ങളിലും രക്ഷിതാക്കളും മറ്റു കുടുംബാംഗങ്ങളും നടത്തുന്ന ഇടപെടലുകൾ എത്രമാത്രം ഒരു കുട്ടിയുടെ പിൽക്കാല വ്യക്തി ജീവിതത്തെ ബാധിക്കുന്നുണ്ട് എന്നതും ഇതിൽ മുഖ്യ പരിഗണനയാകുന്നുണ്ട്.

കുടുംബ ജീവിതത്തിലും, വ്യക്തി ജീവിതത്തിലും ഒഴിച്ചുകൂടാനാവാ ത്ത ഒന്നാണ് സ്പർശം. ഒരു കുഞ്ഞു പിറന്ന നിമിഷം മുതൽ അതിന്റെ വളർച്ചയെ തീരുമാനിക്കുന്നതിൽ അത്യധികം പ്രാധാന്യമർഹിക്കുന്ന ഒന്നാണ് സ്പർശം. ഒരു പ്രത്യേക ഘട്ടം വരെ ഇത് ഏകപക്ഷീയമാ യാണ് പുരോഗമിക്കുന്നത്, എങ്കിലും വളർച്ചയുടെ അടുത്ത പടിയാ കുമ്പോഴേക്കും ഇത് പരസ്പര സ്പർശത്തിലേക്കു വികസിക്കുന്നതായി കാണാം. ഇതോടെ അമ്മ കുട്ടിയെ സ്പർശിക്കുന്നത് പോലെ കുട്ടി തിരിച്ചും ഇങ്ങനെ ചെയ്യുന്നതു മുഖേന രണ്ടു പേരുടെയും മാനസിക നിലയിൽ തന്നെ സാരമായ മാറ്റങ്ങൾ സംഭവിക്കാറുണ്ട്. പ്രായപൂർ ത്തിയായ ശേഷവും എന്തെങ്കിലും മാനസിക വിഷമമോ ശാരീരിക ബുദ്ധിമുട്ടുകളോ പോലുമുണ്ടാകുമ്പോൾ സ്പർശം ഒരു ഔഷധമായി മാറുന്നതിനു കാരണവും മറ്റൊന്നുമല്ല. സ്പർശത്തിന്റെ സാധ്യതകളെ

ആധുനിക മനശ്ശാസ്ത്രത്തിന്റെയും, ജീവശാസ്ത്രത്തിന്റെയും വെളിച്ചത്തിൽ ഒരു അധ്യായത്തിൽ പരിശോധിക്കുന്നുണ്ട്. ബുദ്ധിശക്തിയെക്കുറിച്ച് വ്യാകുലപ്പെടാത്ത രക്ഷിതാക്കളോ വിദ്യാർത്ഥികളോ ഉണ്ടാവില്ല. ബുദ്ധിശക്തി ജന്മനാ കിട്ടുന്നതാണെന്ന ഒരു വാദവും, അതല്ല ഇത് ചുറ്റു പാടുകളിൽ നിന്ന് ലഭിക്കുന്ന അനുഭവങ്ങൾക്കും പരിശീലനങ്ങൾക്കും അനുസരിച്ച് ഉണ്ടാകുന്നതാണ് എന്ന മറ്റൊരു വാദവും നാളുകളായി പ്രബലമാണ്. എന്നാൽ, ഇത് ഒരേസമയം ജനിതകമായ ചില ഘടക ങ്ങളാലും, അതേസമയം തന്നെ ചുറ്റുപാടുകളുടെ സ്വാധീനത്താൽ വളർന്നു വികസിക്കുന്നതാണെന്നും ഉള്ള ഒരു സമീപനവും വികസിച്ചു വന്നിട്ടുണ്ട്. ഇതേപോലെ ബൗദ്ധിക കഴിവുകളെപറ്റി പൊതുസമൂഹത്തി ലും വിദ്യാഭ്യാസ മേഖലയിലും ഗൗരവമായി ചർച്ച ചെയ്യപ്പെടുന്ന പല വിഷയങ്ങളും ഇതിൽ ഉൾപെടുത്തിയിട്ടുണ്ട്.

കൗമാരകാലം എന്നത് പലപ്പോഴും ഒരു പ്രശ്ന കലുഷിതമായ കാലഘട്ടമായാണ് വിലയിരുത്തപ്പെടാറുള്ളത്. ജീവിത കാലയള വിൽ മനുഷ്യർ എത്തിച്ചേരുന്ന ഓരോ ഘട്ടവും പുതിയ സാധ്യതകളും അതോടൊപ്പം പരിമിതികളും ഉള്ളടങ്ങുന്നതാണെന്ന യാഥാർത്ഥ്യം ഒട്ടു മിക്ക അവസരങ്ങളിലും വിസ്മരിക്കപ്പെടാറാണുള്ളത്. അതു കൊണ്ട് തന്നെ കൗമാരകാലത്തെ പരിമിതികളെയും സാധ്യതകളെയും മനുഷ്യ വംശത്തിന്റെ ഉല്പത്തി ചരിത്രത്തിന്റെയും മറ്റു ജീവിവർഗങ്ങളുടെയും ജീവിതഘട്ടങ്ങളുടെയും മാറ്റങ്ങളുടെ വെളിച്ചത്തിൽ ഉള്ള സമീപനമാണ് 'സാധ്യതകളുടെ കൗമാരം' എന്ന അദ്ധ്യായത്തിലൂടെ ശ്രമിച്ചിട്ടുള്ളത്.

പതിനെട്ട് അദ്ധ്യായങ്ങളിലായി അവതരിപ്പിക്കുന്ന വിഷയങ്ങളെ ല്ലാം പിൻപറ്റുന്നത് ആധുനിക മനഃശാസ്ത്രത്തിന്റെയും, പരിണാമശാ സ്ത്രത്തിന്റെയും കൂടാതെ നരവംശ ശാസ്ത്രം, സാമൂഹ്യ ശാസ്ത്രം എന്നീ മേഖലകളിലെയും കണ്ടെത്തലുകളെയാണ്. സ്വയം ബോധ്യങ്ങളെയും, മുൻവിധികളേയും ഉപേക്ഷിച്ചുകൊണ്ടുള്ള ശാസ്ത്രീയ കാഴ്ചപ്പാടുകൾക്ക് മാത്രമാണ് മുൻതൂക്കം കൊടുത്തിട്ടുള്ളത്.

ഇത്തരം വിഷയങ്ങൾ ചർച്ച ചെയ്യുമ്പോൾ ഇതിന്റെ അടിസ്ഥാന യുക്തികൾ നമ്മൾ ഉൾപ്പെടുന്ന ജീവികളുടെ വംശ ചരിത്രത്തിൽ നിന്നും എങ്ങനെ കണ്ടെത്താം എന്ന് അന്വേഷിക്കപ്പെടേണ്ട രീതിയിലുള്ള ഒരു സമീപനമാണ് പുസ്തക രചനയിൽ സ്വീകരിച്ചിട്ടുള്ളത്.

കളിത്തൊട്ടിലിലെ ചിന്തകൾ

The child is the father of man;
And I could wish my day to be
Bound each to each by nature and piety.
(Intimations on Immortality Ode. William Wordsworth.)

മനുഷ്യ ചരിത്രത്തിന് തുടക്കം കുറിയ്ക്കുന്നതിൽ അമ്മയും കുഞ്ഞും വഹിച്ച പങ്കിനെ കുറിച്ച് അധികമാരും ആലോചിക്കാറില്ല. അമ്മയെയും കുഞ്ഞിനേയും കാല്പനികമായ ആദർശവത്കരണങ്ങളിലൂടെ പെരുപ്പിച്ചു കാണിച്ച കവികളും, തത്വശാസ്ത്രജ്ഞരും അനവധിയുണ്ട്. വില്യം വേർഡ്സ്വേർത്തിനെ പോലുള്ള കവികൾ ശൈശവത്തെ കുറിച്ച് എഴുതിയ കവിതകളും മലയാളത്തിൽ ഒ. എൻ. വി. യെ പോലെയുള്ള കവികൾ അമ്മയെ ആദർശവൽക്കരിച്ചതും എല്ലാം ഇത്തരം ശ്രമങ്ങളാണ്. എന്നാൽ, തത്വശാസ്ത്രപരവും കാവ്യാത്മകവും ആയ വിവരണങ്ങൾ നമ്മുടെ വികാരങ്ങളെ സജീവമാക്കിക്കൊണ്ട് ചിന്തകൾക്ക് തുടക്കമിടാൻ സഹായകമാണെങ്കിലും ഇത് അവസാന വാക്കായി എടുക്കാൻ കഴിയില്ല.

മുൻകാലങ്ങളിൽ പ്രസവിക്കുക എന്നത് സ്ത്രീയുടെ വിധിയായും കർമമായും പരിഗണിക്കപ്പെട്ടു പോന്നിരുന്നെങ്കിൽ ഇന്ന് അത് സ്ത്രീയുടെ കൂടി തീരുമാനത്തിന്റെയും വ്യക്തിബോധത്തിന്റെയും ഭാഗമായി മാറി കഴിഞ്ഞിട്ടുണ്ട്. പുരുഷന്മാരെ പോലെ തന്നെ സ്ത്രീകളും പൊതു സ്ഥലങ്ങളിൽ കടന്നു ചെല്ലാൻ ആരംഭിച്ചതും പല തരം തൊഴിലുകളിൽ

ഏർപ്പെടാനും തുടങ്ങിയതോടെ സ്ത്രീയുടെ സാമൂഹ്യ ജീവിതത്തിന് പുത്തൻ സാദ്ധ്യതകൾ കൈവന്നതോടെയാണ് ഇത്തരം മാറ്റങ്ങൾക്കു കാരണമായത്.

കുഞ്ഞുങ്ങളെ സംബന്ധിച്ചും ഏകദേശം നൂറു വർഷങ്ങൾക്കപ്പുറം പോലും വേണ്ടത്ര ശ്രദ്ധയോ പരിചരണമോ നല്കപ്പെട്ടിരുന്നില്ല. ഗർഭിണികളായ സ്ത്രീകളെ നല്ല രീതിയിൽ പരിഗണിച്ചുകൊണ്ട് അവർക്കുണ്ടാകുന്ന മാനസിക പ്രശ്നങ്ങളെയും മറ്റു വിഷമതകളേയും ഉചിതമായി പരിഹരിക്കാനുള്ള ഇടപെടലുകൾ നടത്തുന്നതിനോ ഉള്ള സാഹചര്യങ്ങൾ അക്കാലങ്ങളിൽ ഉണ്ടായിരുന്നില്ല. ഇന്നത്തെ സാഹചര്യം ഏറെ മാറിയിട്ടുണ്ടെങ്കിലും കേരളത്തിൽപോലും ഗർഭിണികളായ സ്ത്രീകൾക്കും, അമ്മമാർക്കും, കുഞ്ഞുങ്ങൾക്കും അർഹമായ പരിഗണനയോ ശ്രദ്ധയോ ലഭിക്കുന്നുണ്ട് എന്ന് ഉറപ്പിച്ചു പറയാൻ കഴിയില്ല എന്നതാണ് യാഥാർത്ഥ്യം.

അമ്മയും, കുഞ്ഞും മനുഷ്യവംശത്തെ സൃഷ്ടിക്കുന്നതിൽ എപ്രകാരമാണ് പങ്കുകൊണ്ടത് എന്ന ശാസ്ത്രീയമായ അന്വേഷണം നടത്തിക്കൊണ്ടു മാത്രമേ മാതൃത്വത്തെ കുറിച്ചും ശൈശവത്തെ കുറിച്ചും സമഗ്രമായ ധാരണ രൂപപ്പെടുത്താൻ കഴിയുകയുള്ളു.

തന്റെ ഉള്ളിൽ വളരുന്ന ഭ്രൂണത്തെ സംരക്ഷിക്കുന്നതിനായി സ്വന്തം ജീവൻപോലും അപകടപ്പെടുത്തിക്കൊണ്ടുതന്നെ അടുത്ത തലമുറയിലേക്ക് സ്വയം വ്യാപിക്കാനുള്ള ഒരവസരം കൂടിയായി പ്രസവമെന്ന അനുഭവത്തെ കാണാവുന്നതാണ്. കുഞ്ഞിന്റെയും അമ്മയുടേയും താല്പര്യങ്ങൾ പരസ്പരം മത്സരിച്ചുകൊണ്ടാണ് ഈ വൈരുദ്ധ്യം പ്രവർത്തിക്കുന്നത്. ഇതിനുപരിയായി അമ്മ വഴിക്കുള്ള ജനിതക ഘടകങ്ങളും, അച്ഛനിൽനിന്ന് വരുന്നവയും തമ്മിലും ഈ താല്പര്യസംഘർഷം നിലനില്ക്കുന്നുണ്ട് എന്ന യാഥാർത്ഥ്യം കൂടി അംഗീകരിച്ചേ പറ്റൂ.

പ്രസവം വഴി കുഞ്ഞുങ്ങളെ ഉത്പാദിപ്പിക്കുന്ന എല്ലാ ജന്തുക്കളെ സംബന്ധിച്ചിടത്തോളവും ഇത് ഒരേ സമയം ആത്മത്യാഗത്തിന്റെയും, സ്വാർത്ഥ താൽപര്യങ്ങളുടേയും അനുഭവമാവാതെ തരമില്ല.

മുകളിൽ സൂചിപ്പിച്ച താല്പര്യസംഘട്ടനങ്ങളുടെ പ്രകടസാക്ഷ്യങ്ങളാണ് ഗർഭകാലത്തുണ്ടാകുന്ന ശാരീരികമായ മാറ്റങ്ങളായ തുടർച്ചയായ ഛർദ്ദിയും, മനംപുരട്ടലും. കൂടാതെ ചില ഭക്ഷണസാധനങ്ങളോടുള്ള വിരക്തിയും ഒക്കെ ഇതിലുൾപ്പെടുന്നുണ്ട്.

ഇത്തരം ശാരീരിക പ്രതികരണങ്ങളിലൂടെ ഭ്രൂണദശയിലുള്ള കുഞ്ഞിന്റെ വളർച്ചക്കെതിരായി മാറാനിടയുള്ള വിഷാംശങ്ങൾക്കെതിരെ മുൻകരുതൽ ഉറപ്പിക്കാനും കഴിയും.

ഏത് വിഷകാരികളായ രാസഘടകങ്ങളും കുഞ്ഞിന്റെ ആദ്യഘട്ടത്തിലുള്ള സുരക്ഷിതത്വത്തെ അപകടപ്പെടുത്താവുന്നവയായിരിക്കും. അതുകൊണ്ടായിരിക്കാം ആദ്യത്തെ രണ്ട്-നാല് ആഴ്ചകൾക്കിടയിൽ ഛർദ്ദി പോലുള്ള പ്രതികരണങ്ങൾ ഏറെയും ഉണ്ടാകാറുള്ളത്. ചില സ്ത്രീകളുടെ കാര്യത്തിൽ ഇത്തരത്തിലുള്ള വിഷമതകൾ ഏതാണ്ട് 16 ആഴ്ചകളോളം നീളുന്ന അവസരങ്ങളും ഉണ്ടായേക്കാം.

ഭ്രൂണത്തിന്റെ ശരീരത്തിലെ പ്രധാന അവയവങ്ങൾ വളരുന്ന ഘട്ടവും ഇതുതന്നെ ആയതിനാൽ ഈ കാലയളവിൽ ഉണ്ടാകുന്ന ഏതൊരു വിഷാംശം കലർന്ന വസ്തുവും കുഞ്ഞിന്റെ ആരോഗ്യത്തെ പ്രതികൂലമായി ബാധിക്കാവുന്നതാണ്.

ഇറച്ചി, കാപ്പി, ചായ, അതല്ലെങ്കിൽ കടുത്ത സ്വാദ് അനുഭവപ്പെടുന്ന പച്ചക്കറികൾ,പഴങ്ങൾ, എന്നിവയായിരിക്കും സ്ത്രീകൾ അവരുടെ ഗർഭകാലത്തിന്റെ ആദ്യഘട്ടങ്ങളിൽ പൊതുവെ വർജ്ജിക്കാറുള്ളത്. ഇങ്ങനെയുള്ള ശാരീരിക പ്രതികരണങ്ങൾഏറ്റുന്നത് മൂലം ഗർഭച്ഛിദ്രം ഒഴിവാക്കാൻ കൂടി ഇത് ഉപകരിച്ചേക്കാം എന്നതുകൊണ്ടുതന്നെ ഇത്തരം പ്രതികരണരീതികളെ ഒരു പൊരുത്തപ്പെടൽ തന്ത്രം (Adaptive Strategies) കൂടിയായി കരുതാവുന്നതാണ്.

മനുഷ്യക്കുഞ്ഞുങ്ങൾ മറ്റു മൃഗങ്ങളുടെ കുഞ്ഞുങ്ങളെ അപേക്ഷിച്ച് പൂർണ്ണ വളർച്ചയുടെ അടിസ്ഥാനത്തിൽ മനസ്സിലാക്കുമ്പോൾ ഏറെ നേരത്തെ തന്നെ പിറക്കുന്നുണ്ട്. ഇത് ഗർഭധാരണവുമായി ബന്ധപ്പെട്ട സങ്കീർണ്ണതകൾക്ക് സമാനമായ പ്രശ്നങ്ങൾക്കും വഴിവെക്കുന്നുണ്ടാകാം.

കുഞ്ഞിന്റെ മസ്തിഷ്ക വളർച്ച പൂർത്തീകരിക്കുന്നതിനനുസരിച്ച് വികസിച്ചുവരുന്ന രീതിയിലല്ല സ്ത്രീകളുടെ ജനനേന്ദ്രിയത്തിന്റെ ഘടനയും പ്രവർത്തനവും. മനുഷ്യർ രണ്ട് കാലിൽനടക്കുന്നതുമൂലം ഉണ്ടാകുന്നതിന്റെ മുഖ്യ പരിമിതിയായിട്ടുകൂടിയാവണം ജനനേന്ദ്രിയം ഇപ്രകാരം ക്രമീകരിക്കപ്പെട്ടിട്ടുള്ളത്.

നാലു കാലിൽ (Quadruped Walking) നടക്കുന്ന ചിമ്പാൻസിക്കോ, ഗൊറില്ലക്കോ ഒന്നും നേരിടേണ്ടി വരാത്ത ഒരു പരിമിതിയാണ് മനുഷ്യർക്കുള്ളത്.

നാലു കാലിൽ നടക്കുന്ന മൃഗങ്ങളുടെ കുഞ്ഞുങ്ങൾ മസ്തിഷ്കവളർച്ച ഏറെക്കുറെ പൂർത്തിയായ ശേഷമാണ് പുറത്തുവരുന്നത്. അത്തരം മൃഗങ്ങളുടെ ഇടുപ്പെല്ലുകൾ (Hip bones) മനുഷ്യരിൽ നിന്ന് വ്യത്യസ്തമായി സ്വതന്ത്രമായി ചലിക്കാൻ കഴിയുന്ന രീതിയിലാണ് വികസിച്ചുവന്നിട്ടുള്ളത്. അതുകൊണ്ടുകൂടിയാണ് അവയിൽ പ്രസവവേദന പോലുള്ള പ്രശ്നങ്ങൾ ഉണ്ടാകാതിരിക്കുന്നതിന് കാരണമാവുന്നത്. പ്രസവാനന്തരം

കിട്ടുന്ന നാനാവിധത്തിലുള്ള അനുഭവങ്ങൾക്കനുസരിച്ച് മസ്തിഷ്കത്തിന് പുതിയ രീതിയിൽ വളർന്ന് വികസിക്കാനുള്ള അവസരം നിഷേധിക്കപ്പെടുന്നു എന്നതാണ് ഇതിന്റെ പ്രധാന പരിമിതിയായിത്തീർന്നത്.

ഏറെക്കുറെ എല്ലാ സസ്തനി വിഭാഗത്തിലുള്ള ജന്തുക്കളും അവർക്കാവശ്യമായ പോഷകാംശങ്ങൾ കിട്ടുന്നതിനും സംരക്ഷണത്തിനും വേണ്ടി അമ്മമാരെത്തന്നെയാണ് ആശ്രയിക്കേണ്ടി വരുന്നത്.

എന്നാൽ, മനുഷ്യർ അല്ലാത്ത ജീവികളുടെ കുഞ്ഞുങ്ങളിൽ ഈ ആശ്രിതത്വം നന്നേ ചെറിയ കാലയളവിനുള്ളിൽത്തന്നെ അവസാനിക്കുകയും, ശാരീരികമായ ചലനങ്ങൾ ഉൾപ്പെടെയുള്ള പല കാര്യങ്ങളിലും സ്വയംപര്യാപ്തത കൈവരിക്കാനിടവരികയും ചെയ്യുക പതിവാണ്. ഇതുകൊണ്ടുതന്നെ ഇവ വേഗം തന്നെ പ്രായപൂർത്തിയാവുകയും സ്വയം ഇര തേടാൻതുടങ്ങുകയും ചെയ്യുന്നുണ്ട്.

ഇതിന് വിപരീതമായി, നടക്കാനുള്ള ശേഷി ആർജ്ജിച്ചാൽ പോലും മനുഷ്യക്കുഞ്ഞുങ്ങൾക്ക് സ്വന്തം ശരീരത്തെ പൂർണ്ണമായും നിയന്ത്രണത്തിൽ കൊണ്ടുവരുന്നതിനാവശ്യമായ നിയന്ത്രണം അസാധ്യമായി തന്നെ തുടരുന്നു. എന്നിരുന്നാലും, ഈ കാലയളവിലത്രയും മനുഷ്യശിശുക്കളിലെ മസ്തിഷ്ക വളർച്ച അതിവേഗം പുരോഗമിക്കുന്നുണ്ട്.

ജനിച്ചുവീഴുന്ന ആദ്യനിമിഷം മുതൽതന്നെ മനുഷ്യശിശുക്കൾ സാമൂഹ്യജീവിതത്തിന് പിൻബലമാകാനിടയുള്ള വിവരങ്ങളിലേക്ക് കൂടുതൽ ശ്രദ്ധ തിരിച്ചു തുടങ്ങുക എന്നത് പതിവാണ്. ചലിക്കുന്ന വസ്തുക്കളിലേക്കും, ജീവനുള്ളതെന്ന് തോന്നിക്കുന്നവയുടെ മുഖത്തേക്കും കാഴ്ച പടർത്തിയാണ് ഇവർ ചുറ്റുപാടിലുള്ള സുരക്ഷിതത്വത്തെ ഉറപ്പുവരുത്തുന്നത്. കുഞ്ഞുങ്ങൾ അവർക്ക് ചുറ്റിലുമുള്ള ആരാണോ അവരുടെ ആവശ്യങ്ങൾ യഥാസമയങ്ങളിൽ പരിഹരിക്കാൻ തയ്യാറാകുന്നത് അവരിലേക്ക് ആയിരിക്കും കൂടുതലായി അടുക്കാൻ ശ്രമിക്കുക.

ഏകദേശം 2 വയസ്സോടടുക്കുന്നതിനോടനുബന്ധിച്ച് കുഞ്ഞുങ്ങൾ അവരുടെ ചുറ്റിലുമുള്ള പല കാര്യങ്ങളേയും നിരീക്ഷിച്ചുകൊണ്ട് വസ്തുക്കളുടെ ചലനത്തെക്കുറിച്ചും, ആളുകളുടെ പെരുമാറ്റത്തെക്കുറിച്ചും കാര്യകാരണ ബന്ധങ്ങളുടെ അടിസ്ഥാനത്തിൽ ചിന്തിച്ചു തുടങ്ങുകയും ചെയ്യുന്നുണ്ട്. റെനി ബലെയ്ൻ - നെ (Renee Ballargeon) പ്പോലുള്ള മനഃശ്ശാസ്ത്ര ചിന്തകർ ഈ മേഖലയിൽ നടത്തിയ പഠനങ്ങളനുസരിച്ച് ഓരോ കുഞ്ഞും ചലിച്ചുകൊണ്ടിരിക്കുന്ന വസ്തുക്കളുടെ ചലനപഥവും (Movement trajectory), ചലന ക്രമവും നിരീക്ഷിച്ചുകൊണ്ട് ചലനത്തെ സംബന്ധിച്ച ചില തത്വങ്ങൾ നിർമ്മിക്കാനുള്ള ശേഷിയും കൈവരിക്കുന്നുണ്ട്.

നമുക്ക് ചുറ്റിലും വ്യത്യസ്തങ്ങളായ വസ്തുക്കളും, ജീവികളും, പ്രതിഭാസങ്ങളും നിറഞ്ഞിരിക്കുന്നുണ്ട്. ഇതിൽ ചിലതിനുള്ള സവിശേഷതകൾ മറ്റുള്ളവയിൽ കാണാൻ കഴിയില്ല. ഇവയിലോരോന്നിന്റേയും ചലന നിയമങ്ങളും, പെരുമാറ്റങ്ങളും വിഭിന്നമായിരിക്കും. ജീവശാസ്ത്രം, ഭൗതിക ശാസ്ത്രം, സസ്യശാസ്ത്രം എന്നൊക്കെ വർഗീകരിച്ചു കൊണ്ടാണ് നമ്മൾ അവയെ പഠന വിധേയമാക്കുന്നത് എന്ന് മാത്രം. കുഞ്ഞുങ്ങളിൽ ഇത്തരത്തിലുള്ള വസ്തുക്കളെയും പ്രതിഭാസങ്ങളെയും അറിയാനുള്ള കഴിവ് ഒരു പരിധി വരെ പൂർവ്വനിശ്ചിതമാണ്. എങ്കിലും, ഏറെക്കാലം ശാസ്ത്രമേഖലയിലുള്ള ചിന്തകരുൾപ്പെടെ വിശ്വസിച്ചത് കുഞ്ഞുങ്ങൾക്ക് ഇങ്ങനെയുള്ള കഴിവുകൾ ഒന്നും ഇല്ല എന്നായിരുന്നു. കുഞ്ഞുങ്ങളുടെ മനസ്സ് ഒരു ഒഴിഞ്ഞ പാത്രം പോലെയാണെന്നും, നമ്മൾ പിന്നീട് അത് നിറച്ചെടുക്കുകയാണ് എന്നും മറ്റുമാണ് തത്വശാസ്ത്രജ്ഞരും ശാസ്ത്രകാരന്മാരും ഒരേ പോലെ കരുതിയത്.

ഈ രംഗത്ത് വേറിട്ട ചിന്തകൾക്ക് തുടക്കം കുറിച്ചുകൊണ്ടാണ് പ്രസിദ്ധ മനഃശാസ്ത്ര ചിന്തകനായ സ്റ്റീവൻ പിങ്കർ രചിച്ച 'ദി ബ്ളെൻക് സ്ലെട്' എന്ന ഗ്രന്ഥം പുറത്തു വന്നത്. ആറു മാസം പ്രായമുള്ള കുഞ്ഞുങ്ങൾക്കും വസ്തുക്കളെയും മറ്റും അവയുടെ ആകൃതി, നിറം എന്നിവയുടെ അടിസ്ഥാനത്തിൽ വർഗീകരിക്കാൻ കഴിയുമെന്ന് നിശ്ചിത വസ്തുക്കളിൽ കുഞ്ഞുങ്ങളുടെ നോട്ടം തുടരുന്ന സമയത്തിന്റെ തോത് പരിഗണിച്ചു കൊണ്ട് തെളിയിക്കാൻ കഴിഞ്ഞിട്ടുണ്ട്. തിരശീലക്കു പിന്നിൽ കളിപ്പാട്ടമോ, മറ്റു വസ്തുക്കളോ ഒളിച്ചു വച്ച ശേഷം വസ്തുക്കൾ നിശ്ചിത ഇടത്തിൽ നിന്ന് മാറ്റിക്കൊണ്ട് തിരശീല പൊക്കി കാണിക്കുമ്പോൾ യാതൊരു അതിശയവും കാണിക്കാതെ അവിടെ തന്നെ നോക്കിയിരിക്കുന്നതായി കാണാൻ കഴിഞ്ഞിട്ടുണ്ട്. ഇതിനർത്ഥം, കുഞ്ഞുങ്ങൾക്ക് വസ്തുക്കളെയും അവയുടെ ചലനത്തെയും സംബന്ധിച്ച ചില അടിസ്ഥാന നിയമങ്ങൾ മനസ്സിലാക്കി കൊണ്ട് പെരുമാറാൻ കഴിയും എന്ന് തന്നെയാണ്. ഇതിനു സമാനമായ രീതിയിലാണ് കുഞ്ഞുങ്ങളുടെ നന്മ തിന്മകൾ വേർതിരിച്ച് അറിയാനുള്ള ശേഷികളും പ്രവർത്തിക്കുന്നത്. കളിപ്പാവകളെ ഉപയോഗിച്ച് നടത്തിയ പഠനങ്ങളെ തുടർന്ന് കുഞ്ഞുങ്ങളിൽ മറ്റു ജീവികളെ ഉപദ്രവിക്കുന്ന ജീവികളോടും വസ്തുക്കളോടും കടുത്ത വിയോജിപ്പാണ് ഉള്ളതെന്ന് തെളിഞ്ഞിട്ടുണ്ട്. ഇക്കാരണങ്ങൾ കൊണ്ടായിരിക്കണം കുഞ്ഞുങ്ങളെ 'കളിത്തൊട്ടിലിലെ ശാസ്ത്രജ്ഞർ' എന്ന് വിശേഷിപ്പിക്കാൻ ആൻഡ്രു മേൽസോഫ് എന്ന മനഃശാസ്ത്രജ്ഞനെ പ്രേരിപ്പിച്ചത്.

മനുഷ്യക്കുഞ്ഞുങ്ങളിൽ മനുഷ്യനോടടുത്തു നിൽക്കുന്ന ഇതര മൃഗങ്ങളിലെ കുഞ്ഞുങ്ങളെ അപേക്ഷിച്ച് കൂട്ടു ജീവിതത്തിനിണങ്ങുന്ന മാനസികനില വളരെ നേരത്തെ തന്നെ വളർച്ച പ്രാപിക്കുന്നുണ്ട്.

തന്റെ സ്വന്തം കുടുംബത്തെ മറ്റുള്ളവയിൽനിന്ന് വേർതിരിച്ച് കാണുന്നതിന് ഇവർക്ക് കഴിയുന്നതും അതുകൊണ്ടുകൂടിയാണ്.

പാലുകുടിച്ചു വളരുന്ന ഒട്ടുമിക്ക മൃഗങ്ങളുടെ കുഞ്ഞുങ്ങളും പ്രസവത്തിന് ശേഷമുള്ള ഒരു പ്രത്യേക കാലയളവോളം സ്വയം കാര്യങ്ങൾ ചെയ്യാൻ ശേഷിയില്ലാത്ത വിധം നിസ്സഹായരാണ്. ഇതിൽ ഏറ്റക്കുറച്ചിലുകൾ ഉണ്ടാവാം എന്നുമാത്രം.

ഇത്തരം ജീവികളിൽ കാഴ്ച, കേൾവി എന്നീ കഴിവുകൾ പോലും വളരെ വൈകി മാത്രമാണ് പക്വത പ്രാപിക്കുന്നത്. ജനനസമയം മുതൽ തുടർന്നുവരുന്ന 16 ഓളം ദിവസങ്ങളിൽകാഴ്ചയും കേൾവിയുമില്ലാതെയാണ് പൂച്ചക്കുഞ്ഞുങ്ങൾ പോലും ജീവിക്കുന്നത്. (പൂച്ച, പട്ടി, എലി, ആട്, പശു എന്നിവയെയൊക്കെ ഈ ഗണത്തിൽപ്പെടുത്താവുന്നവയാണ്)

എന്നാൽ, സ്പർശം, ഗന്ധം എന്നിവ അറിയാനുള്ള ശേഷി താരതമ്യേന മറ്റുള്ളവയെ അപേക്ഷിച്ച് ഇത്തരം മൃഗങ്ങളുടെ കുഞ്ഞുങ്ങൾക്ക് കൂടുതലായിരിക്കും.

മുലഞെട്ടുകൾ തിരഞ്ഞ് ചലിക്കുന്നതിനുള്ള പ്രാപ്തി മാത്രമാണ് ഇവർക്ക് ഈ ഘട്ടത്തിൽനേടിയെടുക്കാൻ കഴിയുന്നത്. പ്രൈമേറ്റ് ഇനത്തിൽപ്പെട്ട മനുഷ്യക്കുഞ്ഞുങ്ങളുൾപ്പെടെ കൂടുതൽ പക്വതയാർന്ന ഇന്ദ്രിയങ്ങളും മസ്തിഷ്കവുമായിത്തന്നെയാണ് ജനിക്കുന്നത്. ശാരീരിക ചലനത്തിന്റെ കാര്യത്തിലുള്ള പരിമിതികളാണ് ഇവർ ഏറെയും നേരിടേണ്ടി വരുന്നത്. പാന്ട്രൊഗ്ളഡൈറ്റ്സ് (Pantroglodytes) എന്ന വിഭാഗത്തിലുള്ള ചിമ്പാൻസിക്കുഞ്ഞുങ്ങളും പാൻപാനിസ്കസ് (Pan paniscus) എന്ന ഗണത്തിൽപ്പെടുന്ന ബോണബോസ് കുഞ്ഞുങ്ങളും 3, 4 മാസം കഴിഞ്ഞ് മാത്രമാണ് സ്വയം ഇരിക്കാൻ തുടങ്ങുന്നത്. നടക്കുന്നതാവട്ടെ, 6, 7 മാസങ്ങൾക്ക് ശേഷവും മാത്രമാണ്.

വളർച്ചയുടെ പൂർണ്ണതയിലെത്തുന്നതിന് താരതമ്യേന നീണ്ട ഒരു കാലയളവ് ആവശ്യമായി വരുന്നത് മനുഷ്യക്കുഞ്ഞുങ്ങൾക്കു മാത്രമാണ്. അതുകൊണ്ടുതന്നെ, കുഞ്ഞുങ്ങൾക്കായി കൂടുതൽ സമയവും ഊർജ്ജവും വിനിയോഗിച്ചുകൊണ്ടുമാത്രമേ രക്ഷിതാക്കൾക്ക് ഇവരെ വളർത്തിയെടുക്കാൻ കഴിയുകയുള്ളൂ.

പണ്ടു കാലങ്ങളിൽ പെൺകുട്ടികൾ ഏതാണ്ട് 15/16 വർഷത്തോളം കഴിഞ്ഞുമാത്രമാണ് പ്രത്യുൽപ്പാദനപരമായ പക്വത ആർജിച്ചിരുന്നത്.

ഇന്നത്തെ സാഹചര്യത്തിൽ അത് ഏതാണ്ട് 10 വർഷത്തിന് ശേഷം തന്നെ ആരംഭിക്കുന്നുണ്ട് എന്നു മാത്രം. എന്നാൽ പ്രൈമേറ്റ് ഇനത്തിൽ പ്പെട്ട ഗൊറില്ലയുടെ കാര്യത്തിൽ ഇത് കേവലം ആറര വർഷമാണെ ങ്കിൽ ഓറങ്കുട്ടാനിൽ ഏഴ് വർഷവും, ചിമ്പാൻസിയിൽ ഏതാണ്ട് 8/9 വയസ്സിലേക്കും ചുരുങ്ങുന്നുണ്ട്.

മുഖം തിരിച്ചറിയാനുള്ള കഴിവ് ഓരോ ജീവിക്കും അവരുടെ സവിശേഷ ചുറ്റുപാടുമായി ബന്ധപ്പെട്ടുകൊണ്ടുമാത്രമാണ് വികാസം പ്രാപിക്കുന്നത്. മനുഷ്യശിശുക്കളിൽ 6-9 മാസത്തിനുമിടയിലാണ് മുഖം തിരിച്ചറിയാൻ സഹായിക്കുന്ന ഫ്യൂസിഫോംജൈറസ് (Fusiform Gyrus) പോലുള്ള മസ്തിഷ്ക ഭാഗങ്ങൾ പക്വത പ്രാപിച്ചുതുടങ്ങുന്നത്. ജീവിതത്തിലാകമാനം അത്യന്താപേക്ഷിതമായ ഒന്നാണ് മുഖങ്ങൾ തിരിച്ചറിയാനുള്ള കഴിവ്. മറ്റുള്ളവരുമായി വൈകാരികമായി ബന്ധ ങ്ങൾ കെട്ടിപ്പടുത്തുകൊണ്ട് ജീവിതം ഭദ്രമാക്കുന്നതിന് ഈ ശേഷി ഒഴിച്ചുകൂടാനാവാത്തതാണ്.

ഓരോ മനുഷ്യശിശുവും ജനിക്കുന്നതുതന്നെ കോടികണക്കിന് മസ്തിഷ്ക കോശങ്ങളുമായിട്ടാണ്. ഇതുകാരണമാണ് പിന്നീട് ഈ നാഡീകോശങ്ങൾക്ക് ഏത് തരം വിവരങ്ങളും ആർജ്ജിച്ചെടുക്കുന്നതിന് ഇണങ്ങുന്ന രീതിയിലുള്ള വഴക്കം നിലനിർത്താനാവുന്നത്. കുഞ്ഞുങ്ങ ളുടെ മസ്തിഷ്കത്തിലെ പല ഭാഗങ്ങളും വളർച്ച പൂർത്തീകരിക്കാത്തതു കൊണ്ടുതന്നെ ലഭ്യമായ പരിമിതമായ വിഭവങ്ങൾഉപയോഗിച്ചുകൊണ്ടു വേണം അവർക്ക് ആവശ്യമായ മാനസിക പ്രവർത്തനങ്ങളൊക്കെയും പൂർത്തീകരിക്കേണ്ടി വരുന്നത്.

എന്നാൽ, ആദ്യഘട്ടത്തിലുണ്ടാകുന്ന അനുഭവങ്ങളുടെ ബലത്തിൽ മാത്രമാണ് അവരുടെ നാഡീവ്യവസ്ഥ സ്വയം സമ്പൂർണ്ണമായി കഴി ഞ്ഞിരുന്നതെങ്കിൽ പിൽക്കാലത്ത് ഉണ്ടാവേണ്ടുന്ന സ്വയം മാറ്റങ്ങൾക്ക് വഴങ്ങേണ്ടുന്ന നാഡീവ്യവസ്ഥ അവർക്ക് അപ്രാപ്യമായിത്തീരുമായിരു ന്നു. അറിവിനെ നിർമ്മിക്കാനുതകുന്ന തരത്തിലുള്ള ഈ വഴക്കമാണ് മനുഷ്യശിശുക്കളുടെനാഡീകോശത്തെ സ്വഭാവവൽക്കരിക്കുന്നത്. വളർച്ചയിൽ നേരിടുന്ന അപൂർണ്ണത ഒരർത്ഥത്തിൽ നോക്കിയാൽ ഒരു നേട്ടം കൂടിയായും കരുതേണ്ടി വരും.

അനുകൂലസാഹചര്യങ്ങളെന്ന പോലെ പ്രതികൂലമായവും കുഞ്ഞുങ്ങ ളുടെ മസ്തിഷ്ക വികാസത്തെ സഹായിച്ചിട്ടുണ്ട് എന്ന് പറയുന്നതിൽഅൽ പ്പം വാസ്തവമില്ലാതില്ല.

രണ്ട് മാസം പ്രായമായ കുഞ്ഞുങ്ങളുടെ ഓർമ്മവെക്കാനുള്ള ശേഷി യെക്കുറിച്ച് റോവി കോളിയർ (Rovee Collier) 90കളുടെ തുടക്കത്തിൽ

നടത്തിയ പഠനത്തെതുടർന്നാണ് ഈ പ്രായത്തിലുള്ള കുഞ്ഞുങ്ങളിൽപ്പോലും ഓർമ്മവെക്കാനുള്ള ശേഷി ഉണ്ട് എന്നും എന്നാൽഅത്തരം ഓർമ്മകൾ ചില സന്ദർഭങ്ങൾക്കുള്ളിൽ മാത്രം പ്രവർത്തനയോഗ്യമായവയാണെന്നും മനസ്സിലാക്കാൻ കഴിഞ്ഞത്. അതേ സമയം ചില വസ്തുതകളേയും സംഭവങ്ങളേയും മറ്റും ഓർത്തെടുക്കാനുള്ള ശേഷികൾ ഉറച്ചുവരുന്നതിന് ഹിപ്പോകാമ്പസ് പോലുള്ള മസ്തിഷ്ക ഭാഗങ്ങളുടെ വളർച്ച പൂർത്തീകരിക്കേണ്ടതുമുണ്ട്.

അനുയോജ്യമല്ലാത്ത അവസരങ്ങളിൽ ഓർമ്മകളുടെ വീണ്ടെടുപ്പിനെ സ്വയം തടയുന്ന രൂപത്തിലാണ് കുഞ്ഞുങ്ങളുടെ മസ്തിഷ്കം പ്രവർത്തിക്കുന്നത്. നേരത്തെ സൂചിപ്പിച്ച പ്രകാരം ചില സന്ദർഭങ്ങളെ മാത്രം അടിസ്ഥാനപ്പെടുത്തി ഓർക്കാൻ കഴിയുന്നതിനാൽ സമാനമായ മറ്റു സന്ദർഭങ്ങളിൽ ഈ ഓർമ്മകൾ കുഞ്ഞുങ്ങളെ പിന്തുണക്കാറില്ല.

ഭൗതികലോകവും, സാമൂഹ്യജീവിതവുമായുള്ള സമ്പർക്കവും ബന്ധങ്ങളും പുരോഗമിക്കുന്നതിനനുസരിച്ച്, നിശ്ചിത സന്ദർഭങ്ങൾക്ക് ഉപരിയായും കാര്യങ്ങളെ ഓർത്തെടുക്കാനുള്ള പ്രാപ്തി ബലപ്പെട്ടുവരികയാണ് ചെയ്യാറുള്ളത്.

ഓരോ സന്ദർഭത്തിലുമുണ്ടാകുന്ന അനുഭവങ്ങളുടെ അടിസ്ഥാനത്തിലുള്ള ഓർമ്മകൾമറ്റൊരു സന്ദർഭത്തിൽക്കൂടി ഉപയോഗിച്ച് പ്രവർത്തിക്കാൻ അവർക്ക് കഴിയുന്നതോടെയാണ് മാനസിക ലോകം ഒരു പടികൂടി പുരോഗതി പ്രാപിക്കുന്നത്.

ഭാഷ ഉറയ്ക്കുന്നതോടെയാണ് ഓർമ്മകളുടെ പിന്തുണയിൽ ആഖ്യാനങ്ങൾ (Stories) നിർമ്മിക്കാനുള്ള കഴിവ് കുഞ്ഞുങ്ങളിൽ വികസിച്ചുവരുന്നത്. ഏതാണ്ട് 2/3 വയസ്സിലേക്കെത്തുന്നതോടെ പുതുമയാർന്ന അനുഭവങ്ങളെ ഓർമ്മയിൽ സൂക്ഷിക്കുന്നതിന് പകരം, ഭാവിയെ അടിസ്ഥാനമാക്കിയുള്ള ആഖ്യാനങ്ങളുടെ ബലത്തിലുള്ള ഓർമ്മകൾക്ക് പ്രാധാന്യം കൈവരുന്നു. ഇത് കാരണം ഭാവിയിൽ ഉണ്ടാകാനിടയുള്ള അനുഭവങ്ങളെ മുൻകൂട്ടി കാണാനുള്ള ശേഷിയും ഇവർ സ്വായത്തമാക്കിതുടങ്ങുന്നുണ്ട്.

ഏതെങ്കിലും ഒരു സന്ദർഭത്തിൽ മാത്രം ഉണ്ടാകുന്ന അനുഭവം ഓർമ്മയിൽ തങ്ങി നിൽക്കണമെങ്കിൽ ഒന്നുകിൽ അത് ജീവന് ഭീഷണിയാകുന്ന തരത്തിലുള്ളതോ, മാനസികമായ ആഘാതമേൽപ്പിക്കുന്നതോ ആയ അനുഭവമായിരിക്കണം. അല്ലാത്ത പക്ഷം ഇത്തരം ഓർമ്മകൾ കൊണ്ട് പ്രത്യേക പ്രയോജനമൊന്നുമില്ലാത്തതിനാൽ അവ നിരാകരിക്കപ്പെടുകയാണ് പതിവ്. തുടരെ തുടരെ സംഭവിക്കുന്ന കാര്യങ്ങളെ സംബന്ധിച്ച വിവരങ്ങളെ മാത്രം ഓർമ്മയിൽ

സൂക്ഷിക്കുകയും അല്ലാത്തവയെ ഉപേക്ഷിക്കുകയും ചെയ്യുക എന്നതാണ് ശിശുക്കളുടെ മാനസിക പ്രവർത്തനത്തിന്റെ യുക്തി. ഭാഷ ആർജ്ജിക്കാനും മറ്റുമുള്ള ശേഷികൾ ഉറയ്ക്കുന്നതും ഇപ്രകാരമാണ്. തുടർച്ചയായി കേൾക്കാനിടവരുന്ന ശബ്ദശകലങ്ങളെ അവ ഉത്പാദിപ്പിക്കപ്പെടുന്ന സന്ദർഭങ്ങളുമായി ചേർത്തുവെച്ചുകൊണ്ട് ഹ്രസ്വകാല ഓർമ്മയിൽ (Short term memory) സൂക്ഷിച്ചുവെക്കാൻ കഴിയുന്നതുകൊണ്ടാണ് അത്തരം ഓർമ്മകളെ ഉപയോഗപ്പെടുത്തി പ്രവർത്തനയോഗ്യമായ ഓർമ്മകളുടെ രൂപത്തിൽ(Working memory) ഭാഷാ നിർമ്മിതി ഉൾപ്പെടെ ഉള്ളവ സാധ്യമാകുന്നത്.

കുഞ്ഞുങ്ങളിൽ ദീർഘകാല ഓർമ്മകൾ (Long term memory) ഇല്ലാതിരിക്കുന്നതിലൂടെ ചില കാര്യങ്ങളെ പെട്ടന്ന് മറക്കാൻ പ്രേരിപ്പിക്കുന്നത് അവരുടെ ശൈശവ ജീവിത കാലയളവിനെ (Infant life history) പിന്തുണക്കുന്ന ഒരു തന്ത്രം കൂടിയായി മാറുന്നതാവാം.

നിരന്തരം മാറി വരുന്ന ജീവിത സാഹചര്യങ്ങളുമായി പൊരുത്തപ്പെട്ടുപോകുന്നതിന് ഇത്തരത്തിലുള്ള മറവി ഒരു അനുഗ്രഹം കൂടിയായി മാറുന്നുമുണ്ട്.

അതത് സമയങ്ങളിലുണ്ടാകുന്ന അനുഭവങ്ങളെത്തുടർന്ന് മസ്തിഷ്ക കോശങ്ങളിൽരൂപപ്പെടുന്ന പരസ്പര ബന്ധങ്ങളെ (Synaptic connections) ഉടൻതന്നെ നിർവീര്യമാക്കിക്കൊണ്ട് മാത്രമെ ഭാവിയിൽ ഉണ്ടാവാനിടയുള്ള കൂടുതൽ പ്രയോജനകരമായ നേട്ടങ്ങൾ ഉറപ്പിക്കാൻ കഴിയുകയുള്ളൂ. ഒരു കുഞ്ഞിന്റെ ആദ്യത്തെ 9-10 മാസത്തിനുള്ളിൽഅതിദ്രുതഗതിയിലുള്ള രീതിയിൽ മസ്തിഷ്ക കോശങ്ങൾക്കിടയിൽ ഉണ്ടാകുന്ന പരസ്പര സമ്പർക്കം വർദ്ധിക്കുകയും, അവയത്രയും അധികം താമസിയാതെ ദുർബലപ്പെടുകയും ചെയ്യുകയാണ് പതിവ്. ഇതുകൊണ്ടു കൂടിയാണ് ഒരു കുഞ്ഞ് നിത്യപരിചിതമാകുന്ന ഭാഷയ്ക്ക് പുറത്തുള്ള മറ്റു ഭാഷകൾ ഈ കാലയളവിന് ശേഷം കേൾക്കാനിടവന്നാൽപ്പോലും അത് പഠിച്ചെടുക്കുന്നതിൽ താല്പര്യം കാണിക്കാതിരിക്കുന്നത്.

നവജാത ശിശുക്കളുടെ തുടക്കഘട്ടത്തിലുണ്ടാകുന്ന മസ്തികവളർച്ചക്ക് ചരിത്രപരമായി ആരംഭം കുറിക്കുന്നത് ഏതാണ്ട് 1.8 മില്ല്യൻ വർഷങ്ങൾക്ക് മുമ്പ് ഹോമോ ഇറക്ടസ് (Homo erectus) എന്ന വിഭാഗത്തിലുള്ള ആദിമ മനുഷ്യരുടെ വരവോടെയാണ്. നമ്മളെല്ലാമടങ്ങുന്ന ഹോമോസാപ്പിയൻസ് എന്ന വിഭാഗത്തിലുള്ള കുഞ്ഞുങ്ങളിലെ മസ്തിഷ്ക വലിപ്പം പ്രസവാനന്തരം ഏറെ മാറ്റങ്ങൾക്ക് വിധേയമാകുന്നുണ്ട്. ഇത്തരം മാറ്റങ്ങൾ അതിന്റെ പ്രവർത്തനപരമായ സങ്കീർണ്ണതകളിലും പ്രതിഫലിച്ച് കാണാവുന്നതാണ്.

ചിമ്പാൻസി വിഭാഗത്തിലുള്ള അമ്മമാർ കുഞ്ഞുങ്ങളുടെ അടുത്തേക്ക് മറ്റു ചിമ്പാൻസികളെ അടുപ്പിക്കാൻ കൂട്ടാക്കാറില്ല. അതുകൊണ്ടുതന്നെ 4-8 വയസ്സാകുന്നതുവരെ ഇവരുടെ അമ്മമാർ തന്നെയാണ് കുഞ്ഞുങ്ങളെ പരിചരിക്കാറുള്ളത്.

മനുഷ്യരുടെ ഇടയിൽ പ്രസവം അതിസങ്കീർണ്ണമായതുകൊണ്ടുതന്നെ വയറ്റാട്ടിമാർ (Midwife) എന്ന പേരിലറിയപ്പെട്ടിരുന്ന സ്ത്രീകളുടെ സഹായത്തോടെ മാത്രമെ പണ്ടു കാലങ്ങളിൽ പ്രസവം സുരക്ഷിതമാക്കാൻ കഴിയുമായിരുന്നുള്ളൂ. (എന്നാൽ, ഇന്നത്തെ കാലത്ത് ഇത് ആശുപത്രികളുടെ സഹായത്തോടെ നടക്കുന്നു എന്ന് മാത്രം). ഇതിന്റെ തുടർച്ചയെന്നോണമാണ് കുടുംബത്തിലെ മറ്റ് അംഗങ്ങളുടെ കൂടി സഹായത്തോടെ കുഞ്ഞുങ്ങളെ പരിചരിക്കാൻകഴിയുന്ന സാഹചര്യം വികസിച്ചുവന്നിട്ടുള്ളത്.

സ്വന്തം ഗോത്രത്തിലെ മറ്റ് അംഗങ്ങളുമായി സഹകരിച്ചുകൊണ്ട് കുഞ്ഞുങ്ങളെ വളർത്തുന്നതിന് മുഖ്യ പ്രേരണയായി മാറിയിട്ടുള്ളത് കുഞ്ഞുങ്ങളുടെ വളർച്ചയുമായി ബന്ധപ്പെട്ട അപൂർണ്ണത കൂടിയാണ്.

അമ്മ ഒഴികെയുള്ള മറ്റാളുകൾ കുഞ്ഞുങ്ങളെ ശ്രദ്ധിക്കുന്നതിന് അബോധ പ്രേരണകളാകുന്ന ഒട്ടേറെ ഘടകങ്ങൾ കുഞ്ഞുങ്ങളുടെ ശാരീരികവും അല്ലാത്തതുമായ പ്രത്യേകതകളെക്കൂടി ആശ്രയിച്ചുകൊണ്ടാണ് തീരുമാനിക്കപ്പെടാറുള്ളത് എന്ന തരത്തിലുള്ള നിരീക്ഷണങ്ങൾശക്തമാണ്.

കുഞ്ഞുങ്ങളുടെ പുഞ്ചിരി, അപക്വമായ ശാരീരിക സവിശേഷതകൾ, തുടങ്ങി പരന്ന മൂക്ക്, തുടുത്ത കവിൾ, വട്ടത്തിലുള്ള തല എന്നിവയൊക്കെ ഇത്തരം ഘടകങ്ങളായി പരിഗണിക്കപ്പെടുന്നുണ്ട്. വലിപ്പത്തിലുള്ള തല, ചെറിയ താടി, വിടർന്ന കണ്ണുകൾഉൾപ്പെടെയുള്ളതെല്ലാം കുഞ്ഞിന്റെ ആരോഗ്യത്തേയും ആകർഷണീയതയെയും സൂചിപ്പിക്കുന്ന അടയാളങ്ങളായാണ് പലപ്പോഴും മനസ്സിലാക്കപ്പെടുന്നത്. ആകർഷണീയത ഏറെയുള്ള കുഞ്ഞുങ്ങളെ കൂടുതൽ ലാളിക്കാനും പരിചരിക്കാനുമുള്ള താൽപ്പര്യം ഇങ്ങനെയില്ലാത്ത കുട്ടികളെ അപേക്ഷിച്ച് കൂടുതലായാണ് കാണാറുള്ളത്. ചുറുചുറുക്കുള്ള കുഞ്ഞുങ്ങളോട് അനുകമ്പ കാണിക്കുന്നതിലും, അത്തരം കുഞ്ഞുങ്ങളെ തെരഞ്ഞെടുക്കുന്നതിനും ഉള്ള താൽപ്പര്യം കൂടുന്നതായാണ് പഠനങ്ങൾ ചൂണ്ടിക്കാട്ടുന്നത്.

ഇത്തരത്തിൽ കുഞ്ഞുങ്ങളിലേക്ക് മറ്റുള്ളവരെ അടുപ്പിക്കുന്നതിന് പ്രേരിപ്പിക്കുന്ന സവിശേഷതകളെയാണ് പ്രസിദ്ധ നോബൽ ജേതാവായ കോൺറാഡ് ലോറൻസ് (Konrad Laurenz) 'ശിശുക്കളുടെ രൂപരേഖ' (Baby Schema) എന്ന് വിളിക്കുന്നത്.

വളർത്തുമൃഗങ്ങളെ തെരഞ്ഞെടുക്കേണ്ടുന്ന സന്ദർഭങ്ങളിൽ പോലും ഈ രൂപരേഖയുടെ സ്വാധീനം പ്രകടമാണെന്നാണ് മനോജീവശാസ്ത്രത്തിലും മറ്റും നടന്ന പഠനങ്ങൾവെളിവാക്കിയിട്ടുള്ളത്.

മേൽസൂചിപ്പിച്ച തരത്തിലുള്ള പ്രത്യേകതകളാർന്ന ശിശുക്കളെ കാണുമ്പോൾമസ്തിഷ്കത്തിലെ വികാരോത്തോജന കേന്ദ്രങ്ങളിൽ മറ്റു മുഖങ്ങൾകാണുമ്പോളുള്ളതിനേക്കാൾ കൂടിയ തോതിലുള്ള പ്രതികരണം ഉണ്ടാകുന്നതായും രേഖപ്പെടുത്തപ്പെട്ടിട്ടുണ്ട്. അനുകമ്പയേയും, ശരീര ചലനങ്ങളേയും സാധ്യമാക്കുന്ന മസ്തിഷ്ക ഭാഗങ്ങളിൽ വലിയ തോതിലുള്ള പ്രതികരണക്ഷമത ഉണ്ടാകുന്നത് കാരണം അത്തരം കുഞ്ഞുങ്ങളുടെ കാര്യത്തിൽകൂടുതൽ ശ്രദ്ധയും കരുതലും ഉറപ്പാക്കുന്നതിന് കൂടി ഇതുവഴി സാധിച്ചേക്കാം.

മനുഷ്യരുടെ ഇത്തരം സ്വഭാവങ്ങൾക്ക് നമ്മുടെ വംശചരിത്രത്തിൽത്തന്നെ വേരുകളുള്ളതായി കാണാൻ കഴിയും. ആൺ ചിമ്പാൻസികൾക്കിടയിൽ പ്രഥമ പുരുഷന് വേണ്ടി നടക്കുന്ന (Alpha Male) പോരാട്ടങ്ങളിൽ പ്രതിയോഗിയുടെ മുമ്പിൽ പരാജയപ്പെടുമോ എന്ന ആശങ്ക ഉണ്ടാകുന്ന അവസരങ്ങളിൽ സമീപത്ത് കാണാനിടവരുന്ന ചിമ്പാൻസിക്കുഞ്ഞിനെ കൈക്കലാക്കികൊണ്ട് പ്രതിയോഗിയുടെ മുന്നിൽ വെക്കാറുണ്ടെന്ന് ജെയിൻ ഗുഡാൽ (Jane Goodal) തന്റെ ചിമ്പാൻസികളെപ്പറ്റിയുള്ള പഠനക്കുറിപ്പുകളിൽ പരാമർശിക്കുന്നുണ്ട്. ഇങ്ങനെ ചെയ്യുക വഴി എതിരാളിയിൽ ശാന്തത സൃഷ്ടിച്ചുകൊണ്ട് പോരാട്ടം ശമിപ്പിക്കാൻ കഴിയും എന്ന അബോധപരമായ അറിവ് തന്നെയാണ് ഇതിന് പ്രേരണയാവുന്നത്.

പ്രാചീന ചുറ്റുപാടുകളിലുള്ള അമ്മമാർ കൂടുതൽ ശ്രദ്ധയും പരിചരണവും നൽകിപ്പോന്നിരുന്നത് അതിജീവിക്കാൻ സാധ്യതയുള്ള കുഞ്ഞുങ്ങൾക്കാണ്. അല്ലാത്ത പക്ഷം അടുത്ത കുഞ്ഞിനെ പരിചരിക്കാനുള്ള സമയവും ഊർജ്ജവും പാഴാക്കപ്പെടുക മാത്രമായിരിക്കും ഫലം. അക്കാലങ്ങളിൽ വിഭവ ലഭ്യത നന്നേ കുറവായിരുന്നു എന്നതും ഇതിന് ഒരു കാരണമായിരിക്കാം.

മനുഷ്യശിശുക്കളെ മറ്റു ജീവി വർഗങ്ങളിലെ കുഞ്ഞുങ്ങളിൽനിന്ന് വേർതിരിച്ചുനിർത്തുന്നത്അവരുടെ ജ്ഞാനോല്പാദന ശേഷിയും സാമൂഹ്യജീവിതത്തിന് വേണ്ടിയുള്ള താല്പര്യവുമാണ്.

മറ്റ് പ്രൈമേറ്റ് വിഭാഗത്തിൽപ്പെട്ട കുഞ്ഞുങ്ങൾ ജനിക്കുമ്പോൾത്തന്നെ അവരുടെ പിന്നീടുള്ള ഘട്ടത്തിലുണ്ടാകുന്നതിന്റെ 47% വളർച്ചയും പൂർത്തീകരിച്ചിരിക്കുമെങ്കിൽ മനുഷ്യശിശുക്കളിൽ അത് 28% മാത്രമാണ്. വംശചരിത്രത്തിന്റെ കാഴ്ചപ്പാടിൽ നോക്കുമ്പോൾ

മനുഷ്യക്കുഞ്ഞുങ്ങളുടെ മസ്തിഷ്കത്തിലെ നാഡീകോശങ്ങളുടെ വലിപ്പത്തിലും, മസ്തിഷ്ക കോശങ്ങൾക്കിടയിലുള്ള പരസ്പരബന്ധങ്ങളിലും ഏറെ മെച്ചപ്പെട്ട മാറ്റങ്ങൾ കാലക്രമത്തിൽ സംഭവിച്ചിട്ടുണ്ട്. പ്രായപൂർത്തിയായ ഒരാളിന്റെ മസ്തിഷ്ക ശേഷിയുമായി താരതമ്യപ്പെടുത്തുമ്പോൾ ഏതാണ്ട് 6 മാസമാകുമ്പോഴേക്കും മനുഷ്യ ശിശുവിന്റെ 50% മസ്തിഷ്ക വളർച്ചയും പൂർത്തീകരിക്കപ്പെടുന്നുണ്ട്. രണ്ടാമത്തെ വയസ്സോടെ അത് 75% വും, 5 വർഷമാകുമ്പോഴേക്കും 90 ശതമാനവും, 10 വയസ്സോടെ 95 ശതമാനവും ആയി ഇത് വർദ്ധിക്കുന്നുണ്ട്. ശേഷിക്കുന്ന 5 ശതമാനവും 18-20 വയസ്സോടെ മാത്രമെ പക്വത പ്രാപിക്കുന്നുള്ളൂ എന്ന് കാണാം. ഇത്രയും നീണ്ട കാലമെടുത്ത് മസ്തിഷ്ക വളർച്ചയിലും വികാസത്തിലുമുണ്ടാകുന്ന മാറ്റങ്ങൾ കാരണമാണ് മനുഷ്യരാശിയുടെ നാളിതുവരെയുള്ള നേട്ടങ്ങൾ കൈവരിക്കാൻ കഴിഞ്ഞത്.

രണ്ട് വയസ്സുള്ള ചിമ്പാൻസി കുഞ്ഞുങ്ങളും, മനുഷ്യക്കുഞ്ഞുങ്ങളും ബാഹ്യലോകത്തെ സംബന്ധിച്ച് സ്വരൂപിക്കുന്ന അറിവുകൾ ഏറെക്കുറെ സമാനമാണ്. രണ്ടാമത്തെ വയസ്സോടെയാണ് മനുഷ്യ ശിശുവിന്റെ സാമൂഹ്യജീവിതം മെച്ചപ്പെട്ടുതുടങ്ങുന്നത്. സ്ഥലപരമായ അറിവ്, അളവുകളെക്കുറിച്ചുള്ള അവബോധം, സ്പൂൺ പോലെയുള്ള ഉപകരണങ്ങൾഉപയോഗിക്കാനുള്ള കഴിവ് എന്നിവയടങ്ങുന്നതാണ് ബാഹ്യലോകത്തെക്കുറിച്ചുള്ള (Material world) അറിവുകളായി ഈ ഘട്ടത്തിൽ പ്രകടമാകുന്നത്.

എന്നാൽ ഇതേ പ്രായത്തിൽത്തന്നെ ഉള്ള ചിമ്പാൻസിക്കുഞ്ഞുങ്ങൾക്കൊന്നുമില്ലാത്ത സമൂഹത്തെ സംബന്ധിച്ചുള്ള അറിവ് (Social Intelligence) ആർജ്ജിക്കുന്നതിൽ മനുഷ്യക്കുഞ്ഞുങ്ങൾ ഏറെ മുൻപന്തിയിലാണ്. അനുകരണശേഷി, മറ്റുള്ളവരുടെ ഉദ്ദേശങ്ങളെക്കുറിച്ചുള്ള അവബോധം എന്നിവയാണ് സമൂഹത്തെക്കുറിച്ചുള്ള അറിവ് സമ്പാദിക്കുന്നതിന് അടിത്തറയായി വർത്തിക്കുന്നത്.

ഈ ഘട്ടത്തിന് ശേഷവും മനുഷ്യശിശു മനോവികാസത്തിന്റെ പടവുകൾ കയറുമ്പോൾ ചിമ്പാൻസിക്കുഞ്ഞ് രണ്ട് വയസ്സാകുന്നതോടെ തന്നെ പൂർണ്ണ വളർച്ചയെത്തിയ ഒരു ചിമ്പാൻസിയുടേതിന് തുല്യമായ മസ്തിഷ്ക വളർച്ച നേടിക്കഴിഞ്ഞിരിക്കും.

ഇവയുടെ മസ്തിഷ്കത്തിലെ നാഡീകോശങ്ങളിലെ ഉപചയപ്രവർത്തനങ്ങൾ (Metabolic Activity) ത്വരിതഗതിയിലാക്കിക്കൊണ്ട് പിന്നീടുള്ള തങ്ങളുടെ ജീവിത കാലയളവിൽകാര്യക്ഷമമായി ജീവിക്കുക എന്ന ലക്ഷ്യമാണ് ഇതുവഴി നിറവേറ്റപ്പെടുന്നത്.

ഓട്ടിസം പോലുള്ള വളർച്ചാവ്യതിയാനമുള്ള കുഞ്ഞുങ്ങളുടെ മസ്തിഷ്കത്തിന്റെ വളർച്ചാനിരക്ക് ഇത്തരം പ്രശ്നങ്ങളൊന്നുമില്ലാത്ത കുഞ്ഞുങ്ങളുടേതിനാക്കാൾ അതിവേഗം പൂർത്തീകരിക്കാനിടവരുന്നുണ്ട്. അതുകൊണ്ടുതന്നെ പിൽക്കാലത്തുണ്ടാവേണ്ടുന്ന വികാസ പ്രക്രിയകളുടെ ബലത്തിൽ നടക്കേണ്ടുന്ന സാമൂഹ്യബന്ധങ്ങൾക്കാവശ്യമായ അനുകരണശേഷി ഉൾപ്പെടെയുള്ള കഴിവുകൾ ഇത്തരക്കാരിൽ ദുർബലപ്പെടുന്നതിന് ഇത് ഇടയാക്കുന്നുണ്ട്.

ഇതര മൃഗങ്ങളിൽ നിന്ന് മനുഷ്യരെ വേർതിരിച്ച നിർത്തുന്നതിൽ അതിപ്രധാനമായ ഒന്നാണ് പ്രതീകങ്ങൾ നിർമിക്കാൻ ഉള്ള കഴിവ്. ദേഷ്യം, സ്നേഹം, അനുകമ്പ എന്നിങ്ങനെയുള്ള ഏതൊരു വികാരത്തെയും വാമൊഴി ഭാഷയിലൂടെയും അല്ലാതെയും ചില പ്രതീകങ്ങളാക്കി മാറ്റാനുള്ള ശേഷി നിമിത്തമാണ് ഉയർന്ന ചിന്തയിലേർപ്പെടാൻ പോലും കഴിഞ്ഞിട്ടുള്ളത്. വാങ്മയ ചിത്രങ്ങളെയും ദൃശ്യാനുഭവങ്ങളെയും വ്യത്യസ്തമായ രീതികളിൽ കൂട്ടിയിണക്കികൊണ്ട് ഓരോരോ സന്ദർഭത്തിനനുസരിച്ച് ഉപയോഗിക്കാൻ കഴിയുന്നതിനാലാണ് ഇത് സാധിച്ചത്. ലോകത്തെങ്ങുമുള്ള മനുഷ്യക്കുഞ്ഞുങ്ങൾക്ക് അവർക്ക് പ്രത്യക്ഷമായ ഓരോ അനുഭവത്തിനും ഒത്തുള്ള പ്രതികരണത്തിലേർപ്പെടാൻ കഴിയുന്നത് ഏറെക്കുറെ ഒരുപോലെയാണ്. വിശപ്പ് ഉള്ള സമയത്ത് അമ്മയെ കാണാനിട വന്നാൽ ഉറക്കെ കരയുക, അതല്ലെങ്കിൽ എന്തെങ്കിലും അസ്വസ്ഥത അനുഭവപ്പെട്ടാൽ കയ്യും കാലും നിലത്തടിച്ച കരയുക എന്നിവയൊക്കെയാണ് സാർവത്രികമായ പ്രതികരണ രീതികൾ. ഈ പ്രതികരണങ്ങൾക്കകത്തൊന്നും പ്രതീകങ്ങൾ നിർമ്മിക്കാനുള്ള തുടക്കം കാണാനാവില്ല. എന്നാൽ, വളർച്ചയുടെ രണ്ടാം ഘട്ടമാകുമ്പോഴേക്കും അതേ കുട്ടി അമ്മയെ കാണുമ്പോഴേക്ക് പറയുന്നതിന് പകരം ലഘുവായ തോതിലുള്ള പുനർവിചിന്തനത്തിലേർപ്പെടുകയും, 'അമ്മ ഭക്ഷണമെടുത്തു വരുമായിരിക്കും' എന്ന് കരുതി അല്പസമയം കൂടി കാത്തു നില്ക്കാൻ തുടങ്ങും. ഈ കാലതാമസം വാസ്തവത്തിൽ പ്രതീക നിർമിതിയുടെ ആദ്യ പടിയായി കണക്കാക്കുന്നതാണ്. ഈ പ്രക്രിയയുടെ രണ്ടാം ഘട്ടത്തോടെ വാമൊഴി രൂപത്തിലുള്ള ഭാഷ ഉറച്ചു വരികയും, അതോടെ കുട്ടിയുടെ പ്രതീകങ്ങൾ നിർമിക്കാനുള്ള കഴിവ് കൂടുതൽ മെച്ചപ്പെടുകയും ചെയ്യുന്നുണ്ട്. 'അമ്മേ എനിക്ക് വിശക്കുന്നു' എന്നോ, 'എനിക്ക് ടോയ്‌ലെറ്റിൽ പോകണം' എന്നോ ഒക്കെ പറയാൻ തുടങ്ങുന്നതാണ് ഈ ഘട്ടത്തിന്റെ പ്രത്യേകതകൾ. ഇത്തരത്തിൽ തങ്ങൾക്ക് പ്രസക്തമായ വൈകാരിക സന്ദർഭങ്ങളെ പ്രതീകങ്ങളാക്കി മാറ്റാനുള്ള കഴിവുകളിലുള്ള ദുർബലതയാണ് വളർച്ച വൈകല്യമുള്ള

കുട്ടികൾ അനുഭവിക്കുന്ന കാതലായ പ്രശ്നം. ഇങ്ങനെയുള്ള വളർച്ചാബുദ്ധിമുട്ടുകൾ ഉള്ളവർ ഭാഷാ പദങ്ങളെ അവയിലടങ്ങിയ വൈകാരികമായ അർത്ഥങ്ങൾ പ്രകടിപ്പിക്കുന്നതിനു പകരം വാക്കുകളെ വെറുതെ ആവർത്തിക്കുക മാത്രമാണ് പതിവ്. ഉദാഹരണത്തിന്, വേണം, വേണം, വേണം എന്നോ ചേച്ചി, ചേച്ചി, ചേച്ചി എന്നോ മാത്രമായിരിക്കും ഇവർ ഉച്ചരിക്കുന്നത്.

മനുഷ്യരിൽ എന്നപോലെ ചിമ്പാൻസിക്കുഞ്ഞുങ്ങളുടെ മസ്തിഷ്കത്തിലും നാഡീ കോശങ്ങൾക്കിടക്കുള്ള സമ്പർക്കം (Synaptic connections) വികസിച്ചുവരാനിടയാക്കുന്ന സമാനമായ ജനിതക ഘടകങ്ങൾ പ്രവർത്തിക്കുന്നുണ്ട്. എന്നാൽ, മനുഷ്യക്കുഞ്ഞുങ്ങളിൽ നിന്ന് ഭിന്നമായി ഇത്തരം ജനിതക ഘടകങ്ങൾ ഏകദേശം ഒരു വയസ്സിനുള്ളിൽ തന്നെ പ്രവർത്തനക്ഷമത കൈവരിച്ചുകൊണ്ട് പ്രകടമാകുന്നതിനാൽ പിൽക്കാല വികാസത്തിന് ഇത്പ്രതികൂലമായി മാറുകയാണ് ചെയ്യുന്നത്.

മനുഷ്യശിശുക്കളിലാവട്ടെ, മസ്തിഷ്കത്തിലെ വിവിധ മേഖലകളെ കൂട്ടിയിണക്കുന്നതിന് സഹായിക്കുന്ന നാഡീകോശങ്ങൾ(Association Areas) ബാല്യകാലത്തെപ്പോലെതന്നെ പ്രായപൂർത്തിയായ ശേഷവും നിലനിൽക്കുന്നതിനാലാണ് ജീവിതാന്ത്യം വരെ വിവരങ്ങൾശേഖരിക്കുന്നതിനും, ബൗദ്ധികമായ പ്രവർത്തനങ്ങളിൽ ഏർപ്പെടുന്നതിനും സഹായകരമായ രീതിയിൽ മനുഷ്യ മസ്തിഷ്കത്തിന് പ്രവർത്തിക്കാൻ കഴിഞ്ഞത്. ഇപ്രകാരമാണ് മനുഷ്യമനസ്സ് എന്ന അതുല്യപ്രതിഭാസം തന്നെ ചരിത്രത്തിൽ ഇടംപിടിക്കുന്നത്.

ശിശുക്കളിലും കുട്ടികളിലും (Infants & children) വളർച്ചാപരമായ പക്വത നേടുന്നതിൽ പല തരത്തിലുള്ള പരിമിതികളും ഉണ്ടെങ്കിലും ഇതിന് സാധ്യതകളുടെ ഒരു മറുപുറം കൂടിയുണ്ട് എന്ന് അംഗീകരിക്കാതെ വയ്യ. എല്ലാം തന്നെ സ്വാഭാവികമായും പ്രവർത്തിക്കത്തക്ക വണ്ണം വികാസം പൂർത്തീകരിച്ചുകൊണ്ടാണ് കുഞ്ഞുങ്ങളുടെ ജീവിതം തുടങ്ങിയിരുന്നതെങ്കിൽ പിൽക്കാലത്ത് ഉണ്ടാകുന്ന അനുഭവങ്ങളിലൂടെ സമ്പന്നമാകത്തക്ക ഒരു മസ്തിഷ്കം നമുക്ക് സ്വന്തമാക്കാൻകഴിയുമായിരുന്നില്ല.

നാൾക്കുനാൾ വർദ്ധിച്ചുവരുന്ന സങ്കീർണ്ണതകളെ ഗ്രഹിച്ചെടുക്കാനും, അതിനിണങ്ങുന്ന രീതിയിൽ പ്രവർത്തിക്കുന്നതിനും ഉപയുക്തമായ ഒരു മനസ്സ് കുഞ്ഞുങ്ങളുടെ തന്നെ അപൂർണ്ണവും പതുക്കെയുള്ളതുമായ വളർച്ചാരീതി വഴി ലഭിച്ച ഒരു വലിയ നേട്ടം തന്നെയായി കണക്കാക്കേണ്ടതുണ്ട്.

പുതിയ അനുഭവങ്ങൾ നേടുന്നതിനനുസരിച്ച് സ്വയം വളർന്നുവരാനുള്ള ഈ ശേഷി നിമിത്തമാണ് എല്ലാത്തരത്തിലുള്ള പഠനസംബന്ധിയായ മികവുകളും നേടാൻ നമ്മളെ പ്രാപ്തരാക്കിയത്.

ഇങ്ങനെ മാറ്റങ്ങൾക്ക് വഴങ്ങാനുള്ള ശേഷി മസ്തിഷ്കത്തിലെ എല്ലാ ഭാഗങ്ങളിലും ഒരേ പോലെ നിലനിൽക്കുന്നില്ല എന്നതാണ് യാഥാർത്ഥ്യം.ജനിച്ച ശേഷം ഏതാനും കാലയളവിനുള്ളിൽ ചില അനുഭവങ്ങൾ ഉണ്ടായാൽ മാത്രം കാര്യക്ഷമമായി പ്രവർത്തിക്കാവുന്ന വിധത്തിൽ വികസിച്ചുവന്ന ചില ഭാഗങ്ങൾ മസ്തിഷ്കത്തിന്റെ സവിശേഷതകളിൽ ഒന്നാണ്. കാഴ്ച ഇതിന് വലിയ ഒരു ഉദാഹരണമാണ്. ജനനാന്തരം ഏതാണ്ട് രണ്ട് വർഷത്തോളം വെളിച്ചം കണ്ണിലേക്കെത്താനുള്ള സാഹചര്യം നിഷേധിക്കപ്പെടുകയാണെങ്കിൽ ദൃശ്യാനുഭവങ്ങളെ പ്രവർത്തനക്ഷമമാക്കാൻ സഹായിക്കുന്ന തരത്തിലുള്ള നാഡീകോശഘടനകൾ അതിന്റെ പ്രവർത്തനത്തിൽ ദുർബലത കാണിക്കുകയും കാലക്രമത്തിൽ കാഴ്ചയെ തന്നെ അത് സാരമായി ബാധിക്കുകയും ചെയ്യേക്കാം. ഇതിന് കാരണം കാഴ്ചയെ നിയന്ത്രിക്കുന്ന മസ്തിഷ്കഭാഗങ്ങൾക്ക് താരതമ്യേന വഴക്കം (Plasticity) കുറവാണ് എന്നത് തന്നെയാണ്. ഒരു പ്രത്യേക അവസരത്തെ പ്രയോജനപ്പെടുത്തി മാത്രം വളർച്ച പൂർത്തീകരിക്കാൻ കഴിയുന്ന ചില നാഡീ കോശങ്ങൾ ഉള്ളതിനാലാണ് ഇത്തരം പ്രശ്നങ്ങൾ ഉയർന്നുവരുന്നത്.

ഭാഷാ ശേഷി ആർജ്ജിക്കുന്നതിലും സമാനമായ പ്രശ്നങ്ങൾ ഉടലെടുക്കാവുന്നതാണ്. ആദ്യത്തെ 10/12 വർഷക്കാലം മൃഗങ്ങളോടൊപ്പം മാത്രം ജീവിതം പിന്നിടേണ്ടി വന്ന മനുഷ്യക്കുഞ്ഞുങ്ങൾക്ക് അതിന് ശേഷം എത്രയേറെ കഠിനമായ പരിശീലനങ്ങൾനൽകിയിട്ടുപോലും മനുഷ്യർ ഉപയോഗിക്കുന്ന ഭാഷകൾ ശരിയായ രീതിയിൽ പഠിച്ചെടുക്കുന്നതിൽ അവഗണിക്കാനാവാത്ത തരത്തിലുള്ള ദൗർബല്യങ്ങൾ നേരിട്ടതായി കണ്ടെത്തപ്പെട്ടിട്ടുണ്ട് (വനത്തിൽ മറ്റു മൃഗങ്ങളോടൊത്ത് പന്ത്രണ്ട് വർഷത്തോളം ജീവിക്കേണ്ടി വന്ന പീറ്റർ എന്ന കുട്ടിയെ പോലുള്ള കുട്ടികൾ ഇതിന്റെ തെളിവാണ്)

മസ്തിഷ്കത്തിലെ ചിലയിടങ്ങളിലെ നാഡീകോശങ്ങൾ സ്വയം വളർച്ച നേടി മെച്ചപ്പെടുന്ന പോലെ മറ്റു ചിലത് സ്വയം ദുർബ്ബലപ്പെടുകയും ചെയ്യാവുന്നതാണ്. ഇങ്ങനെയൊക്കെയാണെങ്കിൽ പോലും, മറ്റു മൃഗങ്ങളെ അപേക്ഷിച്ച് മനുഷ്യരിൽ മാറ്റങ്ങൾക്ക് വഴങ്ങിക്കൊണ്ട് സ്വയം വളരാനും പരിഷ്കരിക്കാനുമുള്ള കഴിവ് ഏറെ ഉണ്ടെന്നതാണ് ആശ്വാസമായിത്തീരുന്നത്.

ആദ്യകാലങ്ങളിൽ ലഭിക്കേണ്ടുന്ന മാതൃസ്പർശവും, ബന്ധുക്കളും മറ്റുള്ളവരും വഴി ഉണ്ടാവേണ്ടുന്നതായ പരിചരണങ്ങളും ഇല്ലാതെ വളരേണ്ടിവരുന്ന കുഞ്ഞുങ്ങൾക്ക് അവരുടെ ജീവിതത്തിൽ നേരിടേണ്ടി വരുന്ന വെല്ലുവിളികൾ കനത്തതാണ്. ഇത്തരക്കാരുടെ ബുദ്ധിശേഷി ഉൾപ്പെടെയുള്ള ചില മേഖലകളിൽ മെച്ചപ്പെടാനുള്ള സാഹചര്യം പിൽക്കാല ജീവിതത്തിലൂടെ ഒട്ടൊക്കെ ഉറപ്പാക്കാൻ കഴിയുമെങ്കിലും ഇവരുടെ ജീവിതത്തിൽഅനിവാര്യമായിത്തീരുന്ന പല സാമൂഹ്യ ശേഷികളും ഇവർക്ക് അപ്രാപ്യമാകാറുണ്ട്. പലതരത്തിലുള്ള വൈകാരിക വിഷമതകൾക്കും, കടുത്ത വിഷാദത്തെതുടർന്നുള്ള രോഗാവസ്ഥകൾക്കും വരെ ഇരയാകുന്നതിലേക്ക് ഇത്തരക്കാർ എത്തിപ്പെടാറുണ്ട്. സാമൂഹ്യപെരുമാറ്റത്തെ നിയന്ത്രിക്കാനുതകുന്ന ന്യൂറോ എൻഡോക്രിൻ (Neuro endocrine system) വ്യവസ്ഥ ഉൾപ്പെടെ ഇത്തരക്കാരിൽ ദുർബലപ്പെടുക സ്വാഭാവികമാണ്.

ആദ്യത്തെ രണ്ട് വർഷങ്ങളിൽ മനുഷ്യക്കുഞ്ഞുങ്ങൾ അവരുടെ വംശപരമായ പ്രത്യേകതകൾ പ്രകടമാക്കുക സ്വാഭാവികമായതു കൊണ്ടുതന്നെ ഏത് തരത്തിലുള്ള ചുറ്റുപാടുകളിൽ വളർന്നാലും ഈ കാലയളവിനുള്ളിൽ ഒരളവോളം അവർക്ക് അതിജീവിക്കാൻ കഴിയും. എന്നാൽ പ്രായം കൂടുന്നതിനനുസരിച്ച് ഈ കഴിവ് ദുർബലപ്പെടുന്നതിനാൽ ചുറ്റുപാടിന്റെ ദുസ്സ്വാധീനം വലിയതോതിൽപ്രത്യാഘാതങ്ങളുണ്ടാക്കിയേക്കും എന്നുതന്നെ കരുതാവുന്നതാണ്.

സ്പർശത്തിന്റെ നാനാർത്ഥങ്ങൾ

ഒരു കാലത്ത് യൂറോപ്പിലെ ഒട്ടുമിക്ക പ്രഭു കുടുംബത്തിൽപോലും അംഗങ്ങൾ ഒരുമിച്ച് കിടക്കുക എന്നത് പതിവായിരുന്നു. ഇന്ന് നമുക്ക് അരോചകമായി തോന്നാമെങ്കിലും 100 വർഷം മുൻപ് വരെയുള്ള കേരളത്തിന്റെ ചരിത്രവും ഇതിൽനിന്ന് ഒട്ടും വ്യത്യസ്തമായിരുന്നില്ല. എന്നാൽപുത്തൻ സാങ്കേതിക വിദ്യയുടെയും പുതിയ സാമൂഹ്യ സാഹചര്യങ്ങളുടെയും സന്ദർഭത്തിൽ പരസ്പരം സ്പർശിക്കുക എന്നത് ഏറെ അപൂർവ്വമായി മാറിക്കഴിഞ്ഞിട്ടുണ്ട്.

സ്പർശത്തെ അനാരോഗ്യകരമായും ഭീതിയോടെയും നോക്കിക്കാണാൻനമ്മൾപരിശീലിപ്പിക്കപ്പെട്ടിരിക്കുന്നു. സ്പർശം നമ്മുടെ ജീവിതത്തെ എങ്ങനെ സ്വാധീനിക്കുന്നു എന്ന ചോദ്യം പോലും അപ്രസക്തമായി തീർന്നിരിക്കുകയാണ്.

എന്നാൽ ഇതിന്റെ മറുവശമായി മസാജ് പാർലറുകളും സ്പാകളും തേടിപ്പോവാൻ നമ്മളെ പ്രേരിപ്പിക്കുന്നതാവട്ടെ നാം ഉൾപ്പെടുന്ന ജീവിവർഗത്തിന്റെ ആന്തരിക സമ്മർദ്ദത്തിന് വഴിപ്പെട്ടുകൊണ്ടാണ്.

സ്പർശം ഒരപൂർവ്വ അനുഭവമായി മാറുന്നു എന്നതുകൊണ്ടാണ് സ്പർശിക്കുന്നതിനും സ്പർശിക്കപ്പെടുന്നതിനുംവേണ്ടി എന്തുചെയ്യാനും നമ്മൾ തയ്യാറാവുന്നത്. തികച്ചും സാന്ദർഭികമായി ലഭിക്കുന്ന ഒരു സ്പർശത്തിനുപോലും നമ്മുടെ വൈകാരികവും സാമൂഹ്യവുമായ ജീവിതത്തെ സ്വാധീനിക്കാൻ കഴിയും.

ദേഷ്യപ്രകടനമായാലും ദുഃഖമായാലും എല്ലാം സ്പർശം വഴിതന്നെയാണ് നമ്മൾഅവതരിപ്പിക്കാറുള്ളത്. നമ്മുടെ കൈകളിലോ ചുമലിലോതൊട്ട് ആരെങ്കിലും സഹായം അഭ്യർത്ഥിച്ചാൽ പോലും

നമുക്ക് എളുപ്പത്തിൽ അത് തള്ളിക്കളയാൻ ആവാറില്ലല്ലോ? നമ്മുടെ തൊലിയിൽ വൈകാരിക പ്രതികരണങ്ങൾ സൃഷ്ടിക്കാനുതകുന്ന സ്വീകരണ കേന്ദ്രങ്ങളുണ്ട് (receptors). ലൈംഗികോത്തേജനം മുതൽ വേദന വരെ നമ്മളനുഭവിക്കുന്നത് ഇവയുടെ പ്രവർത്തനഫലമായി ക്കൊണ്ടാണ്.

ഒരു തിരശ്ശീലക്ക് അപ്പുറത്തും ഇപ്പുറത്തും പരസ്പരം കാണാതെ കുറച്ചുവ്യക്തികളെ നിർത്തിക്കൊണ്ട് ഹേൺസ്റ്റൈയിൻ (Hernstein) എന്ന പേരായ ശാസ്ത്രജ്ഞൻ ഒരു പഠനം നടത്തുകയുണ്ടായി. ഈ പരീക്ഷണത്തിൽ തിരശ്ശീലക്ക് ഒരു വശത്ത് നിന്ന വ്യക്തികളിൽസൃ ഷ്ടിക്കപ്പെട്ട ദേഷ്യം, ഭീതി, ജുഗുപ്സ (disgust) എന്നീ വൈകാരിക ഭാവങ്ങൾമറുവശത്തിലുള്ളവർക്ക് കൂടി അനുഭവവേദ്യമാക്കാൻ സാധി ച്ചതായും നിരീക്ഷിക്കപ്പെട്ടുകയുണ്ടായി. കാഴ്ച, കേൾവി എന്നീ അനുഭ വങ്ങൾക്കുപരിയായി സ്പർശത്തിന് പുറം ലോകത്തെക്കുറിച്ചുള്ള വിവരങ്ങളുടെ അടിസ്ഥാനത്തിൽ നമ്മുടെ മനസികാവസ്ഥകളിൽ അവഗണിക്കാനാവാത്ത തരത്തിലുള്ള മാറ്റങ്ങൾ വരുത്താൻ കഴിയും എന്നാണ് ഇത്തരം പഠനങ്ങൾ വഴി തെളിയുന്നയത്.

സസ്തനിവിഭാഗത്തിൽപ്പെട്ട ഏതൊരു ജീവികളിൽപോലും സ്പർശം വഴി ഓക്സിറ്റോസിൻഎന്ന ഹോർമോൺ ഉത്പാദിപ്പിക്കാൻ കഴിയും. മാതൃസ്നേഹം മുതൽ പ്രണയം വരെ പ്രകടമാകുമ്പോൾ ഇതേ ഹോർമോൺ തന്നെയാണ് ഏറെയും ഉത്തേജിതമാവാറുള്ളത്.

മനുഷ്യസ്പർശമുണ്ടായപ്പോൾ എലികളിൽ 45 സെക്കന്റുകൾക്കു ള്ളിൽ തന്നെ ഓക്സിറ്റോസിൻ (Oxytocin) നിർമ്മിക്കപ്പെട്ടതായി പഠന ങ്ങൾ തെളിയിക്കുന്നു. പങ്കാളികളുടെ ആലിംഗനം ഏറെ ലഭിക്കുന്ന സ്ത്രീകളുടെ രക്തത്തിലും കൂടിയ അളവിലുള്ള ഓക്സിറ്റോസിൻഉള്ളതായി കാണപ്പെട്ടിട്ടുണ്ട്.

കുടുംബജീവിതത്തിലും വ്യക്തിജീവിതത്തിലും പലതരം പിരിമുറുക്ക ങ്ങൾഅനുഭവിക്കുന്നവരിൽ ആലിംഗനത്തിന് ഔഷധഗുണമുള്ളതായി നിരീക്ഷിക്കപ്പെടുന്നു.

റീസസ് കുരങ്ങുകളിൽ Harlow നടത്തിയ പഠനങ്ങൾ ഇതിന് സമാനമായ ഒട്ടേറെ തെളിവുകൾ കണ്ടെത്തിയിട്ടുണ്ട്. വിശപ്പും ദാഹ വുംകൊണ്ട് വലഞ്ഞിട്ടും പതുപതുത്ത മാതൃരൂപത്തെ വാരിപ്പുണർന്ന് കിടക്കാനാണ് കുരങ്ങുകുഞ്ഞുങ്ങൾ താത്പര്യം കാട്ടിയത് എന്നാണ് ഈ പഠനങ്ങളിലൂടെ കണ്ടെത്തിയത്. പാൽ ലഭിക്കുന്ന ഇരുമ്പുകൊ ണ്ടുണ്ടാക്കിയ മാതൃരൂപത്തിൽ അവർ എത്തിയത് പാൽകുടിക്കാൻ മാത്രമാണ്. പരസ്പരമുള്ള ശരീരസ്പർശത്തിന് ആഹാരത്തേക്കാൾ

പ്രാധാന്യമുണ്ടെന്ന് തന്നെയാണ് Harlowയുടെ പഠനങ്ങൾ തെളിയിക്കുന്നത്.

വളർത്തുമൃഗങ്ങളെ നമ്മൾ സ്പർശിക്കുമ്പോൾപോലും സ്പർശത്തിന്റെ വൈകാരികസ്വാധീനം ഉണ്ടാകുന്നതായി തെളിഞ്ഞിട്ടുണ്ട്.

കുട്ടികളോ കൗമാരക്കാരോ ടെഡ്ഡി ബെയറിനെ (teddy bear) പോലുള്ള കളിപ്പാട്ടങ്ങളും മറ്റും വാരിപുണരുമ്പോൾ പോലും സമാനമായ വൈകാരിക അനുഭൂതികൾ സൃഷ്ടിക്കപ്പെടുന്നുണ്ട്.

സ്ത്രീസ്പർശത്തിന് പുരുഷനിൽ ആഹ്ലാദം ജനിപ്പിക്കുന്ന വൈകാരിക സ്വാധീനം സൃഷ്ടിക്കാൻ കഴിയും എന്നത് ഒരു സാർവത്രിക സത്യമാണ്. ഇത് തിരികെ ലഭിക്കുമ്പോൾസ്ത്രീകളിലും സമാനമായ മാനസികാവസ്ഥ തന്നെയാണ് സൃഷ്ടിക്കപ്പെടുന്നത്. നമ്മുടെ സുരക്ഷിതത്വത്തെ അപകടപ്പെടുത്താത്ത വ്യക്തികളിൽ നിന്നുള്ള സ്പർശത്തിന് മാത്രമാണ് ആഹ്ലാദകരമായ ഫലം സൃഷ്ടിക്കാൻ കഴിയുക. അടുപ്പമുള്ളവരിൽനിന്നുള്ള സ്പർശത്തിന് മാത്രമാണ് മെച്ചപ്പെട്ട ഫലം ഉണ്ടാക്കാൻ കഴിയുകയുള്ളൂ. നമുക്ക് ഇഷ്ടമില്ലാത്തവരുടെയും, അപരിചതരുടെയും സ്പർശം ആരെയും അസ്വസ്ഥമാക്കാം. ഭാഷ ഉപയോഗിച്ച് തുടങ്ങാത്ത കുഞ്ഞുങ്ങളെയുൾപ്പെടെ അവരുടെ കണ്ണുകളിലൂടെയും പുഞ്ചിരിയിലൂടെയും മറ്റും കിട്ടുന്ന സന്ദേശങ്ങളെ വായിച്ചെടുത്തു കൊണ്ട് അവരുടെ ഇഷ്ടം അറിഞ്ഞതിനു ശേഷം മാത്രമേ സ്പർശിക്കാൻ പാടുള്ളൂ.

ഫിസ്കെ (Alen Page Fiske) എന്ന നരവംശശാസ്ത്രജ്ഞന്റെ അഭിപ്രായത്തിൽ ഒരു സമുദായത്തിനകത്ത് പരസ്പരം പങ്കുവെക്കലിന്റെ അനുഭവം നിർമ്മിക്കുന്നതിൽ സ്പർശത്തിന് സുപ്രധാനമായ പങ്കുണ്ട്. വിഭവങ്ങൾ കൂട്ടായി പങ്കുവെക്കാൻ നമ്മളെ പ്രേരിപ്പിക്കുന്നതിന് പോലും സ്പർശത്തിന് കഴിയുമെന്നാണ് ഫിസ്കെയുടെ കണ്ടെത്തൽ.

എൺപതുകളിൽ അമേരിക്കയിലെ ഒരു ബാറിൽ പരിചാരികരായി ജോലി നോക്കിയിരുന്ന സ്ത്രീകളിൽ നടത്തിയ ഒരു പഠനം സ്പർശത്തെ സംബന്ധിച്ച കൗതുകകരമായ ചില വസ്തുതകൾ വെളിച്ചത്തു കൊണ്ടുവരികയുണ്ടായി. ഉപഭോക്താക്കളിൽനിന്നും ബില്ലിന്റെ പണം എടുത്ത് ബാക്കി തരികെകൊടുത്തപ്പോൾ ചില പരിചാരികമാർ ഉപഭോക്താക്കളുടെ കൈവെള്ളയിലും ചുമലിലും സ്പർശിക്കുകയുണ്ടായി. ഇത്തരത്തിലുള്ള പരിചാരികമാർക്ക് കിട്ടിയ ടിപ്പ് പണത്തിൽഇങ്ങനെ ചെയ്യാത്ത പരിചാരികമാരെ അപേക്ഷിച്ച് 16-36% വരെ വർദ്ധനവ് ഉണ്ടായതായി കണ്ടെത്തി. മനുഷ്യരുടെ സാമ്പത്തിക പെരുമാറ്റ രീതികളെ പോലും മാറ്റിത്തീർക്കുന്നതിൽ സ്പർശത്തിനുള്ള സ്വാധീനം വളരെ വലുതാണെന്ന് മനസിലാക്കുന്നതിൽ ഈ പഠനം സഹായകമായിട്ടുണ്ട്.

അന്ധരായി ജനിക്കുന്നവർക്കുപോലും സാമാന്യമായി ആവശ്യമായതെല്ലാം ചെയ്തുകൊണ്ട് മുന്നോട്ട് പോകാൻ കഴിയുമെങ്കിലും സാമൂഹ്യസ്പർശമില്ലാതെ വളരാനിടവരുന്ന ഏതൊരു കുഞ്ഞിനും ജീവിതം ഏറെ പ്രയാസകരമായിരിക്കും. ഇതിന് ഉദാഹരണമാണ് 1980 കളുടെ അവസാനഘട്ടത്തിൽറൊമേനിയൻഅനാഥാലയങ്ങളിൽ മനഃശാസ്ത്രവിദഗ്ദ്ധർ കണ്ടെത്തിയ വളർച്ചാവൈകല്യങ്ങൾ നേരിട്ട കുട്ടികൾ. എന്നാൽ 1920- കളിൽ പ്രശസ്ത പെരുമാറ്റ ശാസ്ത്രജ്ഞനായ Y B Watson പോലും കുഞ്ഞുങ്ങളെ ഏറെയൊന്നും സ്പർശിക്കേണ്ടതില്ലെന്ന് വാദിച്ച വ്യക്തിയായിരുന്നു. ഉറങ്ങാൻകിടക്കുമ്പോൾ മാത്രം നെറ്റിത്തടത്തിലുള്ള ചുംബനവും ഉണർന്നെഴുന്നേല്ക്കുമ്പോഴുള്ള ഒരു ചുംബനവും പ്രഭാതത്തിൽ കൊടുക്കുന്ന ഒരു അഭിവാദനവും ഹസ്തദാനവും ഇത് കൂടാതെ എന്തെങ്കിലും നല്ല പ്രവർത്തികൾ ചെയ്തുകണ്ടാൽ കൊടുക്കാവുന്ന ഒരു ചുമൽസ്പർശത്തിലും ഒതുക്കാവുന്നതാണ് കുട്ടികൾക്ക് നൽകാവുന്ന സ്പർശം എന്നുമാണ് ഇദ്ദേഹം വിശ്വസിച്ചത്.

ഈ കാലഘട്ടത്തിൽ സ്നേഹവും അംഗീകാരവും കാണിക്കാനായി നടത്തുന്ന സ്പർശത്തെപോലും ലൈംഗികചൂഷണം ഭയന്നിട്ട് ഭയപ്പാടോടെ കാണാനാണ് നമ്മൾപ്രേരിപ്പിക്കപ്പെടുന്നത്. ഇത് തീർത്തും ദുഃഖകരമായ കാര്യം തന്നെയാണ്.

ലോകത്തെക്കുറിച്ചുള്ള അറിവിനെയും നമ്മുടെ ആത്മബോധത്തെയും നിർമ്മിക്കുന്നതിൽസ്പർശത്തിനുള്ള പങ്ക് വളരെ വലുതാണ്. മനുഷ്യരുൾപ്പെടെയുള്ള പ്രൈമേറ്റ് കുലത്തിൽപ്പെട്ട ബബൂൺ, ചിമ്പാൻസി, ബോണബോ, വെർവറ്റ് എന്നീ കുരങ്ങുകൾക്കു പോലും സ്പർശം ഏറെ സാധാരണമാണ്.

ഇവരൊക്കെ വലിയ കൂട്ടങ്ങളായാണ് ഒരിടത്ത് താമസിക്കുന്നത്. അവരുടെ മുഴുവൻനോട്ടവും അവർക്ക് ചുറ്റിലുമുള്ള പ്രദേശങ്ങളിലേക്ക് അയച്ചുകൊണ്ട് ഇരപിടിയന്മാരിൽനിന്ന് തങ്ങളുടെ കൂട്ടത്തെ സംരക്ഷിക്കുന്നതിൽ ഇവർ അതീവ ജാഗ്രത ഉള്ളവരാണ്. ഒരു പുള്ളിപ്പുലിക്ക് ഒറ്റതിരിഞ്ഞ ബബൂണിനെ തോൽപ്പിക്കാനാവുമെങ്കിലും, കൂട്ടത്തോടെയുള്ള അവരുടെ ചെറുത്തുനിൽപ്പിനുമുന്നിൽ അടിയറവ് പറയേണ്ടിവരുന്നത് പുലിക്ക് തന്നെയായിരിക്കും.

ഇരപിടിയന്മാരിൽനിന്നുള്ള ഭീഷണി കുറഞ്ഞിട്ടുള്ളതും, ആഹാരം സുലഭമായ ഇടങ്ങളിലുമാണ് ഇവർ കൂട്ടത്തോടെ താമസിക്കാറുള്ളത്. അതുകൊണ്ട്തന്നെ ഇവർക്ക് ഏറെ സമയം അവരുടെ സാമൂഹ്യജീവിതം ആസ്വദിക്കാൻ കഴിയുന്നുണ്ട്. എത്യോപ്യൻ കുന്നിൻപ്രദേശങ്ങളിൽകാണുന്ന ജെറാൾഡിൻ ബബൂണുകൾ(Geraldine Baboon)

ക്കിടയിലെ 20 ശതമാനവും പകൽ സമയം പരസ്പരം (groom) തലോടിക്കൊണ്ടാൺ കഴിയുന്നത് എന്ന് Dunbar നിരീക്ഷിക്കുന്നുണ്ട്. പരാദജീവികളെ നീക്കം ചെയ്യാനും, കെട്ടിപ്പിണഞ്ഞ മുടിയിഴകളും രോമങ്ങളും നേരെയാക്കാനും, അഴുക്കുകളയാനും മറ്റും ഉപകരിക്കുന്നതോടൊപ്പം അവരുടെ സാമൂഹ്യജീവിതത്തിന്റെ കെട്ടുറപ്പിനും ഉതകുന്നതാണ് അവരുടെ പരസ്പരമുള്ള സ്പർശം.

പരസ്പരവിശ്വാസവും സഹകരണവും ഉറപ്പിക്കുന്നതിനു കൂടി ഇതു പകരിക്കുന്നുണ്ട്. ഏറെ കുറഞ്ഞ അളവിൽ സ്പർശം കിട്ടി വളർന്ന പട്ടിക്കുട്ടികളിൽ സ്ഥലപരമായ അറിവ് ദുർബ്ബലമാവുന്നതോടൊപ്പം അവർ എളുപ്പത്തിൽ ഭയത്തിനടിപ്പെടുന്നതായും പഠനങ്ങളിലൂടെ തെളിഞ്ഞിട്ടുണ്ട്. പുതിയ ഇടങ്ങളിലേക്ക് താമസം മാറുന്നതിനോ പുതിയ ആഹാരസാധനങ്ങൾകഴിച്ച നോക്കുന്നതിനോ ഇത്തരം പട്ടിക്കുട്ടികൾ വിസമ്മതിക്കുന്നതായാണ് കാണാറുള്ളത്.

ഇങ്ങനെ താഴ്ന്ന നിരക്കിൽ സ്പർശം ലഭിച്ച ജീവികളിൽ മാനസിക സമ്മർദ്ദത്തിന് ഇട നൽകുന്ന കോർട്ടിസോളിന്റെ ഉത്പാദനത്തെ നിയന്ത്രിക്കുന്ന ACTH Dw Cortileosterone പോലുള്ള രാസഘടകങ്ങൾ രക്തത്തിൽ ഏറിയ അളവിൽ കണ്ടുവരാറുണ്ട്.

ഗർഭധാരണ സമയത്ത്തന്നെ ഏറെ ആദ്യം പ്രവർത്തനക്ഷമമാകുന്നത് സ്പർശാനുഭവം തന്നെയാണ്. (Amniolic Fluid) ഗർഭാശയദ്രവം ഏല്പിക്കുന്ന മർദ്ദത്തോടുള്ള ഭ്രൂണത്തിന്റെ പ്രതികരണം വഴിയും ഉദരത്തിലുള്ള സ്പർശം വഴിയും കൂടാതെ വിരലുറുഞ്ചുക, പ്രസവനാളിയിൽ പിടിക്കുക തുടങ്ങിയ കുട്ടിയുടെ തന്നെ ചലനങ്ങൾ മുഖേനയുമാണ് സ്പർശാനുഭവം ഉറച്ചുവരുന്നത്.

അമ്മ കുഞ്ഞിനെ ആലിംഗനം ചെയ്യുമ്പോൾ സ്വാഭാവികമായും തൊലിപ്പുറത്തുണ്ടാകുന്ന സ്പർശാനുഭവത്തിന്റെ പരിധി വർദ്ധിക്കുകയും അതുവഴി ശരീര ഊഷ്മാവ് പങ്കുവെക്കപ്പെടുകയും ചെയ്യുന്നുണ്ട്.

ഇതുവഴിയാണ് കുട്ടിയുടെ മസ്തിഷ്കത്തിലെ ഹൈപ്പോതലാമസ് (Hypothalamus) ശരീര ഊഷ്മാവ് നിജപ്പെടുത്തുന്നതും നിയന്ത്രണവിധേയമാക്കുന്നതും. ശൈശവത്തിൽഇത്തരത്തിലുള്ള സ്പർശാനുഭവങ്ങൾ ഇല്ലാതെ വരികയാണെങ്കിൽ പിൽക്കാലത്ത് പലതരം മാനസിക ദുർബ്ബലതകളും മറ്റും രൂപപ്പെടാനിടയുണ്ട്.

തൊലിയിൽ സാധാരണയായി രണ്ട്തരം ഇന്ദ്രിയഗ്രാഹികളാണ് (Sensory receptors) അടങ്ങിയിരിക്കുന്നത്. അവയിലൊന്ന് വസ്തുക്കളെ തിരിച്ചറിയുന്നതിനും കൈകാര്യം ചെയ്യുന്നതിനുമായി Somato sensory cortex ന് വിവരങ്ങളെത്തിക്കുക എന്ന പ്രാഥമിക ധർമ്മം (orbital medial cortex) ആണ് നിർവ്വഹിക്കുന്നത്. മറ്റൊന്ന് സ്വീകരണഗ്രാഹികൾ വഴി (orbital medial cortex) ഓർബിറ്റൽ മീഡിയൽ കോർട്ടെക്സിനെയും ഇൻസുലയെയും ഉത്തേജിപ്പിച്ചുകൊണ്ട് സ്പർശത്തെ സാമൂഹ്യവും വൈകാരികവുമായ അനുഭവങ്ങളുമായി ബന്ധപ്പെടുത്തുക എന്ന ധർമ്മവും നിറവേറ്റുന്നു.

രണ്ടാമത്തെ വ്യവസ്ഥ വഴിയാണ് ശാരീരിക സാമീപ്യത്തിനും സ്നേഹപൂർവ്വമുള്ള ആലിംഗനത്തിനും അനുസരിച്ച് ഹോർമോണുകളെ ഉദ്പാദിപ്പിക്കുകയും ലൈംഗിക പ്രതികരണം ഉളവാക്കുകയും മറ്റും ചെയ്യുന്നത്.

മൃദുസ്പർശവും ഊഷ്മളതയും വഴി ഓക്സിറ്റോസിനും മറ്റ് രാസഘടകങ്ങളും (endorphins) ഉത്പാദിപ്പിച്ചുകൊണ്ട് സാമൂഹ്യബന്ധങ്ങളെയും മറ്റും ബലവത്താക്കാനും ഇത് സഹായിക്കുന്നുണ്ട്. പ്രായം തികയാതെ പ്രസവിക്കുന്ന കുഞ്ഞുങ്ങളിൽ മൃദുവായ തലോടൽവഴി ഒട്ടനേകം പരിമിതികളെ മറികടക്കാൻ കഴിയുമെന്നും പല പഠനങ്ങളും സ്ഥിരീകരിച്ചിട്ടുണ്ട്.

മാനസിക പിരിമുറുക്കത്തിനിരയായ അമ്മമാരുടെ കുട്ടികൾക്ക് നേരിയ മാനസിക സംഘർഷങ്ങളെവരെ നേരിടാൻ ബുദ്ധിമുട്ടനുഭവപ്പെടാറുണ്ട്. അത്തരം പ്രശ്നങ്ങളിലൂടെ കടന്നുപോകുന്ന അമ്മമാരുടെ കുട്ടികൾക്ക് മതിയായ അളവിലുള്ള സ്പർശാനുഭവം കിട്ടാതിരിക്കുന്നതാണ് ഇതിനുള്ള മുഖ്യകാരണമായി മാറുന്നത്. ശരീരത്തിന്റെ പുറംഭാഗം നമ്മൾസ്വയം സ്പർശിക്കുന്നതിനേക്കാൾ മറ്റൊരാൾ സ്പർശിക്കുന്നത് ഏറെ സുഖകരമാകുന്നത് നമുക്ക് ഏവർക്കും അറിയാവുന്നതാണ്. തികച്ചും അപ്രതീക്ഷിതമായി മറ്റൊരാൾ നമ്മളെ സ്പർശിക്കുന്നത്പോലും ഏറെ ആശ്വാസകരമായിത്തീരാവുന്നതാണ്.

സ്പർശം എന്ന അനുഭവം ഏറെ കുറഞ്ഞുവരുന്ന ഒരു സാഹചര്യത്തിലാണ് നാം ഇന്ന് ജീവിക്കുന്നത് എന്നതാണ് യാഥാർത്ഥ്യം. രക്ഷിതാക്കൾ കുഞ്ഞുങ്ങൾക്ക് ഏതാണ്ട് 4 വയസ്സാകുമ്പോഴേക്കും തന്നെ ചില രോഗസാഹചര്യങ്ങളിൽ ഒഴിച്ച് അവരെ സ്പർശിക്കുന്നത് നന്നെ കുറവായിട്ടാണ് കാണപ്പെടുന്നത്. ഭാര്യാഭർത്താക്കന്മാർക്കിടയിൽപോലും പരസ്പരമുള്ള സ്പർശം നടക്കുന്നത് ആരുടേയും കണ്ണിൽപ്പെടാതെയാണെന്നതാണ് ഏറെ വിചിത്രമായി തോന്നുന്നത്.

ആധുനിക സമൂഹങ്ങളിൽ മസാജ് ചെയ്യാനുള്ള യന്ത്രങ്ങളും മറ്റ് ആധുനിക സംവിധാനങ്ങളും വികസിച്ചുവന്നത് ചിലർക്കെങ്കിലും ആശ്വാസം നൽകുന്ന കാര്യമാണ്.

എങ്കിലും മനുഷ്യസ്പർശത്തിന് പകരം നിൽക്കാൻ ഇവക്കൊന്നിനും കഴിയില്ല എന്ന വസ്തുത ബാക്കിനിൽക്കുന്നു. പരസ്പരമുള്ള അടുപ്പത്തിന്റെ അടയാളങ്ങളായാണ് തമ്മിൽത്തമ്മിലുള്ള സ്പർശം പ്രകടമാകുന്നത്. പൂച്ചകൾക്കിടയിൽപോലും ഇത്തരത്തിലുള്ള പരസ്പര സ്പർശങ്ങൾ കാണാൻ കഴിയും.

രക്തം കുടിക്കുന്ന വവ്വാലുകൾക്കിടയിൽപോലും സ്പർശത്തിന്റെ ഫലമായി പരസഹായപ്രേരിതമായ പെരുമാറ്റംവരെ പ്രകടമാവാറുണ്ട്. ബാറിൽ നടന്ന പരീക്ഷണഫലവും ഇതും തമ്മിലുള്ള സമാനതകൾ ഓർത്തുനോക്കുക. ഒരു പ്രത്യേക സാമൂഹ്യകൂട്ടായ്മക്കകത്ത് ലഭിക്കുന്ന സ്പർശാനുഭവങ്ങൾക്ക് പരസ്പര വിശ്വാസവും സഹകരണവും ഉറപ്പാക്കാൻ കഴിയും.

ക്രിസ്ത്യൻ പ്രാർത്ഥനാ സദസ്സുകളിൽ പരസ്പരമുള്ള കൈ മുത്തുന്നതും മറ്റും ഇതിന് ദൃഷ്ടാന്തങ്ങളാണ്. ഫുട്ബോൾ ഗ്രൗണ്ടുകളിൽ കളിക്കാർക്കിടയിലുള്ള പരസ്പര ആലിംഗനം വരെ ഇതിന് ദൃഷ്ടാന്തമായി എടുക്കാവുന്നതാണ്.

നമ്മുടെ കുട്ടിക്കാലത്ത് സ്പർശത്തെ അധികരിച്ചുള്ള ഇത്തരം പ്രവൃത്തികൾ വികസിച്ചുവരുന്നതിന് തുടക്കം കിട്ടുന്നത് കുട്ടിക്കാലത്ത് അമ്മയിൽനിന്നുള്ള സ്പർശത്തിലൂടെ ലഭിച്ച സുരക്ഷിതത്വത്തിന്റെയും വിശ്വാസ്യതയുടെയും തുടർച്ചയായാണ്.

സാമൂഹ്യസ്പർശത്തിനകത്ത് വൈകാരിക ഉള്ളടക്കം രൂപപ്പെടുന്നത് ഇപ്രകാരമുള്ള മുൻ സ്പർശാനുഭവങ്ങളുടെ ഓർമ്മകൾ (സഹചാരബന്ധം) വഴിയാണ് (Association). 1950 ൽ Seymore Levine നടത്തിയ പഠനത്തിൽ കുട്ടികളുടെ ജനനാന്തരമുള്ള പ്രാരംഭഘട്ടങ്ങളിലുള്ള അനുഭവങ്ങൾ പിൽക്കാല വ്യക്തിത്വരൂപീകരണത്തെപോലും എത്രമാത്രം സ്വാധീനിക്കുന്നുണ്ട് എന്ന് കണ്ടെത്തുകയുണ്ടായി. വിശേഷിച്ച് മാനസിക സമ്മർദ്ദങ്ങളോടുള്ള പ്രതികരണങ്ങളെ തീരുമാനിക്കുന്നതിൽ ഇത്തരത്തിലുള്ള ആദ്യകാല അനുഭവങ്ങൾക്ക് അനിഷേധ്യമായ സ്വാധീനം ചെലുത്താൻ കഴിയുന്നുണ്ടെന്നാണ് ഈ പഠനത്തിലൂടെ തെളിഞ്ഞിട്ടുള്ളത്.

Norway യിലെ പ്രത്യേക ഇനം എലികളിൽനിന്ന് മൂന്ന് എണ്ണത്തെ വേർതിരിച്ചെടുത്തുകൊണ്ട് 21 ദിവസം തുടർച്ചയായി 15 മിനിട്ട് വീതം മൃദുവായി തലോടി വളർത്തിയാണ് ഈ പഠനം നടന്നിട്ടുള്ളത്. ഇവയത്രയും വളർന്ന് വന്നപ്പോൾ ഒരുകൂട്ടം ഗുണകരമായ പെരുമാറ്റരീതികൾ പ്രകടിപ്പിക്കാനിടവന്നതായി രേഖപ്പെടുത്തിയിട്ടുണ്ട്.

സ്പർശാനുഭവത്തിലൂടെ വളർന്നു വന്ന എലികൾ ഭയരഹിതരായി പുതിയ ചുറ്റുപാടുകളിൽസഞ്ചരിക്കുന്നതിനും, ആഹാരം സമ്പാദിക്കുന്ന തിനുമുള്ള കഴിവ് നേടിയപ്പോൾ കൂട്ടത്തിലുണ്ടായിരുന്ന മറ്റ് എലികളാവ ട്ടെ സമാന സാഹചര്യങ്ങളിൽ കൂടിയ അളവിലുള്ള മനോസമ്മർദ്ദത്തി നിരയാവുകയും പുതിയ ഇടങ്ങളിൽ സഞ്ചരിക്കാൻ മടി കാണിച്ചതായും നിരീക്ഷിക്കപ്പെട്ടു.

മാനസിക സമ്മർദ്ദത്തിന് വിധേയമാകുമ്പോൾ പിറ്റിയൂറ്ററി ഗ്രന്ഥി (Pituitary Gland) പുറപ്പെടുവിക്കാറുള്ള Adreno Cortico Hormon - ന്റെ അളവ് നന്നേ കുറഞ്ഞ തോതിൽ മാത്രമാണ് സ്പർശാനുഭവത്തിന് വിധേയരായ എലികളുടെ രക്തത്തിൽ കണ്ടെത്തപ്പെട്ടിട്ടുള്ളത്. ഇത് കൂടാതെ അനുബന്ധ ഹോർമോണായ കോർട്ടിക്കോ സ്റ്റിറോയിഡിലും ഇതേ മാറ്റം പ്രകടമായിരുന്നു.

കുറഞ്ഞ അളവിൽ അമ്മ എലികളിൽ നിന്നുള്ള നക്കിത്തുടക്കലും സ്പർശവും ലഭിച്ച എലിക്കുഞ്ഞുങ്ങളിൽ സ്ഥലപരമായ വിജ്ഞാനം ആർജിച്ചുകൊണ്ട് പരിചിതമല്ലാത്ത ഇടങ്ങൾ തേടിപ്പോകാനുള്ള ശേഷിയും, ഭയം നിയന്ത്രിക്കാനുള്ള കഴിവും കുറഞ്ഞതായാണ് കണ്ടത്. ഇങ്ങനെ വളർന്ന എലികൾ പുതിയ ഇടങ്ങളിൽ ആഹാരം തേടിപോ കുന്നതിന് വിമുഖത പുലർത്തിയതായും രേഖപ്പെടുത്തപ്പെട്ടിട്ടുണ്ട്.

അതിസൂക്ഷ്മ ജീവിയായി കേവലം 302 ന്യൂറോണുകൾ മാത്രമുള്ള സീ എലഗൻസ് (C Elegans) ൽപോലും മറ്റ് സഹജീവികളൊത്ത് സ്പർശിച്ച് അതിജീവിക്കാനുള്ള സാഹചര്യങ്ങളിൽ ഉണ്ടാവുന്ന വളർച്ചാനിരക്കിൽ വർധനവുള്ളതായി കണ്ടിട്ടുണ്ട്.

മനുഷ്യശിശുവിൽ ഗർഭാശയത്തിനകത്ത് വച്ച് എട്ടാമത്തെ ആഴ്ച യോടെതന്നെ സ്പർശാനുഭവമാണ് പ്രവർത്തിച്ച് തുടങ്ങുന്നത്. സ്പർശ ത്തോടെ ആദ്യഘട്ടത്തിലെ അനിച്ഛാപൂർവ്വമായ പ്രതികരണത്തിൽ നിന്നും പ്രസവത്തോടടുക്കുന്നതോടെ പ്രത്യേക ഉദ്ദേശ്യം വച്ചുള്ള പ്രതികരണങ്ങൾ ഉണ്ടായി തുടങ്ങാറുണ്ട്.

ഇരട്ടക്കുഞ്ഞുങ്ങളാണെങ്കിൽ പലപ്പോഴും ഗർഭാശയത്തിൽ വെച്ച് ആയോധനമുറപോലെ അങ്ങോട്ടും ഇങ്ങോട്ടുമുള്ള ചവിട്ടും തൊഴിയും നടക്കുന്നുണ്ടെന്ന് ജേക്കബ് നഫാലിയെ പോലുള്ള ശാസ്ത്രകാരന്മാർ അഭിപ്രായപ്പെടുന്നുണ്ട്.

പര്യാപ്തമായ അളവിൽ സ്പർശാനുഭവമില്ലാതെ വളരാനിടവരുന്ന കുട്ടികളിൽപലതരത്തിലുള്ള പരിമിതികൾ ഉൾപ്പെടെ ഉണ്ടാകുന്നതായി ഇതിനകം തന്നെ നിരീക്ഷിക്കപ്പെട്ടിട്ടുണ്ട്.

ശാരീരികവളർച്ചയിലുണ്ടായ പരിമിതികൾ, ദുർബ്ബലമായ പ്രതിരോധവ്യവസ്ഥ, വൈകാരികവും ബുദ്ധിപരവുമായ വളർച്ചയിൽപോലും സംഭവിക്കുന്ന പരാധീനതകൾ എന്നിവക്കെല്ലാം കാരണമാകുന്നത് ഒരളവോളം സ്പർശാനുഭവത്തിലുള്ള ദാരിദ്ര്യം കൂടിയാണ് എന്ന് അനുമാനിക്കുന്നതിന് സഹായിക്കുന്ന തെളിവുകൾ ഏറെയാണ്.

ചില രാജ്യങ്ങളിലെ ആദിവാസി സമൂഹങ്ങൾക്കിടയിൽ കങ്കാരു പരിചരണം എന്ന രീതിയിലുള്ള ശിശുപരിലാളനാ രീതികൾ നിലനിൽക്കുന്നുണ്ട്. അത്തരത്തിലുള്ള ശിശുപരിലാളനകൾവഴി കുട്ടികളുടെ ആയുഷ്കാല വളർച്ചയെയും വികാസപ്രക്രിയകളെയും ശരിയാംവിധം മുന്നോട്ട് കൊണ്ടുപോകാൻ കഴിയുന്നുണ്ടെന്നാണ് അത്തരം സമൂഹങ്ങളുടെ അനുഭവങ്ങൾ വഴി തെളിയുന്നത്.

ചില സമൂഹങ്ങളിൽ സ്പർശത്തോട് ഒരു തരം ഭീതി കലർന്ന സമീപനമാണ് സൂക്ഷിച്ചുപോരുന്നത്. 1960 ൽതന്നെ Sydney Jouard പല രാജ്യങ്ങളിലെ കാപ്പിക്കടകളിൽ കാപ്പികുടിക്കുമ്പോൾ കാമുകീകാമുകന്മാർക്കിടയിൽ നടക്കുന്ന പരസ്പരമുള്ള ശരീരസ്പർശത്തെക്കുറിച്ച് പഠിക്കുകയുണ്ടായി.

സാൻജവാൻ എന്ന പ്രദേശത്ത് ഒരു മണിക്കൂറിൽ തന്നെ 180 ഓളം തവണ പരസ്പരം തൊടാനിടവരുമ്പോൾ Florida-യിൽ അത് രണ്ട് തവണയായി ചുരുങ്ങുകയും ലണ്ടനിൽ എത്തുമ്പോഴേക്കും ഒരിക്കൽ പോലും പരസ്പരം തീരെ തൊടാതിരിക്കുകയും ചെയ്യുന്ന സാഹചര്യവുമാണ് ഇദ്ദേഹം കണ്ടെത്തിയത്.

അമേരിക്ക പോലുള്ള രാജ്യങ്ങളിൽ യാത്ര പറഞ്ഞ് പിരിയുമ്പോൾ പരസ്പരം ആലിംഗനം ചെയ്യുക പതിവാണ്. എന്നാൽ ഇന്ത്യപോലുള്ള സമൂഹങ്ങളിൽ അപൂർവ്വമായി മാത്രമാണ് ഒരു ഹസ്തദാനമെങ്കിലും നിലവിലുള്ളത്. നമ്മുടെ സദാചാര സങ്കൽപ്പങ്ങളും, വിശ്വാസങ്ങളും, മൂല്യങ്ങളും ഇത്തരത്തിൽ സ്പർശിക്കുന്നതിൽനിന്ന് നമ്മളെ തടയുന്ന രീതികൾ ഇവിടെ വ്യാപകമാണ്.

ഗ്രീക്ക് തത്വശാസ്ത്രജ്ഞനായ അരിസ്റ്റോട്ടിൽപോലും സ്പർശത്തിന്റെ പ്രാധാന്യത്തെക്കുറിച്ച് പ്രതിപാദിച്ചിട്ടുണ്ട്. പക്ഷെ അദ്ദേഹത്തിന്റെ നിലപാടുകൾ മുൻവിധികൾ നിറഞ്ഞതായിരുന്നു എന്ന് മാത്രം. മൃദുവായ തൊലിപ്പുറമുള്ളവർ ചിന്തിക്കാൻ പ്രാപ്തിയുള്ളവരും അല്ലാത്തവർതാഴ്ന്ന നിലയിലുള്ളവരാണ് എന്നുമായിരുന്നു അദ്ദേഹത്തിന്റെ അഭിപ്രായം. അധ്വാനിക്കുന്നവർ മൃദുവായ തൊലിയില്ലാത്തവരായിരിക്കുക സ്വാഭാവികമാണ്. അതുകൊണ്ടു തന്നെ ഇത് അദ്ദേഹത്തിന്റെ ശാരീരികാദ്ധ്വാനത്തിലേർപ്പെടുന്നവരോടുള്ള പക്ഷപാതപരമായ സമീപനത്തിന്റെ

തുടർച്ചയായി ചുരുങ്ങിപ്പോകുകയായിരുന്നു എന്ന് അനുമാനിക്കാവുന്നതാണ്.

സ്പർശാനുഭവത്തിലൂടെ മാത്രമാണ് പുറംലോകവുമായുള്ള ബന്ധം സ്ഥാപിച്ചുകൊണ്ട് നമ്മളെക്കുറിച്ചും ലോകത്തെക്കുറിച്ചുമെല്ലാമുള്ള അറിവ് സംഭരിക്കാൻ കഴിയുന്നത്. ഈ പശ്ചാത്തലത്തിൽ സ്പർശത്തെ നീട്ടിവെക്കാനാവാത്ത ഒരു ജീവിതയാഥാർത്ഥ്യവും അനവാര്യതയുമായി തിരിച്ചറിയേണ്ടതുണ്ട്.

ഞാൻ

നാളിതുവരെ മനുഷ്യ വർഗം നേടിയെടുത്ത നേട്ടങ്ങളെ എത്ര പ്രശംസിച്ചാലും അധികമാവില്ല. എന്നാൽ അതോടൊപ്പം തന്നെ നമ്മൾ നേടിയ ഓരോ നേട്ടത്തോടൊപ്പവും ഒട്ടനവധി പോരായ്മകൾ കൂടി കാണാൻ കഴിയും.

ഇത്രയധികം നേട്ടങ്ങളും പോരായ്മകളും എല്ലാം ഉണ്ടാവാൻ കാരണമായത് നമുക്ക് ലഭ്യമായ ഏറെ മെച്ചപ്പെട്ടതും അതിസങ്കീർണത ഉൾക്കൊള്ളുന്ന മസ്തിഷ്കം വഴിയാണ്.

മസ്തിഷ്കത്തിന്റെയും നാഡീവ്യൂഹങ്ങളുടെയും പ്രവർത്തനങ്ങൾ അതിന്റെ ഉത്പത്തി പരിണാമ പ്രക്രിയയ്ക്കകത്ത് തന്നെ ഉള്ളടങ്ങിയ ഒട്ടേറെ മുൻവിധികളോടുകൂടിയാണ് ഇന്നും നമ്മുടെ ജീവിതാവശ്യങ്ങളെ നിറവേറ്റിക്കൊണ്ടിരിക്കുന്നത്. ചില സന്ദർഭങ്ങളിൽ ഉണ്ടാകുന്ന അസന്തോഷകരമായ വാർത്തകൾ പോലും സ്വീകരിക്കുന്നതിനാണ് നമ്മുടെ മനസ്സ് തയ്യാറാവുന്നത്. ഇപ്രകാരമുള്ള സ്വഭാവത്തിന് പരിധികൾ ഏറെയുണ്ടെങ്കിലും ഇത് മൂലമുണ്ടാകുന്ന സാധ്യതകളെ തള്ളിക്കളയാൻ കഴിയില്ല. ജീവിതത്തിൽ പലപ്പോഴും അപ്രതീക്ഷിതമായി ഉണ്ടാകാനിടയുള്ള കാര്യങ്ങളെ കുറിച്ചുള്ള മുൻകരുതൽ കൈകൊള്ളുന്നതിന് ഇത് ഒരുപരിധി വരെ സഹായകമായേക്കും. ഇക്കാരണം കൊണ്ടുകൂടിയാവണം നമ്മുടെ മനസ്സ് മിക്കപ്പോഴും സന്തോഷകരമല്ലാത്ത കാര്യങ്ങളിലേക്ക് പോലും വ്യാപരിക്കാൻ ഇടവരുന്നത്.

ഇന്ന് നമ്മുടെ ഓരോരുത്തരുടെയും ദൈനംദിന ജീവിതത്തിന്റെ അവിഭാജ്യഘടകമായിത്തീർന്ന വാർത്താമാദ്ധ്യമങ്ങൾപോലും സന്തോഷമുണർത്തുന്ന വാർത്തകളെക്കാളേറെ ദുരന്തവാർത്തകൾക്കാണ് അമിതപ്രാധാന്യം കൊടുക്കുന്നത്.

തുടർച്ചയായി ഇത്തരം ദുരന്തവാർത്തകൾ കാണാനും, കേൾക്കാനും ഇടവരുമ്പോൾ നമ്മുടെ മനസ്സ് ഇത്തരം അനുഭവങ്ങളുമായി സമരസപ്പെട്ടുപോകും. ഇതുമൂലം ദുരന്തവാർത്തകൾക്ക് പിന്നിലുള്ള യഥാർത്ഥ സംഭവങ്ങൾക്ക് പോലും സാക്ഷികളാവുമ്പോൾ നിർവ്വികാരമാവാനുമുള്ള സാധ്യതകൂടി നമ്മളിൽ ഇത് ബാക്കിവെക്കുന്നുണ്ട്.

ഏറെ ശ്രദ്ധിക്കപ്പെട്ടിട്ടുള്ള കലാസൃഷ്ടികളിൽ ദുഃഖം ജനിപ്പിക്കുന്ന പ്രണയം അടങ്ങിയിട്ടുള്ളവയിലേക്കാണ് നമ്മുടെ ശ്രദ്ധ കൂടുതലായി ആകർഷിക്കപ്പെടുന്നത്. പ്രസിദ്ധ ചിത്രകാരനായ വാൻഗോഗിന്റെ (Vangogh) കലാസൃഷ്ടികളിലേറെയും ദുഃഖത്തിന്റെ പ്രതീതി ജനിപ്പിക്കുന്നവയായിരുന്നു. അദ്ദേഹത്തിലുണ്ടായിരുന്ന കനത്ത ഉത്കണ്ഠയുടെയും വിഷാദത്തിന്റെയും പ്രതിഫലനമാണ് ഇത്തരം സൃഷ്ടികളെന്ന് കരുതപ്പെടുന്നുണ്ട്. അദ്ദേഹത്തിന്റെ തന്നെ വാക്കുകൾ ശ്രദ്ധിച്ചാൽ ഇത് മനസ്സിലാക്കാൻ കഴിയും. “I put my heart & soul into my work and lost my mind in the process”

ഇതിന് സമാനമായരീതിയിൽ മിന്നൽ രക്ഷാചാലകം കണ്ടെത്തുന്നതിനായി നമ്മളെ സഹായിച്ചിട്ടുള്ളത് മിന്നലിനെക്കുറിച്ചുള്ള ഭീതി തന്നെയാണ്.

സ്വതസിദ്ധമായ വാസനകളും, ആന്തരികമായി രൂപപ്പെടുന്ന പ്രേരണകളും, സാംസ്കാരിക ജീവിതത്തിലൂടെ ആർജ്ജിക്കുന്ന മൂല്യങ്ങളും വഴിയാണ് നമ്മുടെ ബോധംതന്നെ നിർമ്മിക്കപ്പെടുന്നത്. സ്വതസിദ്ധമായ വാസനകളും ആന്തരിക പ്രേരണകളുമെല്ലാം പലതരത്തിലുള്ള ജീവശാസ്ത്ര പ്രക്രിയകളുടെ (Biological processes) അനന്തരഫലങ്ങൾ കൂടിയാണ്.

പക്ഷെ, യാഥാർത്ഥ്യത്തെത്തന്നെ വികലമായി ചിത്രീകരിക്കുന്നതിലൂടെ അതിനനുസൃതമായ പെരുമാറ്റങ്ങളും മറ്റ് അനുബന്ധ സ്വഭാവങ്ങളും ഉണ്ടാകാനിടയുണ്ട്. ചിലപ്പോഴൊക്കെ നമ്മുടെ സമീപനങ്ങൾ പല വിധത്തിലുള്ള തെറ്റായ കാഴ്ചപ്പാടുകളുടെ ബലത്തിലുള്ള പ്രവർത്തികളിൽ ഏർപ്പെടാനുള്ള സാഹചര്യങ്ങളും ഉണ്ടാകാറുണ്ട്. ഇത്തരം ഘടകങ്ങളെ വിശകലനം ചെയ്യാതെ ബോധത്തെക്കുറിച്ച് മനസ്സിലാക്കുക ഏറെ പ്രയാസമാണ്.

ബോധത്തിന്റെ തന്നെ അനുബന്ധ ഘടകമായി ആവിർഭവിച്ച ആത്മബോധത്തെയാണ് ‘ഞാൻ’, ‘സ്വന്തം’ എന്നീ വിശേഷണങ്ങളിലൂടെ അവതരിപ്പിക്കപ്പെടുന്ന ‘സ്വത്വം’ ആയി മാറുന്നത്. മനുഷ്യന്റെ വംശചരിത്രത്തിൽ വൈകി എത്തിയ സാധ്യത മാത്രമാണ് ആത്മാവബോധം. (self consciousness) ജനിതകമായ നിഷ്കർഷകളുടെ

ഫലമായി സാംസ്കാരിക ലോകവും അതിനെ തുടർന്ന് ആർജ്ജിച്ച ആത്മാവബോധവും / ആത്മപ്രതിഫലന ശേഷിയുമാണ് നമ്മുടെ സകല നേട്ടങ്ങളുടെയും ഇന്ധനമായി മാറിയത് എന്നതിൽ അതിശയോക്തി ഇല്ല. ഏകദേശം 3000 വർഷങ്ങൾക്ക് മുൻപ് മാത്രമാണ് മനുഷ്യർ അവർ ചിന്തിക്കുന്നുണ്ട് എന്ന തിരിച്ചറിവ് ബലപ്പെടുത്തിയെടുക്കുന്നത്. അതിന് മുൻപ് തന്നെ പല ആശയങ്ങളിലൂടെയും വൈകാരികാവസ്ഥക ളിലൂടെയും അവർ കടന്നുപോകുകയുണ്ടായെങ്കിലും അവയുടെ മുകളിൽ അന്നത്തെ മനുഷ്യർക്ക് ആവശ്യമായ നിയന്ത്രണങ്ങളില്ലായിരുന്നു എന്ന് കരുതേണ്ടിയിരിക്കുന്നു.

ഗ്രീസിലെ പടയാളി മുതൽ പുരോഹിതൻ വരെ തനിക്ക് ഒരു പുത്തൻ ആശയം മനസ്സിലുദിച്ചപ്പോൾ അത് ദൈവമോ പിശാചോ അയച്ചത ന്ന സന്ദേശമായിരിക്കാമെന്നാണ് കരുതിപ്പോന്നത്. 'ബൈബിൾ', 'ഖുർആൻ' തുടങ്ങിയ മതഗ്രന്ഥങ്ങൾപോലും ഇതിന് ഉദാഹരണങ്ങ ളായി എടുക്കാവുന്നതാണ്.

മനുഷ്യൻ അവന്റെ/അവളുടെ സ്വയമുള്ള അധികാര (autonomy) ത്തെക്കുറിച്ച് തിരിച്ചറിയാൻ തുടങ്ങുന്നതോടെയാണ് തങ്ങൾക്ക് സ്വന്തം താത്പര്യങ്ങളുണ്ടെന്നും തങ്ങൾ സ്വതന്ത്രകർതൃത്വങ്ങളാണെന്നും (Free agent) തിരിച്ചറിയാൻ തുടങ്ങിയത്. ഇപ്രകാരമാണ് ജനിതക സമ്മർദ്ദങ്ങളുടെയും സാംസ്കാരിക സമ്മർദ്ദങ്ങളുടെയും പിടിയിൽനിന്ന് താരതമ്യേന പുറത്ത് കടന്നുകൊണ്ട് അവനവന്റെ അസ്ഥിത്വത്തെ തിരിച്ചറിയാനുള്ള അവസരം കൈവന്നിട്ടുള്ളത്.

ഇതിന്റെ ഭാഗമായിത്തന്നെയാണ് സ്വപ്നങ്ങൾ പോലും സ്വന്തമാ കാൻ തുടങ്ങിയത്. മുൻകാലങ്ങളിൽ സ്വപ്നങ്ങൾപോലും ദൈവത്തിന്റെ (അദൃശ്യശക്തിയുടെ) വെളിപാടുകളായാണ് കരുതപ്പെട്ടിരുന്നത്. ഇക്കാ രണത്താലാണ് ഫ്രോയിഡിന് മുൻപുണ്ടായിരുന്ന സ്വപ്ന വ്യാഖ്യാനങ്ങൾ പോലും വെളിപാട് പുസ്തകങ്ങൾ (Oracles) പോലെയായി മാറിയത്. ഫ്രോയിഡിലും ഇത്തരം പരമ്പരാഗത ധാരണകൾ ഭാഗികമായെങ്കിലും ഒളിഞ്ഞുകിടപ്പുണ്ടെന്ന് കരുതുന്നവരും ഇല്ലാതില്ല.

ഇദ്ദേഹത്തിന്റെ പഠനങ്ങളിൽ സഹജമായ ജൈവിക ചോദനകൾ ക്ക് (instincts) അമിതമായ ഊന്നൽ നൽകപ്പെട്ടു എന്നതാണ് ഇദ്ദേ ഹത്തെ മറ്റുള്ളവരിൽനിന്ന് വേറിട്ടുനിർത്തിയത്. കർതൃത്വത്തിന്റെ/ ആത്മബോധത്തിലൂന്നിയ ഒരു സമീപനം വികസിപ്പിച്ചെടുക്കുന്നതിൽ അദ്ദേഹത്തിന് ഏറെ മുന്നോട്ട് പോകാൻ കഴിഞ്ഞില്ല എന്നുള്ളത് മറ്റൊരു വസ്തുതയാണ്.

ആത്മബോധം വഴി വ്യക്തിസ്വാതന്ത്ര്യം ആഘോഷിക്കാനുള്ള അവസരങ്ങൾ ലഭ്യമായതോടൊപ്പംതന്നെ സ്വയംബോധത്തെ ത്യജിച്ചുകൊണ്ട് ego എന്ന വ്യാജബോധത്തെയും സൃഷ്ടിക്കാനുള്ള സാധ്യതകൂടി ഇത് ബാക്കിവെച്ചിട്ടുണ്ട്. ഇങ്ങനെയാണ് സ്വാർത്ഥത ഒരു പ്രമാണമായി മാറാൻ തുടങ്ങിയത്.

പ്രാചീനകാലങ്ങളിലെ ഗോത്രത്തലവന്മാർ മുതൽ ഫാസിസ്റ്റ് ചിന്താഗതിയുടെ പരമോന്നത മാതൃകയായിരുന്ന ഹിറ്റ്ലർ വരെ ഇത്തരത്തിൽ അവനവനെക്കുറിച്ചുള്ള വ്യാജബോധത്തിന്റെ ഇരകളായിരുന്നു.

മറ്റുള്ളവരെ അപേക്ഷിച്ച് തനിക്ക് കൂടുതൽ അധികാരവും മേന്മയും ഉണ്ട് എന്നു കരുതുന്നതോടെ മറ്റുള്ളവർക്കവകാശപ്പെട്ടതിനെക്കാൾ വിഭവങ്ങളും അതുവഴി കിട്ടുന്ന ആനന്ദവും തനിക്ക് മാത്രം അവകാശപ്പെട്ടതാണെന്ന് അത്തരക്കാർ ധരിച്ചുപോന്നു. അവരുടെ അനുയായികളാവട്ടെ, ആത്മാവബോധത്തെ പ്രകാശിപ്പിക്കാനാവാത്തവിധം അടിച്ചമർത്തലുകൾക്ക് വിധേയമാവുകയും ചെയ്തു. ചിലയിടങ്ങളിൽ അതുകൊണ്ടുകൂടിയാവണം അടിമകൾക്ക് ആത്മാവില്ല എന്ന രീതിയിലുള്ള വാദങ്ങൾ ശക്തിപ്പെട്ടത്.

ഗോത്രത്തലവന്മാരുടെ പദവിയിലേക്ക് ഉയർന്ന് വന്നവരുടെയും അഹന്ത (അമിതമായ ആത്മാവബോധം) ഒരു പാതി ജനിതകഘടകങ്ങളാലും മറുപാതി അയാളെ അനുസരിക്കുന്നവരിൽനിന്ന് കിട്ടിയ അംഗീകാരത്തിന്റെയും അനന്തരഫലമായിരുന്നിരിക്കണം. പക്ഷേ ഇത് താൽക്കാലികമായ ആഹ്ലാദമായി ഒടുങ്ങിപ്പോവുകയാണ് ഉണ്ടായത്. അക്കാരണത്താൽത്തന്നെ ആത്മവിചിന്തനം (self reflection) മൂലം ഉണ്ടാകേണ്ടിയിരുന്ന ഉൽക്കർഷേച്ഛ അവർക്ക് നഷ്ടപ്പെടുകയും ചെയ്തു. ആധുനികകാലത്തുള്ള ചില രാഷ്ട്രീയ പ്രസ്ഥാനങ്ങളുടെ നേതൃനിരയിലെത്തുന്നവർക്കും ഇത്തരത്തിലുള്ള മിഥ്യാവബോധം ഉണ്ടാവുന്നത് സ്വാഭാവികമാണ്. ജർമൻ സ്വേച്ഛാധിപതിയായിരുന്ന ഹിറ്റ്ലർ മുതൽ ഉത്തരകൊറിയയിലെ കിങ്ജോങ് വരെ അവനവനെകുറിച്ചുള്ള ഇത്തരം വ്യാജ അവബോധത്തിന്റെ ഇരകളാണ്.

'ഇലിയഡ്' എന്ന പൗരാണിക ഗ്രീക്ക് സാഹിത്യത്തിൽ തന്റെ സഹോദരന്റെ ഭാര്യയെ തട്ടിക്കൊണ്ടുപോയ അഗമെമ്നോനോട് യുദ്ധം ചെയ്യുന്നതിന് വേണ്ടി അക്കിലസ് പുറപ്പാട് നടത്തുന്നതും ഇത്തരത്തിലുള്ള വില കുറഞ്ഞ ഈഗോയെ (വ്യാജമായ അവബോധത്തെ) തൃപ്തിപ്പെടുത്തുന്നതിനുവേണ്ടിയായിരുന്നു. ഇത്തരം കഥകളെ പ്രതീകാത്മകമായി വായിക്കാൻ മാത്രമേ കഴിയുകയുള്ളൂ.

അക്കിലസിനെപോലുള്ള വ്യാജ ആത്മാവബോധത്തിനിരയാകുന്നവരുടെ മനസ്സിലുദിക്കുന്ന അമിതാവബോധത്തിന്റെ തീച്ചൂളയിൽ കൂട്ടുകാരും ബന്ധുക്കളും എല്ലാം വെന്തെരിയുന്നതാണ് ട്രോജൻ യുദ്ധത്തിൽ നമ്മൾ കാണുന്നത് (Illiad). മഹാഭാരതയുദ്ധകഥയേയും ഇതിന് മറ്റൊരു ദൃഷ്ടാന്തമായെടുക്കാവുന്നതാണ്.

എത്ര ശക്തമായാണ് മനുഷ്യന്റെ വ്യാജമായ ആത്മാവബോധം ചില പ്രതീകങ്ങളുമായി തന്മയീഭവിക്കാനിടവരുന്നത്! രാജ്യത്തിന്റെ അന്തസ്സിനെ അടയാളപ്പെടുത്തുന്ന ഒരു പ്രതീകമായാണ് ഇവിടെ ട്രോജൻ രാജകുമാരിയെ അടയാളപ്പെടുത്തുന്നത്. അത്രയേറെ ഒരാളുടെ സ്വയം ബോധം (self) ദുർബ്ബലമായിത്തീരുക എന്നത് സ്വാഭാവികമാണ്. ഒരു മനുഷ്യന്റെ സ്വത്വാവബോധം എന്നത് അവന്റേതെന്ന്/അവളുടേതെന്ന് സ്വന്തമായി കാണുന്ന എല്ലാറ്റിന്റെയും ആകെ തുകയാണ് എന്നാണ് William James അഭിപ്രായപ്പെടുന്നത്. സ്വന്തം ശരീരം, മാനസിക ശേഷികൾ, വസ്തുങ്ങൾ, വീട്, ഭാര്യ, കുട്ടികൾ, തന്റെ പൂർവ്വികരായവർ, സുഹൃത്തുക്കൾ, അയാൾ നേടിയ഼ ഖ്യാതി തുടങ്ങി തന്റെ ബാങ്ക് അക്കൗണ്ട് വരെ ഒരാളുടെ ആത്മാവബോധത്തെ അടയാളപ്പെടുത്തുന്നുണ്ടെന്ന് കൂടി ഇദ്ദേഹം അഭിപ്രായപ്പെടുന്നു.

നമ്മുടെ ഉടമസ്ഥതയിലുള്ള വല്ലതും ഉടൻ നഷ്ടപ്പെടുന്ന സാഹചര്യം വന്നാൽ വ്യക്തിത്വത്തെതന്നെ അത് താറുമാറാക്കുകയും ഒടുക്കം ശൂന്യതയിലേക്ക് തള്ളിവിടുകയും ചെയ്യാറുണ്ട്.

ഇത്തരം സന്ദർഭങ്ങൾ ഉണ്ടാവാതിരിക്കാനായി നമ്മൾ പിൻപറ്റുന്ന പ്രതീകങ്ങളുടെ മേൽ ഭീഷണിയുയർത്താനിടയുള്ള എല്ലാവരെയും ജാഗ്രതയോടെ നിരീക്ഷിക്കുക എന്നത് പതിവായിത്തീരുക സ്വാഭാവികമാണ്. ലോകത്തെക്കുറിച്ചുള്ള നമ്മുടെ ധാരണതന്നെ നല്ലത്/ചീത്ത എന്ന മട്ടിൽ വേർതിരിയുന്നത് ഇത്തരം വ്യാജ അവബോധനിർമ്മിതിയുടെ കൂടി ഫലമാണ് (False self construction).

നമ്മുടെ ആത്മബിംബത്തെ (self image) അഥവാ സ്വന്തം പ്രതിച്ഛായയെ സംരക്ഷിക്കുന്നവരും അല്ലാത്തവരും എന്ന രീതിയിലാണ് ഈ വേർതിരിവ് പ്രകടമാവുന്നത്.

ഇതുതന്നെയാണ് ഒട്ടുമിക്ക സാമ്പ്രദായിക വിശ്വാസ പാരമ്പര്യങ്ങളുടെ കാര്യത്തിലും സംഭവിക്കുന്നത്. മതം, ജാതി, ഗോത്രവിശുദ്ധി എന്നിവയെല്ലാം ഇത്തരത്തിലുള്ള വേർതിരിവുകളുടെ യുക്തിക്കകത്താണ് ഉപജീവിക്കുന്നത്. യാഥാർത്ഥ്യത്തെ തങ്ങളുടെ വ്യാജ അവബോധ (ego) ത്തിന്റെ ആവശ്യത്തിനുതകുന്ന വിധത്തിൽ വികലമാക്കപ്പെടുകയാണ് ഇത്തരം സന്ദർഭങ്ങളിൽ സംഭവിക്കുന്നത്. എന്നാൽ സാങ്കേതികമായി

മുന്നേറിയ സമൂഹങ്ങളിൽ മനുഷ്യർ അവരുടെ ആത്മാവബോധത്തെ വിശ്വാസങ്ങളുടെ അടിസ്ഥാനത്തിലല്ല കെട്ടിപ്പൊക്കിയിട്ടുള്ളത്. മറിച്ച് ഓരോരുത്തരും സ്വപ്രയത്നങ്ങളിലൂടെ ആർജ്ജിച്ച നേട്ടങ്ങളെ അടിസ്ഥാനപ്പെടുത്തിയാണ് അവരുടെ ആത്മാവബോധം നിർമ്മിക്കപ്പെടുന്നത്.

വസ്തുക്കളുടെ മുകളിൽ നമുക്കുള്ള അധികാരവും, ഉടമസ്ഥതയുമാണ് നമ്മുടെ (self) സ്വത്വാവബോധത്തെ വിലമതിക്കാനാകാത്തതായി മാറ്റുന്നത് എങ്കിൽ അത് ഏറെ പരിമിതികൾ പിന്നീട് നേരിടേണ്ടിവരും. എത്രയേറെ പുറത്തുള്ള വസ്തുക്കൾ, പ്രതീകങ്ങൾ എന്നിവയുമായി തന്മയീഭവിച്ച് കൊണ്ട് നമ്മുടെ ആത്മബോധത്തെ സമർത്ഥിക്കാൻ ശ്രമിക്കുന്നുവോ അത്രമാത്രം അവരവരുടെ ആത്മബോധവും ദുർബ്ബലപ്പെടും. ഇതുകൊണ്ട്കൂടിയാവണം ബുദ്ധപാരമ്പര്യം പോലുള്ള വിശ്വാസ സമ്പ്രദായങ്ങൾവസ്തുക്കളോടും ഉടമസ്ഥതയോടും മറ്റുമുള്ള ആസക്തി വെടിയാനാവശ്യപ്പെട്ടത്.

വസ്തുക്കൾക്ക് പകരം നമ്മുടെ പ്രിയപ്പെട്ടവരുമായി ബന്ധപ്പെട്ടുകൊണ്ടും ആത്മബോധത്തെ അവതരിപ്പിക്കാവുന്നതാണ്. തറവാട് എന്ന സങ്കല്പം, ഇന്നയാളുടെ മകനാണ് എന്നൊക്കെയുള്ള അഭിമാനബോധത്തെ ഇതിന് ദൃഷ്ടാന്തമായി എടുക്കാവുന്നതാണ്.

ഭൗതിക സ്വത്തുക്കൾ കുറവായിരുന്ന കാലങ്ങളിൽ ഇത്തരത്തിലായിരുന്നു സ്വത്വബോധം വെളിവായിരുന്നത്. ട്രോജൻ രാജാവിന്റെ മകനായ പാരിസ് സ്പാർട്ടയിലെ രാജാവായ മേനിലെയ്സിന്റെ ഭാര്യയായ ഹെലനുമായി ഒളിച്ചോടിയതിനെ തുടർന്നുണ്ടായ ട്രോജൻ യുദ്ധം ഇതിന്റെ കാവ്യദൃഷ്ടാന്തമായെടുക്കാവുന്നതാണ്. മേനിലെയ്സിന്റെ സഹോദരനും മുഖ്യ പടയാളിയുമായ അഗമെംനൺ സ്പാർട്ടയുടെ സഖ്യകക്ഷികളെ പോലും സമാഹരിച്ചുകൊണ്ടു യുദ്ധത്തിനൊരുങ്ങുന്നത് തന്റെ കുടുംബത്തിന്റെ അഭിമാനബോധത്തിനേറ്റ പരിക്കിന് പ്രതികാരമായിട്ടുകൂടിയാണ്. കേരളീയ സാഹചര്യത്തിൽ പോലും ചില യുവതി യുവാക്കൾ പ്രണയാനന്തരം വിവാഹത്തിലേർപ്പെടാൻ ശ്രമിക്കുമ്പോൾ സാമ്പത്തിക പദവിയുടെയും, ജാതീയ പദവിയുടെയും അടിസ്ഥാനത്തിൽ അത്തരം വ്യക്തികളെ ഇല്ലായ്മ ചെയ്യാൻ വരെ മുതിർന്നതിന്റെ ചരിത്രം ഏറെ വിദൂരമല്ല, എന്നുമാത്രമല്ല ഇന്നും അതിനു പൂർണമായ വിരാമമായി എന്ന് പറയാനും കഴിയില്ല.

കുട്ടികളുടെ കാര്യത്തിൽ അമിത നിയന്ത്രണവും സംരക്ഷണവും കാണിക്കുന്ന രക്ഷിതാക്കൾ മുതൽ കാമുകി/കാമുകൻ, ഭർത്താവ്/ഭാര്യയ്ക്ക് മുകളിൽ അമിത നിയന്ത്രണം നേടിയെടുക്കാൻ ശ്രമിക്കുന്നവർ

ഉൾപ്പെടെ ഇത്തരം വ്യാജ ആത്മാവബോധത്തിന്റെ ഇരകളാണ്. ഇത്തരക്കാരിലെല്ലാം മിതമായ അളവിലും താരതമ്യേന നിർദ്ദോഷമായുമാണ് ഈഗോ വെളിപ്പെടാറുള്ളത്.

എന്നാൽ, സ്വന്തമെന്ന് കരുതുന്ന പ്രത്യയശാസ്ത്രത്തിനുവേണ്ടിയും വിശ്വാസ സമ്പ്രദായങ്ങൾക്കുവേണ്ടിയും ജീവത്യാഗം ചെയ്യാൻ തയ്യാറാകുന്ന രാഷ്ട്രീയപ്രവർത്തകർ, ജാതി, മത വിശ്വാസങ്ങൾ എന്നിവ ഒരു പരിധി വരെ ഇത്തരത്തിലുള്ള ആത്മത്യാഗങ്ങളെ അറിഞ്ഞോ അറിയാതെയോ പ്രോത്സാഹിപ്പിക്കുന്നുണ്ട്. ഇത്തരക്കാരെയും ഈ പട്ടികയിൽതന്നെ പെടുത്താവുന്നതാണ്.

ഇത്തരക്കാരുടെ വ്യാജമായ അഭിമാനബോധത്തിന്റെ അളവില്ലുള്ള ഏറ്റക്കുറച്ചിലുകൾ മാത്രമാണ് അവിശ്വസനീയമെന്ന് തോന്നുന്ന മേൽസൂചിപ്പിച്ച കാര്യങ്ങളിൽപ്പോലും പ്രകടമാവുന്നത്. സ്വന്തം സുരക്ഷിതത്വം ഉറപ്പിക്കുക എന്ന ആവശ്യത്തെക്കൂടി പരിഹരിക്കുന്നതിൽ ഇപ്രകാരമുള്ള സ്വയം പെരുപ്പിക്കലിന് (self exaggeration) കഴിയുന്നുണ്ട് എന്നത് കൂടിയാവണം ഇങ്ങനെയുള്ള പെരുമാറ്റരീതികൾ പ്രബലപ്പെടുന്നതിനു സഹായകരമായി മാറുന്നത്.

മറ്റാളുകളെ/പ്രത്യയശാസ്ത്രത്തെ സംരക്ഷിക്കുക എന്നത് പലപ്പോഴും നിയന്ത്രിക്കാനുള്ള താത്പര്യത്തിന്റെ പ്രതിഫലനം കൂടിയാവാം. ആത്മാവബോധത്തിന്റെ ശക്തിയായി അത്തരത്തിലുള്ള നിയന്ത്രണശേഷിക്ക് മാറാൻ കഴിയും. ഇക്കാരണത്താൽ തന്നെയാവണം ബുദ്ധചിന്തയും ജൈനചിന്തയും ആത്മനിരാകരണ തത്വത്തെ മുറുകെ പിടിക്കാൻ ശ്രമിച്ചത്.

കുളിപ്പിച്ച വെള്ളത്തോടൊപ്പം കുട്ടിയെയും കളയുക (throwing the baby with the bathwater) എന്ന പഴമൊഴിപോലെ ബുദ്ധജൈന പാരമ്പര്യങ്ങൾ മുന്നോട്ട് വെക്കുന്ന ആത്മനിരാകരണതത്വം മായികമായ പരിഹാരം മാത്രമായി ഒതുങ്ങിപ്പോയതിന്റെ കാരണവും മറ്റൊന്നല്ല.

ഒരു സമൂഹത്തിനും ആത്മപരിത്യാഗത്തിലൂടെ അതിജീവിക്കാൻ കഴിയില്ല. മനുഷ്യനെ സംബന്ധിച്ച മോഹചിന്തകളും മനുഷ്യന്റെ സാധ്യതകളിലുള്ള അമിത പ്രതീക്ഷകളുമാണ് ഇമ്മട്ടിലുള്ള തത്വശാസ്ത്രങ്ങളുടെ അടിത്തറ.

പ്രതീക്ഷകളോടെ ഭാവിയെക്കുറിച്ച് വിഭാവന ചെയ്യുന്നതിനും പുതിയ സാദ്ധ്യതകൾ തിരക്കുന്നതിനും എല്ലാംതന്നെ ആഗ്രഹങ്ങൾ ഉണ്ടാവേണ്ടതുണ്ട്. ആഗ്രഹങ്ങൾ ഉണ്ടാവുന്നതാവട്ടെ എന്റെ ഞാനെന്ന

അവബോധത്തിനകത്താണ്. എല്ലാവർക്കും പ്രാപ്യമായ നന്മയും നേട്ടങ്ങളുമായി തന്മയീഭവിച്ച് താദാത്മ്യപ്പെട്ട (identify) കൊണ്ട് മാത്രമാണ് ഭാവിയിൽ നിലനിൽക്കാൻ പോകുന്ന ആത്മാവബോധ ത്തിന് അതിന്റെ വേര് പടർത്താൻ കഴിയുക.

നമ്മൾ എപ്പോഴും മനുഷ്യവംശത്തിന്റെ മികവിനെക്കുറിച്ചും അതു ല്യതയെക്കുറിച്ചും സംസാരിച്ചുകൊണ്ടേ ഇരിക്കുന്നു. പാടിപുകഴ്ത്തുന്നത ല്ലാതെ, അതോടൊപ്പം നമ്മുടെ കൂടെത്തന്നെ ഈ ഭൂമി പങ്ക് വെക്കുന്ന മറ്റ് ലക്ഷക്കണക്കിന് ജീവികളെക്കുറിച്ചും അവരുടെ സാധ്യതകളെക്കു റിച്ചും സൗകര്യപൂർവ്വം വിസ്മരിക്കുന്നു.

ഭൗമ തരംഗങ്ങൾ (Seismic Waves) പിടിച്ചെടുത്ത് ഇരയുടെ സ്ഥാനം അടയാളപ്പെടുത്താൻ കഴിയുന്ന തേളുകൾ, അന്തരീക്ഷത്തിലെ നമ്മുടെ ചെവികൾക്ക് പിടിച്ചെടുക്കാനാവാത്ത തരംഗവേഗമുള്ള ശബ്ദങ്ങളിലൂടെ ഭക്ഷണവും ശത്രുക്കളെയും എല്ലാം അടയാളപ്പെടുത്താനാവുന്ന വവ്വാ ലുകൾ, വൈദ്യുത തരംഗങ്ങൾ പുറപ്പെടുവിച്ച് ഭക്ഷണം കണ്ടെത്തുന്ന മത്സ്യങ്ങൾ, (elecrtric fish), ആയിരക്കണക്കിന് മൈലുകൾ പിന്നിട്ട് ദേശാടനം നടത്തുന്ന പക്ഷികൾ എന്നിവയെല്ലാമടങ്ങുന്ന അനന്തവൈ വിധ്യങ്ങൾക്കിടയിൽ ഒരു വേറിട്ട ജീവി മാത്രമാണ് മനുഷ്യർ എന്നത് ഓർക്കാതിരിക്കുന്നത് നമ്മളോടും പ്രകൃതിയോടും ചെയ്യുന്ന അനീതി യായിരിക്കും. വൈക്കം മുഹമ്മദ് ബഷീറിനെപ്പോലുള്ള എഴുത്തുകാരും കലാകാരന്മാരുമൊക്കെയാണ് ഇതിന് അപവാദമായി മാറുന്നത്.

നമ്മൾ ഓരോരുത്തരും മറ്റുള്ളവർ നമ്മളെക്കുറിച്ച് എന്ത് ചിന്തി ക്കുന്നു എന്ന് വ്യാകുലപ്പെട്ടുകൊണ്ടേ ഇരിക്കുക പതിവാണ്. ഇത് മനുഷ്യസമൂഹത്തിലന്തർഭവിച്ച സാമൂഹ്യജീവിതത്വരയുടെതന്നെ പ്രകാ ശനമായി കാണാവുന്നതാണ്. മറ്റുള്ളവരുമായുള്ള ബന്ധങ്ങൾ സ്ഥാപി ക്കുന്നതിനും, അവരുടെ സാമീപ്യത്തിൽ നിൽക്കാനുമുള്ള ആന്തരിക പ്രേരണയുടെ ഫലമായാണ് മനുഷ്യരിൽ ആത്മാവബോധംപോലും ആവിർഭവിച്ചിട്ടുള്ളത്. ജനിച്ചുവീഴുന്ന നിമിഷം മുതൽ അവസാനനിമി ഷംവരെ ഓരോരുത്തരും അന്യരിലൂടെതന്നെയാണ് ജീവിക്കുന്നത്.

അന്യരുടെ അരികിൽ തുടരുന്നതിനും, അവരുമായി മാനസികമായ അടുപ്പം പുലർത്തുന്നതിനുമുള്ള ആഗ്രഹത്തിന്റെ ഭാഗമായാണ് ഈ പ്രേരണ (drive) പ്രവർത്തിക്കുന്നത്. സാമൂഹ്യമായി ഒറ്റപ്പെടുന്നതിനെ ക്കുറിച്ചുള്ള ആധിയിൽനിന്നാണ് ആത്മാവബോധം പ്രവർത്തനക്ഷമമാ യിട്ടുള്ളത്. അന്യർ നമ്മളെ കാണുന്നതിലൂടെയാണ് നമുക്ക് നമ്മളെയും സ്വയം കാണാനാവുന്നത്.

എല്ലാമൃഗങ്ങളിലും സൂക്ഷ്മരൂപത്തിലുള്ള ശ്രദ്ധ, ചുറ്റുപാടിനനുസരിച്ച് നീങ്ങാനുള്ള കഴിവ്, സ്ഥിരതാബോധം അനുഭവിക്കാനുള്ള ശേഷി, കർതൃത്വം എന്നീ സ്വത്വനിർമ്മിതിയുടെ അടിസ്ഥാന പ്രവർത്തനതത്വങ്ങൾ എല്ലാംതന്നെ ഉള്ളടങ്ങിയിട്ടുണ്ട്.

കുഞ്ഞുങ്ങൾക്കിടയിലുള്ള നാട്യലീലകൾക്ക് സ്വാവബോധനിർമ്മിതിയിലുള്ള പങ്കിനെക്കുറിച്ച് മാർഗരറ്റ് മീഡ് (Margaret Mead) എന്ന നരവംശശാസ്ത്രജ്ഞ പരാമർശിച്ചു കാണുന്നുണ്ടെങ്കിലും അതിനെ കാര്യമായെടുക്കാൻ ഏറെ കാലത്തേക്ക് വികാസമനശാസ്ത്ര മേഖലക്ക് പോലും (Developmental Psychology) കഴിഞ്ഞിരുന്നില്ല.

കുട്ടിയുടെ 4-ാമത്തെ മാസത്തിലൽത്തന്നെ അമ്മയുമായി നാട്യലീലകൾക്ക് തുടക്കമിടുന്നുണ്ട് (Piaget പ്രദിപാദിക്കുന്ന Sensory Motor ഘട്ടം). കുട്ടിക്കാലങ്ങളിലുണ്ടാവുന്ന സ്നേഹബന്ധങ്ങൾ സുരക്ഷിത മാതൃകയിലാണെങ്കിൽ അത് ആത്മാവബോധ നിർമ്മിതിയെ (Self awareness) ഗുണകരമായി സ്വാധീനിച്ചേക്കാം എന്ന് തന്നെയാണ് Stephen Pinker - നെ പോലുള്ള ചിന്തകരും അഭിപ്രായപ്പെടുന്നത്. ആത്മാവബോധത്തിന്റെ പിൻബലത്തിലാണ് നമ്മുടെ നിലനിൽപ്പിനുതകുന്ന വിധത്തിൽ ഏതു കാര്യവും ഏറ്റെടുക്കുന്നതിനും, ഏറ്റെടുത്ത പ്രവൃത്തികൾ വിജയകരമായി പൂർത്തീകരിക്കുന്നതിനും കഴിയുന്നത്.

സ്വന്തം തീരുമാനങ്ങൾ പോലെതന്നെ മറ്റുള്ളവരുടെ തീരുമാനങ്ങൾക്കും നമ്മുടെ ജീവിതത്തെ എങ്ങനെ സ്വാധീനിക്കാൻ കഴിയും എന്ന് ഉറപ്പിക്കാനാവുന്നതും ഇതുമൂലം തന്നെയാണ്.

റോഡ് കുറുകെ കടക്കുമ്പോൾപ്പോലും നിങ്ങളുടെ നടത്തവേഗം, ചലനരീതി എന്നിവയെക്കുറിച്ചുള്ള അവബോധം ഉള്ളതിനാലാണ് അപകടം കൂടാതെ റോഡ് മുറിച്ച്കടക്കാനാവുന്നത്.

വേട്ടയാടി ജിവിച്ചിരുന്ന കാലത്ത് പോലും വേട്ടമൃഗത്തിന്റെ ചലനങ്ങൾ മനസ്സിലാക്കി വേട്ടക്കാരൻ തന്റെ ചലനങ്ങളെ ക്രമപ്പെടുത്താൻ കഴിഞ്ഞില്ലായിരുന്നെങ്കിൽ മറ്റ് മൃഗങ്ങളുടെ വായിൽപ്പെട്ട് മനുഷ്യവർഗം തന്നെ ഇല്ലാതാകുമായിരുന്നു. ഒന്നിന് പിറകെ മറ്റൊന്ന് എന്ന ക്രമത്തിൽ ഓരോ പ്രവൃത്തിയെയും ആസൂത്രണം ചെയ്യാൻ കഴിവില്ലാതായാൽ ഉപകരണങ്ങൾ നിർമ്മിക്കാനുള്ള ശേഷിപോലും ഇല്ലാതാവും.

ഏത് കാര്യമാണ് ആദ്യം ചെയ്യേണ്ടത് എന്ന് തീരുമാനിക്കുന്നതിന് മുന്നോടിയായി തന്നെ ഈ പ്രവൃത്തി എന്ത് പ്രത്യാഘാതങ്ങളാണ് ഉണ്ടാക്കാനിടയുള്ളത് എന്നുകൂടി മനസ്സിലാക്കുന്നതിനും ആത്മാവബോധം അനിവാര്യമായിത്തീരുന്നുണ്ട്.

മനശാസ്ത്രമേഖലയിൽ സ്വാവബോധ(self)ത്തെ പൊതുവായ ആത്മാവബോധമെന്നും (general self) സ്വകാര്യആത്മാവബോധം (private self) എന്നും വേർതിരിക്കുന്നുണ്ട്.

ഇതിൽ ആദ്യത്തെ തരത്തിലുള്ള ആത്മാവബോധം (self awareness) പ്രസക്തമാകുന്നത് നമ്മൾ മറ്റുള്ളവരുടെ ശ്രദ്ധക്ക് വിധേയരാകമ്പോഴാണ്. ഇങ്ങനെയുള്ള പൊതു ഇടങ്ങളിൽവെച്ച് സ്വരൂപിക്കപ്പെടുന്ന ആത്മാവബോധം കാരണമാണ് സാമൂഹ്യമര്യാദകളും ചട്ടങ്ങളും പാലിക്കാൻനാം ശീലിക്കുന്നത്. നാം മറ്റുള്ളവരുടെ ശ്രദ്ധക്ക് വിഷയമാവുന്നുണ്ട് എന്ന തിരിച്ചറിവിൽനിന്നാണ് അവർക്ക് കൂടി സ്വീകാര്യമായ രീതിയിൽ പെരുമാറാൻ തുടങ്ങുന്നത്.

ചില ഘട്ടങ്ങളിൽ യാഥാർത്ഥ വ്യക്തിത്വത്തിൽനിന്ന് വേറിട്ട രീതിയിൽ പെരുമാറാൻഇത്തരം സന്ദർഭങ്ങൾ നമ്മളെ പ്രേരിപ്പിക്കുന്നതാണ്. ഇപ്രകാരം രൂപപ്പെടുന്ന ആത്മാവബോധത്തിന്റെ മുഖ്യപരിമിതിയായി മാറുന്നത് അത് ചിലരിലെങ്കിലും മറ്റുള്ളവരാൽ അവലോകനം ചെയ്യപ്പെടുന്നതുമായി ബന്ധപ്പെട്ട ഉത്ക്കണ്ഠ ജനിപ്പിച്ചേക്കാം എന്നതാണ് വസ്തുത.

സ്വകാര്യമായ ആത്മാവബോധത്തിന്റെ പ്രകടമാതൃകയാണ് കണ്ണാടിയിൽ നോക്കുമ്പോൾഉണ്ടാകുന്ന മാനസികാവസ്ഥ. പരീക്ഷക്ക് തയ്യാറെടുക്കുമ്പോൾ നേരിടുന്ന മാനസികനിലയും ഇതിന് സമാനമായ അവസ്ഥകളാണ് സൃഷ്ടിക്കുന്നത്. അടുത്ത കുടുംബങ്ങൾക്കും സുഹൃത്തുക്കൾക്കും അംഗങ്ങൾക്കും മാത്രമാണ് സ്വകാര്യസ്വത്വത്തെക്കുറിച്ചറിയാൻ കഴിയൂ. എന്നാൽ അവർക്ക് നമ്മളെ ശരിയായ രീതിയിൽ വിലയിരുത്താൻ പറ്റണം എന്ന് നിർബന്ധവുമില്ല.

അന്യരെ നമ്മുടെ മനസ്സിൽ പാർപ്പിക്കുക എന്നത് നമ്മുടെ വംശസ്വഭാവമാണ്. നാം അനുഭവിക്കുന്ന ഭൂരിഭാഗം മാനസിക സംഘർഷങ്ങൾക്കും ഹേതുവാകുന്നത് അന്യരെ വിലയിരുത്തുന്നതിനുള്ള ശ്രമവും, അന്യരാൽ വിലയിരുത്തപ്പെടുന്നതിനെക്കുറിച്ചുള്ള ആധിയും മാത്രമാണ്. ഇത് യഥാർത്ഥത്തിൽ നിലനിൽക്കുന്നുണ്ടോ ഇല്ലയോ എന്നത് പ്രസക്തമല്ല. കാരണം ഇത് ഏറെയും നമ്മുടെ ഭാവനാസൃഷ്ടി കൂടിയാവാനിടയുള്ളതാണ്. എന്നാൽ ഇത് നമ്മളെ ഓരോരുത്തരെയും പിടികൂടുന്ന ആധി കൂടിയാണ്. മനുഷ്യനാകുക എന്നതിന്റെ തന്നെ മുഖമുദ്രയായി വരുന്ന കുറ്റബോധം, നാണം, അഹങ്കാരം, അവജ്ഞ എന്നിവയെല്ലാം സകല സംസ്കാരങ്ങളിലും പ്രകടമാണ്. ഇങ്ങനെ നോക്കിയാൽ ആത്മാവബോധം എന്നതിന് സാധ്യതകളെ പോലെ തന്നെ പരിമിതികളും ഉണ്ടെന്ന യാഥാർത്ഥ്യം അംഗീകരിക്കാതെ വയ്യ.

നോട്ടത്തിന്റെ അകവും പുറവും

മനുഷ്യരുൾപ്പെടെയുള്ള പല ജീവിവർഗങ്ങളും ജീവിതം സുഖകരമായി മുന്നോട്ട് കൊണ്ടുപോകുന്നതിൽ അതിപ്രധാനമായ പങ്ക് നിറവേറ്റുന്ന അവയവമാണ് കണ്ണുകൾ എന്ന കാര്യത്തിൽ ആർക്കും തർക്കമുണ്ടാകാനിടയില്ല.

മനുഷ്യർക്കിടയിൽ നടക്കുന്ന ഏതൊരു സാമൂഹ്യ വിനിമയത്തിലും നോട്ടം ഒഴിച്ചു കൂടാനാവാത്ത ഒന്നാണ്. കുഞ്ഞുങ്ങൾ അവരുടെ ചുറ്റിലുമുള്ളവരുടെ കണ്ണുകളിലേക്കു നോക്കിക്കൊണ്ടാണ് അവരുടെ ചുറ്റുപാടുള്ളവർ എത്ര മാത്രം അപകടമില്ലാത്തവരാണ് എന്ന് മനസിലാക്കാൻ ശ്രമിക്കാറുള്ളത്. മുതിർന്നവരുടെ കണ്ണുകളിലേക്കു സൂക്ഷിച്ചു നോക്കിയ ശേഷം വിതുമ്പി കരയുന്ന കുഞ്ഞുങ്ങളെ നമ്മിൽ ഏറെ പേരും കണ്ടിരിക്കാനിടയുണ്ട്.

ആദ്യമായി ഒരാളെ കാണാൻ ഇടവരുമ്പോഴും ഏതൊരു വ്യക്തിയും ആദ്യം നോട്ടം കൊണ്ട് തന്നെയാകും ആ വ്യക്തിയെ മനസ്സിലാക്കാൻ ശ്രമിക്കുന്നത്. തന്റെ അടുത്ത് നിൽക്കുന്ന ആൾ അപകടകാരിയാണോ അതല്ല സൗഹൃദം പുലർത്താൻ താത്പര്യമുള്ള ആളാണോ എന്നൊക്കെ തിരിച്ചറിയുന്നതിന് ഈ നോട്ടം തന്നെയാണ് പിൻബലമാകുന്നത്. അതുകൊണ്ടാണ് പരസ്പരമുള്ള അടുപ്പം കൂടിവരുന്നതിന് അനുസരിച്ച് നോട്ടത്തിന്റെ അളവ് കുറയുന്നത്. ചില നോട്ടങ്ങൾക്കു മുൻപിൽ നാം പതറി പോകാറുണ്ട്. നമ്മളിലേക്ക് നോട്ടമെറിയുന്ന വ്യക്തിക്ക് നമ്മളെക്കാൾ അധികാരവും പദവികളും ഉണ്ട് എന്ന് വരുകയാണെങ്കിൽ അദ്ദേഹത്തിന്റെ നോട്ടത്തിനു മുൻപിൽ ചൂളിപ്പോവുക സാധാരണമാണ്.

മനുഷ്യരുടെ കണ്ണിലെ വെളുത്ത ഭാഗം വഴിയാണ് ചരിത്ര പൂർവ കാലത്തും ഓരോ ഗോത്രത്തിലും ഉള്ളവർക്ക് പരസ്പരമുള്ള നോട്ടത്തിന്റെ ദിശയും ലക്ഷ്യവും മനസ്സിലാക്കി എടുക്കാൻ കഴിഞ്ഞിട്ടുള്ളത്. ഓരോ വ്യക്തിയുടെയും ആഗ്രഹങ്ങളും, ഉദ്ദേശ്യങ്ങളും മറ്റ് അനുബന്ധ മാനസിക വ്യാപാരങ്ങളും തിരിച്ചറിയുന്നതിനു സഹായിക്കുന്നതിലും നോട്ടത്തിന്റെ പങ്ക് വളരെ വലുതാണ്.

ഇന്ത്യൻ നൃത്ത രൂപങ്ങളായ മോഹിനിയാട്ടം, ഭരതനാട്യം, കഥക് എന്നിവയിൽ നോട്ടത്തിനു ബഹുവിധമായ പ്രാധാന്യം ഉണ്ട്. എല്ലാ അടിസ്ഥാന വികാരങ്ങളെയും വളരെ ഫലപ്രദമായി വെളിവാക്കുന്നതിൽ ഈ നൃത്തരൂപങ്ങൾക്ക് കഴിയുന്നതിൽ കണ്ണുകൾക്കുള്ള പങ്ക് പറഞ്ഞറിയിക്കാൻ പറ്റാത്തത്ര വലുതാണ്.

മനുഷ്യരുടെ വംശചരിത്രവുമായി ബന്ധമുള്ള ചിമ്പാൻസികൾക്കും മറ്റു ചില വിഭാഗങ്ങൾക്കും മാത്രമാണ് കണ്ണും കയ്യും ഏകോപിപ്പിച്ച് പ്രവർത്തിക്കാനുള്ള ശേഷി ഉണ്ടായത്. കേടുകൂടാത്ത പഴങ്ങളും മറ്റ് ആഹാരസാധനങ്ങളും തെരഞ്ഞെടുത്ത് കഴിക്കാൻ കഴിഞ്ഞതും ഈ കഴിവിന്റെ തന്നെ തുടർച്ചയാണ്. കാഴ്ചയിലെ കൃത്യതയോടൊപ്പം വ്യത്യസ്ത നിറങ്ങൾതിരിച്ചറിഞ്ഞുകൊണ്ട് വസ്തുക്കളെ വേർതിരിച്ച് മനസിലാക്കാൻ സാധിച്ചതും ഒരു വൻമുന്നേറ്റം തന്നെയായി കാണാവുന്നതാണ്. മനുഷ്യർക്ക് ഇത്തരം കാര്യങ്ങൾ സാധ്യമായതിനുപരിയായി സങ്കീർണ്ണമായ ഉപകരണങ്ങൾ നിർമ്മിക്കുന്നതിനും അവ ഫലപ്രദമായി ഉപയോഗിക്കുന്നതിനും കഴിഞ്ഞതുകൊണ്ടാണ് പ്രകൃതി ഏർപ്പെടുത്തുന്ന ഒട്ടുമിക്ക പരിമിതികളെയും മറികടക്കാൻ കഴിയുന്നത്.

എവിടെയാണ് നമ്മുടെ ശ്രദ്ധ പതിപ്പിക്കേണ്ടത് എന്നതിനെ ആശ്രയിച്ചായിരിക്കും ഒരാളിന്റെ നോട്ടത്തിന്റെ ദിശപോലും തീരുമാനിക്കപ്പെടുന്നത്.

ഇത് മനുഷ്യചരിത്രത്തിന്റെ പ്രാരംഭഘട്ടത്തിൽ പ്രവർത്തിച്ചുതുടങ്ങിയ മറ്റുള്ളവരുടെ മനസ്സുവായിക്കാനുള്ള ശേഷിയും, ഭാഷാനിർമ്മാണശേഷിയുമായും മറ്റും ബന്ധപ്പെട്ടുകൊണ്ടാണ് വികസിച്ചുവരുന്നത്.

സാമൂഹ്യബോധത്തിന്റെ അടിസ്ഥാന സമവാക്യം മനുഷ്യരിലും മറ്റ് പ്രൈമേറ്റിനത്തിലുള്ള മൃഗങ്ങളിലും ഏറെക്കുറെ ഒരേപോലെയാണ് പ്രവർത്തിക്കുന്നത് എന്നത് ഇതിനകം തന്നെ നാം മനസ്സിലാക്കിയിട്ടുണ്ട്.

മറ്റൊരാൾ എന്താണ് ചിന്തിക്കുന്നത് എന്നറിയുന്നതിന് അവരുടെ കണ്ണുകളിലേക്കാണ് നമ്മൾ നോക്കുന്നത്. അവർ എന്താണ് നോക്കുന്നത് എന്ന് മാത്രമല്ല അവരുടെ സ്വകാര്യചിന്തകളെക്കുറിച്ചും,

ഉദ്ദേശ്യലക്ഷ്യങ്ങളെക്കുറിച്ചുമുള്ള ചില അനുമാനങ്ങളും നമ്മൾ ഓരോരുത്തരും നടത്താറുണ്ട്. ഇതുകൂടാതെ നോട്ടം വഴി അന്യർ എന്തു വിവരമാണ് മറ്റുള്ളവരിലേക്ക് അയക്കുന്നത് എന്നുകൂടി മനസ്സിലാക്കാൻ കഴിയും.

നോട്ടവുമായി ബന്ധപ്പെട്ട് ആവിർഭവിച്ച നാഡീകോശങ്ങൾ പ്രധാനമായും പ്രത്യക്ഷമായ നോട്ടത്തിലൂടെയുള്ള വിവരങ്ങളെയോ ഒരു പ്രത്യേക ദിശയിലേക്ക് ചൂണ്ടിക്കാട്ടിക്കൊണ്ടുള്ള നോട്ടങ്ങളെയോ സാധ്യമാക്കുന്ന തരത്തിലാണ് വികസിച്ചു വന്നിട്ടുള്ളത്.

നേരിട്ടുള്ള നോട്ടങ്ങൾ വഴി കിട്ടുന്ന വിവരം ഒന്നുകിൽ അയാൾ/അവൾ നമ്മുടെ നേരെ ചാടിവീഴുമോ എന്ന തരത്തിലുള്ള വിവരമാവാം അതല്ലെങ്കിൽ അയാൾ നമ്മളെ സ്നേഹപൂർവ്വം സമീപിക്കാൻ പോകുകയാണ് എന്ന വിവരവുമാവാം.

നേരെയുള്ള ഏതൊരു നോട്ടത്തിനും സുവ്യക്തമായ വിവരങ്ങൾ അറിയിച്ചുതരാൻ കഴിയും. പരിണാമചരിത്രത്തിൽ സംരക്ഷിക്കപ്പെട്ടു പോരുന്ന ഉപമസ്തിഷ്കവ്യവസ്ഥയുടെ ബലത്തിലാണ് ഇത്തരത്തിലുള്ള നോട്ടം സാധ്യമാവുന്നത്. അതുകൊണ്ടുതന്നെ ഇത് ബോധപൂർവമായി കിട്ടുന്ന ഒരു വിവരമെന്നതിലുപരി ഉപബോധതലത്തിൽ നടക്കുന്ന പ്രവത്തനഫലമാണ്.

പ്രത്യക്ഷമായ നോട്ടത്തിലൂടെയുള്ള വിവരങ്ങളെയോ, പ്രത്യേക ദിശയിലേക്ക് ചൂണ്ടിക്കാട്ടിക്കൊണ്ടുള്ള വിവരങ്ങളെയോ സാധ്യമാക്കുന്ന തരത്തിലാണ് നോട്ടവുമായി ബന്ധപ്പെട്ട് ആവിർഭവിച്ച നാഡീകോശങ്ങൾ പ്രധാനമായും പ്രവർത്തിക്കുന്നത്. ചില നിശ്ചിത സ്ഥലങ്ങളിലുള്ള ശ്രദ്ധയും, ഭാവിപ്രവർത്തനങ്ങളെക്കുറിച്ചുള്ള അറിവും, ഇതുകൂടാതെ മുഖത്തുനിന്നു കിട്ടുന്ന സന്ദേശങ്ങളെ മനസ്സിലാക്കി എടുക്കുന്നതിനും പരോക്ഷമായ നോട്ടങ്ങൾഉപകരിക്കുന്നുണ്ട്.

നാം എവിടെയാണ് ശ്രദ്ധയൂന്നുന്നത് എന്ന് കണ്ണുകൾവഴി അന്യരുമായി പങ്കുവെക്കാൻകഴിയാതെ വരുന്നവർക്കിടയിലാണ് Autism പോലുള്ള പ്രശ്നങ്ങൾ ആവിർഭവിക്കുന്നത്.

ഒരാൾ എന്താണ് നോക്കുന്നത് എന്ന് നിശ്ചയിക്കുന്നതിനായി അവന്റെ/അവളുടെ ശരീരത്തെയും കൂടാതെ കണ്ണും തലയുമെല്ലാം ഏത് ദിശയിലേക്കാണ് തിരിയുന്നത് എന്നും മനസ്സിലാക്കേണ്ടതുണ്ട്. ഇതിലൂടെ മാത്രമേ രഹസ്യമായി അവരുടെ സ്വകാര്യലോകത്തെ ഭാവന ചെയ്ത് അവരുടെ കാഴ്ചപ്പാടിനെ അനുവർത്തിച്ച് /അനുകരിച്ച് പ്രവർത്തിക്കാൻ കഴിയുകയുള്ളൂ.

നോട്ടത്തെ പിൻതുടരാനുള്ള നമ്മുടെ ശേഷി ഏറെ ചെറിയ കുഞ്ഞുങ്ങളാവുമ്പോൾതന്നെ ആരംഭിക്കുന്നുണ്ട്. അമ്മ/രക്ഷിതാവ് പോകുന്ന വഴിയെ നോട്ടമെറിയുന്ന ശിശുവിനെ സംബന്ധിച്ചിടത്തോളം അമ്മയുടെ സാന്നിദ്ധ്യം വഴി സുരക്ഷിതത്വമുറപ്പിക്കുക എന്നതാണ് അനിവാര്യമാവുന്നത്. മനുഷ്യർ ഒഴികെയുള്ള മറ്റ് മൃഗങ്ങളിലും ഇത് കാണാൻ കഴിയും. വിശേഷിച്ച് ആൾക്കുരങ്ങ് ഇനത്തിൽപ്പെട്ട ജീവികളെ സംബന്ധിച്ചിടത്തോളം കണ്ണും കൈയ്യും തമ്മിലുള്ള യോജിച്ച പ്രവർത്തനമാണ് അവരുടെ നിലനിൽപിനെത്തന്നെ സുരക്ഷിതമാക്കിയത്.

ഒരു പഴം നോക്കിക്കൊണ്ട് അതിന്റെ പതുപതുപ്പ് (texture), നിറവ്യത്യാസം എന്നിവ ഗ്രഹിച്ചു കൊണ്ട് പഴുത്തിട്ടുണ്ടോ അതോ കേടുവന്നതാണോ എന്നൊക്കെ തീരുമാനിക്കുന്നതിൽ ചിമ്പാൻസികളെപ്പോലും ഇത് സഹായിച്ചിട്ടുണ്ട്.

മറ്റുള്ളവരുടെ ശ്രദ്ധ പോകുന്നിടത്തേക്ക് ശ്രദ്ധിക്കുക എന്നത് നമ്മുടെ ഏവരുടെയും ഉള്ളിൽ പ്രവർത്തിക്കുന്ന ആന്തരിക പ്രേരണയാണ്. ചില ചേഷ്ടകളും നോട്ടങ്ങളും ഒക്കെ കാണിച്ചുകൊണ്ട് മറ്റുള്ളവരുടെ ശ്രദ്ധയെ നമ്മളിലേക്കെത്തിക്കുക എന്നതും ഇതിന്റെ ഭാഗം തന്നെയാണ്. നൃത്തത്തിലും മറ്റും കാണുന്ന ശരീരഭാഷയുൾപ്പെടെ ഇതിന്റെ ദൃഷ്ടാന്തമാണ്. തങ്ങളുടെ ദൃശ്യപരിധിയിൽ എന്താണ് പ്രസക്തമായത് എന്ന് തീരുമാനിക്കുന്നതുപോലും നമ്മുടെ നോട്ടത്തിന്റെ പ്രത്യേകതയനുസരിച്ചാണ്.

അതുകൊണ്ടാണ് നന്നേ ചെറിയ കുഞ്ഞുങ്ങളേയും മറ്റും പഠനവിധേയമാക്കേണ്ടിവരുമ്പോൾ അവരുടെ നോട്ടത്തിന്റെ ദിശയും ഒരു പ്രത്യേക ഉത്തേജന ശ്രോതസ്സിൽ (stimulus) എത്രനേരം നോട്ടമുറപ്പിക്കുന്നു (saccades) എന്നും മറ്റും നോക്കി പഠിക്കാൻ കഴിയുന്നത്.

നമ്മുടെ നോട്ടത്തിന്റെ പരിധി മറ്റുള്ളവരുടേതിനപ്പുറം പോകാവുന്നപോലെ അവരുടെ നോട്ടത്തിനും നമ്മുടെ പരിധിക്കപ്പുറം പോകാൻ കഴിയും എന്നു മനസ്സിലാക്കുന്നതും നോട്ടംവഴി തന്നെയാണ്.

നമ്മുടെ ബോധപൂർവ്വമായ അനുമതി ഇല്ലാതെ തന്നെ നമ്മുടെ നോട്ടം വൈകാരികപ്രാധാന്യമുള്ള വിവരശ്രോതസ്സുകളിലക്ക് സഞ്ചരിക്കുക സ്വാഭാവികമാണ്. സുന്ദരിയായ ഒരു പെൺകുട്ടി അടുത്തുകൂടി പോകുമ്പോൾ ഏതൊരാൺകുട്ടിയുടെയും നോട്ടം ബോധപൂർവ്വമായ അറിവ് കൂടാതെതന്നെ അവളുടെ അടുത്തേക്ക് നീങ്ങുന്നത് ഇക്കാരണത്താലാണ്.

ഏതൊരു നോട്ടവും നോക്കുന്ന ആളിന്റെ മനോഗതിയെ അറിയിച്ചുതരാൻ പ്രാപ്തിയുള്ളതാണ്. ഇതുകാരണം തന്നെയാണ് പോലീസ്

മേധാവികളും മറ്റും പ്രതികളെ ചോദ്യം ചെയ്യുമ്പോൾകണ്ണിലേക്ക് സൂക്ഷിച്ച് നോക്കിക്കൊണ്ട് ചോദ്യങ്ങൾ ചോദിക്കുന്നത്.

എന്നാൽ ഒട്ടുമിക്ക സസ്തനികളും ഗന്ധത്തെയും ശബ്ദത്തെയും മറ്റും ആശ്രയിച്ചാണ് അവരുടെ ജീവിതം സുരക്ഷിതമാക്കുന്നത്. നായ, എലി, പൂച്ച എന്നീ ജീവികളൊക്കെയും സ്ഥലപരിധികൾ നിശ്ചയിക്കുന്നതിനും ഇണചേരുന്നതിനും സാമൂഹ്യമായ പദവി നിശ്ചയിക്കുന്നതിനും ഗന്ധം വഴി വരുന്ന വിവരങ്ങളെതന്നെയാണ് ഏറിയ പങ്കും ആശ്രയിക്കുന്നത്.

എന്നാൽ, മനുഷ്യരുടെ കാര്യത്തിൽ പല ഇന്ദ്രിയലബ്ധമായ വിവരങ്ങൾശേഖരിക്കുന്നതിനുള്ള ശേഷിയിൽ ഒട്ടേറെ ഒത്തുതീർപ്പുകൾ നടക്കുകയുണ്ടായി. ഗന്ധം കേവലം രുചിയെയും സ്വാദിനെയും മാത്രം ഉറപ്പാക്കുന്നതിനും, ശേഷിക്കുന്നതത്രയും കണ്ണുകൾ വഴി സാധിക്കാവുന്ന തരത്തിലുള്ള മാറ്റങ്ങളുമാണ് സംഭവിച്ചിട്ടുള്ളത്. ഗന്ധത്തിലടങ്ങിയ രാസവാഹിനികൾക്ക് (Chemicals) പകരം പ്രകാശത്തിലെ വിദ്യുത്കാന്തിക തരംഗങ്ങൾ വഴി ഏത് ദിക്കിലേക്കും അതിവേഗം സഞ്ചരിക്കാവുന്ന വെളിച്ചത്താൽ പകരം വെക്കപ്പെട്ടുകൊണ്ടാണ് കണ്ണുകൾ അതിന്റെ കഴിവുകൾ പ്രകടിപ്പിക്കുന്നത്. വൈകാരിക ഉത്തേജനത്തെ പിന്തുണയ്ക്കുന്ന മസ്തിഷ്കഭാഗമായ അമിഗ്ദലയാവട്ടെ നേരത്തെ ഉള്ള അതിന്റെ പ്രാചീന ധർമ്മമായ ഗന്ധത്തെ വിലയിരുത്താനുള്ള ശേഷിക്ക് പകരം ഏറെ വികാസം പ്രാപിച്ചുകൊണ്ട് ദൃശ്യത്തെ ആധാരമാക്കിയുള്ള സാമൂഹ്യവിവരങ്ങളെക്കൂടി വിലയിരുത്താനുള്ള പ്രാപ്തി നേടുകയുണ്ടായി.

മുഖത്ത് മാറിമറയുന്ന ഭാഷാബാഹ്യമായ സന്ദേശങ്ങളാണ് ഇതിൽ മുഖ്യമായി വരുന്നത്. ഇവയിൽ ചിലസന്ദേശങ്ങൾ ബോധപൂർവ്വമുള്ള മുഖഭാവങ്ങളിലൂടെയും, ആംഗ്യങ്ങളിലൂടെയും മറ്റുമാണെങ്കിൽ മറ്റ് ചിലത് അബോധപൂർവ്വമായി പ്രത്യക്ഷപ്പെടുന്നവയാണ്.

കൺപോളകളുടെയും കൃഷ്ണമണികളുടെയും ചലനങ്ങളിലൂടെ ചില ആന്തരിക മനോനിലകളെ അടയാളപ്പെടുത്താൻ കഴിയും. നാണം പോലുള്ള വൈകാരിക ഭാവങ്ങൾ പ്രകടമാകുന്ന സന്ദർഭങ്ങളിൽ സംഭവിക്കുന്നത് ഇതുതന്നെയാണ്.

ഒരു പുരുഷനും സ്ത്രീയും അടുത്തടുത്തായി ഒരേ ഇരിപ്പിടത്തിൽ ഇരിക്കുമ്പോൾകാണിക്കുന്ന ശരീര ഭാഷയിലുള്ള മാറ്റങ്ങൾപോലും ഇതിന്റെ പ്രകടസാക്ഷ്യങ്ങളാണ്. അമ്മയും കുഞ്ഞും, കാമുകനും കാമുകിയും എല്ലാം തമ്മിലുള്ള ബന്ധങ്ങളിൽ ഇത് പ്രതിഫലിച്ചേക്കാം. നമ്മുടെ ദൃശ്യാനുഭവങ്ങൾ പല ഘട്ടങ്ങളിലൂടെയാണ് അവയുടെ അർത്ഥങ്ങൾ നിർമ്മിക്കുന്നത്.

മസ്തിഷ്കത്തിന്റെ വ്യത്യസ്ത പ്രവർത്തനങ്ങളെ ഉപയോഗപ്പെടുത്തി ക്കൊണ്ടാണ് കാഴ്ച പ്രവർത്തിക്കുന്നത്. ആദ്യഘട്ടത്തിൽ റെറ്റിനയുടെ കോൺകോശങ്ങളാലും റോഡ് കോശങ്ങളാലും പ്രകാശം വിദ്യുത് രാസ സിഗ്നലുകളാക്കി മാറ്റപ്പെടുന്നു. തുടർന്ന് ഈ സിഗ്നലുകൾ ആദ്യം തലാമസിലേക്കും പിന്നീട് (optic nerve) ദൃശ്യനാഡി വഴി ദൃശ്യാനു ഭവങ്ങളെ നിയന്ത്രിക്കുന്ന മസ്തിഷ്കഭാഗത്തിലേക്കും (visual cortex) പ്രവേശിക്കുകയാണ് ചെയ്യുന്നത്.

അഭിവിന്യാസം/ക്രമീകരണം, വക്രത എന്നിവയുമായി ബന്ധപ്പെട്ട വിവരങ്ങൾ ആദ്യമായി ദൃശ്യമസ്തിഷ്കത്തിലെ striate cortex ലാണ് എത്തിപ്പെടുക. അതിനെത്തുടർന്ന് കാഴ്ചയെ നിയന്ത്രിക്കുന്ന ഓക്സി പിറ്റൽ ലോബിന്റെ നാല് അടരുകളിലേക്ക് ഈ വിവരങ്ങളെല്ലാം എത്തിപ്പെടുന്നു.

ഇത്തരത്തിലുള്ള അനേകം പ്രവർത്തനങ്ങളുടെ തുടർച്ചയായി ശേഖരിക്കപ്പെടുന്ന വിവരങ്ങൾക്കനുസരിച്ചാണ് നിറം, ചലനം, ആഴം, വസ്തുങ്ങളുടെയും മറ്റും ഇഴയടുപ്പം എന്നിവയെല്ലാം വിശകലന വിധേയമാ വുന്നത്. ഇങ്ങനെ കിട്ടുന്ന വിവരങ്ങളെ അവസാനമായി മസ്തിഷ്കത്തിന്റെ ഉയർന്ന ഭാഗങ്ങളിലേക്ക് കൂടുതൽ മെച്ചപ്പെട്ട അപഗ്രഥനങ്ങൾക്കായി അയക്കപ്പെടുകയാണ് ചെയ്യുന്നത്.

മറ്റേ ദൃശ്യമേഖലയാവട്ടെ ചലനത്തെ വിശകലനം ചെയ്യുന്നതുമായി ബന്ധപ്പെട്ടുള്ള വിവരങ്ങൾ ഫ്രണ്ടൽ ലോബിന്റെ കേന്ദ്രങ്ങളിലേക്ക് എത്തിക്കുകയാണ് ചെയ്യുന്നത്. ഒരു പ്രത്യേക കാര്യത്തിൽ ശ്രദ്ധ യൂന്നാനും, ചലനത്തെ വിശകലനം ചെയ്യുന്നതിനും, ഒരു പ്രത്യേക കാര്യത്തിൽ ശ്രദ്ധയുറപ്പിക്കുന്നതിനും, മറ്റൊരാളുടെ കണ്ണിലേക്ക് ചില ഉദ്ദേശ്യങ്ങളിലൂടെ നോക്കുന്നതിനും സഹായിക്കുന്ന പ്രവർത്തനങ്ങൾ ഈ മുൻമസ്തിഷ്ക ഭാഗങ്ങളെ ആശ്രയിച്ചാണ് നടക്കുന്നത്.

സംഘർഷനിർഭരമായ സാഹചര്യങ്ങളിൽ സ്വമേധയാ പ്രവർത്തന സജ്ജമാകുന്ന സിമ്പതെറ്റിക് നാഡീവ്യവസ്ഥയുടെ ഉത്തേജനത്തെ തുടർന്നാണ് കണ്ണിലെ കൃഷ്ണമണി സ്വയം വികസിക്കാനിട വരുന്നത്. മാനസിക സംഘർഷങ്ങളേതുമില്ലാത്ത അവസരങ്ങളിൽ കൃഷ്ണമണി യുടെ ചലന ക്രമത്തെ സന്തുലിതമാക്കി നിർത്തുന്നതിൽ സിംപതറ്റിക് വ്യവസ്ഥക്ക് സമാന്തരമായി തന്നെ പ്രവർത്തിക്കുന്ന സമാന്തര സിം പതറ്റിക് വ്യവസ്ഥ വഴിയും (parasympathetic system) സാധിച്ചേ ക്കാം. ഇരുട്ടിൽ നമ്മുടെ കൃഷ്ണമണി വികസിക്കുന്നതാവട്ടെ കൂടുതൽ വെളിച്ചം ആഗീരണം ചെയ്യുന്നതിനുവേണ്ടികൂടിയാണ്. എന്നാൽ ഇരുട്ടിൽ നമ്മുടെ കൃഷ്ണമണി സ്വയം വികസിക്കുന്നതാവട്ടെ കടുത്ത

പ്രകാശത്തിന്റെ സാന്നിധ്യത്തോട് പ്രതികരിച്ചു കൊണ്ട് ഐറിസ് പേശികൾ സ്വയം ചുരുങ്ങുന്നത് മൂലമാണ്. ഇത്തരം സന്ദർഭങ്ങളിലാണ് കണ്ണുകൾ സ്വയം അടഞ്ഞുപോകാൻ ഇടവരുന്നത്.

വിടർന്ന കണ്ണുകൾ ഉള്ളവർക്ക് മറ്റുള്ളവരുടെ ഇഷ്ടം പിടിച്ചു പറ്റാൻ കഴിയും. വലിയ കൃഷ്ണമണിയുള്ളവർ കൂടുതൽ അനുകമ്പയുള്ളവരും, സന്തോഷവതികളും, ഊഷ്മളതയുള്ളവരുമാണെന്നുമാണ് കരുതപ്പെടുന്നത്. പരസ്പരം ആകർഷണവിധേയരാവുന്നതും ഇത്തരക്കാരാണ്. വലിയ കണ്ണുകളുള്ള സ്ത്രീകൾപുരുഷന്മാരുടെ ആകർഷണത്തിന് ഏറെയും വിധേയരാകുന്നതായും നിരീക്ഷിക്കപ്പെട്ടിട്ടുണ്ട്.

കൃഷ്ണമണി വികസിക്കുന്നതിന്റെ ഭാഗമായിട്ടാണ് ജാഗ്രത, ശ്രദ്ധ വെക്കാനുള്ള കഴിവ് എന്നിവ ഉണ്ടാകുന്നത്. വികസിച്ച/വലുതായ കൃഷ്ണമണി ജിജ്ഞാസയേയും, സൂക്ഷ്മപരിശോധന, സഹകരണം എന്നിവയെയും അടയാളപ്പെടുത്തുന്നുവെങ്കിൽ ചെറിയ സങ്കോചിച്ച കൃഷ്ണമണികൾ പ്രത്യേക ലക്ഷ്യത്തെ മുൻനിർത്തിയുള്ള സ്വയം കേന്ദ്രീകരിച്ച പെരുമാറ്റങ്ങളെയും, മത്സരബോധത്തെയും സൂചിപ്പിക്കാം.

വിടർന്ന് വികസിച്ച കൃഷ്ണമണികൾ അതിശയം, കൗതുകം എന്നീ അവസ്ഥകളെയും അടയാളപ്പെടുത്താം. ഏതെങ്കിലും തരത്തിൽ മറ്റുള്ളവരെ കെണിയിൽപ്പെടുത്താൻമുതിരുമ്പോഴും, ഇണകളെ തെരഞ്ഞെടുക്കേണ്ട സന്ദർഭങ്ങളിലും എല്ലാം കൃഷ്ണമണികൾ ഇപ്രകാരം വികസിക്കാവുന്നതാണ്. ചില കലാപ്രകടനങ്ങൾ കാണുമ്പോഴോ പ്രത്യേക കാര്യങ്ങളിൽ ശ്രദ്ധയൂന്നുമ്പോഴോ അമിതമായ അറിവുകൊണ്ട് മനസ് കനക്കുമ്പോഴോ കൃഷ്ണമണികൾ ഇപ്രകാരം വികസിക്കാറുണ്ട്.

ദുഃഖം കലർന്ന മുഖം കാണാനിടവരുകയാണെങ്കിലും കൃഷ്ണമണിയിൽ സമാനമായ മാറ്റങ്ങൾ തെളിഞ്ഞ് വരാറുണ്ട്. നമ്മുടെ മനസ്സിൽ മറ്റ് ആളുകളുടെ സങ്കടങ്ങളിലും കഷ്ടപ്പാടുകളിലും അനുകമ്പ നിറയുന്ന സന്ദർഭങ്ങളിലും കണ്ണുകളിൽ ശ്രദ്ധേയമായ മാറ്റങ്ങൾകാണാൻ കഴിയും.

വലിയ കൃഷ്ണമണികളുള്ളവരിലേക്ക് നമ്മൾ ആകർഷിക്കപ്പെടുന്നത് മറ്റുള്ളവരാൽ മനസ്സിലാക്കപ്പെടാനും ആശ്വസിപ്പിക്കപ്പെടാനുള്ള ആഗ്രഹത്തിന്റെ കൂടി പ്രകാശനമാവാം.

കുഞ്ഞുങ്ങൾക്ക് പൊതുവിൽ വലിയ കൃഷ്ണമണികൾ ആണുണ്ടാകാറുള്ളത്. അതുകൊണ്ടുതന്നെയാണ് ഒട്ടുമിക്ക കുഞ്ഞുങ്ങളിലേക്കും നമ്മൾ ആകർഷിക്കപ്പെടാനിടയാവുന്നത്.

ആർത്തവഘട്ടത്തിൽ സ്ത്രീകളിൽ മിഴികളിൽ തിളക്കമേറുന്നത് കാരണം ലൈംഗികാകർഷണം കൂട്ടുകയും പുരുഷനെ ആകർഷിക്കുന്നതിന് സഹായിക്കുകയും ചെയ്യുന്നു എന്നും കരുതപ്പെടുന്നുണ്ട്.

അതിശയം കൂറുന്ന പെരുമാറ്റങ്ങൾ വഴി നമ്മുടെ ആസന്ന പരിസരത്തുണ്ടാവുന്ന സംഭവങ്ങളെയും വസ്തുക്കളെയും ശ്രദ്ധാപൂർവം അപഗ്രഥിച്ചു കൊണ്ട് എന്ത് പ്രവർത്തനമാണ് അടുത്ത നിമിഷം അവലംബിക്കേണ്ടത് എന്ന് തീരുമാനിക്കാനായി മനസ്സിനെ സജ്ജമാക്കാൻ കഴിയും. കണ്ണുകൾ വിടർന്നു വരുകയും, വായ തുറന്നു പോകുകയും മറ്റും ചെയ്യുന്നത് ഇങ്ങനെ പ്രവർത്തിക്കാനാവശ്യമായ വായുവും, വെളിച്ചവും ഉള്ളിലെത്തിക്കുന്നതിനു വേണ്ടി കൂടിയാവണം. തുറന്ന കണ്ണുകളിലൂടെ കാഴ്ച്ചയിൽ വ്യക്തത കൈവരിക്കാനും, തുറന്ന വായ കൊണ്ട് മതിയായ അളവിലുള്ള ഓക്സിജൻ സ്വീകരിച്ചു കൊണ്ട് ഉപചയ പ്രവർത്തനങ്ങൾക്ക് ആക്കം കൂട്ടാനും കഴിയും. ഇത് കൂടാതെ, നമുക്ക് ചില അവസരങ്ങളിൽ അതിയായ ആനന്ദം ജനിപ്പിക്കുന്ന ചില മനസികാവസ്ഥകൾ ഉണ്ടാകുമ്പോൾ ഇതിനെ സന്തുലിതമാക്കി നിർത്തുന്നതിനും ഇത് വഴി സാധിച്ചേക്കും.

നാണവും കുറ്റബോധവും

ഏറെക്കുറെ എല്ലാ സമൂഹങ്ങളിലും നാണം ഒരു പ്രശ്നമായിത്തന്നെ തുടരുന്നുണ്ട്. ഇതിന്റെതന്നെ അനുബന്ധ മാനസികാവസ്ഥ യായി കുറ്റബോധം എന്ന വികാരത്തെയും കാണാവുന്നതാണ്.

മനുഷ്യർക്ക് മാത്രമേ സ്വയം നാണം തോന്നാനും മറ്റുള്ളവരെ നാണി പ്പിക്കാനും കഴിയുകയുള്ളൂ. എങ്കിലും മറ്റ ചില മൃഗങ്ങൾക്കിടക്കും ഇതിന് ഏറെക്കുറെ സമാനമായ വൈകാരിക അവസ്ഥകൾ ഉള്ളതായി കണ്ടെത്തപ്പെട്ടിട്ടുണ്ട്. നമ്മുടെ ശാരീരിക പ്രവർത്തനങ്ങളും, മാനസിക പ്രക്രിയകളും പലവിധത്തിലുള്ള ക്രമീകരണങ്ങൾക്ക് വിധേയമാകുന്ന തിൽ സാമൂഹ്യ ജീവിതത്തിനുള്ള പങ്ക് അനിഷേധ്യമാണെന്ന് ഇന്ന് ഒട്ടു മിക്ക ആളുകൾക്കും അറിയാവുന്നതാണ്. മറ്റുള്ളവരാൽ സ്നേഹിക്കപ്പെ ടുക, ആദരിക്കപ്പെടുക, അംഗീകരിക്കപ്പെടുക എന്നതെല്ലാം ഒരു വ്യക്തി യുടെ ജീവിതത്തിൽ ഒഴിച്ചുകൂടാനാവാത്തതാണ്. കുഞ്ഞ്, അമ്മ/അച്ഛൻ, കാമുകൻ/കാമുകി, സുഹൃത്ത് എന്നീ നിലകളിലെല്ലാം ഇത്തരത്തിലുള്ള സ്വീകാര്യത നേടിയെടുക്കുക എന്നത് അത്യന്തം അനിവാര്യമാണ്.

ലോകത്തെ വിറപ്പിച്ച നെപ്പോളിയൻ ബോനോപാർട് ഏകാന്ത തടവിൽ വിദൂരമായ ദ്വീപിൽ ആരും കൂട്ടില്ലാതെ കടുത്ത വിഷാദത്തി നടിപ്പെട്ട് മരണമടഞ്ഞത് നമുക്കറിയാവുന്നതാണ്. മറ്റുള്ളവരാൽ തിര സ്കരിക്കപ്പെടുന്നതിന്റെ വേദന നിലനില്പിനെ തന്നെ ചോദ്യം ചെയ്യാൻ പ്രാപ്തിയുള്ള വികാരമാണെന്ന് തെളിയുന്നതിനായി ചരിത്രത്തിൽ അനവധി തെളിവുകളുണ്ട്.

മറ്റുള്ളവരുടെ ശ്രദ്ധയും പരിഗണനയുമൊന്നും ഒരു വ്യക്തി ആഗ്ര ഹിക്കുന്ന രീതിയിൽ ലഭിക്കാതെ വരുന്ന സന്ദർഭങ്ങളിൽ ഉണ്ടാകുന്ന

വൈകാരിക പ്രതികരണമായി വേണം ലജ്ജ എന്ന വികാരത്തെയും കാണേണ്ടത്. മറ്റുള്ളവരുടെ മനസ്സിൽ നമ്മളെ കുറിച്ചുള്ള ചിത്രം പ്രതികൂലമായ രീതിയിലുള്ളതാണ് എന്ന വേദനാജനകമായ തിരിച്ചറിവാണ് ഇതിന് ആധാരമായത്. പലപ്പോഴും ഇതൊരു മുന്നറിയിപ്പ് കൂടിയായാണ് പുറത്തു വരുന്നത്.

അനാകർഷകമായ വ്യക്തിത്വമാണ് തനിക്കുള്ളത് എന്ന ശരിയോ തെറ്റോ ആയ തിരിച്ചറിവാണിത്. ഈ വികാരം മൂലം മറ്റുള്ളവരുടെ ശകാരങ്ങളിൽ നിന്നും, പ്രത്യക്ഷമായ വിമർശനങ്ങളിൽ നിന്നും ഒഴിഞ്ഞു മാറാനുള്ള അവസരം ഉറപ്പാക്കുന്നുണ്ട്. അതിനാൽ, ഇത് ഒരു തരത്തിലുള്ള പ്രതിരോധ തന്ത്രവുമായി കാണാവുന്നതാണ്. ഏറെക്കുറെ എല്ലാ സമൂഹങ്ങളിലും നാണം ഒരു പ്രശ്നമായിത്തന്നെ തുടരുന്നുണ്ട്. ഇതിന്റെതന്നെ അനുബന്ധ മാനസികാവസ്ഥയായി കുറ്റബോധം എന്ന വികാരത്തെയും കാണാവുന്നതാണ്.

മനുഷ്യസമൂഹത്തിൽ മാത്രമുള്ള ഒന്നായി നാണത്തെ കാണാൻ കഴിയുമോ എന്നുകൂടി അന്വേഷിച്ചുകൊണ്ട് മാത്രമേ ഇതിനെക്കുറിച്ചുള്ള വ്യക്തമായ ധാരണ സ്വരൂപിക്കാൻകഴിയുകയുള്ളൂ.

നാണിക്കുന്ന പ്രകൃതമുള്ളവരെ ചികിത്സിച്ച് ശരിയാക്കിയെടുക്കാമെന്ന പ്രതീക്ഷയിൽതന്നെയാണ് നാണം എന്ന വൈകാരികാവസ്ഥയെ നമ്മൾസമീപിച്ചുകൊണ്ടിരിക്കുന്നത്.

പ്രതികൂലമായ ഒട്ടേറെ വൈകാരികതകളായ രോഷം, ഭീതി, ഉത്കണ്ഠ തുടങ്ങിയ മാനസികാവസ്ഥകളുമായി ബന്ധപ്പെടുത്തിയാണ് പലപ്പോഴും നാണത്തെ സമീപിക്കാറുള്ളത്.

എന്നാൽ ഇതോട് ചേർന്ന്പോകുന്ന കുറ്റബോധത്തെ ഈ മാനസികാവസ്ഥയുടെ തന്നെ അനുബന്ധമായ ഒന്നായി കാണാൻ കഴിയും. നിലനില്പുമായി പൊരുത്തപ്പെടുന്ന ആത്മാവബോധത്തിലധിഷ്ഠിതമായ വികാരമായി വേണം ഇതിനെ പരിഗണിക്കേണ്ടത്. അവനവനെ സംബന്ധിച്ച നിഷേധാത്മകമായ (negative) അവലോകനം എന്ന നിലയിൽ നാണം അതനുഭവപ്പെടുന്ന വ്യക്തിയുടെ അർഹതയില്ലായ്മയെ പെരുപ്പിച്ചുകാട്ടുകയാണ് ചെയ്യുന്നത്.

അതേസമയം, കുറ്റബോധം എന്നത് അതുണ്ടാകുന്ന വ്യക്തിയുടെ നിയന്ത്രണംവിട്ട ഏതെങ്കിലും പെരുമാറ്റത്തിലോ, പ്രവൃത്തിയിലോ ഊന്നിക്കൊണ്ടുള്ളതാണ്. ഇതിനെ അടിസ്ഥാനപ്പെടുത്തിയാണ് ജ്യൂൺ പ്രൈസ് ടാഗനേ എന്ന മനഃശാസ്ത്രജ്ഞ നാണത്തെയും കുറ്റബോധത്തെയും വ്യത്യസ്തമായ അറിവിന്റെയും, പ്രേരണകളുടെയും

ഫലമായുണ്ടാകുന്ന വൈകാരികാവസ്ഥകളും, അനുബന്ധ പെരുമാറ്റങ്ങളുമായി ബന്ധപ്പെടുത്തി കാണാൻ ശ്രമിച്ചത്.

നമ്മൾ ഏതെങ്കിലും പ്രവൃത്തികളിലോ പെരുമാറ്റത്തിലോ പാകപ്പിഴ വരുത്തി എന്ന് തോന്നുന്ന പക്ഷം ക്ഷമാപണം നടത്താനൊരുങ്ങുന്നുണ്ടെങ്കിൽ മറ്റ് പ്രവൃത്തികളിൽ ഏർപ്പെടുന്നതിനു മുൻപു തന്നെ നേരത്തെ ചെയ്ത തെറ്റിനെ തിരുത്തിയെടുക്കുക എന്നതാണ് സാധ്യമായ പരിഹാര മാർഗ്ഗം. Test-Of-Self-Conscious Affect (TOSCA) എന്ന പരിശോധന വഴിയാണ് ടാഗ്നീയും സഹപ്രവർത്തകരും നാണത്തെ അളന്നെടുക്കാൻ ശ്രമിച്ചത്.

മറ്റുള്ളവരെ അനുനയിപ്പിച്ചെടുക്കാൻ സഹായകരമായ വൈകാരികാവസ്ഥകൂടിയായി നാണത്തെ കാണാവുന്നതാണ്. നാണം വരുന്ന സന്ദർഭങ്ങളിൽ ഭാഷക്ക് വെളിയിൽ നടക്കുന്ന വിനിമയങ്ങളായ കൺപോളകൾ താഴ്ത്തിക്കൊണ്ടും, നോട്ടം പിൻവലിച്ചും, ശരീരം ഉള്ളിലേക്ക് പിൻവലിച്ചുകൊണ്ടുള്ള പെരുമാറ്റങ്ങൾ പ്രകടിപ്പിച്ചുകൊണ്ടുമാണ് അന്യരുടെ മുൻപിൽഇത്തരക്കാർ പ്രത്യക്ഷപ്പെടുന്നത്.

ഇമ്മട്ടിലുള്ള അടിയറവുകൾ ഒരുതരത്തിലുള്ള അനുനയതന്ത്രം കൂടിയായാണ് പ്രവർത്തിക്കുന്നത്. അന്യരുടെ നോട്ടത്തിൽനിന്നും അവലോകനത്തിൽനിന്നും ഉണ്ടാവാനിടയുള്ള മാനസിക സംഘർഷങ്ങളെ ലഘൂകരിക്കാനുള്ള തന്ത്രംകൂടിയായി ഇത്തരം ചേഷ്ടകൾ മാറുന്നു. മറ്റാളുകളെയും സഹതാപപൂർണമായ സമീപനം ഉറപ്പിച്ചെടുക്കാനും നാണത്താലുള്ള പെരുമാറ്റം സഹായകരമാവാം.

മനുഷ്യരല്ലാത്ത മറ്റ് ആൾക്കുരങ്ങ് വിഭാഗങ്ങളിലും ഇതേ വൈകാരികാവസ്ഥകൾ കാണാൻകഴിയും. മനുഷ്യരിൽ നാണംപോലുള്ള മനോനിലകൾ എന്തൊക്കെ ധർമ്മമാണോ അനുഷ്ഠിക്കുന്നത് അതിന് സമാനമായ ധർമ്മങ്ങൾ തന്നെയാണ് മറ്റ് പ്രൈമേറ്റുകളിലും ഇത് നിറവേറ്റുന്നത്.

നാണത്തിന്റെ പ്രകടഭാവങ്ങൾ ഭാഷക്ക് അതീതമാണെങ്കിൽ, കുറ്റബോധം ഭാഷ മുഖേന മാത്രമാണ് ഏറിയ പങ്കും പ്രകടമാക്കാൻ കഴിയുകയുള്ളൂ. ഇതുകൂടാതെ ചില പ്രതീകാത്മകപെരുമാറ്റങ്ങളിലൂടെയും കുറ്റബോധം പുറത്ത് കാണിക്കാൻ കഴിയും. അടിയറവിനെ ധ്വനിപ്പിക്കുന്ന ശരീരഭാഷകളിലൂടെയും കുറ്റബോധം പ്രകടമാവാറുണ്ട്. മറ്റ് മൃഗങ്ങളിൽനിന്നും വ്യത്യസ്തമായി മനുഷ്യരിൽ മാത്രം കാണുന്ന മാനസികാവസ്ഥയാണ് കുറ്റബോധം. നാണം എന്ന പെരുമാറ്റത്തിലൂടെ മറ്റുള്ളവരിൽ നിന്ന് ഉണ്ടാവാനിടയുള്ള പ്രതികൂലമായ ഇടപെടലുകൾ ഒരളവോളം തടയാനാവും.

കുറ്റബോധവും ഇതേപോലെതന്നെ പ്രതികൂല നീക്കങ്ങൾ ഒഴിവാക്കാൻ സഹായിക്കുമെങ്കിലും, നാണത്തിലെന്നപോലെ ഇത് അത്രയേറെ ഉറപ്പിക്കാൻ കഴിയില്ല എന്നുമാത്രം. ആരോടാണോ കുറ്റബോധം പ്രകടിപ്പിക്കുന്നത് അവരിൽ നിന്നും തിരികെ ഉണ്ടാകാൻ ഇടയുള്ള പ്രതികരണങ്ങൾ ഒഴിവാക്കാനുള്ള മുൻകരുതലിന്റെ ഭാഗം കൂടിയായി വേണം ഇതിനെ കാണേണ്ടത്.

കുറ്റബോധം പ്രകടിപ്പിക്കുന്നതുമൂലമുണ്ടാകുന്ന എതിർ പ്രതികരണങ്ങളേക്കാൾ കൂടുതൽഗുണഗരമായ നേട്ടങ്ങൾ നാണത്താലുള്ള പെരുമാറ്റങ്ങൾവഴി ഉണ്ടാക്കിയെടുക്കാൻ കഴിയും. മറ്റുള്ളവർക്ക് ഇങ്ങനെ നാണത്തിൽ പെരുമാറുന്നവരോടുള്ള കാഴ്ചപ്പാടുകളെ തിരുത്താനും ഇത് ഉപകരിച്ചേക്കാം.

കുറ്റബോധം പ്രകടിപ്പിക്കുന്നത് വഴിയുള്ളതിനേക്കാൾ കൂടുതൽ പ്രതികൂലമായി ഇടപെടാനിടയുള്ളവരുടെ കാഴ്ചപ്പാടുകളെ ഗുണകരമായ രീതിയിൽപരിഷ്കരിച്ചെടുക്കാൻനാണംകൊണ്ട് സാധിക്കുന്നുണ്ട്.

ഇത്തരം ഇടപെടലുകളെ ഒന്നുകിൽ മിതപ്പെടുത്തിയെടുക്കാനോ, അതല്ലെങ്കിൽമറ്റുള്ളവരുടെ ഇടയിൽ സ്വകാര്യത നേടിയെടുക്കുന്നതിനോ ഉപകരിക്കുന്നതും നാണത്തിന്റെ സാധ്യതകളാണ്. അറിവ്, പ്രത്യക്ഷ അവബോധം, അനുബന്ധപ്രവൃത്തികൾ എന്നിവയെ ക്രോഡീകരിക്കുന്നതിന് വികാരങ്ങൾ പിൻബലമായി നിൽക്കേണ്ടതുണ്ട്.

ചരിത്രം പരിശോധിച്ചാൽ നാണം എന്ന വൈകാരികാവസ്ഥയെ അടയാളപ്പെടുത്തുന്ന വാക്കുകൾ എ.ഡി 725 മുതൽ തന്നെ ഉപയോഗിച്ചു വരുന്നുണ്ട്. എന്നാൽ, 'കുറ്റബോധം' എന്ന അവസ്ഥയെ 971 എ.ഡി മുതൽ മാത്രമാണ് അടയാളപ്പെടുത്താൻ തുടങ്ങിയത്.

ഏതാണ്ട് പതിമൂന്നാം നൂറ്റാണ്ടിനു മുമ്പുള്ള ജർമ്മനിയിലും മറ്റും നാണത്തെക്കുറിച്ച് ചർച്ചചെയ്യപ്പെട്ടിരുന്നു എന്ന് ചരിത്ര രേഖകൾ സാക്ഷ്യപ്പെടുത്തുന്നുണ്ട്. അപമാനകരമായതോ അതല്ലെങ്കിൽ ശരിയല്ല എന്ന് തോന്നുന്നതോ ആയ വികാരത്തെയാണ് നാണംകൊണ്ട് വളരെ മുൻപ് തന്നെ അർത്ഥമാക്കപ്പെട്ടത്.

സൗരാഷ്ട്രീയൻ പ്രദേശങ്ങളിലും മറ്റും അലഞ്ഞു തിരിഞ്ഞിരുന്ന സന്യാസിവര്യന്മാർ അകാരണമായ സന്ദർഭങ്ങളിൽപ്പോലും കുറ്റബോധത്തിന് വിധേയരായിരുന്നുവെന്ന് പ്രാചീന ചരിത്ര കുറിപ്പുകളിൽ കാണാൻ കഴിയും. ഇന്ത്യയുടെ വിവിധ ഭാഗങ്ങളിൽ കണ്ടുവന്നിരുന്ന സൂഫീചിന്തകൾ പിന്തുടർന്നവരിലും ഇത്തരത്തിലുള്ള മാനസികാവസ്ഥകളുള്ളതായി രേഖപ്പെടുത്തപ്പെട്ടിട്ടുണ്ട്. ഇന്ത്യയിൽ ഉടലെടുത്ത ജൈന ചിന്താധാരയിൽപ്പെട്ടവർക്കിടയിലും ഇപ്രകാരം

കുറ്റബോധത്തിലധിഷ്ഠിതമായ വിചാരങ്ങൾ ഉണ്ടായിരുന്നതായി ജൈനസാഹിത്യങ്ങളിൽകാണാൻ കഴിയും.

അവരുടെ നീണ്ട കാൽനടയാത്രകളിൽ കാൽച്ചവട്ടിൽപ്പെട്ട് വല്ല ജീവികളും ഇല്ലാതായോ എന്ന ഭാവനാപരമായ തോന്നലിൽ അവർ കരഞ്ഞിരുന്നതായി മുൻകാലങ്ങളിൽപ്രചാരത്തിലിരുന്ന കഥകളിലും കുറിപ്പുകളിലും മറ്റും വായിക്കാൻ കഴിയും.

എന്തെങ്കിലും ശരിയല്ലാത്ത പ്രവൃത്തി ചെയ്തതിന്റെ ഭാഗമായിപോലും നാണം തോന്നാവുന്നതാണ്. നിനക്ക് നാണമില്ലേ, എന്നൊക്കെ ചോദിക്കുന്നതിന്റെ പൊരുൾ അതാണ്. അതായത് കുറ്റബോധം മുഖേനയും നാണമുണ്ടാകാം എന്ന് കരുതാവുന്നതാണ്.

ക്രിസ്തുമതത്തിന്റെ വരവോടെയാണ് കുറ്റബോധം സ്ഥാപനവൽക്കരിക്കപ്പെട്ട മൂല്യമായി മാറുന്നത്. ഇതോടെ ഒരിക്കൽ നാണത്തിന്റെ ഉപഗണത്തിൽപ്പെട്ടിരുന്ന കുറ്റബോധത്തിന് ഏറെ പ്രാമുഖ്യം കൈവന്നതിങ്ങനെയാണ്. ഈ രണ്ട് വൈകാരികാവസ്ഥകളും അതുകൊണ്ട് തന്നെ ആത്മബോധവുമായി ബന്ധപ്പെട്ട മാനസിക നിലകൾതന്നെയാണ് എന്ന് നിസ്സംശയം പറയാവുന്നതാണ്. മൈക്കിൾ ലെവിസി എന്ന മനോരോഗ വിദഗ്ദന്റെ അഭിപ്രായത്തിൽ പല വിധത്തിലുള്ള മാനസിക ശേഷികൾ മുന്നുപാധികളായി വരുമ്പോഴാണ് നാണവും കുറ്റബോധവും ഉടലെടുക്കുന്നത്.

ആത്മബോധത്തിന്റെ വളർച്ച, പെരുമാറ്റങ്ങളെ നിയന്ത്രിക്കുന്ന നിയമങ്ങളെക്കുറിച്ചുള്ള അറിവുകൾ, പെരുമാറ്റങ്ങളെ നിശ്ചയിക്കുന്ന പ്രകാരത്തിലുള്ള ലക്ഷ്യങ്ങൾ, അവനവനെ വിലയിരുത്താനുള്ള കഴിവ് എന്നിവയുൾപ്പെടുന്ന ഉപാധികളെക്കുറിച്ചാണ് ലെവിസ് പരാമർശിക്കുന്നത്. ലിസ ഫെൽഡ്മാൻ ബാരറ്റിനെപോലുള്ള ഗവേഷകർ നാണം, കുറ്റബോധം എന്നീ വികാരങ്ങളെ ഏറെക്കുറെ തുല്യമായ തോതിൽ സാമൂഹ്യപ്രസക്തിയുള്ളവയായിട്ട് തന്നെയാണ് പരിഗണിക്കുന്നത്. ഈ രണ്ടു വൈകാരികാവസ്ഥകളും സാമൂഹ്യസന്ദർഭങ്ങളിലാണ് ഉടലെടുക്കുന്നത്. അതുകൊണ്ട് ഇവക്ക് സാമൂഹ്യധർമ്മങ്ങൾതന്നെയാണ് നിറവേറ്റാനുള്ളത് എന്ന കാര്യത്തിൽ തർക്കമില്ല.

ഇപ്രകാരത്തിലുള്ള പ്രതികൂലമായ വികാരങ്ങൾ (നാണം) ഏതെങ്കിലും തരത്തിലുള്ള ചട്ടങ്ങൾ ലംഘിക്കപ്പെടുന്ന അവസരങ്ങളിൽ ഒരു മുന്നറിയിപ്പ് പോലെ പ്രവർത്തിക്കുന്നുണ്ട്. മാത്രമല്ല, ഇങ്ങനെയുള്ള ചട്ടങ്ങളോ മര്യാദകളോ ലംഘിക്കപ്പെടുന്ന സാഹചര്യങ്ങളിൽ നാണം, കുറ്റബോധം തുടങ്ങിയ മാനസികാവസ്ഥകൾക്ക് വിധേയരാകുന്നവരെ

ജാഗ്രതയുള്ളവരാക്കാനും സമാനസന്ദർഭങ്ങൾ ഭാവിയിൽ ഒഴിവാക്കുന്നതിനും അവരെ പ്രാപ്തരാക്കുന്നു.

'നാണവുമായി ബന്ധപ്പെട്ട പെരുമാറ്റങ്ങൾ പൊതുസമൂഹവുമായുള്ള ഇടപെടലുകളിൽ പ്രതിഫലിപ്പിക്കപ്പെട്ടും എന്നതിനാൽ അത് ഒരിക്കലും അന്യരിൽനിന്ന് ഒളിച്ചുവെക്കാൻ കഴിയില്ല.

എന്തെങ്കിലും തെറ്റ് ചെയ്യുകയോ, ചട്ടങ്ങൾ ലംഘിക്കപ്പെട്ടുകയോ മറ്റോ ചെയ്യുമ്പോൾമനസ്സിനുള്ളിലുണ്ടാവുന്ന തീർത്തും രഹസ്യമായ (വ്യക്തിപരമായ) വൈകാരികനില മാത്രമാണ് 'കുറ്റബോധം'. ഭാഷയിലൂടെയോ, ഏതെങ്കിലും പ്രകടമായ ചേഷ്ടകളിലൂടെയോ ബോധപൂർവ്വം അത് പുറത്ത് കാണിക്കാനൊരുങ്ങിയാൽ മാത്രമേ അന്യർക്ക് അങ്ങനെയൊന്നുണ്ടെന്ന് മനസ്സിലാക്കാൻ കഴിയുകയുള്ളൂ. ധാർമ്മികവും അധാർമ്മികവും എന്ന വേർതിരിവിനുള്ളിലോ, ചില മൂല്യങ്ങളോട് പുറംതിരിഞ്ഞു നിൽക്കുന്ന സന്ദർഭങ്ങളിലോ പോലും നാണം പ്രകടമാകാവുന്നതാണ്. കുറ്റബോധമാവട്ടെ, എന്തെങ്കിലും ചട്ടങ്ങൾലംഘിക്കപ്പെട്ടുമ്പോഴാണ് സംഭവിക്കുന്നത് എന്ന് മാത്രം. ഒരു വ്യക്തി താൻ സ്വയം നിശ്ചയിച്ച മാതൃകക്കകത്ത് പെരുമാറുന്നതിൽ പരാജയപ്പെട്ടുമ്പോഴും നാണം തോന്നാവുന്നതാണ്. ഒരു വ്യക്തിയിൽ ഉള്ള ഏതെങ്കിലും കഴിവുകുറവിനെ പ്രതിഫലിപ്പിക്കത്തക്ക രീതിയിലുള്ള അനഭിലഷണീയമായ കാര്യങ്ങൾ സംഭവിക്കുകയാണെങ്കിലും നാണം വരാവുന്നതാണ്. ഉദാ: ക്ലാസ് പരീക്ഷയിൽ കഴിവ് കുറഞ്ഞതിനാൽ പരാജയപ്പെട്ടിട്ടുണ്ടെങ്കിൽ ഇതേ സംഭവത്തിന്റെ അടിസ്ഥാനത്തിൽ കുറ്റബോധവും അനുഭവപ്പെടാവുന്നതാണ്. ഇങ്ങനെയുള്ള സാഹചര്യങ്ങളിൽ അന്യരുടെയിടയിൽപ്രത്യക്ഷപ്പെടുന്നതിൽ നിന്ന് ഒഴിഞ്ഞ്മാറി നിൽക്കുകയാണ് ഏക പോംവഴി.

നമ്മുടെ നിയന്ത്രണത്തിലുണ്ടായിരുന്ന കാര്യങ്ങൾ ശരിയാംവണ്ണം മനസ്സിലാക്കാതെ പ്രവർത്തിച്ചതുകൊണ്ടുണ്ടായ പരിണിതഫലമായി പരീക്ഷയിൽ തോൽക്കാവുന്നതാണ്. കുറച്ചുകൂടി ശരിക്ക് പഠിച്ചിരുന്നെങ്കിൽ ജയിക്കാമായിരുന്നു എന്നുള്ള തിരിച്ചറിവാണ് ഇവിടെ കുറ്റബോധം ജനിപ്പിക്കുന്നത്.

നാണം, കുറ്റബോധം എന്നീ മാനസിക നിലകളെ അടയാളപ്പെടുത്താനായി ചിട്ടപ്പെടുത്തിയ മാനക മാതൃകയാണ് TOSCA(Test of Self Conscious Affect) തുടക്കത്തിൽ ഉപയോഗിച്ചിരുന്ന Self Conscious Affect Attribution Inventory (SCAAI) യെ പകരം വെച്ച്കൊണ്ട് ലബോറട്ടറികളിൽ നിന്നുള്ള വിവരങ്ങൾ(Data)ക്ക്

പകരം യഥാർത്ഥ ജീവിതാനുഭവങ്ങളെ തെരഞ്ഞെടുത്ത് നടത്തിയ പഠനമാണ് TOSCA മാതൃകയിൽ പിൻതുടർന്നത്.

കുട്ടികൾക്കും കൗമാരക്കാർക്കും മുതിർന്നവർക്കുമെല്ലാം വെവ്വേറെ test കളാണ് TOSCA യിൽ ചിട്ടപ്പെടുത്തിയത്. ഇതു കൂടാതെ സാമൂഹ്യ ജീവിതത്തിൽ അടക്കവും ഒതുക്കവും ഇല്ലാതെ പെരുമാറുന്ന (socially deviant) ആയ വ്യക്തികൾക്ക് മാത്രമുള്ള test-കളും ഇതിന്റെ ഭാഗമായി തയ്യാറാക്കപ്പെട്ടിട്ടുണ്ട്.

ഇങ്ങനെയുള്ള പരിശോധനാ മാർഗ്ഗങ്ങളിലൂടെയുള്ള ഫലങ്ങൾ സൂചിപ്പിക്കുന്നതനുസരിച്ച് കുറ്റബോധമില്ലാത്ത നാണം കാണപ്പെട്ട വരിൽ ഭൂരിഭാഗം വ്യക്തികളും ഇതോടൊപ്പം ശത്രുത, ദേഷ്യം, ദുഃഖം, ആത്മപൂജ എന്നീ മാനസികാവസ്ഥകളിലൂടെ കടന്നുപോകുന്നതായി കാണപ്പെട്ടു.

മനുഷ്യരിലുള്ളപോലെ ഏറെക്കുറെ സമാനമായ തോതിൽ നാണം എന്ന അവസ്ഥ ബോണബോസ്, ചിമ്പാൻസികൾ,ഒറാങ്ങുട്ടാൻ, ഗൊറില്ല, എന്നീ പ്രൈമേറ്റുകൾക്കിടയിലും കാണാനാവുമെന്ന് 40ഓളം പഠനങ്ങളെ മുൻനിർത്തി കെൽറ്റ്നർ,ബസ് വെൽ എന്നിവർനിരീക്ഷി ച്ചിട്ടുണ്ട്.

യഥാർത്ഥത്തിൽ ഒരു കാര്യം സംഭവിക്കാതെതന്നെ ഇപ്രകാരം സംഭവിച്ചാൽ എന്താവും അവസ്ഥ എന്ന് ഭാവനാപരമായി കാണാനുള്ള ശേഷിയാണ് തങ്ങളുടെ ചുറ്റുപാടുകളിലുണ്ടാകുന്ന അപ്രതീക്ഷിതമായ പലതരത്തിലുള്ള പ്രതികൂല സാഹചര്യങ്ങളെയും മറികടക്കാൻ മനുഷ്യരെ സഹായിച്ചിട്ടുള്ളത് (adaptive quality). ഒരു തെറ്റ് സംഭവിച്ച ശേഷം അത് തിരുത്തുക എന്നതിനേക്കാൾ അത്തരം തെറ്റുകൾ സംഭവിക്കുന്നതിന് മുൻപ്തന്നെ അത് പരിഹരിക്കുക എന്ന മട്ടിലാണ് നമ്മുടെ മസ്തിഷ്കത്തിന്റെ പ്രവർത്തന രീതികൾ വികസിച്ചു വന്നത്.

നാണം, കുറ്റബോധം പോലുള്ള വൈകാരികാവസ്ഥകൾ ഓരോരോ സംസ്കാരത്തിലും വ്യത്യസ്തമായ രീതിയിലാണ് അനുഭവപ്പെടുന്നത് എന്നത് യാഥാർത്ഥ്യമാണ്.

അമേരിക്കക്കാർ അവരവരിൽ കൂടുതൽ ശ്രദ്ധപുലർത്തുകയും സ്വന്തം കുടുംബത്തിന്റെ അതിരുകളിലൊതുങ്ങുകയും ചെയ്യുന്നവരാണെന്നത് സാമാന്യമായി അംഗീകരിക്കപ്പെട്ടുപോരുന്നുണ്ട്. അതുകൊണ്ടു തന്നെ അവർക്കിടയിൽ നാണം, കുറ്റബോധം പോലുള്ള മനസികാവസ്ഥകൾ തികച്ചും വ്യത്യസ്തമായ തരത്തിലാണ് പ്രകടമാവുന്നത്. വ്യക്തിക്ക് പരമ പ്രാധാന്യമുള്ള സമൂഹങ്ങളായാണ് അമേരിക്ക, ആസ്ട്രേലിയ, ഫ്രാൻസ്,

ഇറ്റലി എന്നിവയും അറിയപ്പെടുന്നത്. അവിടങ്ങളിൽ കുറ്റബോധം എന്നത് ഓരോ വ്യക്തിയും സ്വയം തന്നെ ചെറിയ കാലയളവിനുള്ളിൽ നടത്തേണ്ടുന്ന തിരുത്തൽ മാത്രമാണ്. അതുകൊണ്ടുതന്നെ ഇന്ത്യപോലുള്ള സമൂഹങ്ങളിലെ പോലെ കുറ്റബോധം അതിതീവ്രമായി മാറുന്നില്ല.

നാണംപോലെയുള്ള വൈകാരികാവസ്ഥകളോട് തീർത്തും പ്രതികൂലമായ സമീപനമാണ് അമേരിക്കൻ സമൂഹത്തിലും മറ്റുമുള്ളത്.

'നാണവുമായി ബന്ധപ്പെട്ട പെരുമാറ്റങ്ങൾ ഒരു തരത്തിലുള്ള അപമാനമായിട്ടാണ് അമേരിക്കൻ പൊതുസമൂഹം വിലയിരുത്തുന്നത്. ഇത് ഒരു വിലക്കപ്പെട്ട വികാരമായിട്ടാണ് (Social taboo) അവർ കരുതുന്നത്. കുട്ടികൾക്കിടയിൽ പ്രത്യേകിച്ച് കൗമാരക്കാർക്കിടയിലും മറ്റും അതിരുവിട്ട അക്രമസ്വഭാവങ്ങൾക്ക് ഒരളവോളം കാരണമാകുന്നതിൽ ഇത്തരം സമീപനങ്ങൾക്ക് പങ്കില്ലെന്ന് പറയാനാകില്ല.

ഇന്ത്യ, ചൈന, ജപ്പാൻ തുടങ്ങിയ കൂട്ടുജീവിതത്തെ പിന്തുണക്കുന്ന സമൂഹങ്ങളിൽ നാണം ഗൗരവമായി പരിഗണിക്കപ്പെടുന്നുണ്ട്. സംഘജീവിതത്തെ (Collectivistic Life)പ്രോത്സാഹിപ്പിക്കുന്ന സമൂഹങ്ങളിൽ മറ്റുള്ളവരുമായി ചേർന്നുനിൽക്കാനുള്ള താല്പര്യം ഏറുന്നതിനാൽ 'നാണം 'മൂല്യവത്തായി പരിഗണിക്കപ്പെടുന്നു. സമാനമായ രീതിയിൽ തന്നെ കുറ്റബോധത്തെയും ഇത്തരം സമൂഹങ്ങളിൽ മൂല്യനിർദ്ധാരണം ചെയ്യപ്പെടുന്നുണ്ട്.

ജപ്പാൻകാർക്കിടയിൽ കടുത്ത കുറ്റബോധത്തിനിരയായി ജീവിക്കുന്നവർ ഏറെയാണ്. തങ്ങളുടെ സാമൂഹ്യ കൂട്ടായ്മകളിൽ പ്രാരാബ്ധങ്ങളനുഭവിക്കുന്നവരുടെ ക്ഷേമത്തെക്കൂടി പരിഗണിക്കാൻ പറ്റാതെ വരുന്ന സന്ദർഭങ്ങളിലാണ് ഇവർ കുറ്റബോധത്തിനടിപ്പെടുന്നത്. ചൈനയും ഇതിനപവാദമല്ല. നാണം, കുറ്റബോധം തുടങ്ങിയ വൈകാരികനിലകളെ അളക്കാനായി നടത്തിയ പഠനങ്ങളിൽ അമേരിക്കയിൽ നിന്ന് പങ്കുകൊണ്ടവരെ അപേക്ഷിച്ച് ചൈനയിൽനിന്ന് പങ്കെടുത്തവരിലാണ് വർദ്ധിച്ച തോതിലുള്ള നാണവും കുറ്റബോധവും അനുഭവപ്പെട്ടിട്ടുള്ളത് എന്ന് വിശദീകരിക്കുന്നുണ്ട്. (Strippek 1998) ഇവരിൽ മറ്റൊരാളെ ചതിക്കേണ്ടിവന്ന സന്ദർഭങ്ങളിൽ വയറുവേദന, തേങ്ങിക്കരച്ചിൽ എന്നീ ശാരീരിക അടയാളങ്ങൾവരെ കാണാൻ കഴിഞ്ഞതായി രേഖപ്പെടുത്തപ്പെട്ടിട്ടുണ്ട്.

കുട്ടികളിൽ അക്കാദമിക് രംഗത്ത് നേരിടുന്ന പ്രശ്നങ്ങളുടെ ഭാഗമായുണ്ടാകുന്ന നാണം, അഭിമാനബോധം, അവമതി എല്ലാംതന്നെ അവരുടെ രക്ഷിതാക്കൾ അവരോട് പുലർത്തേണ്ടുന്ന സ്വീകരണത്തിന്റെയും

നിരാകരണത്തിന്റെയും ഭാഗമായി അനുഭവിക്കുന്നതാണെന്നും ഇത്തരം പഠനങ്ങൾതന്നെ വ്യക്തമാക്കുന്നു.

കുഞ്ഞുങ്ങൾ 2 വയസ്സിലെത്തുന്ന കാലയളവിനിടയിൽ ഏതെങ്കിലും ഒരു പ്രവൃത്തിയുമായി ബന്ധപ്പെട്ട് അമ്മമാർ/രക്ഷിതാക്കൾ നടത്തുന്ന പ്രതികൂലമായ (negative)വിലയിരുത്തലിന്റെ ഫലമായിട്ടാണ ത്രേ കുട്ടികൾ 3-4 വയസാകുന്നതോടെ കാണിച്ചുതുടങ്ങുന്ന നാണം വേരുപൊട്ടുന്നത്. ഇത്തരം അനുഭവങ്ങളിലൂടെ കടന്നു പോകുന്നവർ എത്രമാത്രം നാണം, കുറ്റബോധം തുടങ്ങിയ പെരുമാറ്റങ്ങൾക്ക് വിധേ യരാവാനിടയുണ്ട് എന്നത് നേരത്തെ തന്നെ പ്രവചിക്കാൻ കഴിയും എന്നാണ് ജോർജ്ജ് കെല്ലി എന്ന അമേരിക്കൻ മനശ്ശാസ്ത്രജ്ഞനും കൂട്ടരും നടത്തിയ പഠനത്തിലൂടെ വെളിവാക്കപ്പെട്ടത്.

തടി കുറഞ്ഞാൽ, തടി കൂടിയാൽ, കഷണ്ടി ഉണ്ടെങ്കിൽ, അങ്ങനെ ഒട്ടനവധി കാരണങ്ങൾ നാണം എന്ന മാനസികാവസ്ഥയെ സൃഷ്ടി ച്ചേക്കാം. ചില സാമാന്യ മാതൃകകളെ മുഖ്യ മാനദണ്ഡമായെടുത്തുകൊ ണ്ട് നടത്തുന്ന വിലയിരുത്തലുകളുടെ ഭാഗമായി പലപ്പോഴും നാണം കുറ്റബോധം എന്നീ വികാരങ്ങളെ സൃഷ്ടിക്കാൻ കഴിയും. ആഫ്രിക്കൻ എഴുത്തുകാരിയായ ടോണിമോറിസോൺ തന്റെ വിഖ്യാതമായ നീല ക്കണ്ണുകൾ (The Bluest Eye) എന്ന നോവലിലൂടെ അവതരിപ്പിക്കുന്ന പ്രമേയം അത്തരത്തിലൊന്നാണ്. നീലക്കണ്ണുകൾ വെള്ളക്കാരികളായ സ്ത്രീകളുടെയിടയിൽ സൗന്ദര്യത്തിന്റെ മാനദണ്ഡമായി അംഗീകരിക്ക പ്പെടുന്നതിനാൽ പിക്കോല എന്ന് പേരുള്ള കറുത്ത പെൺകുട്ടിക്കു ണ്ടാവുന്ന അധമബോധത്തെയാണ് ഈ നോവൽ അവതരിപ്പിക്കാൻ ശ്രമിക്കുന്നത്. ശരീര വലുപ്പത്തിന്റെയും, നിറത്തിന്റെയും, ജാതിയുടെയും, എല്ലാം അടിസ്ഥാനത്തിൽ നമ്മുടെ സമൂഹത്തിൽ കുറ്റബോധത്തിനും നാണത്തിനും ഇരയാകുന്നവർ അനവധിയാണ്.

ഈയിടെ ഇൻഡോനേഷ്യയിലെ ബാങ്കുലുവിലും കാലിഫോർണിയ യിലും കേന്ദ്രീകരിച്ച് നടത്തിയ പഠനങ്ങളിൽ രണ്ട് ഭിന്ന സംസ്കാരങ്ങൾ എങ്ങനെയാണ് 'നാണത്തെ' സമീപിക്കുന്നത് എന്ന് കണ്ടെത്തുകയു ണ്ടായി. കാലിഫോർണിയയിലെ വ്യക്തിനിഷ്ഠ സാംസ്കാരിക മൂല്യത്തിൽ നിന്ന് വിപരീതമായി Bengkulu-വിൽ സംഘാധിഷ്ഠിത ജീവിതമാണ് പ്രാമുഖ്യം വഹിക്കുന്നത്. കാലിഫോർണിയയിൽ 'നാണം' അനഭില ഷണീയമായ വൈകാരികാവസ്ഥയായാണ് പരിഗണിക്കപ്പെടുന്നത്. എന്നാൽ വ്യക്തിക്ക് മുൻഗണനയുള്ള സമൂഹങ്ങളിൽ നാണത്തെ പൊതുവിൽ കുറ്റകരമായ സ്വഭാവമായാണ് പരിഗണിക്കപ്പെടാറുള്ളത്. ഇത്തരം സമൂഹങ്ങളിൽ സഹജമായ പ്രകൃതമായി നാണമനുഭവിക്കുന്ന

(temperamental shyness) കുട്ടികളും മറ്റും അമിതമായ തോതിൽ മോശക്കാരായി മുദ്ര കുത്തപ്പെടുക പതിവാണ് (Stereotype). പ്രാദേശികമായ നിയമങ്ങളോടും മൂല്യങ്ങളോടും ഇണങ്ങി നിൽക്കുക എന്നത് മനുഷ്യവംശത്തിന്റെ തന്നെ സവിശേഷതയാണ്. ശിക്ഷകൾ മുഖേന ഇത് നിർബ്ബന്ധപൂർവ്വം നടപ്പിലാക്കപ്പെടാറുണ്ടെങ്കിലും വലിയ അളവോളം ഇത് സ്വമേധയാ സംഭവിക്കുകയാണ് ചെയ്യുന്നത്. നാണംപോലുള്ള വൈകാരിക അവസ്ഥകൾ ഇതിൽ മുഖ്യപങ്ക് വഹിക്കുന്നുണ്ട്.

സമൂഹത്തിൽനിന്ന് നേരിടാനിടയുള്ള ഭീഷണി/വെല്ലുവിളികളെക്കുറിച്ച് കടുത്ത ശ്രദ്ധ/ജാഗ്രത പുലർത്തുക എന്നത് എല്ലാവർക്കും പ്രധാനമാണ്. ശിശുക്കളായിരിക്കുമ്പോൾതന്നെ ഏതൊക്കെ സാഹചര്യങ്ങൾ (വ്യക്തികൾ, വസ്തുക്കൾ, എല്ലാമടങ്ങുന്നത്) സമീപനയോഗ്യമാണ്, എന്തിൽനിന്നാണ് അകന്നു നിൽക്കേണ്ടത് എന്നതിനെയൊക്കെ ഉറപ്പിക്കാനുതകുന്ന പെരുമാറ്റങ്ങൾ എല്ലാം തന്നെ വളർച്ചയുടെ ആദ്യഘട്ടങ്ങളിൽ വേരുറക്കുന്നതായതുകൊണ്ട് പിൽക്കാലത്തുള്ള സാമൂഹ്യ ഇടപെടലുകളിലും ഇത് സഹായകരമായിത്തീരുന്നുണ്ട്.

നാണം വരുന്ന സന്ദർഭങ്ങളിൽ ഭീഷണികളെക്കുറിച്ചുള്ള അമിതമായ ജാഗ്രത അതിന്റെ ഭാഗമായുള്ള ഭയവും, ഉത്കണ്ഠയും, കൂടാതെ പൊതു ഇടങ്ങളിൽ പെരുമാറുമ്പോഴുണ്ടാകുന്ന ശാരീരികമായ ഒട്ടേറെ അസ്വസ്ഥതകൾ എന്നിവ കനത്തുവരുക പതിവാണ്.

ഓരോരോ സാഹചര്യത്തിനനുസരിച്ച് ഇത്തരം പെരുമാറ്റപ്രകടനങ്ങൾ ചിലപ്പോൾ അനുകൂലവും മറ്റ് സന്ദർഭങ്ങളിൽ പ്രതികൂലവുമായി മാറാം എന്നു മാത്രം. നാണത്തെ പലപ്പോഴും പെരുമാറ്റപരമായ സ്വയം വിലക്കായിട്ടുകൂടി ചേർത്തുവെക്കാറുണ്ട്. ഇത് സ്വാഭാവിക പ്രകൃതമായി വരുന്ന നാണം (Temperamental shyness) പോലെ ആഴത്തിൽ വേരോട്ടം ഉള്ള ഒന്നാണെന്നാണ് പറയപ്പെടുന്നത്. നാണം സാമൂഹ്യ സന്ദർഭങ്ങളിലാണ് സംഭവിക്കുന്നതെങ്കിൽ പെരുമാറ്റത്തിലുള്ള പിൻവാങ്ങൽ സ്വഭാവം വസ്തുക്കൾ, സ്ഥലങ്ങൾ എന്നിവയോടെല്ലാമുള്ള അകൽച്ചയെക്കുറിക്കുന്നുണ്ട്. ഇത് മനഃശാസ്ത്രകാരന്മാർ ചികിത്സാവിധികളിലൂടെ പരിഹരിക്കാൻ ശ്രമിക്കുകയാണ് ചെയ്യാറുള്ളത്.

കുട്ടിക്കാലത്തിന്റെ മധ്യത്തിലെത്തുന്നതോടെ ഇത്തരം പെരുമാറ്റങ്ങൾ സാമൂഹ്യ ഇടങ്ങളിൽ നിന്ന് തന്നെ പൂർണമായി പിൻവാങ്ങുന്നതിലേക്ക് എത്തിക്കാനും സാധ്യതകൾ ഏറെയാണ്. ഇത്തരക്കാർ കൗമാരത്തിലെത്തുമ്പോഴേക്കും സമൂഹവുമായി ഇടപഴകേണ്ട സാഹചര്യങ്ങളിൽ കടുത്ത ഉത്കണ്ഠക്ക് വിധേയരാവാനുമിടയുണ്ട്. എന്നാൽ 'നാണം' കുട്ടിക്കാലത്തെ ചില അനുഭവങ്ങളുടെ തുടർച്ചയെന്നോണവും

സംഭവിക്കാമെന്ന് റോബർട്ട് കോപ്ള, ഡാനിയൽ സീഗൽ എന്നീ ചിന്തകർ അടിവരയിട്ടു പറയുന്നു.

നാണത്തിനടിപ്പെടുന്നവർക്ക് ചില നേട്ടങ്ങൾ കൈവരിക്കാനും കഴിയുന്നുണ്ട് എന്ന് സമ്മതിക്കാതെ വയ്യ. സർഗാത്മക പ്രവർത്തനത്തിലേർപ്പെടുന്നവർ, ചിന്താശീലർ, അതുപോലെ ഏതൊരു കാര്യത്തെക്കുറിച്ചും സമയമെടുത്ത് വിചിന്തനം ചെയ്തുകൊണ്ട് യുക്തമായ സമീപനം കൈക്കൊള്ളുന്നതിനുമെല്ലാം നാണം സഹായകരമാകുന്നുണ്ടെന്നാണ് പൊതുവിൽകരുതപ്പെടുന്നത്.

അക്കാദമിക് രംഗങ്ങളിൽ ആഗ്രഹിക്കുന്ന തരത്തിൽ വിജയം കൈവരിക്കാൻ പറ്റാതെ വരുക, ജോലിക്കയറ്റം പോലുള്ള കാര്യങ്ങൾക്ക് ശ്രമിക്കാതിരിക്കുക, കൂട്ടായി പ്രവർത്തിക്കേണ്ടുന്ന സാഹചര്യംവഴി ലഭിക്കാനിടയുള്ള വിജയങ്ങൾ ഉപേക്ഷിക്കേണ്ടി വരുക എന്നുതുടങ്ങിയ പരിമിതികളും നാണത്തിനടിപ്പെടുന്നവർക്ക് നേരിടേണ്ടി വരുന്നതായി പല പഠനങ്ങളും വെളിവാക്കിയിട്ടുണ്ട്.

ഭാഷകളിലെ ഭാഷ

മനുഷ്യരും മറ്റ് മൃഗങ്ങളും പങ്കുവെക്കുന്ന ഒന്നാണ് ആശയവിനിമയ സംവിധാനം. മറ്റ് മൃഗങ്ങൾ നമ്മുടേതുപോലെ തീർത്തും ചിട്ടവട്ടങ്ങൾ അനുസരിച്ചുള്ള വാമൊഴി സമ്പ്രദായത്തെ അവലംബിച്ചുകൊണ്ട് മനുഷ്യർ നടത്തുന്ന ആശയവിനിമയം മൃഗങ്ങൾക്ക് സാധ്യമാകണമെന്നില്ല.

എന്നാൽ, മനുഷ്യരുടെയും മൃഗങ്ങളുടെയും ഭാഷാവിഷ്കാരങ്ങളെ അടയാളപ്പെടുത്തുന്നതിൽ മുഖ്യപങ്ക് വഹിക്കുന്നത് അതിലെ വൈകാരിക ഉള്ളടക്കമാണ്. വൈകാരികതയുടെ പിൻബലത്തിലല്ലാതെ ഒരു ഭാഷയും പ്രവർത്തിക്കുന്നതല്ല.

സംഗീതം, നൃത്തം, ഭാഷ എന്നിവയൊക്കെ പരസ്പരം അകന്നു നിൽക്കുന്ന ആശയ വിനിമയ സമ്പ്രദായങ്ങളായി തോന്നുമെങ്കിലും അവയെ കൂട്ടിയിണക്കുന്നതിനു സഹായകരമായ രണ്ടു മണ്ഡലങ്ങളാണ് ജൈവ പരിണാമവും, സാംസ്കാരിക പരിണാമവും. ജൈവ പരിണാമത്തിന്റെ കാഴ്ചപ്പാടിൽ പരിശോധിച്ചാൽ മനുഷ്യനുൾപ്പെടെയുള്ള ഒട്ടനവധി ജീവിവർഗങ്ങളിൽ നിലനിൽക്കുന്ന വിനിമയ രീതികളെ കൂടി കണക്കിലെടുക്കേണ്ടതുണ്ട്. തേനീച്ച മുതൽ നമ്മൾ വരെ ഇങ്ങനെയുള്ള ആശയ വിനിമയങ്ങൾ പ്രവർത്തിക്കുന്നുണ്ട്. കൂട്ടായി ജീവിക്കേണ്ടി വരുന്ന ഏതൊരു ജീവികൾക്കും ഇത്തരത്തിലുള്ള വിനിമയങ്ങൾ അനിവാര്യമായി തീരുന്നുണ്ട്. തേനീച്ചകൾ അവയുടെ ആഹാര സമ്പാദനത്തിനും, ഇണ ചേരുന്നതിനും ഒക്കെയായിട്ടാണ് ശബ്ദം പുറപ്പെടുവിക്കുന്നതും, നൃത്തം വെക്കുന്നത് പോലുള്ള ചലനങ്ങളിൽ ഏർപ്പെടുന്നതും. ശബ്ദവും,

നൃത്തവും വേർതിരിക്കാനാവാത്ത വിധം ഇടകലർന്നാണ് അവരുടെ വിനിമയ വ്യവസ്ഥ പ്രവൃത്തിക്കുന്നത്.

ഭക്ഷണസ്രോതസ്സ് കണ്ടെത്തുന്നതിനും അവ ശേഖരിച്ച നിശ്ചിത സ്ഥലത്തെത്തിക്കുന്നതിനും ഇവരുടെ വിനിമയ സാദ്ധ്യതകൾ പരമാവധി പ്രയജോനപ്പെടുന്നുണ്ട്. ഒരു പ്രത്യേക ഭക്ഷണത്തോടുള്ള താല്പര്യം, അകലം, വെറുപ്പ്, എന്നിവയോടൊപ്പം ആരാണ് ഭക്ഷണം ശേഖരിക്കാനായി പോകേണ്ടത്, ഏതൊക്കെ ഭീഷണികളാണ് വഴിയിൽ ഉണ്ടാവാനിടയുള്ളത് എന്ന് തുടങ്ങി ഇവരുടെ സാമൂഹ്യ ജീവിതത്തെ സുരക്ഷിതവും, ആനന്ദകരവും ആക്കുന്നതിനായി വിനിമയ ഭാഷയാണ് അവരുടെ നൃത്തച്ചുവടുകൾ എന്നർത്ഥം. പലയിനം പക്ഷികളിലും, മൃഗങ്ങളിലും എല്ലാം തന്നെ പടർന്നു നിൽക്കുന്ന ഇത്തരത്തിലുള്ള വിനിമയ രീതികളിൽ ശബ്ദം, ശരീരചലനം എന്നിവ ഇടകലർന്നാണ് ആവിഷ്കൃതമാകാറുള്ളത്. ജൈവികമായ ആവശ്യങ്ങളെ പരിഹരിക്കുക എന്നതോടൊപ്പം സാമൂഹ്യ ജീവിതത്തിന്റെ ആവശ്യങ്ങളെ പൂരിപ്പിക്കുക എന്നതും ഇതിൽ പ്രസക്തമാകുന്നുണ്ട്.

വാമൊഴി സമ്പ്രദായം വഴി വികസിച്ചുവന്ന ഭാഷകൾക്ക് നിശ്ചിത സന്ദർഭത്തിൽ നിന്നും സാമാന്യ സന്ദർഭങ്ങളിലേക്ക് സഞ്ചരിക്കാൻ കഴിയും. അതുകൊണ്ട്തന്നെ അത്തരം ഭാഷയ്ക്ക് അതത് സാഹചര്യങ്ങളിലെ അതിജീവനാവശ്യങ്ങളെ മാത്രമല്ല ഏത് കാലത്തിലെയും ആവശ്യങ്ങളെയും പ്രതിഫലിപ്പിക്കാൻ കഴിയുന്നത്. എന്നാൽ ഭാഷയ്ക്കുപരിയായി നിൽക്കുന്ന ഭാഷയിലൂടെ വർത്തമാനസന്ദർഭങ്ങളിലെ ആവശ്യങ്ങളെ മാത്രമാണ് പ്രതിനിധാനം ചെയ്യാൻ കഴിയുന്നത്. ഇത്തരം ഭാഷകൾക്ക് അത് അടയാളപ്പെടുത്താൻ ശ്രമിക്കുന്ന പ്രത്യേക സന്ദർഭത്തിനപ്പുറം യാതൊരു പ്രാധാന്യവും കൈവരിക്കാൻ കഴിയില്ല.

നമ്മുടെ ഏതൊരു വാമൊഴി കേന്ദ്രീകൃതമായ ഭാഷയ്ക്കകത്തും നേരത്തെ സൂചിപ്പിച്ചപോലെ വൈകാരിക ഉള്ളടക്കം നിലനിൽക്കുന്നുണ്ട്. അത്തരം വൈകാരികത ആവിഷ്കരിക്കപ്പെടുന്നത് ഏറിയ പങ്കും ശബ്ദങ്ങൾ ക്രമീകരിച്ചുകൊണ്ടും ശരീര ഭാഷയിലൂടെയും മറ്റുമാണ്. സ്വര വ്യതിയാനം, മുഖത്തെ മാംസപേശികളുടെ ചലനം, കണ്ണുകളിലെ നീക്കങ്ങൾ എന്നിവയൊക്കെ ഇതിൽ പ്രധാനമായി വരുന്നുണ്ട്. സ്വരങ്ങളിൽ വരുന്ന വ്യതിയാനങ്ങൾ, മുഖഭാവങ്ങൾ, മറ്റ് ശരീരഭാഷകൾ എല്ലാം ഓരോരോ സാഹചര്യങ്ങളെയും നേരിടാനുപയുക്തമായ പെരുമാറ്റ രീതികളാണ്. ഏതൊരു ഭാഷയ്ക്കകത്തും ഇത്തരത്തിലുള്ള വ്യത്യസ്ത വൈകാരിക ഉള്ളടക്കങ്ങളുണ്ടായിരിക്കും.

ഓട്ടിസ്റ്റിക് സ്വഭാവം പ്രകടിപ്പിക്കുന്നവരിലും മറ്റും നമ്മൾ സാമാന്യ അർത്ഥത്തിൽ ഭാവിയെന്ന് വിളിക്കുന്ന ഒന്ന് കാണാറില്ല. യാഥാർത്ഥ്യവുമായി അവർ വ്യത്യസ്ഥ രീതിയിലാണ് ഇടപെടുന്നത്. ഇന്ദ്രിയാനുഭവങ്ങളുടെ തലത്തിൽ മാത്രമാണ് അവർ ഭാഷ ആർജ്ജിക്കുന്നത്. അവർ ഉപയോഗിക്കുന്ന വാക്കുകൾ വാക്കുകളാവുന്നത് കേവലമായ അർത്ഥത്തിൽ മാത്രമാണ്. (Literal Level)

ഭാഷാ ബാഹ്യമായ ഭാഷകളിലൂടെ ഓട്ടിസ്റ്റുകളുൾപ്പെടെയുള്ളവർ ലോകത്തെ പൊതുസമ്മതത്തിന് പുറത്ത് വെച്ച് നേരിടുകയും ഓരോ വസ്തുവിന്റെയും വ്യക്തികളുടെയും പ്രക്രിയകളുടെയും ചില വശങ്ങൾ (Aspect) മാത്രം ശ്രദ്ധ പതിപ്പിച്ച് തിരിച്ചറിയുകയും ചെയ്തുകൊണ്ടാണ് ലോകത്തെ അറിയാനിടവരുന്നത്. (Whorf)

ഇതിനർത്ഥം എല്ലാ സങ്കൽപ്പന വ്യവസ്ഥകളും (conceptual systems) തീർത്തും ആപേക്ഷികമാണെന്നാണ്.

ചുറ്റിലുമുള്ള ലോകത്തെ ചില സങ്കൽപങ്ങളിലൂടെയും വർഗീകരണങ്ങളിലൂടെയും മനസ്സിലാക്കി എടുത്തുകൊണ്ട് സാമൂഹ്യമായ ഒരു പൊതുധാരണ ഉണ്ടാക്കാൻ കഴിയുന്നതിലൂടെയാണ് നമ്മൾ വാമൊഴി ഭാഷകളത്രയും നിർമ്മിച്ചത്. ഇതിനർത്ഥം പ്രകൃതി/ചുറ്റുപാട് സ്വയം ഇങ്ങനെ വർഗീകരിക്കപ്പെട്ട് നിൽക്കുന്നു എന്നല്ല.

വ്യത്യസ്തമായ രീതിയിൽ അറിവ് നിർമ്മിക്കാൻ കഴിയുന്ന ജീവികൾ വ്യത്യസ്തമായ സാധ്യതകൾ ഉപയോഗപ്പെടുത്തിയാണ് (perceptual systems) യാഥാർത്ഥ്യത്തെക്കുറിച്ച് മനസ്സിലാക്കുന്നത്. കൊതുക് അതിന്റെ ഇന്ദ്രിയ ശേഷി നിമിത്തം ശരീരത്തിലേക്ക് ഇൻഫ്രാറെഡ് പ്രകാശം കടത്തിവിട്ടുകൊണ്ട് നമ്മുടെ ശരീരത്തിൽ ഏതിടത്തിലാണ് താപനില കൂടിയതെന്ന് തിരിച്ചറിഞ്ഞുകൊണ്ട് നമ്മുടെ രക്തം ഊറ്റിക്കുടിക്കുന്നു എന്നത്പോലെയാണ് ഒട്ടനേകംജീവികൾ അവയുടെ ആവശ്യങ്ങൾ നിറവേറ്റുന്നത്.

അടിസ്ഥാനപരമായ വൈകാരിക പ്രേരണകളത്രയും ഭാഷയ്ക്കതീതമായാണ് പ്രകാശിപ്പിക്കപ്പെടുക. (Free of verbal language). മുഖഭാവം, ശാരീരിക ചേഷ്ടകൾ, നടപ്പ് എല്ലാംതന്നെ ഇത്തരത്തിലുള്ള പ്രേരണകൾക്ക് ദൃഷ്ടാന്തങ്ങളാണ്.

മറ്റൊരാളിന്റെ അടിസ്ഥാന വൈകാരിക അവസ്ഥകളുമായി സമരസപ്പെട്ടുകൊണ്ടാണ് നമ്മൾ ഓരോരുത്തരും സ്വന്തം മനസ്സിന്റെ താളം നിലനിർത്തുന്നത്. വാമൊഴിയിലധിഷ്ഠിതമായ ചിഹ്നങ്ങൾ വഴിയാണ് ഇത്തരത്തിൽ സമരസപ്പെടാൻ സാധിക്കുന്നത്. ഇത്തരത്തിലുള്ള

ചിഹ്നങ്ങൾ വഴി തന്നെയാണ് മറ്റുള്ളവരെക്കുറിച്ചുള്ള ഓർമ്മകളും നമ്മളിൽ ഉറച്ചുവരുന്നത്.

മറ്റു വ്യക്തികളെക്കുറിച്ചുള്ള ഇത്തരം ഓർമ്മകളിലൂടെയും ചിന്തകളിലൂടെയുമാണ് പ്രസ്തുത വ്യക്തിയുമായുള്ള ബന്ധം നിലനിൽക്കുന്നത്. മറ്റൊരാളിന്റെ മനസ്സ്തന്നെ നമ്മളിൽ പ്രതിഫലിക്കുന്ന നിമിഷമാണത്.

നമ്മൾ ആധുനികമായി നേടിയെടുത്ത സർവ്വനേട്ടങ്ങളുടെയും അടിസ്ഥാനമായി വർത്തിക്കുന്നത് പ്രതീകങ്ങൾ നിർമ്മിക്കാനുള്ള ശേഷിയാണ്. അമ്മയും കുഞ്ഞും തമ്മിലും കുടുംബത്തിലെ വൈകാരികമായി പ്രസക്തരായ മറ്റ് വ്യക്തികളുമായുള്ള വികാരനിർഭരമായ സ്നേഹബന്ധങ്ങളിലൂടെയുമൊക്കെ അവനവനെ നിർമ്മിക്കുന്ന പ്രക്രിയയാണ് ഇതിൽ മുഖ്യമായത്.

ഭാഷയുടെ നേരിട്ടുള്ള നിയന്ത്രണത്തിന് പുറത്തുള്ള പ്രതീകങ്ങളിലൂടെ നിർമ്മിക്കപ്പെട്ട ബോധമണ്ഡലത്തിന്റെ പ്രവർത്തനഫലമായാണ് ഇപ്രകാരമുള്ള ബന്ധങ്ങളത്രയും ശക്തിപ്പെടുന്നത്.

ഇങ്ങനെ നിർമ്മിക്കപ്പെടുന്ന വൈകാരിക ചിഹ്നങ്ങൾ തന്നെയാണ് ഉയർന്ന മസ്തിഷ്ക കേന്ദ്രങ്ങൾ പോലും വികാസം പൂർത്തീകരിക്കുന്നതിന് കാരണമായി തീരുന്നത്. ശൈശവ ഘട്ടത്തിൽ രൂപപ്പെടുന്ന ഇത്തരം വൈകാരിക സമഗ്രതയാണ് ഓരോ വ്യക്തിയുടേയും മുന്നോട്ടുള്ള വളർച്ചയുടെ അടിത്തറയായി മാറുന്നത്.

വികാരനിർഭരമായുണ്ടാവുന്ന ചില പെരുമാറ്റങ്ങളെ നിയന്ത്രിക്കുന്നതിനും സാമൂഹ്യമായ അനുഭവങ്ങളിലൂടെ സ്വായത്തമാക്കപ്പെട്ട അറിവുകൾക്കും അനുഭവങ്ങൾക്കും അനുസരിച്ച് പ്രവർത്തിക്കാനും പിൻബലമാവുന്നത് ഇത്തരം വൈകാരിക ബന്ധങ്ങൾ തന്നെയാണ്. ശേഷിയുള്ള Prefrontal Cortexന്റെ ഏതൊരു പ്രശ്നത്തെയും യുക്തിബോധത്തോടെ നേരിടാനുള്ള ശേഷി ആർജ്ജിക്കുന്നതിന് ഇത്തരം ഒരു ഘട്ടത്തിലൂടെ ഏതൊരു കുഞ്ഞും കടന്നുപോകേണ്ടതുണ്ട്.

അമ്മയും കുഞ്ഞും തമ്മിലുള്ള ആദ്യഘട്ടങ്ങളിലെ ആശയവിനിമയങ്ങളത്രയും നടക്കുന്നത് വികാരനിർഭരമായതും വാമൊഴി ഭാഷകൾക്കുപരിയായതുമായ, (Non verbal) ചിഹ്നങ്ങളുടെ സഹായത്തോടെയാണ്. വൈകാരികമായ അനുഭവങ്ങളെ സ്വീകരിക്കുന്നതിൽ പരിമിതികൾ അനുഭവിക്കുന്ന (emotional deprevation) കുട്ടികൾക്ക് ഭാഷ പോലുള്ള പ്രതീകങ്ങൾ/പ്രതീക വ്യവസ്ഥകൾ സ്വായത്തമാക്കുന്നതിൽ വിഷമതകൾ നേരിടാനുള്ള കാരണവും മറ്റൊന്നല്ല. (Verbal language മുതൽ Mathematical language വരെ)

ഏതൊരാശയവും ഒരു പ്രവർത്തന മാതൃക നിർമ്മിച്ചുകൊണ്ടാണ് കാര്യക്ഷമതകൈവരിക്കുന്നത്. എടുക്കാനായി കുട്ടി കൈകൾ പൊക്കുന്ന ചില ഘട്ടങ്ങളിൽ 'എക്ക്' എന്ന ഒരു വാക്ക് ശരീരചലനത്തോടൊപ്പം പുറപ്പെടുവിക്കുന്നത് സാധാരണമാണ്.

കൂടുതൽ അളവിലുള്ള വൈകാരികവിനിമയം നടക്കുന്ന മുറയ്ക്ക് 'ബോണബോസ്' വിഭാഗത്തിനിടയിൽപോലും കൂടുതൽ സങ്കീർണ്ണമായ സാമൂഹ്യ ബന്ധങ്ങൾ രൂപപ്പെടുന്നത് കാണാം. കാൻസി എന്ന ബബൂണിനെയും പാമ്പനിഷ (Pambinisha)യെയുമെല്ലാം ഇതിന് ദൃഷ്ടാന്തങ്ങളാണ്. ഈ രണ്ട് ചിമ്പാൻസികളും സഹോദരന്മാരാണെങ്കിലും പാമ്പനിഷ ജനിക്കുന്നതിന് മുമ്പ് തന്നെ കാൻസി ഗവേഷണലോകത്ത് ഏറെ പ്രചാരം നേടിയിരുന്നു. മനുഷ്യരുമായി ആശയവിനിമയം നടത്തുന്നതിൽ ഈ രണ്ട് മൃഗങ്ങളും അസാമാന്യമായ മികവ് കാട്ടിയിട്ടുണ്ട്.

ഓരോ കുട്ടിയും അവളുടെ വളർച്ചയുടെ വിവിധ ഘട്ടങ്ങളിലൂടെ കൂടുതൽ സങ്കീർണ്ണമായ പ്രത്യക്ഷാവബോധം (perception) ആർജ്ജിക്കുന്നുണ്ട്. ശബ്ദങ്ങൾ മറ്റ് വികാരദ്യോതകമായ പ്രതീകങ്ങൾ എന്നിവയെല്ലാം ഇത്തരം അവബോധ നിർമ്മിതിയെ സഹായിക്കുന്നു. ഓരോ ഭാഷാബാഹ്യ ചിഹ്നങ്ങൾ വഴിയും കൂടുതൽ അളവിലുള്ള വൈകാരികവിനിമയം നടക്കുന്ന മുറയ്ക്ക് 'ബോണബോസ്' വിഭാഗത്തിനിടയിൽപോലും കൂടുതൽ സങ്കീർണ്ണമായ സാമൂഹ്യ ബന്ധങ്ങൾ രൂപപ്പെടുന്നത് കാണാം. ഭാഷാചിഹ്നങ്ങൾ വഴിയും സ്വരൂപിക്കുന്ന പ്രത്യക്ഷാവബോധത്തിലൂടെ (Perceptual Knowledge) കൂടുതൽ മെച്ചപ്പെട്ട അറിവ് രൂപീകരിക്കാനുള്ള ശേഷി കൈവരിക്കുന്നു. വ്യത്യസ്ത തരത്തിലുള്ള വൈകാരിക ചിഹ്നങ്ങളെ കോർത്തിണക്കിക്കൊണ്ട് കൂടുതൽ സമഗ്രമായ അറിവും സാമൂഹ്യ ബന്ധങ്ങളും ആർജ്ജിച്ചെടുക്കാനുള്ള ശേഷി കൈവരിക്കാനായി. ഇങ്ങനെയാണ് ഓരോ കുട്ടിയും കഴിവ് നേടുന്നത്.

കേൾവിയിലൂടെയും കാഴ്ചയിലൂടെയും സ്പർശത്തിലൂടെയും കിട്ടുന്ന അനുഭവ ശകലങ്ങളെയെല്ലാം കൂട്ടിയിണക്കിക്കൊണ്ടാണ് ഇത് സാധ്യമാവുന്നത്. സംസാരശേഷിയും ശരീര ചേഷ്ടകളോടൊപ്പം തന്നെ വികസിച്ചു വന്നിട്ടുള്ളതാണ്.

വൈകാരിക ചിഹ്നങ്ങൾ ഉത്പാദിപ്പിക്കാൻ നമ്മളെ സഹായിക്കുന്ന അതേ നാഡീകോശ സമുച്ചയങ്ങൾ തന്നെയാണ് മുഖത്തെയും ചെവിയുടെയും സ്വനപേടകത്തിന്റെയും പേശികളുടെ ചലനത്തെ നിയന്ത്രിക്കുന്നതി വേഗസ് നാഡിയുടെ (vegus Nerve)പങ്ക് വളരെ വലുതാണ്. 'ചുറ്റിത്തിരിയുന്ന' എന്ന അർത്ഥം വരുന്ന വേഗസ് നാഡി

മസ്തിഷ്കത്തിൽ നിന്നാവിർഭവിച്ച് കഴുത്തിലെയും നെഞ്ചിലെയും ഉദര ത്തിലെയും ആന്തരിക ഇടങ്ങളിലേക്ക് പടർന്നു നിൽക്കുന്നതിനാ ലാവണം ഇത്തരമൊരു പേര് തന്നെ അതിനു ലഭിച്ചിട്ടുള്ളത്. ഇതേ വേഗസ് നാഡീകോശത്തിന്റെ വഴക്കമാർന്ന (myelinated) ഭാഗങ്ങൾ വഴിയാണ് മുഖത്തെ മാംസപേശികളെയും ആന്തരിക കർണ്ണത്തെയും സ്വനപേടകത്തെയും നിയന്ത്രിക്കുന്നത്.

ശബ്ദശകലത്തെ വേർതിരിച്ചറിയാനും മറ്റും സഹായിക്കുന്ന മധ്യകർണ്ണത്തെ നിയന്ത്രിക്കുന്ന തരത്തിലുള്ള നാഡികോശങ്ങളെ പോലും സ്വാധീനിക്കുന്ന തരത്തിലുള്ള പ്രവർത്തനങ്ങളാണ് വേഗസ് നാഡികോശങ്ങൾ നിറവേറ്റുന്നത്. ശബ്ദം പുറപ്പെടുവിക്കുന്നതിനാവ ശ്യമായ അവയവങ്ങളെയും മുഖഭാവം പ്രകടിപ്പിക്കുന്നതിനാവശ്യമായ പേശികളെയും നിയന്ത്രിക്കുന്നതിൽവരെ ഈ നാഡികോശങ്ങൾക്കു ള്ള പങ്ക് വലുതാണ്. ഇതത്രയും നമ്മുടെ ഉപബോധ മണ്ഡലത്തിൽ വെച്ചാണ് ക്രമീകരിക്കപ്പെടുന്നത് എന്ന് ചുരുക്കം.

പരസ്പരം നിയന്ത്രിക്കാവുന്ന തരത്തിലുള്ള വൈകാരിക ചിഹ്നങ്ങ ളിലൂടെ അന്യോന്യം ആശയവിനിമയം നടത്താനുള്ള ശേഷിയാണ് ഹോമിനിഡ് വിഭാഗങ്ങളിൽപെട്ട ഒറാങ്കുട്ടാൻ, ചിമ്പാൻസി, ഗൊറില്ല എന്നിവയിലെന്ന പോലെ മനുഷ്യരിലും മുഖഭാവങ്ങളെയും ശബ്ദങ്ങളെ യും ഉപയോഗപ്പെടുത്തിക്കൊണ്ട് സ്വയം വെളിവാക്കാൻ സഹായിച്ചി ട്ടുള്ളത്.

സാമൂഹ്യമായി നടത്തുന്ന പരസ്പര ആശയ വിനിമയങ്ങളിലൂടെ ആർജ്ജിച്ചെടുക്കുന്ന അറിവുകൾക്കുപോലും നമ്മുടെ മുഖത്തെ മാംസ പേശികളെ സ്വാധീനിക്കാൻ കഴിയും.

അതുകൊണ്ടുതന്നെ കുഞ്ഞുങ്ങളെ പരിചരിക്കുന്നതിൽനിന്ന് തുടങ്ങി മുതിർന്നവർക്കിടയിൽ നിലനിൽക്കുന്ന ബന്ധങ്ങളിൽവരെ വാമൊഴി വഴക്കത്തിനപ്പുറമുള്ള ഭാഷയ്ക്ക് പുറത്തുള്ള ചിഹ്നങ്ങൾ അത്യ ന്താപേക്ഷിതമത്രേ. ഏതൊരു ഭാഷാധിഷ്ഠിത പ്രകാശനശേഷിക്കും മുന്നുപാധിയായി വാമൊഴി ഭാഷകൾക്കപ്പുറത്തുള്ള പ്രകാശനശേഷി ആർജ്ജിക്കേണ്ടതുണ്ട്.

മനസ് വായിക്കാം

മറ്റുള്ളവരുടെ മനസ് വായിച്ചറിയുക എന്നതിന് 30,000 - 40,000 വർഷത്തിന്റെ ചരിത്രമുണ്ടെന്നാണ് ഈ മേഖലയിൽ നടന്നിട്ടുള്ള പഠനങ്ങൾ വെളിവാക്കുന്നത്. 30,000 വർഷങ്ങൾക്ക് മുൻപ് തന്നെ ഗുഹകളിലും മറ്റും വരച്ചുവെച്ച ചിത്രങ്ങളിലൂടെ കണ്ണോടിച്ചാൽതന്നെ മനസ്സിന്റെ ഈ പെരുമാറ്റ രീതി പിന്നിട്ട വഴികളെക്കുറിച്ച് ബോധ്യപ്പെടാവുന്നതാണ്. ജർമ്മനിയിലെ ഗുഹകളിൽ കാണുന്ന വളരെ വ്യത്യസ്തമായ ചിത്രങ്ങൾ ഈ പുരാതന കാലഘട്ടത്തിൽ എങ്ങനെയാണ് ഇത്തരം ശേഷികൾ പ്രകടമായത് എന്ന് മനസ്സിലാക്കാൻ ഉപകരിക്കുന്നവയാണ്. പാതി മനുഷ്യനും, പാതി സിംഹമോ മറ്റു മൃഗങ്ങളോ ഒക്കെ ഉള്ള ആഖ്യാനപ്രദമായ ചിത്രങ്ങളാണ് അവയിലേറെയും എന്നതാണ് അവയുടെ സവിശേഷത. നമ്മുടെ നാട്ടിലെ ക്ഷേത്രങ്ങളിൽ കാണുന്ന ചില ദൈവസങ്കൽപ്പങ്ങൾക്ക് സമാനമായ രൂപങ്ങളായി ഇവയെ കാണാവുന്നതാണ്.

ഇതുകൂടാതെ ശവശരീരങ്ങൾ ആർഭാടപൂർവ്വം ഒരുക്കി പ്രാചീനമായ ചില ആചാരപരതകളോടെ അടക്കം ചെയ്തതിന്റെ ചരിത്രരേഖകളും ലഭ്യമാണ്. ദൈവംപോലുള്ള ശക്തികളിലുള്ള വിശ്വാസവും മനസ്സ് വായിക്കുക എന്ന പെരുമാറ്റ രീതിയുമായി ബന്ധപ്പെട്ടുകൂടി വികസിച്ചു വന്നതാണെന്നും കരുതപ്പെടുന്നുണ്ട്.

തുടർന്ന്, മനുഷ്യർ പ്രാക്ഭാഷ (Proto languages) സമ്പ്രദായങ്ങൾ വികസിച്ചപ്പോൾ അതിന് ആധാരമായി വർത്തിച്ചതും ഈ തത്വം തന്നെയാണ്. (Theory of mind) പല തരത്തിലുള്ള

വികാസചരിത്രത്തിലൂടെയാണ് ഇന്ന് കാണുന്ന തരത്തിൽ ശക്തമായി ഈ കഴിവ് നമ്മളിൽ പ്രവർത്തിച്ചു തുടങ്ങിയത്.

നാം ഓരോരുത്തരും ഉൾപ്പെടുന്ന സാമൂഹ്യലോകത്തെ ശരിയാംവണ്ണം അറിഞ്ഞെടുക്കുന്നതിന് അത്യന്താപേക്ഷിതമായ ശേഷിയായിട്ടുകൂടിയാണ് ഈ പെരുമാറ്റം പ്രവർത്തിക്കുന്നത്. എന്നെപോലെതന്നെ അപരനും ചിന്തിക്കുകയും ഭാവന ചെയ്യുകയും എല്ലാം ചെയ്യുന്നുണ്ടെന്ന തിരിച്ചറിവിനെയാണ് ഈ പെരുമാറ്റം കൊണ്ട് അർത്ഥമാക്കുന്നത്.

നിശ്ചിത ഉദ്ദേശ്യങ്ങളോടെ മറ്റുള്ളവരുമായി ആശയവിനിമയം നടത്തുന്നതിനും മറ്റുള്ളവരെ ചില കാര്യങ്ങൾ പഠിപ്പിക്കുന്നതിനും എല്ലാം ഈ കഴിവ് ഒരു മുൻഉപാധിയായി മാറുന്നുണ്ട്. മറ്റുള്ളവരെ ചില ഉദ്ദേശ്യങ്ങൾക്ക് വേണ്ടി ഉപയോഗപ്പെടുത്താനും, അതേപോലെതന്നെ നമ്മുടെ ലക്ഷ്യം നേടിയെടുക്കാനായി ചിലപ്പോൾ അവരെ കബളിപ്പിക്കുന്നതിനും മറ്റുള്ളവരുടെ മനസ്സിനെക്കുറിച്ച് അറിയേണ്ടത് പലപ്പോഴും ഒഴിച്ചുകൂടാനാവാത്തതാണ്.

മറ്റുള്ളവരുമായി സഹകരിച്ചുകൊണ്ട് ചില ലക്ഷ്യങ്ങൾ നേടിയെടുക്കാൻ കഴിയുന്നതിനും ഈ മനോവായനാശേഷി തന്നെയാണ് താങ്ങാവുന്നത്. കൂട്ടങ്ങളായി ഇരയെ വേട്ടയാടാനിറങ്ങുന്ന ചിമ്പാൻസികൾക്കിടയിൽപോലും ഒരു പരിധി വരെ ഈ മാനസിക ശേഷി പ്രവർത്തിക്കുന്നുണ്ട്. കൂട്ടത്തിലുള്ള പലരുടെയും സമർത്ഥമായ നീക്കങ്ങളെക്കുറിച്ച് പരസ്പരം അറിഞ്ഞെടുക്കാനുള്ള സൂക്ഷ്മശേഷി ഭ്രൂഢമൂലമായി (rudimentary) നിലനിൽക്കുന്നതിനാലാണ് ഇരയെ കൂട്ടായി വേട്ടയാടി പങ്കുവെച്ച് തിന്നാനും അവർക്ക് കഴിയുന്നത്. എന്നാൽ നമ്മുടേതിന് തീർത്തും സമാനമായ രീതിയിലല്ല ഇത് പ്രവർത്തിക്കുന്നത് എന്നുമാത്രം. ഇപ്പോൾ ജീവിച്ചിരിക്കുന്ന ആൾക്കുരങ്ങുകൾക്കും നമുക്കും പൊതുപൂർവ്വികനായിരുന്ന ജീവിവർഗത്തിനകത്തും ഈ മനോതത്വം ചെറിയ തോതിൽ പ്രവർത്തിച്ചിരുന്നു എന്നാണ് ഇത് സൂചിപ്പിക്കുന്നത്.

എന്നാൽ മനുഷ്യരുടെ കാര്യത്തിൽപോലും ഇത് ശിശുവികാസത്തിന്റെ ഒരു ഘട്ടം വരെ ഏറെക്കുറെ ദുർബ്ബലമാണെന്ന് തന്നെ പറയാം. അതുകൊണ്ടാണ് മൂന്ന് വയസ്സിനെ തുടർന്ന് മാത്രം ശക്തിപ്പെടുന്ന ഒരു ശേഷിയായി ഇത് മാറിയത്. ഉൾപ്രേരണകളെ നിയന്ത്രിക്കാനുള്ള ശേഷി എങ്ങനെയാണോ ചിമ്പാൻസിയിലും നമ്മുടെ മൂന്ന് വയസ്സിന് കീഴെ ഉള്ളവരിലും പ്രവർത്തിക്കുന്നത് എന്നതിലൂടെ ഈ പ്രത്യേക കഴിവ് എങ്ങനെയാണ് അതിന്റെ ജീവശാസ്ത്രപരമായ വഴികൾപിന്നിടുന്നത് എന്ന് അനുമാനിക്കാവുന്നതാണ്. ഓട്ടിസം പോലുള്ള വളർച്ച വ്യത്യാസങ്ങളിലൂടെ കടന്നുപോകുന്ന കുട്ടികളിലെ

ഈ ശേഷി വലിയ തോതിൽ തന്നെ ഒത്തുതീർപ്പിന് വിധേയമായിട്ടുണ്ട്. അതിനാൽ അവർക്ക് മറ്റുള്ളവരുടെ താൽപ്പര്യങ്ങളെ അറിഞ്ഞുകൊണ്ട് പെരുമാറുന്നതിനോ അനുകമ്പ പോലെയുള്ള വികാരങ്ങൾ പ്രകടിപ്പിക്കുന്നതിനോ കഴിയാറില്ല. അത്തരക്കാരായ കുട്ടികൾ വരക്കുന്ന ചിത്രങ്ങൾപോലും വേറിട്ടവയായിരിക്കും. വൈകാരികമായ തുടർച്ചകൾ ക്കുള്ളിൽ പ്രവർത്തിക്കുന്ന വസ്തുക്കളോ മൃഗങ്ങളോ ആളുകളോ ഒന്നും തന്നെ അവരുടെ ചിത്രങ്ങളിൽ കാണാറില്ല. എന്നാൽഎന്താണോ വരക്കുന്നത് അതിന്റെ അതീവ സൂക്ഷ്മതയിൽ വരച്ചെടുക്കാനുള്ള ശേഷി അവർ കാണിക്കാറുണ്ട്. V S Ramachandran തന്റെ Tell Tale Brain ഓട്ടിസ്റ്റ് ആയ ഒരു കുട്ടി വരച്ച ചിത്രത്തെക്കുറിച്ച് പരാമർശിച്ചതായി കാണാം. പ്രസിദ്ധ ചിത്രകാരനായ ലിയാനോഡോ ഡാവിഞ്ചി വരച്ച ഒരു കുതിരയുടെ ചിത്രവും പരാമർശിക്കപ്പെട്ട കുട്ടി വരച്ച ചിത്രവും വേർതിരിച്ചറിയാനാവാത്ത വിധം മികവ് പുലർത്തുന്നതാണ്. ഓട്ടിസ്റ്റിക് സ്വഭാവമുള്ള കുട്ടിയുടെ ചിത്രം ഇതിൽ മികച്ച് നിൽക്കുന്നതായി തോന്നാം എന്നാണ് അദ്ദേഹം സൂചിപ്പിച്ചത്. ഇതിൽഡാവിഞ്ചി വരച്ച കുതിരയാണോ എന്ന് സംശയിക്കത്തക്ക രീതിയിലുള്ള കൃത്യതയാണ് ഓട്ടിസ്റ്റ് കുട്ടി വരച്ച കുതിരക്ക് ഉള്ളത് എന്നാണ് അദ്ദേഹം അതിശയിച്ചു പോയത്. ഇതുകൊണ്ട് കൂടിയാവണം ഇത്തരക്കാരായ വ്യക്തികളെ ഭിന്നശേഷിക്കാർ എന്ന് വിശേഷിപ്പിക്കുന്നത്.

സാധാരണ വളർച്ചയുള്ള കുട്ടികൾക്കിടയിൽ നിലനിൽക്കുന്ന നാട്യലീലകൾ (pretend play) സാധ്യമാകുന്നതും ഇത്തരത്തിലുള്ള മനോതത്വത്തെ തന്നെ അടിസ്ഥാനപ്പെടുത്തിയാണ്. റബേക്ക സാക്സയെപ്പോലുള്ള ന്യൂറോ സൈന്റിസ്റ്റുകൾ പറയുന്നത് ഒരു കുഞ്ഞ് ജനിക്കുന്നതോടെതന്നെ മുതിർന്നവരെ അനുകരിക്കാനുള്ള ശേഷി ഉള്ളവരാണെന്ന് തന്നെയാണ്. ഇതിനെ പിന്തുണക്കുന്ന രീതിയിലുള്ള പഠനഫലങ്ങളാണ് Pediatric Neurologist - കളായ മെൽസോഫ്, പട്രീഷ്യാഖുൾ(Meltzoff and Patricia Khul) എന്നിവർ നവജാത ശിശുക്കളിൽ നടത്തിയ പഠനങ്ങളിലൂടെ ലഭിച്ചിട്ടുള്ളത്.

നമ്മുടെ മസ്തിഷ്കത്തിലെ വലത് ടെമ്പറൽ പരൈറ്റൽ സന്ധി (Right Temporal Junction) യിൽ നടക്കുന്ന ഉത്തേജനമാണ് മറ്റുള്ളവരുടെ മനസ്സറിഞ്ഞ് പ്രവർത്തിക്കുന്നതിന് നമ്മളെ പ്രാപ്തരാക്കുന്നത്. കഴിഞ്ഞ 25 മില്യൺ വർഷങ്ങളിലൂടെ വളർന്നു വികസിച്ച് വന്ന ഒരു മസ്തിഷ്ക ഘടനകൂടിയാണിത്. മാക്ക് കുരങ്ങുകളിൽപോലും (Macque Monkeys) ഈ ഭാഗം പരിമിതികളോടെ പ്രവർത്തിക്കുന്നുണ്ട്. ഈ മസ്തിഷ്കഭാഗം വികാസപ്രക്രിയക്കകത്ത് കൂടിയാണ് അതിന്റെ പ്രവർത്തനപക്വത

ആർജ്ജിക്കുന്നത് എന്നതിന് തെളിവാണ് കുട്ടികളുടെ മൂന്ന് വയസ്സുവരെ ഉള്ള വികാസ ഘട്ടത്തിൽ ഏറെ ദുർബ്ബലമായ തോതിൽ മാത്രമേ ഇതിന് പ്രവർത്തിക്കാൻ കഴിയുകയുള്ളൂ എന്ന യാഥാർത്ഥ്യം.

മറ്റുള്ളവരുടെ മാനസികലോകത്തെക്കുറിച്ച് വ്യാകുലപ്പെട്ടുകൊണ്ടേ ഇരിക്കുക എന്നത് മനുഷ്യർക്കിടയിൽ സർവ്വസാധാരണമാണ്. മറ്റുള്ളവരുടെ പദ്ധതികൾ, തീരുമാനങ്ങൾ, നീക്കങ്ങൾ ഒക്കെ അറിയുക എന്നത് നമ്മുടെകൂടി സുഖകരമായ ജീവിതത്തെ പിന്തുണക്കുന്നു എന്നതാണിതിന് കാരണം. കുട്ടികൾ അമ്മയുടെയും, ഭാര്യ ഭർത്താവിന്റെയും, കാമുകൻ കാമുകിയുടെയും, സുഹൃത്തിന്റെയും എല്ലാം നീക്കങ്ങൾ പ്രത്യക്ഷമായോ പരോക്ഷമായ രീതിയിലോ ഒന്നുകിൽ സന്തോഷം അതല്ലെങ്കിൽ ദുഃഖംവരുത്തി വക്കും എന്നതുകൊണ്ടുകൂടിയാണ് മറ്റുള്ളവരുടെ മാനസിക വ്യാപാരങ്ങളെക്കുറിച്ച് ഇപ്രകാരം ഉത്ക്കണ്ഠപ്പെടാനിടവരുന്നത്.

നാം വീടുകളിൽ വളർത്തുന്ന നായ, പൂച്ച എന്നിങ്ങനെയുള്ള മൃഗങ്ങളുടെ കാര്യത്തിൽ പോലും ഈ മാനസിക ശേഷി ചെറിയ തോതിലെങ്കിലും സജീവമാണ്. നമ്മളെപ്പോലെതന്നെ അത്തരം മൃഗങ്ങളും നമ്മുടെ മനസ്സിന്റെ പ്രവർത്തനങ്ങളെ അറിഞ്ഞ് പെരുമാറാൻ ശ്രമിക്കുന്നത് സാധാരണമാണ്.

ഓരോ വ്യക്തിയും മറ്റുള്ളവരിലൂടെയാണ് സ്വയം നിർമ്മിക്കുന്നത്. നമ്മളോരോരുത്തരും പരസ്പരം നിർമ്മിക്കപ്പെടുകയാണെന്നർത്ഥം. മറ്റുള്ളവരുടെ മനസ്സ് വായിച്ചെടുക്കാനുള്ള ശേഷി വഴിയാണ് മറ്റുള്ളവരുമായി ബന്ധങ്ങൾ സ്ഥാപിക്കാൻ കഴിയുന്നത്. അവരെ നിരന്തരം നിരീക്ഷണവിധേയമാക്കുക എന്നത് നമ്മുടെ ദൃഷ്ടിവ്യവസ്ഥയുടെ പ്രാരംഭതത്വമാണ്. നവജാത ശിശുക്കളിൽവരെ ഈ പെരുമാറ്റരീതി കാണാൻ കഴിയും. നടപ്പ് രീതികൾ, മുഖഭാവം, ചലനം, സാന്നിദ്ധ്യം ഇവയെല്ലാം തന്നെ പലതരം വിവരങ്ങൾ തരാൻ പ്രാപ്തമാണ്. വസ്തുക്കളെയും പ്രതിഭാസങ്ങളെയും വരെ വ്യക്തിവൽക്കരിക്കാനുള്ള ശ്രമം ഉൾപ്പെടെ മനോവായനാതത്വത്തിന്റെ അനന്തരഫലങ്ങളാണ്.

മറ്റുള്ളവരുടെ ഭാവഹാവാദികളെയും, അവരുടെ നീക്കങ്ങളെയും നിരീക്ഷണവിധേയമാക്കുക എന്നത് പരിണാമത്തിന്റെ വഴികളിൽ നമ്മൾ ആർജ്ജിച്ചെടുത്ത ശേഷിയാണ്. ശക്തരായ ശത്രുക്കളെ നിരീക്ഷിച്ച് മനസ്സിലാക്കാനും അതിനിണങ്ങുന്ന രീതിയിൽപ്രവർത്തിക്കാനുതകുന്ന രീതിയിലാണ് ഇത്തരം പെരുമാറ്റങ്ങൾ പ്രബലമായത്.

ജനനാന്തരം 4 മാസത്തിനകം തന്നെ കുഞ്ഞുങ്ങൾ ജീവനില്ലാത്തവയെ അപേക്ഷിച്ച് ജീവനുള്ളവയുടെ ചലനത്തെ നിരീക്ഷിക്കുന്നതിൽ

ഏറെ താത്പര്യം കാണിക്കാറുണ്ട്. 8-ാമത്തെ മാസത്തോടെ ജീവികളുടെ ചലനത്തോട് പ്രതികരിക്കുന്നതിന്റെ ഭാഗമായി വലതു മസ്തിഷ്കഭാഗങ്ങൾ പ്രവർത്തനനിരതമാവുന്നു. മുതിർന്നവരിൽ കാണുന്ന ഉത്തേജനത്തിന്റെ അതേ നിരക്കിൽ തന്നെയാണ് കുഞ്ഞുങ്ങളിലും ഇത് നടക്കുന്നത്.

അനുകരണം, വൈകാരികത, ചില കാര്യങ്ങൾ നേരത്തെതന്നെ പ്രവചിക്കാനുള്ള ശേഷി എന്നു തുടങ്ങി ജീവശാസ്ത്രപരമായ മറ്റു പല പ്രവർത്തനങ്ങളുമായി കൂടി ഇത് ബന്ധപ്പെട്ടു കിടക്കുന്നു. വൈകാരികമോ, ശാരീരികമോ ആയ പീഢനങ്ങൾക്ക് വിധേയരായവർക്കിടയിൽ മുഖഭാവങ്ങൾ വായിക്കാനുള്ള അതിശക്തമായ ശേഷിയുള്ളതായും കാണപ്പെട്ടിട്ടുണ്ട്. ഇത്തരക്കാർക്ക് മറ്റുള്ളവരുടെ മുഖത്തോ കണ്ണിലോ പ്രത്യക്ഷപ്പെടുന്ന നേരിയ ഭാവമാറ്റം പോലും വായിച്ചെടുക്കാൻ കഴിയും. ഇപ്രകാരം വായിച്ചെടുക്കാനുള്ള ശേഷി മുൻകാല പീഢനാനുഭവങ്ങളെക്കുറിച്ചുള്ള കടുത്ത ഓർമ്മകൾ ഇത്തരക്കാരുടെ മനോവായനാശേഷിയെ വർദ്ധിപ്പിക്കുന്നത് കൊണ്ടാവണം ഇങ്ങനെയുള്ള പെരുമാറ്റങ്ങൾ ശക്തിപ്പെട്ടു വരുന്നത്.

സാമൂഹ്യഇടപെടലുകളെ സംബന്ധിച്ച ഉത്കണ്ഠ ഉള്ളവരിലും (even among socio Paths) Bipolar Disorder പോലുള്ള രോഗാവസ്ഥ ഉള്ളവരിലും ഇത്തരം അസാധാരണ കഴിവുകളുള്ളതായി കാണപ്പെട്ടിട്ടുണ്ട്. ഇൻഫീരിയർ ഓക്സിബിറ്റേൽ ലോബ് (inferior occipital lobe) പോലുള്ള മസ്തിഷ്ക ഭാഗങ്ങളാണ് ഇത്തരം ശേഷികളെ ഉറപ്പിക്കാനുതകുന്ന ഘടനകൾ.

മുഖത്ത് നിഴലിക്കുന്ന സ്ഥിരഭാവങ്ങളെ പ്രതിനിധാനം ചെയ്യുന്നതിന് സഹായിക്കുന്നത്മസ്തിഷ്കത്തിലെ ഫ്യൂസിഫോം ജൈറസ് (Lateral fusiform Gyras) പോലുള്ള ഭാഗങ്ങളാണ്. മുഖഭാവങ്ങളിലെ വൈകാരിക തലങ്ങളും അതിജീവനമൂല്യങ്ങളും എല്ലാം ഉറപ്പിക്കുന്നതിനായി അമിഗ്ദലയും, ആന്റീരീരിയർ സിങ്കുലേറ്റ് കോർട്ടെക്സുമാണ് പ്രവർത്തനനിരതമാകുന്നത്. മാതൃസംരക്ഷണവും സ്നേഹബന്ധങ്ങൾ നിലനിൽക്കുന്നതിനുമായി രൂപപ്പെട്ട വ്യവസ്ഥകളുടെ പിൽബലത്തിലാണ് അന്യരുടെ വേദനയോട് അനുതാപപൂർവ്വം പെരുമാറാനുള്ള സാഹചര്യവും വളർന്നു വന്നിട്ടുള്ളത്.

നമുക്ക് ആരോടാണോ കൂടുതൽ അനുകമ്പ ഉണ്ടാകുന്നത് എന്നത് ആ വ്യക്തിയോട് നമുക്കുള്ള വൈകാരിക അടുപ്പത്തിനനുസരിച്ചുകൂടിയായിരിക്കും. മറ്റു വ്യക്തികളുടെ ചിന്തകൾക്കും വികാരങ്ങൾക്കുമെല്ലാം മൂല്യം കൽപ്പിച്ചുകൊണ്ട് പെരുമാറാനുള്ളകഴിവ്

ആർജ്ജിച്ചെടുക്കാനായതോടെയാണ് മനുഷ്യരുടെ സാമൂഹ്യ ജീവിതം ഇന്നു കാണുന്ന രീതിയിൽ മെച്ചപ്പെടാൻ ഇടവന്നിട്ടുള്ളത്.

നമ്മുടെ പൂർവ്വികർ കടന്നുപോയ ജീവിത സാഹചര്യങ്ങളും, അവയോട് എതിരിടാൻ നടത്തിയ ഇടപെടലുകളുടെയും ഫലമായിട്ടാണ് നമുക്ക് ഇന്ന് ലഭ്യമായ മസ്തിഷ്കശേഷി ഉൾപ്പെടെ മെച്ചപ്പെട്ടിട്ടുള്ളത്. ഇത്തരം ഇടപെടലുകൾ വഴി പുതിയ പരിസരങ്ങൾ തീർക്കുകയും അവയുടെ ബലത്തിൽ നമ്മുടെ മസ്തിഷ്കത്തെ വീണ്ടും മെച്ചപ്പെടുത്താനുള്ള സാഹചര്യവും സംജാതമാവുകയുണ്ടായി. ചുറ്റുപാടുകളിൽ വമ്പിച്ച മാറ്റങ്ങളുണ്ടാക്കാൻ കഴിഞ്ഞതിന്റെ തുടർച്ചയായി ഇതേ ചുറ്റുപാടിൽ നിന്ന് കിട്ടിയ പുത്തൻ അനുഭവങ്ങളുടെ വെളിച്ചത്തിൽ നേരത്തെ ഉള്ളതിനേക്കാൾ മെച്ചപ്പെട്ട മസ്തിഷ്ക ശേഷി ആർജ്ജിക്കുന്നതിനും നമുക്ക് സാധിച്ചിട്ടുണ്ട്.

ഏതാണ്ട് 12000 വർഷത്തിന് മുൻപ്ആണ് നമ്മുടെ അലഞ്ഞുതിരിഞ്ഞുള്ള ജീവിതം നിലച്ചത്. അതിനെ തുടർന്ന് കൃഷിക്ക് തുടക്കമാവുകയും പിന്നീട് പാത്രങ്ങളും ഉരലും ഉലക്കയും എല്ലാം നിർമ്മിക്കാൻ തുടങ്ങുകയും ചെയ്തു. അതോടൊപ്പംതന്നെ വേട്ടയാടലും തുടർന്നു. കൃഷി തുടങ്ങുന്നതിനും സങ്കീർണ്ണമായ ഉപകരണങ്ങൾ നിർമ്മിക്കുന്നതിനും മനുഷ്യർക്കിടയിൽ പരസ്പരം സഹകരിച്ച് പ്രവർത്തിക്കുന്നതിനും ആവശ്യമായ മാനസിക ശേഷിയായി പ്രവർത്തിച്ചിട്ടുള്ളതും ഈ പ്രത്യേകത തന്നെയാണ്. വ്യത്യസ്തരാജ്യങ്ങളിലെ മനുഷ്യരുമായി നേരിട്ടും അല്ലാതെയും വിവിധ മേഖലകളിൽ സഹകരിച്ച് പ്രവർത്തിക്കാൻ ഇന്ന് നമുക്ക് താങ്ങാവുന്നതും മനസ്സിന്റെ ഈ പ്രത്യേക തരത്തിലുള്ള കഴിവ് തന്നെയാണ് എന്നതിൽ തർക്കമില്ല.

പരോപകാരം

മനുഷ്യസമൂഹം ഇന്നോളം സഞ്ചരിച്ച വഴികളിലത്രയും എളുപ്പത്തിൽ തിരിച്ചറിയാനാവുന്ന ഒരു ഗുണമാണ് അനുകമ്പ.

മറ്റുള്ളവരുടെ വാക്കുകൾ സംഗീതമായി മാറുന്നതിനെക്കുറിച്ച് സ്വപ്നം കണ്ട മാർക്സ്മുതൽ ജോബൈഡൻവരെ ഉറപ്പിച്ച് പറയുന്ന ഒരു വാക്ക് ആയി അനുകമ്പ മാറിയിട്ടുണ്ട്. അനുകമ്പയോടൊപ്പം ചേർത്ത് നിർത്താവുന്ന മറ്റ് ഗുണങ്ങളാണ് സഹതാപം, അലിവ്, പരസഹായം ചെയ്യാനുള്ള ശേഷി എന്നിവയൊക്കെ.

മറ്റുള്ളവരുടെ ദുരിതത്തിൽ സഹതപിക്കുക എന്നത് ഏറെ ഒരു സ്വഭാവഗുണമാണ്. 'അയ്യോ പാവം', 'സങ്കടം തന്നെ' തുടങ്ങിയ വാചകങ്ങളിൽ കെട്ടടങ്ങാവുന്ന ഒന്നുകൂടിയായാണ് പലപ്പോഴും സഹതാപം പ്രവർത്തിക്കുന്നത്. എന്നാൽ അനുകമ്പ/അനുതാപം (empathy) എന്നത് ഏറെ ചെലവേറിയ ഒരു സ്വഭാവവിശേഷം തന്നെയാണ്. മറ്റൊരാളുടെ ദുരിതത്തെ തന്റെ തന്നെ ദുരിതമായി അനുഭവിക്കാൻ കഴിയുന്ന ഒരു സ്വഭാവമാണിത്.

മറ്റു വ്യക്തികളുടെ പ്രയാസങ്ങളെ അകറ്റാനാവശ്യമായ ഇടപെടലുകൾ നടത്തി തങ്ങളുടെ ലഭ്യമായ വിഭവങ്ങൾ അതിനുവേണ്ടി നീക്കിവെക്കുക എന്നത് തന്നെയാണ് അനുകമ്പ ഏതൊരാളിൽനിന്നും ആവശ്യപ്പെടുന്നത്. അനുകമ്പ തോന്നുന്ന സാഹചര്യങ്ങളിൽ അത്തരം മാനസികാവസ്ഥ പ്രകടിപ്പിക്കുന്ന വ്യക്തിയുടെ ആത്മബോധം താത്കാലികമായി നിരാകരിക്കപ്പെടുകയും അയാളുടെ/അവളുടെ തന്മ (identity) ഏത് വസ്തുവിനോടോ/വ്യക്തിയോടോ ആണോ

സമരസപ്പെടാൻ ആഗ്രഹിക്കുന്നത് അതുമായി സംയോജിക്കപ്പെടുക യുമാണ് ചെയ്യുന്നത് എന്നാണ് കാവ്യമീമാംസയിൽ അരിസ്റ്റോട്ടിൽ പറയാൻ ശ്രമിച്ചത് (The Poetics). ഇതിനെയാണ് നിങ്ങളുടെ വേദന എന്റെ വേദനയായി മാറുന്ന അവസ്ഥയായി ബെർണർ വിശദീകരി ക്കുന്നത്.

ജീവശാസ്ത്രത്തിന്റെ കാഴ്ചപ്പാടിൽ നോക്കിയാൽ അനുതാപം എന്നത് പരോപകാര സ്വഭാവമായാണ് വിശദീകരിക്കപ്പെടാറുള്ളത്. ഇതാവട്ടെ, മനുഷ്യരിലെ കാര്യത്തിലെന്നപോലെ മറ്റ് മൃഗങ്ങളിലും നിലനിൽക്കുന്ന ഒന്നായാണ് പരിഗണിക്കപ്പെടുന്നത്.

മന:ശാസ്ത്ര സമീപനമനുസരിച്ച് സ്വയം കേന്ദ്രീകൃതമായ അനുകമ്പ യും, പരോപകാരപ്രദമായ അനുകമ്പയുമായി വേർതിരിച്ചുകൊണ്ടാണ് പൊതുവിൽ അനുതാപമെന്ന സ്വഭാവത്തെ വിശദീകരിക്കാറുള്ളത്. (Egoistic Altruism) സ്വയം കേന്ദ്രീകൃതമായ അനുകമ്പ ലഭിക്കുന്ന വ്യക്തിയേക്കാൾ അത്തരം സ്വഭാവം പ്രകടിപ്പിക്കുന്ന ആളിനാണ് ഏറെ നേട്ടം കൈവരുന്നത്. അതുകൊണ്ട്, ഇത്തരം അനുകമ്പയ്ക്ക് വിഷയമാകുന്ന വ്യക്തിക്കുണ്ടാവുന്ന നേട്ടത്തിന് കുറഞ്ഞ പ്രാധാന്യം മാത്രമേ ഉള്ളൂ.

സഹതാപം (Sympathy) കാട്ടുന്ന വ്യക്തിക്ക് എപ്പോഴും തന്നെ ക്കുറിച്ചുള്ള അവബോധം ശക്തമായിരിക്കും. ഉദാഹരണത്തിന്, റോഡരികിൽ പരിക്ക് പറ്റി കിടക്കുന്ന ഒരാളിനെ മറ്റുള്ള ആളുകൾ പൊക്കി എടുത്ത് ആശുപത്രിയിലെത്തിക്കാൻ പാടുപെടുകയാണെ ങ്കിൽ സഹതാപം കാട്ടുന്ന വ്യക്തികൾ ആ അപകടത്തിന്റെ വിശദാം ശങ്ങൾ അവിടെ കൂടിയിരിക്കുന്നവരോട് ആരാഞ്ഞ ശേഷം ഒടുക്കം 'അയ്യോ വല്ലാത്ത കഷ്ടമായിപ്പോയി, കുട്ടികൾക്ക് ഒരു ശ്രദ്ധയുമില്ല' എന്നിങ്ങനെയുള്ള അഭിപ്രായങ്ങൾ പ്രകടിപ്പിച്ച് ആ സാഹചര്യത്തിൽ നിന്ന് രക്ഷപ്പെടുകയാണ് ചെയ്യുക.

മനുഷ്യരിൽ നിലനിൽക്കുന്ന അനുകമ്പ, സഹതാപം തുടങ്ങിയ സ്വ ഭാവങ്ങളെയെല്ലാം വിശദീകരിക്കാൻ ശ്രമിച്ചത് പൊതുവിൽ തത്വശാസ്ത്ര ങ്ങളും മതദർശനങ്ങളുമായിരുന്നു. എന്നാൽ 1975 - ഓടെ നീതിശാസ്ത്രം ഉൾപ്പെടെയുള്ള വിഷയങ്ങളെ തത്വശാസ്ത്രത്തിന്റെ മേഖലയിൽനിന്നും വിമോചിപ്പിച്ചുകൊണ്ട് ജീവശാസ്ത്രത്തിന്റെ മേഖലയിലേക്കെത്തിക്കാൻ ശ്രമിച്ചത് Edward Wilson എന്ന ചിന്തകനാണ് (E. Wilson 1975). ഇതിനെ തുടർന്നാണ് Stephen T Gould മനുഷ്യരുടെ ഏതൊരു പെരുമാറ്റത്തിന്റെയും വേരുകൾ മനുഷ്യരൊഴികെയുള്ള മറ്റ് മൃഗങ്ങളി ലേക്കും നീണ്ടുകിടക്കുന്നതായി സ്ഥാപിച്ചത്.

ഇപ്രകാരം Wilsonന്റെയും Gouldന്റെയും ഇടപെടലുകൾ വഴി ഏറെക്കാലം ജീവശാസ്ത്രത്തിന്റെ പുറത്ത് നിർത്തപ്പെട്ടിരുന്ന മൂല്യങ്ങളത്രയും കൂടുതൽ ആഴത്തിലുള്ള പഠനങ്ങൾക്കും ഗവേഷണങ്ങൾക്കും വിധേയമായി. അതിനെതുടർന്ന് ഇത്തരം മേഖലകളിൽ പുതിയ ശാസ്ത്രീയ കാഴ്ചപ്പാടുകൾ വികസിച്ച് വരികയുണ്ടായി.

അനുകമ്പ എന്നത് ഒരു മാനസികാവസ്ഥ മാത്രമാണ്. പ്രതിസന്ധിയിലകപ്പെട്ട മറ്റൊരു ജീവിയുടെ മാനസികനിലയ്ക്ക് സമാനമായ മാനസികനില അനുഭവിക്കുന്നതിനുള്ള ശേഷിയാണ് അനുകമ്പയെ അർത്ഥവത്താക്കുന്നത്. ഏതൊരു തരം ധാർമ്മിക ബോധത്തിനും അടിത്തറയായി വർത്തിക്കുന്നത് അനുകമ്പ ആണെന്നാണ് Marc Bekoff, Jessica Pierce എന്നിവർഅഭിപ്രായപ്പെടുന്നത്.

റസ്സൽ ചർച്ചിനെപ്പോലുള്ള (Russel Church) ഗവേഷകർ എലികളിൽ നടത്തിയ പഠനങ്ങൾഅവയിലെ അനുകമ്പാപൂർണ്ണമായ പെരുമാറ്റത്തെ വിശകലനം ചെയ്യാനുപകരിക്കുന്നവയാണ്. എലികളിൽ ഷോക്കേൽപ്പിച്ച് വേദന ഉണ്ടാക്കിയ ശേഷം കൂടെയുണ്ടായിരുന്ന മറ്റ് എലികൾക്ക് ഭക്ഷണം നൽകുമ്പോൾ അവർ ഭക്ഷണം കഴിക്കാൻ വിസമ്മതിക്കുന്നതായിട്ടാണ് കാണാൻ കഴിഞ്ഞത്.

ഇതിന് സമാനമായ മറ്റൊരു പഠനം കുരങ്ങന്മാരിലും നടത്തുകയുണ്ടായി. Rober Miller 1954 ൽതന്നെ കുരങ്ങന്മാർക്കിടയിൽ മുഖത്ത് പ്രത്യക്ഷപ്പെടുന്ന ഭീതി പ്രതിഫലിപ്പിക്കുന്ന ഭാവങ്ങൾ വായിച്ചെടുക്കാനുള്ള ശേഷിയുണ്ടെന്നും അതുവഴി തങ്ങളുടെ കൂട്ടത്തിലുള്ള മറ്റ് കുരങ്ങുകൾക്ക് വേദനയുണ്ടാക്കുന്ന സാഹചര്യം വരുമ്പോൾ തക്കതായ സമയത്ത് തന്നെ സൂചന നൽകി അവരെ രക്ഷിക്കാൻ കഴിഞ്ഞതായും ഈ പഠനത്തിലൂടെ മനസ്സിലാക്കപ്പെട്ടു.

1964 ൽ Jules Masserman ഉം കൂട്ടരും റീസസ് കുരങ്ങുകളിൽ നടത്തിയ പഠനങ്ങളും ഏറെക്കുറെ ഇതിന് സമാനമായ തെളിവുകൾ ശേഖരിക്കുന്നതിൽ വിജയിക്കുകയുണ്ടായി. തുടർന്ന് ഇതുപോലെയുള്ള നടന്ന ഒട്ടേറെ പഠനങ്ങൾ നായ, എലി, ചെന്നായ്ക്കൾ, ഡോൾഫിൻ, തിമിംഗലം, ആന, കുരങ്ങ് എന്നു തുടങ്ങി ഒട്ടനേകം മൃഗങ്ങളെ നിരീക്ഷണവിധേയമാക്കുകയുണ്ടായി.

മനുഷ്യശിശുക്കളിൽ നടന്ന പഠനങ്ങളിൽ നവജാത ശിശുക്കൾ പോലും മറ്റ് ശിശുക്കളുടെ കരച്ചിൽ കേൾക്കാൻ ഇടവരുമ്പോൾ കരയാൻ തുടങ്ങുന്നതായി കാണപ്പെട്ടു. ഒന്നിച്ചുള്ള കളികളിലേർപ്പെടുന്ന സമയങ്ങളിൽപോലും ഓരോ മൃഗവും മറ്റ് മൃഗങ്ങൾ ഏതെങ്കിലും പൊതുവായിട്ടുള്ള ധാരണകൾ ലംഘിച്ചുകൊണ്ട് പെരുമാറുന്നുണ്ടോ

എന്ന് പരിശോധിക്കുക പതിവാണ്. അത്തരം സാഹചര്യങ്ങൾ മറ്റുള്ള മൃഗങ്ങൾക്കിടയിൽ സംശയത്തിനും അനിശ്ചിതത്വത്തിനും ഇടനൽകി ക്കുടായ്കയില്ല. മൃഗങ്ങൾക്കിടയിൽ നിലനിൽക്കുന്ന കൂട്ടംചേർന്നുള്ള കളികൾപോലും (പൂച്ച, നായ...) സാമൂഹ്യമായ ധാർമ്മികതയുടെ സൂക്ഷ്മരൂപമാവാം എന്നാണ് Beckoff ന്റെ പക്ഷം.

മനുഷ്യരുടെ ഇടയിലും ഇതിന് സമാനമായ പെരുമാറ്റങ്ങൾ കാണാൻ കഴിയും. കൂട്ടത്തോടെയുള്ള കളികളിൽ കുട്ടികൾ ഏർപ്പെ ടുമ്പോൾ അതിൽനിന്ന് വിട്ടുമാറി നിൽക്കുന്നവരെ സംശയത്തോടെ യാണ് മറ്റു കുട്ടികൾ വീക്ഷിക്കാറുള്ളത്. അത്തരക്കാർ എന്ത് നിലപാ ടെടുക്കുമെന്ന ഉറപ്പില്ലായ്മയാണ് ഈ സംശയത്തിന്റെ പിറകിൽ പ്രേരണയായി നിൽക്കുന്നത്.

മറ്റ് സഹജീവികളുടെ വൈകാരികാവസ്ഥകളുമായി സമരസപ്പെ ടുക (Resonate) എന്നത് സ്വയം പ്രവർത്തക നാഡിവ്യവസ്ഥയുടെ (Autonomous Nervous system) സ്വാഭാവികമായ പ്രതികരണം മാത്രമാണ്. പരസ്പരം ആശ്വസിപ്പിക്കുന്നതിനായി ശരീര സ്പർശം നിലനിർത്തുക എന്നത് തന്നെ സസ്തനികൾ വഴി നമുക്ക് ലഭ്യമായ ജീവശാസ്ത്ര അടിത്തറയുള്ള ഒരു ശേഷി കൂടിയാണ്. അമ്മ കുഞ്ഞിനെ ലാളിക്കുകയും പരിചരിക്കുകയും കൊണ്ടുനടക്കുകയും ഒക്കെ ചെയ്യുന്നത് ഇതിന്റെ തുടക്കമാണ്. ഇക്കാരണത്താൽ തന്നെയാണ് നമുക്ക് പ്രിയ പ്പെട്ട ഏതൊരാളും വൈകാരിക പ്രതിസന്ധി നേരിടുമ്പോൾ നമുക്ക് ആ വ്യക്തിയെ സ്പർശിച്ച് ആശ്വസിപ്പിക്കാൻ കഴിയുന്നത്.

വളരെ വേണ്ടപ്പെട്ടവർ നഷ്ടപ്പെടുമ്പോൾ ആ വ്യക്തിയെ ആരെങ്കിലും സ്പർശിക്കുക പതിവാണ്. ഇത്തരം സന്ദർഭങ്ങൾ മുതൽ ആശുപത്രി സാഹചര്യങ്ങളിലും ഇങ്ങനെയുള്ള സ്പർശവും ആലിംഗനവും എല്ലാം പതിവാകുന്നത് ഇതുകൊണ്ട് തന്നെയാണ്.

അനുകമ്പയുടെ വെളിപ്പെടലിന് അനിവാര്യമായ അടിസ്ഥാന ശരീരശാസ്ത്രപരമായ പ്രവർത്തനങ്ങളത്രയും പ്രാഥമിക വികാരങ്ങ ളായ സാമൂഹ്യബോധം, പ്രത്യുത്പാദനതത്വം എന്നിവയുമായി ബന്ധ പ്പെട്ടുകൂടിയാണ് നിലനിൽക്കുന്നത്. മസ്തിഷ്കത്തിന്റെ കീഴ്ഭാഗങ്ങളുടെ പ്രവർത്തനങ്ങളെയും, സ്വയം പ്രവർത്തക നാഡീവ്യവസ്ഥയെയും (Autonomous Nervous System) കൂടാതെ പ്രതിരോധ പ്രവർ ത്തനങ്ങളെ ഏകോപിപ്പിക്കുന്ന എൻഡോക്രയിൻ(endocrine)വ്യവ സ്ഥയിൽ നടക്കുന്ന പ്രക്രിയകളെയും ആശ്രയിച്ചുകൊണ്ടു കൂടിയാണ് അനുകമ്പ പോലുള്ള വൈകാരികാവസ്ഥകൾ പ്രകാശനം നേടുന്നത് (Carter Harris & Porges 2004)

ഉയർന്ന മസ്തിഷ്ക പ്രവർത്തനങ്ങളുടെ, പ്രത്യേകിച്ച് നിയോകോർട്ടക്സിന്റേയും (പൊതു മസ്തിഷ്കത്തിന്റെ) മറ്റും പ്രവർത്തനഫലമായാണ് അനുകമ്പയും പ്രകടമാവുന്നത് എന്ന മട്ടിലുള്ള വാദങ്ങൾ ഏറെക്കാലം മുൻപ് നിലനിന്നിരുന്നു. ആറു മാസം പ്രായമുള്ള ശിശുക്കളിലും നിയോകോർട്ടക്സ് കൃത്യമായ രീതിയിൽ പാകപ്പെട്ടിട്ടില്ലാത്ത മനുഷ്യക്കുഞ്ഞുങ്ങളിലും (0-2 age group) നടത്തിയ പഠന ഫലങ്ങളെ തുടർന്ന് ഇത്തരം വാദങ്ങൾ തള്ളപ്പെടുകയാണുണ്ടായത്.

സസ്തനികളിലും, പ്രൈമേറ്റ് വിഭാഗങ്ങളിലും വികസിച്ചുവന്ന കേൾവിശേഷി കാരണമാണ് വലിയതോതിലുള്ള സാമൂഹ്യബോധം തന്നെ ആർജ്ജിച്ചെടുക്കാൻ കഴിഞ്ഞത്. ഇപ്രകാരം വികസിച്ചുവന്ന കേൾവിശേഷിയുടെ ബലത്തിലാണ് കുഞ്ഞിന്റെ ശബ്ദത്തെയും മറ്റ് പല ചുറ്റുപാടിലുള്ള ശത്രുജീവികളുടെയും ശബ്ദത്തെ ശ്രദ്ധിച്ചുകൊണ്ട് അമ്മയ്ക്ക് സുരക്ഷിതമായി ഭക്ഷണം കഴിക്കാനും, കുഞ്ഞുങ്ങളെ സുരക്ഷിതമായി പരിചരിക്കാനും കഴിഞ്ഞത്.

അമ്മയ്ക്ക് കുഞ്ഞിന്റെ ശബ്ദത്തെയും, ചുറ്റുപാടിലുമുള്ള മറ്റ് ശബ്ദങ്ങളെയും അതേ പോലെ മൃഗങ്ങളെ സംബന്ധിച്ചിടത്തോളം മറ്റ് മൃഗങ്ങളുടെ ശബ്ദങ്ങളും വേർതിരിച്ച് മനസ്സിലാക്കി സുരക്ഷിതമായി ജീവിക്കാൻ കഴിയുന്നുണ്ട്. ചില പ്രതികൂല സാഹചര്യങ്ങളിൽ പൊരുതി നിൽക്കുന്നതാണോ അതോ സ്വയം പിൻവാങ്ങുന്നതാണോ നല്ലത് എന്ന് തീരുമാനിക്കുന്നതിന് സഹായിക്കുന്ന മാനസിക വ്യവസ്ഥകൾ വഴിയാണ് ഇത്തരത്തിലുള്ള ശേഷികൾ മനുഷ്യരിലും മറ്റ് ജീവിവർഗ്ഗങ്ങളിലും എല്ലാം വേരുറച്ച് വന്നത്.

ഇപ്രകാരമാണ് നമ്മളിൽ വികസിച്ച് വന്ന സാമൂഹ്യാവബോധത്തിന്റെ പിന്തുണയോടെ ഭീതി ജനിപ്പിക്കുന്ന മാനസികനിലകളെ മറികടക്കാനും നമുക്ക് കഴിഞ്ഞിട്ടുള്ളത്. (Carter & Harris)

ശിരസിനെയും മുഖത്തെയും ശരീരത്തിന്റെ മറ്റ് ഭാഗങ്ങളുമായി ഫലപ്രദമായി ബന്ധപ്പെടുത്തുന്നതിൽ സ്വയംപ്രവർത്തക നാഡീവ്യവസ്ഥ നേടിയ വിജയമാണ് അനുകമ്പയെന്ന മാനസിക സിദ്ധിയെ വംശചരിത്രത്തിന്റെ ഭാഗമാക്കി മാറ്റിയത്. മുഖഭാവങ്ങൾ വഴിയും ശബ്ദത്തിലൂടെയും മറ്റുമുള്ള വിനിമയ സംവിധാനങ്ങളുടെ സഹായത്താലും ചുറ്റുപാടുള്ള അപകടത്തെ മനസ്സിലാക്കുന്നതാണ് അനുകമ്പയുടെ ആധാരതത്വം. അതാവട്ടെ ബോധപൂർവ്വമായ അറിവിനപ്പുറത്തുവെച്ചാണ് പ്രകടമാകുന്നത്. ചുറ്റുപാടുകളെ തുടർച്ചയായി അവലോകനം ചെയ്തുകൊണ്ടാണ് ഏതൊരു ജീവിയും അതിന്റെ സുരക്ഷിതത്വം ഉറപ്പാക്കുന്നത്. ഇതാവട്ടെ നമ്മുടെ വംശചരിത്രത്തിൽ ആഴത്തിൽ

വേരോട്ടം കിട്ടിയ ഒന്നായതിനാൽനമ്മുടെ അറിവില്ലാതെ തന്നെ ഇത് പ്രവർത്തനക്ഷമമാകും.

മറ്റുള്ളവരിലുണ്ടാകുന്ന ദുരവസ്ഥകളെ/സങ്കടങ്ങളെ തിരിച്ചറിയുന്നതിന്റെ പ്രതിഫലനം കൂടിയായാണ് അനുകമ്പയും വെളിവാകുന്നത്. അനുകമ്പ എന്ന മാനസിക വികാരം മൂലമാണ് മറ്റ് വ്യക്തികളുടെ പിന്തുണയോടെ ജീവിതത്തിൽ നേരിടുന്ന ഒട്ടുമിക്ക പ്രശ്നങ്ങളെയും രിഹരിച്ചെടുക്കുന്നതിന് സാധ്യമായത്. ഇങ്ങനെയുള്ള മാനസികാവസ്ഥകൾ ഇല്ലാതെ വന്നാൽസ്വന്തം നില അപകടപ്പെടും എന്നു മാത്രമല്ല മറ്റുള്ളവരെ അപകടപ്പെടുത്തുന്ന തരത്തിലുള്ള പ്രവർത്തനങ്ങൾക്ക് കാരണമാവുകയും ചെയ്തേക്കാം.

നാഡീവ്യവസ്ഥകളെ ഉത്തേജിപ്പിക്കുന്നതിന് കാരണമാകുന്ന ഹോർമോണുകളായ ഓക്സിറ്റോസിൻ, വാസോപ്രസിൻ എന്നിവയും അനുകമ്പയെ സൃഷ്ടിക്കുന്നതിൽ സുപ്രധാനമായ പങ്ക് വഹിക്കുന്നുണ്ട്. (Vassopressin) വാസോപ്രസിൻ എന്ന രാസഘടകത്തിന് ഘടനാപരമായി ഏറെക്കുറെ (oxitocin) ഓക്സിടോസിനോട് സാമ്യതയുണ്ടെങ്കിലും ഇവയുടെ രണ്ടിന്റെയും പ്രവർത്തനരീതി വിപരീത ദിശകളിലാണ് സംഭവിക്കുന്നത്. മാനസിക പിരിമുറുക്കങ്ങളുണ്ടാക്കുന്ന ഉത്തേജന(stimuli)ങ്ങൾക്കെതിരെ കടുത്ത രീതിയിൽ പ്രവർത്തിക്കുന്നതിൽനിന്ന് സ്വയം പ്രവർത്തക നാഡീവ്യവസ്ഥയെയും അനുബന്ധ പെരുമാറ്റ രീതികളെയും തടയുന്നതിന് ഓക്സിറ്റോസിന്റെ സാന്നിധ്യം ഗുണകരമാണ്.

എന്നാൽ മാരകമായ അപകട സാഹചര്യങ്ങൾ നേരിടേണ്ടിവരുമ്പോൾ കൂടുതൽ ഉത്തേജന വിധേയമാവുകയും നമ്മെ കൂടുതൽ ജാഗ്രതയിലേക്ക് എത്തിക്കുന്നതിനും vassopressin സഹായിക്കുന്നുണ്ട്. ഈ രണ്ട് ഹോർമോണുകൾക്കുമിടയിൽ നടക്കുന്ന സജീവമായ പരസ്പരപ്രവർത്തനത്തിന്റെ ഭാഗമായാണ് സാമൂഹ്യപെരുമാറ്റങ്ങൾ ചിട്ടപ്പെടുത്തിക്കൊണ്ട് ഏതുതരം വ്യക്തികളുമായാണ് അടുക്കേണ്ടത്, എവിടെയൊക്കെയാണ് പിൻവാങ്ങേണ്ടത് എന്നൊക്കെ നാം സ്വയം നിശ്ചയിക്കുന്നത്.

മസ്തിഷ്കത്തിലെ കണ്ണാടി കോശങ്ങളുടെയും (Mirror Neuron) സ്വയം പ്രവർത്തക നാഡീവ്യവസ്ഥയുടെയും യോജിച്ച പ്രവർത്തനത്തിന്റെ ഫലമായിക്കൂടി വേണം അനുകമ്പയെന്ന വികാരത്തെ മനസിലാക്കേണ്ടത്.

മനുഷ്യരിലും കുരങ്ങുകളിലും ഏറെക്കുറെ സമാനമായ രീതിയിൽ തന്നെയാണ് കണ്ണാടികോശങ്ങൾ പ്രവർത്തിക്കുന്നതെങ്കിലും,

കുരങ്ങുകൾക്ക് അവയുടെ ദൃശ്യപരിധിയിൽഅനുകമ്പ ഉണർത്തത്തക്ക രീതിയിലുള്ള വസ്തുക്കളോ പ്രവൃത്തികളോ കാണുന്ന സാഹചര്യങ്ങളിൽ മാത്രമേ ഇത്തരം കോശങ്ങൾ ഉത്തേജനത്തിന് വിധേയമാവാറുള്ളൂ. എന്നാൽ മനുഷ്യർക്ക് ഇത്തരം സാഹചര്യങ്ങൾ ഇല്ലാതിരിക്കുമ്പോഴും ഭാവനാപരമായി പോലും കണ്ണാടികോശങ്ങളെ ഉത്തേജിപ്പിക്കാൻ കഴിയും. മുതിർന്നവർക്കിടയിൽ ഉൾപ്പെടെ മറ്റുള്ളവർ മുഖം തുടയ്ക്കുക, മുടി സ്പർശിക്കുക, കാലുകൾ ഇളക്കുക, കോട്ടുവായിടുക എന്നിവ കാണുമ്പോൾ അവ അനുകരിക്കപ്പെടുന്നതായി കാണാൻ കഴിയും. നമ്മുടെ തന്നെ വികാരങ്ങളെയും ചിന്തകളെയും മറ്റുള്ളവരിലേക്ക് കൂടി ആരോപിച്ചെടുക്കാനുള്ള താത്പര്യം നമ്മിൽ ലീനമായിട്ടുണ്ട് എന്നതുകൂടിയാണ് അനുകമ്പയെ സാധ്യമാക്കുന്നത്. മറ്റുള്ളവരുമായി കൂട്ടുചേർന്ന് നടത്തുന്ന ഏതൊരു സംരഭത്തിനും അവശ്യം വേണ്ടത് നമ്മുടെ കൂടെ പ്രവർത്തിക്കുന്നവരുടെ മനോഭാവത്തെക്കുറിച്ചും സമീപനങ്ങളെക്കുറിച്ചും അറിഞ്ഞു വെക്കുക എന്നതുതന്നെയാണ്.

മറ്റുള്ളവരിലെ വൈകാരിക നിലകളെ സംബന്ധിച്ചും, അറിവിനെക്കുറിച്ചുമെല്ലാം നമുക്ക് മനസിലാക്കാൻ കഴിയുന്നതുപോലെ അവരെ സഹായിക്കാനും അപകടപ്പെടുത്താനും കൂടി ഉപകരിക്കുന്നതാണ് ഇത്തരം പെരുമാറ്റ ശേഷികളുടെ വിരോധാഭാസം.

ശിശുക്കൾവരെ മറ്റുള്ളവരുടെ ചേഷ്ടകളെ അനുകരിക്കാനുള്ള താത്പര്യം പ്രകടിപ്പിക്കുന്നതായി Meltzoff-ന്റെയും മറ്റും പഠനങ്ങൾ ഇതിനകം തന്നെ വെളിവാക്കിയിട്ടുണ്ട്. ചില പെരുമാറ്റങ്ങൾ കാണാനിടവരുമ്പോൾ നിർദ്ദിഷ്ട പെരുമാറ്റത്തിന്റെ ചലന പ്രതിധിധാനം നമ്മുടെ ചലനത്തെ നിയന്ത്രിക്കുന്ന മസ്തിഷ്കഭാഗങ്ങളിൽ പ്രത്യക്ഷപ്പെടുന്നതിനാലാണ് ഇതിനൊത്ത അനുകരണങ്ങൾ ഉണ്ടാകുന്നത്. (Chaminafe 2005) (Rizzolatti Fognssi, Gallese 2007)

നമ്മുടെ തന്നെ വികാരങ്ങളെയും ചിന്തകളെയും മറ്റുള്ളവരിലേക്ക് കൂടി ആരോപിച്ചെടുക്കാനുള്ള താത്പര്യം നമ്മിൽ ലീനമായിട്ടുണ്ട് എന്നതുകൂടിയാണ് അനുകമ്പയെ സാധ്യമാക്കുന്നത്. മറ്റുള്ളവരുമായി കൂട്ടുചേർന്ന് നടത്തുന്ന ഏതൊരു സംരഭത്തിനും അവശ്യം വേണ്ടത് നമ്മുടെ കൂടെ പ്രവർത്തിക്കുന്നവരുടെ മനോഭാവത്തെക്കുറിച്ചും സമീപനങ്ങളെക്കുറിച്ചും അറിഞ്ഞു വെക്കുക എന്നതുതന്നെയാണ്.

നമ്മളോരോരുത്തരും സ്വന്തം ശേഷികൾ/കഴിവുകൾ പോലും അടയാളപ്പെടുത്താൻ മുതിരുന്നത് കൂട്ടത്തിലുള്ള മറ്റുള്ളവരുടെ ശേഷിയെക്കുറിച്ചുള്ള വിലയിരുത്തലിന്റെകൂടി മറുപുറം എന്ന നിലയിലാണ്.

സ്ത്രീകൾക്കെതിരെ അതിക്രമങ്ങൾ കാട്ടുന്ന പുരുഷന്മാർക്ക് അവരുടെ ഭാര്യമാരുടെ മനസ്സ് വായിച്ചുകൊണ്ട് പെരുമാറാൻ കഴിയും എന്നാണ് നിരീക്ഷിക്കപ്പെടുന്നത്. ഇത്തരം പുരുഷന്മാർ ഏറിയ പങ്കും കടുത്ത മുൻവിധികൾ കൂടിയുള്ളവരായാണ് കാണാറുള്ളത്.

അനുകമ്പയോടെയുള്ള ഇടപെടലുകൾ നടത്തുന്ന അധ്യാപകാധ്യാപികമാരോട് വിദ്യാർത്ഥികൾക്ക് കൂടുതൽ അടുപ്പവും, സ്കൂളിനോടും പഠനത്തോട് തന്നെയും ആരോഗ്യകരമായ സമീപനവും വളർത്തിയെടുക്കാൻ കഴിയുന്നുണ്ടെന്നും ഇതിനകം തെളിയിക്കപ്പെട്ടിട്ടുണ്ട്. അനുകമ്പയുടെ ഫലമായി കുട്ടികളിൽ സാമൂഹ്യബോധവും, വൈകാരിക സാക്ഷരതയും ഏറ്റുന്നതോടൊപ്പം ആക്രമണസ്വഭാവവും മറ്റ് അനുബന്ധ സാമൂഹ്യവിരുദ്ധസ്വഭാവങ്ങളും താരതമ്യേന കുറവാണെന്നും വെളിവാക്കുന്ന ഒട്ടേറെ പഠനങ്ങൾ പുറത്തുവന്നിട്ടുണ്ട്.

Lizzarragay യും കൂട്ടുകാരും നടത്തിയ പഠനങ്ങളിൽ ആത്മനിയന്ത്രണവും, ആത്മാവബോധവും വളർത്തിയെടുക്കുന്നതിൽ അനുകമ്പ ജനിപ്പിക്കാനുതകുന്ന പരിശീലനങ്ങൾവഴി സാധിക്കുമെന്നും കണ്ടെത്തിയിട്ടുണ്ട്. (Lizzarragay 2003)

അമേരിക്ക, കാനഡ തുടങ്ങിയ രാജ്യങ്ങളിൽ 1986 മുതൽ തന്നെ അനുകമ്പയെ പാഠ്യപദ്ധതിയുമായി കൂട്ടിയിണക്കാനുള്ള ശ്രമങ്ങൾ നടക്കുകയുണ്ടായി. കുട്ടികൾക്കിടയിൽ വ്യാപകമായിക്കൊണ്ടിരിക്കുന്ന ആക്രമണസ്വഭാവത്തെ ഇല്ലാതാക്കുന്നതിനുപകരിക്കുന്ന രീതിയിലാണ് ഇത്തരം സംരംഭങ്ങൾ ഉണ്ടായത്.

ചരിത്രം, സാമൂഹ്യശാസ്ത്രം എന്നീ വിഷയങ്ങളുടെ ഭാഗമായാണ് അനുകമ്പ ഉണർത്തുന്ന വിഷയങ്ങൾ പഠിപ്പിക്കപ്പെടുന്നത്. പരസഹായപ്രകൃതവും അനുകമ്പയും പരസ്പരം വെച്ചുമാറാവുന്ന മാനസികാവസ്ഥകൾതന്നെയാണ്. പിന്നീടൊരിക്കലും നമ്മൾ സന്ദർശിക്കാനിടയില്ലാത്ത ഹോട്ടലുകളിൽപോലും ടിപ് കൊടുക്കാനും നമ്മുടെ സ്വന്തം നിലയെതന്നെ അപകടപ്പെടുത്തുമോ എന്ന് സംശയിക്കാവുന്ന സാഹചര്യങ്ങളിൽ പോലും പരസഹായം ചെയ്യാനും നമ്മൾ മടിക്കുന്നില്ല.

സഹജമായ പരസഹായം പോലുള്ള മാനസികാവസ്ഥകളെ പരിഗണിക്കുമ്പോൾ പലപ്പോഴും അതിന് പിന്നിൽ പ്രവർത്തിക്കുന്ന ഒട്ടനവധി കാരണങ്ങളിൽ ഏതാനും ചിലതിലേക്ക് അമിത ശ്രദ്ധ കൊടുക്കുന്നതു കാരണം പല തരത്തിലുള്ള ലഘൂകരണ ചിന്തകളിലേക്കും വഴുതിപ്പോവുകസ്വാഭാവികമാണ്. ചില ഘട്ടങ്ങളിൽ അവയെ ശരീരശാസ്ത്രപരമായ പ്രവർത്തനങ്ങളുടെ ഫലമായുള്ള ഹോർമോണുകളുടെ ഏറ്റക്കുറച്ചിലുകളിലേക്കും, മനഃശ്ശാസ്ത്രപരമായ പ്രേരണകളിലേക്കും

ച്ചുരുക്കി എടുത്തുകൊണ്ട് വിശദീകരിക്കുക എന്നതാണ് പതിവ് രീതി. ഇതുകൂടാതെ ചില പഠനങ്ങളിൽ ജനിതക ഘടകങ്ങളും ചുറ്റുപാടും തമ്മിലുള്ള പരസ്പരപ്രവർത്തനത്തിന്റെ ഫലമായികൂടിഇത്തരം സ്വഭാവങ്ങളെ വിശദീകരിക്കാറുണ്ട്. രക്ഷിതാക്കൾ മുഖേനയും, സ്കൂളുകളിലൂടെയും മറ്റും ലഭിക്കുന്ന ശിക്ഷണങ്ങളുടെ ഫലമായാണ് ഇത്തരത്തിലുള്ള പ്രകൃതങ്ങൾ രൂപപ്പെടുന്നത് എന്നും വിശ്വസിച്ചുപോരുന്നുണ്ട്.

ആത്യന്തിക കാരണങ്ങൾ തിരക്കുമ്പോൾ മാത്രമാണ് അനുകമ്പ പോലുള്ള പ്രകൃതത്തെ (trait) അതിന്റെ അനുകൂലന ശേഷി (Adaptive nature)യുമായി ബന്ധപ്പെടുത്തി കാണാൻ കഴിയുകയുള്ളൂ. എന്തുകൊണ്ടാണ് ഈ സ്വഭാവ വിശേഷം മനുഷ്യവംശത്തിനിടയിൽ പരമപ്രധാനമായി മാറിയത് എന്നും, അതിജീവനവുമായി ബന്ധപ്പെട്ട എന്തൊക്കെ പ്രശ്നങ്ങളെ പരിഹരിക്കുന്നതിനാണ് അനുകമ്പ/പരസഹായപ്രകൃതം പ്രയോജനപ്പെട്ടത് എന്നും കണ്ടെത്തുക എന്നത് ഏറെ പ്രസക്തമാണ്.

പരസഹായ പ്രകൃതമുള്ളവർക്ക് തങ്ങളുടെ സഹജീവികളുമായി സഹകരിച്ചുകൊണ്ട് ദൈനംദിന പ്രശ്നങ്ങളെ പരിഹരിക്കാൻ കഴിയുന്നുണ്ട്. എന്നാൽ സ്വാർത്ഥപ്രകൃതം കാണിക്കുന്നവർക്ക് അപ്രകാരം അതിജീവിച്ച് മുന്നേറുന്നതിന് ഒട്ടേറെ തടസ്സങ്ങൾ നേരിടേണ്ടി വരുന്നു. ഇങ്ങനെ പരസഹായപ്രകൃതം നിലനിർത്തുകവഴി കൂടുതൽ മെച്ചപ്പെട്ട രീതിയിൽ ജീവിച്ചുപോകുവാൻ കഴിഞ്ഞതിനാലാണ് ഈ സ്വഭാവം നമ്മുടെ അടിസ്ഥാന സ്വഭാവമായി മാറിയത്.

മനഃശ്ശാസ്ത്രജ്ഞർ ഏറെയും പരിശോധിക്കുന്നത് ആസന്നകാരണങ്ങളാണെങ്കിൽ ജീവശാസ്ത്രം പരിഗണിക്കുന്നത് ആത്യന്തിക കാരണങ്ങൾ കൂടിയാണെന്ന് മാത്രം. ഏതൊരു സ്വഭാവവിശേഷവും അനുകൂലമാവണമെങ്കിൽ അവയ്ക്ക് വ്യക്തികളുടെ ഏതെങ്കിലും രൂപത്തിലുള്ള കാര്യക്ഷമത വർദ്ധിപ്പിക്കാൻ കഴിയണം. ജീവിതചരിത്ര (life history) ത്തിന്റെ കാഴ്ചപ്പാടിൽ നോക്കിയാൽ ഏതൊരു സ്വഭാവവും കാര്യക്ഷമത വർദ്ധിപ്പിക്കാനുതകുന്നതാകണമെങ്കിൽ പ്രധാനമായി 3 കാര്യങ്ങൾ പാലിക്കപ്പെടേണ്ടതുണ്ട്. (Stearns 1989)

പ്രത്യുത്പാദനക്ഷമത കൈവരിക്കാവുന്ന ഘട്ടംവരെ ജീവിക്കുക, വിജയകരമായി പ്രത്യുത്പാദനം പൂർത്തീകരിക്കുക, കുഞ്ഞിനെ പ്രത്യുത്പാദനക്ഷമത കൈവരിക്കാനാവുന്നവരെ വളർത്തിയെടുക്കുക എന്നിവയാണ് ഇതിൽ മുഖ്യമായി പരിഗണിക്കപ്പെടുന്നത്.

ഹാമിൽട്ടൺ നടത്തിയ വർഗീകരണം അനുസരിച്ച് ഏതൊരു പരസഹായത്തെ ഉദ്ദേശിച്ചുള്ള പെരുമാറ്റവും അത് പ്രകടിപ്പിക്കുന്ന ആളിന് ചെലവേറിയതും സ്വീകരിക്കുന്ന ആളിന് നേട്ടമുണ്ടാക്കുന്നതു മാവണം. മറിച്ച് അനുകമ്പ കാണിക്കുന്ന ആളിന് നേട്ടവും സ്വീകരിക്കുന്ന ആളിന് നഷ്ടചെലവ് ഉള്ളതുമാണെങ്കിൽ അത് സ്വാർത്ഥപ്രേരിതമാണ്. ഇരുവർക്കും നഷ്ടം വരുത്തിവെക്കുന്നതാണെങ്കിൽ അത് ദുരുപദിഷ്ട വുമാണ്. (Spiteful) സഹായം കൊടുക്കുന്ന ആളിന് ചെലവുള്ളതും സ്വീകരിക്കുന്ന വ്യക്തിക്ക് ഗുണമുള്ളതുമാണെങ്കിൽ മാത്രമാണ് പരസ ഹായപ്രദമായ അനുകമ്പയായിത്തീരുന്നത്. ഇരുവർക്കും ഗുണകരമെ ങ്കിൽ അത് പരസ്പരസഹായം മാത്രമാണ്. (Mutualistic)

ദീർഘകാലത്തിനുള്ളിലെങ്കിലും ഏതെങ്കിലും സാമൂഹ്യാനുകൂലന സ്വഭാവം എന്തെങ്കിലും നേട്ടം ഉണ്ടാക്കുന്നുണ്ടെങ്കിൽ അത്തരം സ്വഭാ വങ്ങളെ കൂടി പരസഹായാധിഷ്ഠിത സ്വഭാവമായി കാണാവുന്നതാണ്. (Altruistic)

ഒരു വ്യക്തി തന്റെ ബന്ധുക്കൾക്കു വേണ്ടി എന്തെങ്കിലും സഹായം ചെയ്തു കൊടുക്കാൻഇടവരുകയാണെങ്കിൽ അത് ലഭിക്കുന്ന ആൾക്ക് മാത്രമല്ല സഹായം കൊടുക്കുന്ന വ്യക്തിക്കു കൂടി ഇത് ഗുണകരമായി മാറുന്നുണ്ട്. ഇവിടെ, സഹായം കൊടുക്കുന്ന ആളും അത് സ്വീകരിക്കു ന്ന വ്യക്തിയും ഒരേ ജനിതക പാരമ്പര്യത്തിൽ പെടുന്നതുകൊണ്ടാണ് ഈ നേട്ടം സാധ്യമാകുന്നത്. വ്യക്തിയുടെ കാഴ്ചപ്പാടിലെന്നതിലുപരി ജീനിന്റെ കാഴ്ചപ്പാടിലാണ് അത്തരത്തിലുള്ള പരസഹായ പ്രകൃതം വെളിവാകുന്നത് എന്ന് മാത്രം.

ഇങ്ങനെ നോക്കിയാൽ ബന്ധുക്കളെ ലക്ഷ്യംവെച്ച് നൽകുന്ന പരസഹായം സ്വാർത്ഥപ്രേരിതമാണ്. ഇത് ഒരേസമയം തന്നെ സഹായം നൽകുന്ന ആളിന് ചുറ്റുപാടുമായി ഇണങ്ങി പോകാൻ സഹാകരമായതും, അനുകൂലനത്തെ പിന്തുണക്കുന്നതും ആണ്. എന്നാൽപഴയ കാലത്ത് കുടുംബങ്ങൾ ഒന്നായി ഒരു ഗോത്രത്തിൽ ജീവിച്ച സാഹചര്യത്തിൽ ഈ തത്വം ഏറെക്കുറെ ശരിയാണെങ്കിലും ഇന്നത്തെ സാഹചര്യത്തിൽ അതിന് പരിമിതികളേറെയുണ്ട് എന്ന് മാത്രം.

സ്വന്തം അഭിവൃദ്ധി മാത്രം ലക്ഷ്യംവെച്ച് പ്രവർത്തിക്കത്തക്ക രീതിയിലുള്ള സ്വഭാവമുള്ളവർ ഒരു കൂട്ടത്തിൽ/സാമൂഹ്യവിഭാഗത്തിൽ ഏറുന്ന സാഹചര്യം വരുകയാണെങ്കിൽ അത്തരം സമൂഹങ്ങൾ നാശം നേരിടാനാണ് സാധ്യത.

പല ജീവി വർഗങ്ങളിലെയും ഒറ്റ തിരിഞ്ഞ ജീവികൾ അവരുടെ സ്വന്തം പ്രത്യുത്പാദനക്ഷമതയെതന്നെ കുറച്ചുകൊണ്ട് അവരുടെ കൂട്ടത്തിന്റെ അതിജീവനക്ഷമതക്കും സുരക്ഷിതത്വത്തിനും പ്രാധാന്യം കൊടുക്കുന്ന അവസരങ്ങളും ഉണ്ടാകാറുണ്ട്.

ഒരുകൂട്ടത്തിലോ, പ്രത്യേക സാമൂഹ്യ വിഭാഗത്തിലോ ജീവിക്കുന്ന സന്ദർഭങ്ങളിൽ സ്വന്തം അഭിവൃദ്ധിയെ ലക്ഷ്യം വെച്ചു കൊണ്ട് പെരുമാറുകയാണെങ്കിൽ ആ കൂട്ടത്തിന് അത് വിനാശകരമായി തീരാനാണ് സാധ്യത. അതുകൊണ്ട് ഇത്തരം സാഹചര്യങ്ങളിൽ ചിലയിനം പക്ഷികൾ പോലും അവയുടെ കുഞ്ഞുങ്ങളെ ഉൽപ്പാദിപ്പിക്കാനുള്ള സാദ്ധ്യതകളിൽ പോലും ഒത്തുതീർപ്പുകൾ നടത്താറുണ്ട്. ഏറെ മുട്ട ഇടാനും അടയിരിക്കാനും കഴിയാമെന്നിരിക്കെ തന്നെയാണ് തങ്ങളുടെ കൂട്ടത്തിന്റെ നേട്ടത്തിനായി അവരുടെ സ്വന്തം കുഞ്ഞുങ്ങളെ ഉല്പാദിപ്പിക്കുന്നതിനു പകരം അവരുടെ കൂട്ടത്തിൽ പെട്ട മറ്റു പക്ഷികൾക്ക് അതിനുള്ള അവസരങ്ങൾ ഒരുക്കി കൊടുക്കുന്നതും കാണാറുണ്ട്.

ചില സാഹചര്യങ്ങളിൽ പക്ഷികൾ കൂടുതലായി പ്രത്യുത്പാദനം നടത്തുമ്പോൾ ചുറ്റുപാടുള്ള വിഭവങ്ങൾ പൂർണ്ണമായും വിനിയോഗിക്കപ്പെടുകയും ഈ ഇനം പക്ഷികൾ കൂട്ടത്തോടെ നശിക്കുകയും ചെയ്യേക്കാം. പല ജീവിവർഗങ്ങളിലും ഇപ്രകാരം ചില ജീവികൾ പ്രത്യുത്പാദനം നടത്താറില്ല. മറ്റുള്ളവയുടെ പ്രത്യുത്പാദനത്തെ സഹായിക്കുകയാണ് ചെയ്യാറുള്ളത്.

ജോലി ചെയ്യാൻ നിയോഗിതരായ തൊഴിലാളി തേനീച്ചകൾ (Working bees) പ്രത്യുത്പാദനം നടത്താറില്ല. പകരം റാണി ഈച്ചയുടെ കുഞ്ഞുങ്ങളെ പരിരക്ഷിക്കുകയാണ് പതിവ്. റാണിക്ക് കുഞ്ഞുങ്ങളുടെ എണ്ണം വർദ്ധിപ്പിക്കുന്നതിനും ഇത്തരം ത്യാഗം ഉപകരിക്കുന്നുണ്ട്. ഇതു കാരണം കൂട്ടങ്ങളിൽ ഒറ്റപ്പെട്ട ചില ജീവികൾക്ക് പ്രത്യുത്പാദനക്ഷമത കൈവരിക്കാൻ കഴിയാതെ വരികയു ചെയ്യുന്നുണ്ട്. എന്നാൽ ഇത്തരം ത്യാഗത്തിലൂടെ പരോക്ഷമായി തന്റെ കൂട്ടത്തിന്റെ കാര്യക്ഷമത വർധിപ്പിക്കാൻ കഴിയുന്നു എന്നതാണ് നേട്ടമായി മാറുന്നത്.

ഇത്തരം വിശദീകരണങ്ങൾക്ക് ബദലായി വികസിച്ചുവന്ന സമീപനങ്ങളനുസരിച്ച് ഇപ്രകാരമുള്ള പ്രത്യുത്പാദന പ്രക്രിയക്കകത്ത് വരുത്തുന്ന ക്രമീകരണവും, സ്വയം വിട്ടുനിൽക്കലുമെല്ലാം സ്വാർത്ഥമായ ചില താത്പര്യങ്ങളെക്കൂടി നിറവേറ്റുന്നുണ്ട് എന്ന വസ്തുതയും അംഗീകരിക്കാതെ വയ്യ.

പ്രത്യുത്പാദനവും ശിശ്രുസംരക്ഷണവും ഏറെ ഊർജ്ജവും സമയവും ആവശ്യപ്പെടുന്ന ഒന്നായതിനാലാവണം ഇത്തരം ക്രമീകരണങ്ങൾ നടക്കുന്നത് എന്ന് വാദിക്കുന്നവരും ഉണ്ട്. കൂടുതൽ കുഞ്ഞുങ്ങളെ ശ്രദ്ധിക്കുന്നതിലുള്ള പ്രയാസവും കൂടാതെ ഇവയുടെയെല്ലാം അതി ജീവനക്ഷമതയിലുള്ള അനിശ്ചിതത്വവും കൂടിയാവണം ഇത്തരം സാഹചര്യങ്ങൾസൃഷ്ടിക്കപ്പെടാനിടയാക്കുന്നത് എന്ന തരത്തിലുള്ള വിശദീകരണങ്ങളാണ് ഇതനെതിരായി ഉന്നയിക്കപ്പെടുന്നത്. കൂടുതൽ കുട്ടികളെ പരിപാലിക്കുന്നത് മൂലം കൂടുതൽഊർജ്ജവും, സമയവും നഷ്ടമാകുന്നതിലൂടെ ഭാവിയിൽ നടക്കേണ്ടുന്ന പ്രത്യുത്പാദനത്തെയും ശിശ്രു സംരക്ഷണത്തെയും അത് പ്രതികൂലമായി ബാധിച്ചേക്കാം.

ഇന്ന് കാണുന്ന രീതിയിലുള്ള അനുകമ്പയും, പരസഹായവുമെല്ലാം കൂടുതൽ സങ്കീർണ്ണമായ പ്രക്രിയകൾ വഴി വികസിച്ചുവന്നിട്ടുള്ളതാ യിവേണം മനസിലാക്കേണ്ടത്. ഇണകളെ കിട്ടാനുള്ള ശ്രമത്തിന്റെ ഭാഗമായിപോലും ഉയർന്ന തോതിലുള്ള അനുകമ്പ കാണിക്കാറുണ്ട്. ഏതാനും യുവാക്കളെ യുവതികളുമായി അല്പസമയം സംസാരിപ്പിച്ച തിനു ശേഷം പലതരത്തിലുള്ള പ്രയാസങ്ങളിൽ പെട്ടവരുടെ സമീപ ത്തെത്തുമ്പോൾ എത്രമാത്രം അനുകമ്പാപൂർവ്വമാണ് പെരുമാറുന്നത് എന്ന് അറിയുന്നതിനായി ഒരു പരീക്ഷണം നടക്കുകയുണ്ടായി. ഇക്കൂ ട്ടത്തിൽ കൂടുതൽ സമയം ഇങ്ങനെ സ്ത്രീകളുമായി സന്തോഷപൂർവം ഇടപെടാൻ അവസരം കിട്ടിയവരിൽ വളരെ കൂടിയ അളവിൽ ഉള്ള അനുകമ്പയും പരസഹായ പ്രകൃതവും വരെ കാണാൻ കഴിഞ്ഞതാ യാണ് ഈ പഠനത്തിലൂടെ തെളിഞ്ഞിട്ടുള്ളത്.

എന്നാൽ മസ്തിഷ്കത്തെയും ശരീരത്തെയും താറുമാറാക്കുന്ന തരത്തി ലുള്ള അത്യധികമായ ഉൽപരിവർത്തനങ്ങൾ (random mutations) നടക്കുന്ന സാഹചര്യങ്ങളിൽ ധാർമ്മിക ഗുണങ്ങൾ അപ്രത്യക്ഷ മാകാവുന്നതാണ്. ഓട്ടിസം, സ്കിസോഫ്രേനിയ തുടങ്ങിയ വളർച്ചാ വൈകല്യങ്ങൾ ഉള്ളവർക്കിടയിൽ മറ്റുള്ളവരുടെ മനസ്സുകളെ വായി ച്ചെടുക്കാനുള്ള കഴിവ് ദുർബ്ബലമാകുന്നതിനാൽ അനുകമ്പപോലുള്ള വികാരങ്ങൾ അവർ പ്രകടമാക്കാറില്ല.

സാമൂഹ്യമായ നിലനിൽപ്പിന് ഉപകരിക്കുന്ന ഏതൊരു സ്വഭാവവും ഇണയെ തെരഞ്ഞെടുക്കേണ്ടുന്ന സന്ദർഭങ്ങളിലൊക്കെയും നാഡി ശാസ്ത്രപരമായ ഉറപ്പ് (neurogenetic warranty) എന്ന നിലയിൽ കൂടിയാണ് പ്രവർത്തിക്കുന്നത്.

പ്രതിരോധ വ്യവസ്ഥയുടെ പരസ്പരപൊരുത്തത്തിന്റെ അടി സ്ഥാനത്തിലാണ് (Major Histo Compatability) ഇണയെ

തെരഞ്ഞെടുക്കുന്നത് എങ്കിൽ മാത്രം ലഭിക്കുന്ന ഒരുറപ്പാണത്. ഇങ്ങനെയല്ലാത്ത പക്ഷം അടുത്ത തലമുറയിലുള്ള കുഞ്ഞുങ്ങൾക്ക് അതിജീവിക്കാനുള്ള സാധ്യതക്ക് തന്നെ മങ്ങലേൽക്കാവുന്നതാണ്. ഇക്കാരണം കൊണ്ട്കൂടിയാണ് യോജിച്ച ഇണയെ കണ്ടെത്തുക എന്നത് നമ്മുടെയും അടുത്ത തലമുറയുടെയും അതിജീവനത്തിനുള്ള ഉറപ്പോ/ഉറപ്പില്ലായ്മയോ ആയി മാറുന്നത്.

പരസഹായ പ്രകൃതം സ്വന്തമായിട്ടുള്ളവർക്ക് മാത്രമേ അവരുടെ ഇണയെയും അതുവഴി ഉണ്ടാകുന്ന കുട്ടികളെയും പരിരക്ഷിക്കാൻ കഴിയുകയുള്ളൂ. സാമൂഹ്യജീവിതത്തിനിണങ്ങുന്ന സ്വഭാവമുള്ളവരുമായി സ്ഥാപിക്കുന്ന ബന്ധങ്ങൾ മാത്രമേ നമ്മുടെ നിലനിൽപ്പിനെ സുരക്ഷിതമാക്കുകയുള്ളൂ. ഇതുകൊണ്ടുകൂടിയാവണം പുരുഷന്മാർ അവരുടെ എതിർലിംഗക്കാരുടെ കാഴ്ചവട്ടത്തിൽ ഏറെ പരസഹായ സ്വഭാവമുള്ളവരായി പെരുമാറുന്നത് സ്വാഭാവികമാണെന്ന് പഠനങ്ങൾ സാക്ഷ്യപ്പെടുത്തുന്നത്.

ലൈംഗിക ബന്ധത്തിലേർപ്പെടാനായി തിരയുന്ന ഇണകൾപോലും സാമൂഹ്യ ജീവിതത്തിനിണങ്ങുന്ന പെരുമാറ്റരീതികളുള്ളവരെയാണ് പൊതുവെ തെരഞ്ഞെടുക്കാറുള്ളത്. സാമൂഹ്യക്ഷേമത്തിന് വേണ്ടി പ്രവർത്തിക്കാൻ തയ്യാറുള്ള പുരുഷന്മാർഅങ്ങനെയല്ലാത്തവരെ അപേക്ഷിച്ച് സ്ത്രീകളുടെ ഇഷ്ടത്തിന് വിധേയരാവാനുള്ള സാധ്യതകൾ ഏറെയാണ്. ഇണ ചേരാനുള്ള ലക്ഷ്യങ്ങളെ മുൻനിർത്തി സാഹചര്യങ്ങൾക്ക് യോജിച്ച രീതിയിൽ പെരുമാറ്റങ്ങൾ ചിട്ടപ്പെടുത്താനുള്ള കഴിവ് മനുഷ്യർക്കുള്ളതായിട്ടാണ് (Griskeviaius) തെളിഞ്ഞിട്ടുള്ളത്.

നമുക്കിടയിലുള്ള മനസ്സാക്ഷി എന്ന വൈകാരികനില തന്നെ ആവിർഭവിച്ചതിന് ഭാഗികമായ സാഹചര്യമൊരുക്കിയത് രക്ഷിതാക്കൾക്കിടയിൽ പരസഹായ സ്വഭാവത്തെ സംബന്ധിച്ചുണ്ടാകുന്ന സംഘർഷത്തിൽനിന്നുകൂടിയാണ്. രക്ഷിതാവിന്റെയും കുട്ടികളുടെയും ജനിതക ഉള്ളടക്കം 50% ഒന്ന് തന്നെയായതിനാൽ തന്നെ പ്രത്യുത്പാദന പ്രേരണകൾ ഏറെക്കുറെ ഒന്നുതന്നെയാവും. എന്നാൽ തീർത്തും അനന്യ (identical) മായ രീതിയിലല്ല എന്നു മാത്രം. രക്ഷിതാക്കൾക്കും കുട്ടികൾക്കും എങ്ങനെയുള്ള പെരുമാറ്റങ്ങളാണ് നിലനിർത്തേണ്ടത് എന്നതിനെ സംബന്ധിച്ചുള്ള നിലപാടുകൾ വ്യത്യസ്തമായിരിക്കുകയും ചെയ്യും.

രക്ഷിതാക്കൾ കൂടുതൽ പരോപകാരസ്വഭാവം നിലനിർത്താൻ ആഗ്രഹിക്കുമെങ്കിലും കുട്ടികൾ അങ്ങനെ ആഗ്രഹിച്ചുകൊള്ളണമെന്നില്ല. തൊണ്ണൂറുകളുടെ മധ്യത്തിൽ ആവിഷ്കൃതമായ (Weaning theory)

മുലയൂട്ടൽ തത്വമനുസരിച്ച് ഏറെക്കുറെ എല്ലാ സസ്തനിവിഭാഗത്തിലുമുള്ള ജീവികളും മുലയൂട്ടൽ തുടരുന്നത് തനിക്ക് ഇതുമൂലം ചെലവിടേണ്ടി വരുന്ന ഊർജ്ജവും അതുമൂലം കിട്ടാനിടയുള്ള നേട്ടവും തമ്മിൽ പൊരുത്തപ്പെടുന്നിടത്തോളം മാത്രമാണ്.

എന്നാൽ, ഏതൊരു കുഞ്ഞും ഇങ്ങനെ മുലയൂട്ടൽ നിർത്തുന്നതിനെ തുടർന്ന് അൽപ്പകാലം കൂടി കരച്ചിൽ തുടരുന്നത് അമ്മയും കുഞ്ഞും തമ്മിലുള്ള താത്പര്യത്തിന്റെ പേരിലുള്ള സംഘർഷത്തിന്റെ തുടക്കം കൂടിയായി മാറുന്നുണ്ട്. മുൻകാലങ്ങളിൽ മുലഞെട്ടിൽ ചെന്നിനായകം പോലുള്ള കയ്പേറിയ ഇലക്കറ പുരട്ടി കുട്ടിയുടെ മുലകുടി നിർത്തുക പതിവായിരുന്നു. ഇളയ കുഞ്ഞിനെ പരിചരിക്കാനായി മൂത്ത കുട്ടികളെ നിർത്തുന്നതും രക്ഷിതാവും കുട്ടിയും തമ്മിലുള്ള ഇടച്ചിലിന് കാരണമാകാവുന്നതാണ്.

നിർബന്ധപൂർവ്വം അനുകമ്പയോടെ ഇടപെടുന്നതിനായി കുട്ടികളെ പ്രേരിപ്പിക്കുന്നതുമൂലവും ഇപ്രകാരമുള്ള സംഘർഷങ്ങൾ ഉണ്ടാവാനിടയുണ്ട്. കുടുംബത്തിന്റെ പൊതുനന്മക്കായി രക്ഷിതാക്കൾ കുട്ടികളെ ഉപയോഗിക്കുകയാണ് ഇത്തരം സന്ദർഭങ്ങളിൽ ചെയ്യുന്നത്. Zizek എന്ന തത്വശാസ്ത്രജ്ഞൻ പരാമർശിക്കുന്നപോലെ മുൻകാലങ്ങളിൽ കുട്ടികളോട് അവരുടെ മുത്തശ്ശിയെയും മുത്തച്ഛനെയും കാണാൻ പോകണമെന്ന് പറയുന്നത് നിബ്ബന്ധപൂർവ്വമായിരുന്നു. എന്നാൽ, ആധുനികാനന്തരകാലത്ത് രണ്ട്തരം നിർബ്ബന്ധങ്ങൾക്കുകൂടി കുട്ടികൾ വഴങ്ങേണ്ടി വരുന്നുണ്ട്. ഒന്നാമതായി മുത്തശ്ശിയെയും മുത്തച്ഛനെയും കാണുക എന്നത് നിർബ്ബന്ധം ആയിത്തീരുന്നു. ഇതു കൂടാതെ ഈ പ്രവൃത്തി കുട്ടികൾക്ക് സന്തോഷകരമായി തീരേണ്ടതാണ് എന്ന രണ്ടാമതൊരു നിർബ്ബന്ധം കൂടി കുട്ടികളുടെ മനസ്സിൽ ചുമത്തപ്പെടുന്നു.

കുട്ടികൾ മുതിർന്ന് വരുമ്പോൾ അവരുടെ വിവാഹംപോലും രക്ഷിതാക്കളുടെ താത്പര്യത്തിനൊത്ത് നിശ്ചയിക്കാനിടവരുന്നത് പരോക്ഷമായെങ്കിലും ഒരു നിർബ്ബന്ധിത അനുകമ്പ/പരസഹായപ്രകൃതം നിലനിർത്താൻ ശ്രമിക്കുന്നതിന്റെ തന്നെ ഭാഗമാണ്. ഇവിടെ ഇത്തരം വിവാഹങ്ങൾവഴി രക്ഷിതാവിന് കിട്ടാനിടയുള്ള നേട്ടങ്ങൾ തന്നെയാണ് മുൻനിരയിൽ വരുന്നത്. ഒന്നുകിൽ രണ്ട് കുടുംബങ്ങൾക്കിടയിലുണ്ടാവാനിടയുള്ള സാമ്പത്തികമോ രാഷ്ട്രീയമോ ആയ ധാരണകൾ ഉണ്ടാക്കുന്നതിന് ഇത് ഉപകരിച്ചേക്കും. അതല്ലെങ്കിൽകുടുംബത്തിന്റെ പിൽക്കാല ഭദ്രതയെ ഉറപ്പാക്കുന്നതിനും ഇങ്ങനെയുള്ള വിവാഹബന്ധങ്ങൾ സഹായിച്ചേക്കാം.

ചില ഘട്ടങ്ങളിൽ നമ്മൾ ഏറെ വിലമതിക്കുന്ന മനഃസാക്ഷി എന്നത് പോലും കുട്ടികൾക്ക് അവരെതന്നെ അപകടപ്പെടുത്തുന്ന ഭാരമായി മാറാവുന്നതാണ്. ഒരർത്ഥത്തിൽ പറഞ്ഞാൽ ഓരോരുത്തരും അവരവരുടെ സമൂഹത്തിൽ/സംസ്കാരത്തിൽ പൊരുത്തപ്പെട്ട് പോകുന്നതിനുവേണ്ടി നൽകുന്ന വിലയാണ് മനഃസാക്ഷി എന്നത്.

ഇതുപോലെതന്നെ തങ്ങളുടെ ഗ്രൂപ്പിനകത്ത് അതിജീവിച്ച പോകുന്നതിനായി നൽകുന്ന വിലയായാണ് അനുസരണയെന്ന സ്വഭാവംപോലും നിലനിൽക്കുന്നത്. സ്വാർത്ഥപ്രേരിതമായ ജനിതക സമ്മർദ്ദത്തിനെതിരായിട്ടാണ് മനഃസാക്ഷി പ്രവർത്തിക്കുന്നത് എന്നത്കൊണ്ട് കൂടിയാണ് ഇത്തരത്തിലുള്ള സംഘർഷങ്ങൾ അനുഭവിക്കാനിടവരുന്നത്.

മറ്റൊരർത്ഥത്തിൽ പറഞ്ഞാൽ കുട്ടികൾ ഇപ്രകാരം അനുസരണയും, മനഃസാക്ഷിയും മറ്റും നിലനിർത്തിക്കൊണ്ട് പിൽക്കാലത്ത് പ്രത്യുത്പാദനക്ഷമത കൈവരിക്കുന്നതിനും, അടുത്ത തലമുറയിലേക്ക് തങ്ങളുടെ താത്പര്യങ്ങളെ പ്രതിഫലിപ്പിക്കുന്നതിനുമുള്ള കെൽപ്പ് നേടുന്നതിൽ വിജയം കൈവരിക്കുകയും ചെയ്യാം.

രക്ഷിതാവിന്റെയും കുട്ടിയുടെയും ജനിതക താത്പര്യങ്ങൾ തന്നെയാണ് ഈ രണ്ട് സാഹചര്യങ്ങളിലും മറ നീക്കി പുറത്ത് വരുന്നത്. ഇങ്ങനെ സങ്കീർണ്ണമായ സാമൂഹ്യ സാഹചര്യങ്ങളുമായി പൊരുത്തപ്പെട്ട പോകാനുള്ള ശേഷികൾ ആർജ്ജിക്കുന്നതിന് രക്ഷിതാക്കൾക്കായി നൽകുന്ന വിലയായി മനസ്സാക്ഷിയെയും അനുസരണയെയും കാണുന്നതിൽ തെറ്റില്ല.

ജനിതക പദ്ധതികൾ ചുറ്റുപാടുമായി നടത്തുന്ന ഒത്തുതീർപ്പിന്റെ തെളിവുകൂടിയായി മനഃസാക്ഷി, അനുകമ്പ എന്നീ മാനസികാവസ്ഥകളെ വിശകലനം ചെയ്യാവുന്നതാണ്. ആയുഷ്കാല കാര്യക്ഷമത ആർജ്ജിക്കുന്നതിനായി ഈ ഒത്തുതീർപ്പ് ആവശ്യമായി വരുന്നു എന്നു മാത്രം.

നമുക്കിടയിലുള്ള സംസ്കാരിക വ്യത്യാസങ്ങളെ നിശ്ചയിക്കുന്നത്പോലും നമ്മുടെ പെരുമാറ്റങ്ങളിലുള്ള വൈവിധ്യങ്ങൾ തന്നെയാണ്. പെരുമാറ്റപരമായ വ്യത്യാസങ്ങൾ ഉടലെടുക്കുന്നതാവട്ടെ ജനിതക പദ്ധതികളും ചുറ്റുപാടും തമ്മിലുള്ള ഇടച്ചിലിന്റെയും ഒത്തുതീർപ്പിന്റെയും പരിണതി എന്ന നിലയിലാണ്. ചില സാഹചര്യങ്ങളിൽ സാംസ്കാരിക വ്യാപനത്തിന്റെ ഭാഗമായി പെരുമാറ്റത്തിൽപോലും കാര്യമായ മാറ്റങ്ങൾസംഭവിക്കാവുന്നതാണ്. സാംസ്കാരിക നായകന്മാർ, കായിക താരങ്ങൾ, കലാകാരന്മാർ എല്ലാം തന്നെ സംസ്കാരങ്ങൾക്കപ്പുറത്ത് സ്വാധീനം ചെലുത്തുന്നുണ്ട്.

നമ്മുടെ രാജ്യത്തുള്ള യുവാക്കളും, യുവതികളും കുട്ടികളുമുൾപ്പെടെ ഫുട്ബാൾ കളിക്കാരുടെയും, സിനിമ നടന്മാരുടെയും വേഷവിധാനങ്ങളും സൗന്ദര്യവൽക്കരണ മാതൃകകളും എല്ലാം അനുവർത്തിച്ച് പെരുമാറുന്നതും സാംസ്കാരിക വ്യാപനത്തിന്റെ സ്വാധീനമാണ്. ഇന്നത്തെ മനുഷ്യർ ഇങ്ങനെ നോക്കിയാൽ സാർവ്വദേശീയ മാതൃകകൾക്കനുസരിച്ച് ജീവിക്കുന്നവരാണെന്ന് പറയാം.

എന്നാൽ ഏതൊരു സാംസ്കാരിക സമ്പ്രദായം കെട്ടിപ്പൊക്കുന്നതിനും ചില ഉപാധികൾവേണം. സങ്കീർണ്ണമായ പാരമ്പര്യങ്ങളെ അനുകരിക്കാനാവശ്യമായ ജ്ഞാന സമ്പ്രദായങ്ങൾ, അനുബന്ധ സാഹചര്യങ്ങൾ എന്നിവയുടെ ബലത്തിൽ മാത്രമേ സാംസ്കാരിക വ്യാപനം സാധ്യമാവുകയുള്ളൂ. ചില ജീവിവർഗങ്ങളെ സംബന്ധിച്ചിടത്തോളം സംസ്കാരം കെട്ടിപ്പടുക്കുക എന്നത് ഏറെ ചെലവേറിയതും എന്നാൽ അത്രയേറെ ഗുണകരവും ആയി മാറുക അപൂർവ്വമാണ്.

സമീപകാലത്തായി ഒരുതരം സ്വാർത്ഥ പ്രേരിതമായ പരസഹായ സമീപനത്തിന് (Machivellian approach) നമ്മൾ അടിപ്പെട്ടുകൊണ്ടിരിക്കുന്നുണ്ട്. അവസരത്തിനൊത്ത് പെരുമാറുന്ന ഒട്ടേറെ പരസഹായികൾ മറ്റുള്ളവരുടെ ശ്രദ്ധക്ക് പാത്രമാവുന്നതിനുവേണ്ടി മാത്രം പരസഹായസ്വഭാവം പ്രകടിപ്പിക്കുകയും അല്ലാത്ത അവസരങ്ങളിൽ കടുത്ത സ്വാർത്ഥത കാണിക്കുകയും ചെയ്യുന്നത് നാൾക്ക്നാൾ കൂടി വരുന്നുണ്ട്. ഇത് അല്പം ആശങ്കയോടെ മാത്രമേ കാണാൻ കഴിയുകയുള്ളൂ.

മാക്കിവെല്ലി തന്നെ അഭിപ്രായപ്പെടുന്നത്, 'ഒരു രാജകുമാരനെ സംബന്ധിച്ചിടത്തോളം എല്ലാ നന്മ നിറഞ്ഞ ഗുണങ്ങളും ഉണ്ടാവണമെന്നില്ല. എന്നാൽ അതെല്ലാം അയാളിലുണ്ടെന്ന് മറ്റുള്ളവർക്ക് തോന്നുകയും വേണം; മറ്റുള്ളവരുടെ മുൻപിൽ ഉപകാരിയും കാരുണ്യവാനും വിശ്വാസ്യയോഗ്യനും, മാനവികതയുടെ പക്ഷം ചേരുന്നവനും കുറ്റമറ്റ മതവിശ്വാസിയും ഒക്കെയായി തോന്നിപ്പിക്കണം' എന്നാണ് ഇദ്ദേഹം പ്രചരിപ്പിക്കുന്ന വിശ്വാസം.(Machivelli, 1514, 2008) ഇത്തരത്തിലുള്ള ചിന്തകൾക്ക് മേൽകൈ കിട്ടുകയാണെങ്കിൽ, നാം ഉയർത്തിപ്പിടിക്കുന്ന എല്ലാ തരം നന്മകളും മറ്റു മൂല്യങ്ങളും അപ്രത്യക്ഷമാവാനുള്ള സാധ്യതകൾ തള്ളിക്കളയാൻ കഴിയില്ല.

ഫ്രാങ്ക് എന്ന ചിന്തകൻ സൂചിപ്പിക്കുന്ന പോലെ അതിയായ സാമൂഹ്യ അവബോധമുള്ള ചില പരസഹായ പ്രകൃതക്കാർ സ്വാർത്ഥ താല്പര്യക്കാരാൽ വഴിതെറ്റിക്കപ്പെടാതിരിക്കാൻ ശ്രമിച്ചേക്കാം. അങ്ങനെ അവരുൾപ്പെടുന്ന കൂട്ടങ്ങളുടെ കാര്യക്ഷമതയും അതിജീവനവും

ഉറപ്പാക്കാൻ സാധിച്ചേക്കാം. പരസ്പരം സഹകരിക്കുന്നവർ അതിന് വിപരീതമായി പെരുമാറുന്ന സ്വാർത്ഥവാദികളെ കവച്ചുവെച്ചുകൊണ്ട് മനുഷ്യനന്മയെ നിലനിർത്തിയേക്കാം എന്നുതന്നെ അനുമാനിക്കാവുന്നതാണ്.

ചില സാമൂഹ്യ സാഹചര്യങ്ങളിൽ പരസഹായ പ്രകൃതമുള്ളവരുടെ എണ്ണം കൂടുകയാണെങ്കിൽഇത്തരം സ്വഭാവം ഇല്ലാത്തവരെ അധികമാരും ഗൗനിക്കാറില്ല. മാത്രമല്ല ഇങ്ങനെയുള്ള ചുറ്റുപാടിൽ പരസഹായപ്രകൃതമില്ലാതിരിക്കുന്നത് അത്തരത്തിലുള്ള വ്യക്തികളുടെ അതിജീവനത്തിന് ഗുണകരമായി മാറാവുന്നതുമാണ് (Adaptive).

ഉപാധിരഹിതമായി നന്മയോടെ/അനുകമ്പയോടെ പെരുമാറാനായി ചിലർക്ക് കഴിയുന്നത്കൊണ്ടാവണം നായാടി സമൂഹങ്ങൾ മുതൽ തന്നെ ഇത്തരക്കാർക്ക് തങ്ങളുടെ കൂട്ടത്തിലുള്ളവരുടെ വിശ്വാസവും ആത്മാർത്ഥതയും നേടിയെടുക്കാൻ കഴിഞ്ഞത്. അതിനാൽ, പരസഹായ സ്വഭാവത്തിനധിഷ്ഠിതമായി പെരുമാറുന്നതുമൂലം ഇത്തരക്കാരുൾപ്പെടുന്ന സാമൂഹ്യ വിഭാഗങ്ങൾക്ക് എല്ലാവരുടെയും ക്ഷേമം ഉറപ്പാക്കാൻ കഴിയും.

ശ്രദ്ധ

ഒരു പുതിയ കാര്യം കാണുമ്പോഴുള്ള മനുഷ്യരുൾപ്പെടെയുള്ള ജീവികളിൽ സ്വാഭാവികമായും ജിജ്ഞാസ ഉണ്ടാകാറുണ്ട്. ഇതിന്റെ ഭാഗമായി അതിനകത്തുള്ള സവിശേഷമായ പുതിയ വിവരങ്ങളാണ് നമ്മൾ ശ്രദ്ധിക്കാൻ തുടങ്ങുന്നത്. എന്നാൽ ഇത് കേവലം ജിജ്ഞാസക്ക് പുറത്ത് എന്നതിനേക്കാളേറെ ഈ പ്രത്യേക കാര്യം അപകടം വരുത്തിവെയ്ക്കുന്നതാണോ അതോ ആഹാരം ലഭ്യമാവാൻ സഹായകരമാണോ എന്നുറപ്പിക്കുക എന്നതായിരുന്നു ഇത് എന്താണ് എന്ന പുതിയ ഒരു വിവരത്തിനു വേണ്ടി ഉയർന്ന ചോദ്യത്തെ പ്രസക്തമാക്കിയത്.

ഇരപിടിയന്മാരെ സംബന്ധിച്ചുള്ള വിവരങ്ങളെ വ്യത്യസ്ത സാഹചര്യങ്ങളിൽതിരിച്ചറിഞ്ഞുകൊണ്ട് ആഹാരം സമ്പാദിക്കാനുള്ള സാധ്യത വർദ്ധിക്കുന്നതിനനുസരിച്ചാണ് ഈ നാഡീവ്യവസ്ഥ ശക്തിപ്പെട്ടിട്ടുള്ളത്. ഇതുവഴിതന്നെയാണ് നിർദ്ദിഷ്ട ജീവിവർഗത്തിന്റെ സ്വയം പെരുകാനുള്ള ശേഷിയും വർദ്ധിച്ചത്. ഇവാൻ പാവ്ലോവിന്റെ പഠനങ്ങളിൽ ചൂണ്ടിക്കാണിച്ച പ്രകാരം ഒരു പുതിയ കാര്യം കാണുമ്പോൾ ഉണ്ടാകുന്ന സ്വാഭാവിക ജിജ്ഞാസയുടെ ഭാഗമായാണ് സവിശേഷമായ പുതിയ വിവരത്തിൽശ്രദ്ധയൂന്നുന്നത്.

താരതമ്യേന നിർദ്ദോഷമായ വിവരത്തിൽ ശ്രദ്ധയൂന്നി പ്രതികരിക്കുക എന്ന രീതിയിലുള്ള നാഡിവ്യവസ്ഥയുടെ (Autonomous nervous system) സ്വഭാവം കൈവന്നത് പരിണാമ ചരിത്രത്തിൽ തന്നെ ഏറെ വൈകിയാണ്.

ഇത്തരം നാഡിവ്യവസ്ഥ (Autonomic Nervous System) പ്രാചീന ജീവിയായ സിഫാലോ പോഡിലും മത്സ്യങ്ങളിലും ഉരഗങ്ങളിലും പക്ഷികളിലും സസ്തനികളിലുമെല്ലാം നിലനിൽക്കുന്നുണ്ടെങ്കിലും അവയിലെല്ലാം വ്യത്യസ്തമായ രീതിയിലാണ് പ്രവർത്തിക്കുന്നത്.

ഇവയുടെ കോശങ്ങൾ ഏറെ മൃദുവായതിനാൽ നാഡിവ്യവസ്ഥയുടെ ഫോസിലുകൾകിട്ടുക പ്രയാസമാണ്. എന്നാൽ സമാനമായ ജീവിവർഗങ്ങളിലെ ഇത്തരം വ്യവസ്ഥകളുടെ പ്രവർത്തനരീതിയെക്കുറിച്ച് അറിയുന്നതിനുവേണ്ടി നട്ടെല്ലുള്ള ജീവികളായ പക്ഷികൾ, സസ്തനി വിഭാഗത്തിലുള്ള മറ്റ് ജീവികൾ എന്നിവയിലെ നാഡീവ്യവസ്ഥകളെ സംബന്ധിച്ചുള്ള വിവരങ്ങൾ വഴിയാണ് സാധ്യമായത്.

നമ്മുടെ ചിന്തകൾക്ക് വിഷയമാവുന്ന ഒട്ടനവധി കാര്യങ്ങളിൽ നിന്ന് പ്രധാനപ്പെട്ട ഏതെങ്കിലും ഒരു പ്രസക്തമായ വിവരത്തിലേക്ക് കേന്ദ്രീകരിക്കാൻ തുടങ്ങുമ്പോഴാണ് ശ്രദ്ധ പ്രവർത്തിച്ച തുടങ്ങുന്നത്. ഇങ്ങനെ ഒട്ടനേകം വിവരങ്ങളിലേക്ക് നമ്മുടെ ചിന്താ പ്രവർത്തനത്തെ കേന്ദ്രീകരിക്കുന്നതിനുപകരം ഏറെ പ്രസക്തമായ ചിന്തകളുടെ ക്രമത്തെ വർദ്ധിപ്പിക്കുകയാണ് ഇതിൽ പ്രധാനമായി വരുന്നത്. വ്യത്യസ്തങ്ങളായ വിവരങ്ങളെ അടിസ്ഥാനപ്പെടുത്തി നമ്മുടെ ചിന്തകൾ ചിട്ടയില്ലാതെ വഴിവിട്ട പോയാൽ ഒരു കാര്യത്തിലും അതർഹിക്കുന്ന പ്രാധാന്യത്തോടെ ശ്രദ്ധിക്കുക അസാധ്യമാവുകയാവും ഫലം. ഇവിടെ വ്യത്യസ്ത വിവരങ്ങൾ സമ്പാദിക്കാനായി ഒരു മത്സരം തന്നെ നടക്കുന്നുണ്ട്. ഇങ്ങനെ നമ്മുടെ ശ്രദ്ധയിൽ ഇടം നേടാൻ പരസ്പരം മത്സരിക്കുന്ന ഇന്ദ്രിയങ്ങൾ വഴി കിട്ടുന്ന വിവരങ്ങൾ ചിലപ്പോൾ പരസ്പര വിരുദ്ധമായേക്കാം. ഉദാ: നിങ്ങളുടെ ഇടത് ഭാഗത്ത്നിന്ന് ഒരു ശബ്ദം കേൾക്കാനിടവരുന്നു എന്ന് കരുതുക.അതേ സമയം തന്നെ വലതുഭാഗത്തുകൂടി ഒരു സർപ്പം ഇഴഞ്ഞുവരുന്നു എന്നും കരുതുക. ഇതേസമയം നിങ്ങൾ വിശപ്പും ദാഹവും കാരണം നന്നായി ക്ഷീണിച്ചിട്ടുണ്ട് എന്നും സങ്കൽപ്പിക്കുക. ഇതിൽ ഏത് വിവരത്തിനാണ് പ്രാമുഖ്യം കൈവരുന്നത്? ഈ മൂന്ന് വിവരങ്ങളിൽ നമ്മുടെ നിലനിൽപ്പിന് അത്യന്താപേക്ഷിതമായ വിവരത്തിൽ ശ്രദ്ധ കൊടുത്തുകൊണ്ട് പ്രവർത്തിക്കുക എന്നത് മാത്രമാണ് ഏറെ പ്രസക്തമായത്. ഇത്തരം ഘട്ടങ്ങളിൽ ഒരു തീരുമാനം കൈക്കൊള്ളാൻ നമ്മളെ പ്രപ്തരാക്കുന്ന മസ്തിഷ്ക ഭാഗങ്ങൾ ബഹുകോശ ജീവികളുടെ ആവിർഭാവം മുതൽ ലക്ഷക്കണക്കിന് വർഷങ്ങളിലൂടെ ഉരുത്തിരിഞ്ഞ് വന്നിട്ടുള്ളതാണ്.

ഇത്രയും വലിയ കാലയളവ് കൊണ്ട് മസ്തിഷ്കത്തിൽ ഓരോ പുതിയ അടരുകളും രൂപപ്പെടുകയും അവ പരസ്പരം മറികടക്കുന്ന പ്രവർത്തന വ്യാപ്തി കൈവരിക്കുകയും ചെയ്തിട്ടുണ്ട്. ഇതിൽ ഒരു നിശ്ചിത

നാഡികോശഘടന നമ്മുടെ പൂർവ്വികരെ അപകടങ്ങൾ ഒഴിവാക്കാൻ സഹായിച്ചത് നിമിത്തം നിർദ്ദിഷ്ട പ്രവർത്തന മാർഗ്ഗം (pathway)അതി ജീവിച്ച എന്നു മാത്രം. ഈ ഘടന താറുമാറുകളൊന്നുമില്ലാത്ത സ്വയം സമ്പൂർണ്ണമായ ഒരു വ്യവസ്ഥ എന്ന നിലയിലല്ല അതിന്റെ പ്രവർത്തനം സാധ്യമാക്കുന്നത്. ചില ജീവികളിൽ ഇത് സങ്കീർണ്ണമാണെങ്കിലും മറ്റ് ജീവികളിൽ ഇത് താരതമ്യേന ലളിതമാണെന്ന് പറയാം.

പ്രകൃതിയിൽനിന്ന് സ്വയമേവ ആവിർഭവിക്കുന്ന ഏത് വ്യവസ്ഥയാ യാലും അത് എത്രമാത്രം സുഖകരമായി പ്രവർത്തിക്കുന്നുവോ അല്ലയോ എന്നുള്ളതല്ല മറിച്ച് അതിന് എത്രമാത്രം പ്രവർത്തനക്ഷമത കൈവ രിക്കാനായിട്ടുണ്ട് എന്നതാണ് സുപ്രധാനമായത്.

ചില പ്രവർത്തനങ്ങൾക്കുപകരിക്കുന്ന മസ്തിഷ്കഭാഗങ്ങൾക്ക് മറ്റുള്ളവയെ അപേക്ഷിച്ച് പ്രയോജനകരമായ വശമുണ്ടായിരിക്കാം. അതാവട്ടെ പുതുതായി വികസിച്ചുവന്ന നിയോ കോർട്ടക്സിൽ നിന്ന് വേറിട്ടു ആവിർഭവിച്ചവയായതുകൊണ്ട് തന്നെ അവ നിറവേറ്റുന്ന ധർമ്മ ങ്ങൾ ഒരളവോളം നമ്മുടെ നിലനില്പിന്റെ അടിസ്ഥാനാവശ്യങ്ങൾക്കാ യിരിക്കും മുൻതൂക്കം നൽകുന്നത് എന്നുമാത്രം. ചില സാഹചര്യങ്ങളിൽ ഒരു പ്രവർത്തന മണ്ഡലം മറ്റൊന്നിനോട് ഏറെ അടുത്ത് നിൽക്കുന്നത് ഏറെ ഫലപ്രദമായിരിക്കാം.

പുതുമസ്തിഷ്കത്തിലെ (Neocortex) വ്യത്യസ്ത ഭാഗങ്ങൾ ഇതിന് ഉദാഹരണമായെടുക്കാവുന്നതാണ്. ഇതിന്റെ വളർച്ചയും വികാസവും പല ഘടകങ്ങളെ ആശ്രയിച്ചായതിനാൽ തന്നെ പൂർണ്ണത എന്നത് ഇവിടെ അപ്രസക്തമാണ്.

മസ്തിഷ്കത്തെക്കുറിച്ച് കൂടുതൽ സമഗ്രമായി മനസ്സിലാക്കുന്നതിന് ഇതിനെ ഒരു തുറന്ന വ്യവസ്ഥയായി കാണുന്നതാണ് ഏറെ പ്രയോ ജനകരമായി മാറുന്നത്

ഹൈഡ്ര എന്ന ഇനത്തിൽപ്പെട്ട ജീവികളിലാണ് ആദ്യമായി ഒരു മസ്തിഷ്ക അവയവം ഉടലെടുക്കുന്നത്, ഏതാണ്ട് 580 മില്ല്യൻ വർഷ ങ്ങൾക്കു മുമ്പ് മനുഷ്യരുടെ ജനിതക ധാരയിൽ നിന്ന് വേറിട്ടവരാണ് ഹൈഡ്രകൾ. ഇത്തരം ജീവികൾക്ക് ചുറ്റുപാടിൽ നിന്ന് ലഭിക്കുന്ന ഏത് വിവരത്തോടും പ്രതികരിക്കാനായി ഒരേയൊരു നാഡീവ്യൂഹം മാത്രമാണ് പ്രവർത്തനക്ഷമമായിട്ടുള്ളത്. ഓരോരോ വിവരത്തിനോ ടും വേറിട്ട രീതിയിൽ പ്രതികരിക്കാൻ സഹായിക്കുന്ന തരത്തിലുള്ള നാഡീവ്യൂഹ പ്രവർത്തനം സാധ്യമല്ലാത്തതിനാൽ ഇതിന്റെ തന്നെ സഹായത്തോടെയാണ് ഇരപിടിക്കുകയും ശത്രുക്കളെ ഒഴിവാക്കുകയും എല്ലാം ചെയ്യുന്നത്.

ശരീരത്തിന്റെ ഏതെങ്കിലും ഒരു ഭാഗത്ത് ഒരു ഉദ്ദീപനം വന്നാൽ അത് എവിടെനിന്നെന്നുപോലും അറിയാതെ പൊതുവിലുള്ള ഒരു പ്രതികരണം ഉണ്ടാക്കുവാൻ മാത്രമേ ഇത്തരത്തിലുള്ള ജീവികൾക്ക് കഴിയാറുള്ളൂ. മനുഷ്യരുടെ ഹോർമോണുകളുടെ പ്രവർത്തന രീതിക്ക് സമാനമായ രീതിയിലാണ് ഇവയുടെ പ്രവർത്തനം എന്നു പറയാവുന്നതാണ്.

ഏതെങ്കിലും അപകട സാഹചര്യം നേരിടുകയാണെങ്കിൽ പുറപ്പെടുവിക്കുന്ന അഡ്രിനാലിൻ ഒരു സവിശേഷ പ്രതികരണത്തെ ലക്ഷ്യം വെക്കുന്നില്ല, മറിച്ച് ശരീരത്തെ ഒന്നാകെ സജീവമാക്കി (ജാഗ്രതയിൽ) നിർത്തുകയാണ് ചെയ്യുന്നത്. ശരീരോഷ്മാവിന്റെ പ്രവർത്തന രീതിയും ഇതിനോട് സമാനമായ രീതിയിൽ സാമാന്യമായ പ്രതികരണ സംവിധാനമായാണ് നിലനിൽക്കുന്നത്.

വിവിധയിനം ചിലന്തികളും കീടങ്ങളും മറ്റുമടങ്ങുന്ന നിശ്ചിത ശരീരഭാഗങ്ങളോടുകൂടിയ ജീവികളിലാണ് ശ്രദ്ധയുടെ അടിസ്ഥാനതത്വം ആദ്യമായി പ്രവർത്തിച്ചുതുടങ്ങിയത്.

ഇങ്ങനെയുള്ള ജീവികളിൽ പ്രവർത്തിച്ചുതുടങ്ങിയ ശ്രദ്ധ മുഖേനയാണ് ലഭ്യമായ എല്ലാത്തരം ബാഹ്യ ഇന്ദ്രിയങ്ങൾ വഴി ലഭ്യമായ വിവരങ്ങളെയും ഒരേപോലെ എടുക്കുന്നതിന് പകരം ചില വിവരങ്ങളെ മാത്രം തെരഞ്ഞെടുത്ത് വർഗീകരിക്കാനും ആവശ്യമെങ്കിൽ അവയിൽ കൂടുതൽ ശ്രദ്ധ പതിപ്പിക്കാനുമുള്ള കഴിവ് സ്വായത്തമാക്കാൻ കഴിഞ്ഞിട്ടുള്ളത്.

നമ്മുടെ വീടിന്റെ ചുറ്റുവട്ടത്തോ, അടുത്തുള്ള പുൽത്തകിടിയിലോ ഒരനക്കം കണ്ടാൽ നമ്മുടെ ശ്രദ്ധ അവിടെയെത്തുക സ്വാഭാവികമാണ്. ആ അനക്കത്തിന്റെ പിന്നിൽ ഒരു ജീവി ആണെന്നിരിക്കട്ടെ, അതിന്റെ തല കാണുമ്പോൾ അതിനെ പാമ്പ് എന്ന സങ്കല്പത്തിലേക്ക് വർഗ്ഗീകരിച്ചുകൊണ്ട് മനസ്സിലാക്കാൻ നമുക്ക് കഴിയാറുണ്ട്. ഇപ്രകാരത്തിൽ നമുക്ക് പുറത്തുള്ള വസ്തുക്കളെയും ജീവികളെയും മറ്റുള്ളവയെയും എല്ലാം നിയതമായ രീതിയിൽ വർഗ്ഗീകരിച്ചുകൊണ്ട് വ്യത്യസ്ത സങ്കല്പനങ്ങൾ (concepts) രൂപീകരിക്കുന്നതിനും നമുക്ക് കഴിയുന്നു. അവയെ ഉപയോഗപ്പെടുത്തി 'ശാസ്ത്രം' എന്ന ഒരു അന്വേഷണ വ്യവസ്ഥയ്ക്ക് തന്നെ തുടക്കമിടാൻ ഇതുമൂലം കഴിഞ്ഞു.

നമുക്ക് പ്രസക്തമല്ലാത്ത വിവരങ്ങളെ വേർതിരിച്ച് ഒഴിവാക്കുക എന്നതാണ് വർഗ്ഗീകരണം വഴി സാധ്യമാകുന്നത്. ഇത്തരത്തിലുള്ള പ്രവർത്തനത്തിലൂടെ എല്ലാ വിവരങ്ങളോടും ഒരേ പോലെ പ്രതികരിക്കേണ്ടതില്ല എന്ന് നമുക്ക് ഉറപ്പിക്കാൻ കഴിയുന്നു. ഇതു മൂലം

അനാവശ്യമായ ഊർജ്ജ നഷ്ടം ഉണ്ടാവാതെ നോക്കാൻ കഴിയുന്നു. ഒന്നിലധികം അടരുകളായി ക്രമീകരിക്കപ്പെട്ട നാഡീവ്യവസ്ഥയുള്ള ഏതൊരു ജീവിയും ഇപ്രകാരം വർവർഗ്ഗീകരിക്കാൻ ശേഷിയുള്ളവ തന്നെയാണ്. ചില സവിശേഷ വിവരങ്ങളോട്/സിഗ്നലുകളോട് മാത്രം പ്രതികരിക്കുകയും അല്ലാത്തവയെ അവഗണിക്കുകയും ചെയ്യാൻ കഴിയുന്നത് ഇങ്ങനെയുള്ള വർഗ്ഗീകരണത്തിലൂന്നിയ ശ്രദ്ധയെ വികസിപ്പിച്ചുകൊണ്ട് മാത്രമാണ്.

ശ്രദ്ധാശേഷി മെച്ചപ്പെടുന്നതിനനുസരിച്ച് തീർത്തും പുതിയ വിവരങ്ങൾ നേരിടാനിടവന്നാൽ നമ്മുടെ കാഴ്ചപ്പാടിലൂടെ നോക്കാൻ ശീലിച്ചു തുടങ്ങും.

ഘ്രാണവ്യവസ്ഥയിൽനിന്ന് (oil factory system) മസ്തിഷ്കത്തിലേക്കെന്നപോലെ പുതുമസ്തിഷ്കത്തിൽനിന്നും ഘ്രാണവ്യവസ്ഥയിലേക്ക് തിരിച്ചും വിവരങ്ങൾ പോകുന്നുണ്ട്. ഭക്ഷണം കേടായോ ഇല്ലയോ എന്നൊക്കെ അറിയുന്നതിനായി മണത്ത് നോക്കുമ്പോൾ ഇതാണ് സംഭവിക്കുന്നത്. ഇപ്രകാരം ശ്രദ്ധയോടെ മണത്ത് നോക്കുകവഴി ഘ്രാണവ്യവസ്ഥയുടെ തന്നെ കാര്യക്ഷമത വർദ്ധിപ്പിക്കുന്നതിന് ഇത് സഹായകരമാകുന്നു. നിശ്ചിത സന്ദർഭത്തെക്കുറിച്ച് പൂർണ്ണവിവരം ലഭിച്ചാൽ മാത്രമേ ഇത് സംഭവിക്കാനിടയുള്ളൂ.

ഗന്ധവ്യവസ്ഥയിലുള്ള മില്ല്യൻ കണക്കിന് കോശങ്ങളിൽ നിന്നുള്ള വിവരങ്ങളെല്ലാം പുതുമസ്തിഷ്കത്തിലെത്താറില്ല പകരം 25 ഓളം ഗന്ധകോശങ്ങളിലേക്ക് ഇതത്രയും കേന്ദ്രീകരിച്ചിരിക്കുന്നത്. അതാവട്ടെ നിയോ കോർട്ടക്സിനാൽ നേരത്തേതന്നെ തയ്യാറാക്കപ്പെട്ട് വെച്ചതായിരിക്കും എന്നതാണ് വിചിത്രം. രൂക്ഷമായ ഗന്ധമുള്ള ഒരു വസ്തുവാണ് നമ്മൾ തിരഞ്ഞെടുക്കുന്നതെങ്കിൽ ഇത്തരത്തിലുള്ള കോശങ്ങളുടെ പ്രതികരണക്ഷമത താഴുകയും, മറിച്ച് നേരിയ തോതിലുള്ള ഗന്ധം ഉള്ള ഒന്നാണ് തെരഞ്ഞെടുക്കേണ്ടതെങ്കിൽ അതിനോടുള്ള പ്രതികരണക്ഷമത വർദ്ധിക്കുകയും ചെയ്യാം. നിരന്തരമായി ഒരു പ്രത്യേകതരത്തിലുള്ള നേരിയ ഗന്ധമുള്ള വസ്തുക്കളാണ് തിരഞ്ഞെടുക്കാനിടവരുന്നതെങ്കിൽ ആ പ്രവർത്തനത്തിനാവശ്യമായ ഊർജ്ജം ഉറപ്പാക്കിക്കൊണ്ട് അത്തരം ഗന്ധങ്ങളോടുള്ള പ്രതികരണ ക്ഷമത വർദ്ധിക്കാനിടവരും.

ഘ്രാണ വ്യവസ്ഥയെ രുചി മുകുളങ്ങളുമായി സംയോജിപ്പിക്കുമ്പോഴാണ് ഭക്ഷണത്തിന്റെ സമഗ്രമായ സ്വാദിഷ്ടാനുഭവം വർദ്ധിക്കാനിടവരുന്നത്.

ഗന്ധം വഴി ചില ഭക്ഷണ സാധനങ്ങൾ ഭക്ഷ്യ യോഗ്യമായി തോന്നാതിരുന്നാൽ ശരീരം അതിനോട് അനിഷ്ടം കാണിക്കാറുണ്ട്. ഏതെങ്കിലും തരത്തിലുള്ള വിഷാംശം കലർന്ന ഭക്ഷണം കഴിക്കാനിടവന്നാൽ അതല്ലെങ്കിൽ വല്ല അണുബാധയും വന്നാൽ ശരീരത്തിലെ (acetate) ന്റെ തോത് വർദ്ധിക്കുക സാധാരണമാണ്. (ഇതുകാരണം ഉദരസംബന്ധമായ തകരാറുകൾസംഭവിക്കാം.) ഇത് മസ്തിഷ്കത്തിൽ ഓർമ്മയായി രേഖപ്പെടുത്തുകയും, ഇത്തരം രുചികൾക്ക് സമാനമായ രുചി ഭാവിയിലുണ്ടായാൽ അത് ഒഴിവാക്കുന്നതിനും ഈ ക്രമീകരണം വഴി സാധിക്കാറുണ്ട്. അതുകൊണ്ടു കൂടിയാണ് 'ശ്രദ്ധ' എന്നത് മുൻഗണനാക്രമം സൃഷ്ടിക്കൽ കൂടിയാണ് എന്ന് പറയപ്പെടുന്നത്.

ആന്തരികമായി തന്നെ ചിട്ടപ്പെടുത്തപ്പെട്ട ഒന്നാണ് ശ്രദ്ധ. എന്താണ് ശ്രദ്ധിക്കേണ്ടത് എന്നുള്ളത് നേരത്തെ തന്നെ തീരുമാനിക്കപ്പെടാവുന്നതുകൂടിയാണ്. മുൻഗണനാ ക്രമത്തിന്റെ അടിസ്ഥാനത്തിൽ നമ്മുടെ മാനസിക പ്രവർത്തനത്തെ ഇപ്രകാരം ചിട്ടപ്പെടുത്തുക വഴിയാണ് ചിന്തയുടെ ഉയർന്ന തലങ്ങളിലേക്ക് പോലും നമുക്ക് എത്തിപ്പെടാൻ കഴിയുന്നത്.

ഒരു പുസ്തകം എഴുതുന്നതിനായി ഒരാൾ അയാളുടെ മനസ്സിനെ ചിട്ടപ്പെടുത്തുന്നു എന്നു കരുതുക. ഇതിനെ തുടർന്ന് അയാൾ എന്തൊക്കെ കാര്യങ്ങൾക്കാണ് മുൻഗണന കൊടുക്കുന്നത് എന്നത് ആ പുസ്തകരചനയുമായി ബന്ധപ്പെട്ടുള്ളതായിരിക്കും. അതല്ല അയാൾ ഒരു കമ്പനി തുടങ്ങാനായി മനസ്സിനെ ചിട്ടപ്പെടുത്തുകയാണെങ്കിൽ പിന്നീട് അതുമായി ബന്ധപ്പെടുത്തിക്കൊണ്ടായിരിക്കും ഏതൊരു കാര്യത്തിനും മുൻഗണന കൊടുക്കുന്നത്.

ഒരു വ്യക്തി നേരിടാനിടയുള്ള ഏതൊരു കാര്യത്തിനും നിങ്ങളുടെ മുഖ്യ പരിഗണനയായി വന്നിട്ടുള്ള ലക്ഷ്യവുമായി ബന്ധപ്പെട്ടുകൊണ്ടായിരിക്കും. അവയുടെ പ്രസക്തിയും അപ്രസക്തിയും തീരുമാനിക്കപ്പെടുന്നത്. അങ്ങനെയാണെങ്കിൽ മാത്രമാണ് പ്രസ്തുത പദ്ധതി നടപ്പാക്കുന്നതിനുള്ള വ്യക്തിയുടെ ശ്രദ്ധ പതിഞ്ഞിട്ടുണ്ട് എന്നു പറയാൻ കഴിയുകയുള്ളൂ. ഇന്ദ്രിയഗോചരമായ ഏതൊരു ശ്രദ്ധയും വിവിധ രൂപങ്ങളിലാണ് പ്രവർത്തിക്കുന്നത്. കാഴ്ച, കേൾവി, ഗന്ധം, സ്പർശം എന്നീ രൂപങ്ങളിലാണ് ശ്രദ്ധ അതിന്റെ പ്രവർത്തന പദ്ധതി നടപ്പിൽ വരുത്തുന്നത്. നമ്മുടെ നിത്യേനയുണ്ടാവുന്ന ജീവിതാനുഭവങ്ങളിൽ പോലും വ്യത്യസ്തമായ മുൻഗണനകൾ പല മേഖലകളിലായി പടർന്നു കിടക്കുകയാണ് പതിവ്. ഏതെങ്കിലും വിധത്തിലുള്ള വൈകാരിക പ്രേരണയില്ലാതെ ഒരു കാര്യവും നമ്മുടെ ശ്രദ്ധ പിടിച്ചു പറ്റാറില്ല.

ഉദാഹരണത്തിന്, ഒരടുക്കളയിലെ പാത്രങ്ങൾ വരെ അവിടെ നിത്യേന ഇടപെടുന്ന സ്ത്രീയുടെ ശ്രദ്ധയെ ക്ഷണിക്കാമെന്നല്ലാതെ, മറ്റുള്ളവർക്ക് വിശേഷിച്ച് പുരുഷന്മാർക്ക് (സാധാരണ അർത്ഥത്തിൽ) അവിടയുള്ള വസ്തുക്കൾ എപ്രകാരമാണ് അടുക്കിവെച്ചിട്ടുള്ളത് എന്ന് പോലും ശ്രദ്ധയിൽപെട്ടുകൊള്ളണമെന്നില്ല.

നമ്മുടെ ഇന്ദ്രിയങ്ങളിലൂടെ ലഭിക്കുന്ന ഏത് തരം വിവരത്തെയും അറിവാക്കി മാറ്റാൻ കഴിയും (Process) എന്നത് നമ്മുടെ ഒരു സ്വഭാവ വിശേഷം തന്നെയാണ്. പഠനത്തെ എളുപ്പമാക്കുന്നത് ശ്രദ്ധയിലുണ്ടാവുന്ന കാര്യക്ഷമത തന്നെയാണ്. ഏറെ പ്രസക്തമായ സംഭവങ്ങളിലേക്കും വസ്തുതകളിലേക്കും നമ്മുടെ ശ്രദ്ധയെ പരിമിതപ്പെടുത്തിക്കൊണ്ട് മസ്തിഷ്കത്തിലെ പരിമിതമായ ഊർജ്ജത്തെ യുക്തമായ രീതിയിൽ ഉപയോഗപ്പെടുത്തുക എന്നതാണ് ഏതൊരു ശ്രദ്ധശേഷിയുടെയും പിന്നിലുള്ള തത്വം.

ചില വിവരങ്ങൾക്ക് മാത്രം മുൻഗണന കൊടുക്കത്തക്ക രീതിയിലാണ് നമ്മുടെ നാഡി വ്യവസ്ഥ തന്നെ പ്രവർത്തിക്കുന്നത്. ഇതിനെ ഒരു പ്രവർത്തന തത്വം എന്ന നിലയിൽ (default setting) കാണാവുന്നതാണ്. ഉദാഹരണത്തിന്, നമ്മുടെ പ്രധാനമന്ത്രി ഒരു ആൾക്കൂട്ടത്തിലേക്ക് കടന്നു വരുമ്പോൾ എല്ലാ കണ്ണുകളും അദ്ദേഹത്തിന് നേരെ തിരിയും. എന്നാൽ നമ്മുടെ സർവ്വകലാശാലയിലെ ജീവശാസ്ത്ര വകുപ്പ് മേധാവിയാണ് കടന്നു വരുന്നതെങ്കിൽ ഏതാനും ചിലർ മാത്രമേ ശ്രദ്ധിക്കാനിടയുള്ളൂ. (നമ്മുടെ ജ്ഞാനവ്യവസ്ഥ). ഏതാനും പ്രസക്തമായ വിവരങ്ങളെ തെരഞ്ഞെടുക്കുക എന്നത് ആദ്യകാലത്ത് ജ്ഞാനവ്യവസ്ഥയുടെ പൊരുത്തപ്പെടൽ തന്ത്രം കൂടിയായിരുന്നു. (adaptive mechanism)

ചുറ്റുപാടിലുള്ള എല്ലാറ്റിലും നിശ്ചിതമായ ക്രമം കണ്ടെത്താനുള്ള ശേഷിയാണ് എല്ലാ വിധത്തിലുള്ള ധൈഷണികമായ വ്യവഹാരങ്ങളുടെയും ആധാരമായി വർത്തിക്കുന്നത്. ഇത്തരത്തിൽ ഒരു ക്രമം കണ്ടെത്താൻ കഴിയുന്ന എല്ലാറ്റിനെയും ശ്രദ്ധിക്കുക ഏറെ പ്രധാനമാണ്. ഉറക്കത്തിന്റെ ഇടയില്പോലും ചെറിയ ചില ഇടവേളകളിൽ വാതിൽപ്പുറത്ത് വീഴാനിടയുള്ള ശബ്ദങ്ങൾ വരെ നമ്മുടെ ഉപമസ്തിഷ്കഭാഗങ്ങൾ ശ്രദ്ധിക്കുന്നത് നമ്മുടെ സുരക്ഷിതത്വത്തെ ലക്ഷ്യംവെച്ച് കൂടിയാണ്. ഇത് നമ്മുടെ വംശ ചരിത്രത്തിന്റെ തുടക്കത്തിൽതന്നെ ജനിതകമായ തെരഞ്ഞെടുപ്പിന് വിധേയമായ ഒരു ശേഷിയായികൂടി പരിഗണിക്കാവുന്നതാണ്.

മനുഷ്യശിശു അതിന്റെ വളർച്ചയുടെ ആദ്യഘട്ടങ്ങളിൽ തന്നെ തന്റെ ആവശ്യങ്ങൾ നിറവേറ്റുന്നതിനു വേണ്ടി അമ്മയുടെയോ മറ്റേതെങ്കിലും വേണ്ടപ്പെട്ടവരുടേയോ മുഖത്തെ മാംസപേശികളുടെ ചലനങ്ങൾവഴി, കണ്ണുകളിലെ ചലനങ്ങളും, ശരീരചേഷ്ടകളിലൂടെയുമെല്ലാം ഇത്തരം ചലനങ്ങളിൽ അടങ്ങിയിട്ടുള്ള ക്രമങ്ങൾ (പരസ്പര ബന്ധങ്ങൾ) കണ്ടെടുക്കാൻ ശ്രമിക്കുന്നു. ഇതാവട്ടെ അവരുടെ വ്യത്യസ്തമായ വൈകാരികാവശ്യങ്ങളെ പൂരിപ്പിച്ചെടുക്കാനായി വികാസം പ്രാപിച്ചുവന്ന ശേഷികൂടിയുമാണ്. കുഞ്ഞുങ്ങൾ അവരുടെ ആദ്യഭാഷ (First Language) ആർജ്ജിച്ചെടുക്കുന്നതുപോലും ഇത്തരത്തിലുള്ള ഭാഷയ്ക്കു പുറത്തുള്ള (Non verbal) വിവരങ്ങൾവഴിയാണ്.

കുഞ്ഞുങ്ങൾ അവരുമായി തുടർച്ചയായി ഇടപെടുന്നവരുടെ സ്വരവ്യതിയാനങ്ങൾ, മുഖഭാവങ്ങൾ എന്നിവയിൽനിന്ന് നിശ്ചിത അർത്ഥങ്ങൾ നിർദ്ധരിച്ചെടുക്കാനുള്ള ശേഷി ആർജ്ജിച്ചുകൊണ്ടാണ് ഓരോ വളർച്ചാഘട്ടവും പിന്നിടുന്നത്. ഇപ്രകാരം കുട്ടിക്ക് അവളുടെ/അവന്റെ പ്രതീക്ഷകൾ നിർമ്മിക്കുന്നതിനും പ്രതീക്ഷകർക്കൊത്ത് പ്രവർത്തിക്കുന്നതിനുപോലും സാധിക്കുന്നു.

ഏറെ സമയം ഒരു വ്യക്തിയിൽ (parent) തന്നെ ശ്രദ്ധയൂന്നി നിൽക്കാനുള്ള ശേഷി കുട്ടിയുടെ വൈകാരികാവസ്ഥയുടെ പ്രതിഫലനം കൂടിയാണ്. (രക്ഷിതാവ് പറയുന്നതും, ചെയ്യുന്നതുമെല്ലാം ശ്രദ്ധിക്കാൻ കാണിക്കുന്ന താത്പര്യം ഇതിന്റെ പ്രകടരൂപമാവാം.) ഇത്തരത്തിൽ വികാസപ്രക്രിയ പൂർത്തീകരിച്ച കുട്ടികളിൽ ശ്രദ്ധിക്കാനുള്ള ശേഷി കൂടുന്നതായാണ് കാണപ്പെടുന്നത്.

ഇത്തരത്തിലുള്ള വികസന മാതൃകകളിലൂടെ വളർച്ച നേടിയ കുട്ടികൾ ഏതൊരു പ്രശ്നത്തെയും ക്ഷമയോടെ പരിഹരിക്കാനുള്ള ശേഷി ആർജ്ജിക്കുന്നത് പോലും ഇത്തരത്തിൽ വികസിച്ചുവരുന്ന ശ്രദ്ധിക്കാനുള്ള ശേഷിയുടെ അനന്തരഫലമായിട്ടാണ്.

ശ്രദ്ധ തെറ്റിക്കുന്ന കാര്യങ്ങളിൽ നിന്ന് മാറി നിൽക്കാനും അപ്രസക്ത കാര്യങ്ങളിൽ നിന്ന് ശ്രദ്ധ തിരിക്കാനും മറ്റും കഴിയുന്നത് ഏകാഗ്രമായ ശ്രദ്ധയുടെ ഫലമായാണ്. ആദ്യത്തെ 5 വർഷങ്ങൾക്കുള്ളിൽ തന്നെ ഇത്തരം ശേഷികൾ കുട്ടികളിൽ വളർന്നു വരുക സാധാരണമാണ്.

അടുത്തു നിന്നുള്ള വഴി തെറ്റിക്കുന്ന കാര്യങ്ങളിൽനിന്ന് സ്വയം ഒഴിഞ്ഞുമാറി രക്ഷിതാവിൽ നിന്നുള്ള സന്ദേശത്തിനകത്തുള്ള വൈകാരിക ഉള്ളടക്കം അറിയാനുള്ള ശേഷിയിലാണ് ഏകാഗ്രമായ ശ്രദ്ധയുടെ തുടക്കം.

ബുദ്ധിശക്തിയുടെ ഉറവിടം

മനുഷ്യർക്ക് ഇത്രയും മികച്ച ബുദ്ധിശേഷി എങ്ങനെ കൈവന്നു എന്ന് വിസ്മയം കൊള്ളാത്തവരുണ്ടാവില്ല. മനുഷ്യർ നേടിയെടുത്ത ബുദ്ധി ശക്തി ലക്ഷകണക്കിന് വർഷങ്ങളിലൂടെ നടന്ന ജൈവിക പ്രക്രിയകളുടെ അനന്തരഫലം കൂടിയാണ്. മനുഷ്യരിൽ മാത്രം കാണാൻ കഴിയുന്ന ഒന്നാണ് ബുദ്ധിശക്തി എന്നായിരുന്നു പഴയ കാലങ്ങളിൽ മനഃശാസ്ത്ര ചിന്തകരും, ജീവശാസ്ത്രകാരന്മാരും ഉൾപ്പെടെ കരുതിയിരുന്നത്. മനുഷ്യരൊഴികെയുള്ള മൃഗങ്ങൾ കേവലം ജൈവപ്രേരണകളുടെ തള്ളിച്ചയിൽ മാത്രം പെരുമാറുന്ന ജീവികൾ മാത്രമാണെന്നാണ് അവർ വിശ്വസിച്ചുപോന്നത്.

മനുഷ്യർക്കുണ്ട് എന്ന് അവകാശപ്പെടുന്ന ബുദ്ധിശക്തി എല്ലാ സമൂഹങ്ങൾക്കും ഒരേ പോലെ സ്വായത്തമായിട്ടുണ്ടോ എന്നും, നമ്മുടെ ബുദ്ധിശേഷിയെ ചില മാതൃകകളിലേക്ക് പരാവർത്തനം ചെയ്തുകൊണ്ട് അളന്നെടുക്കാൻ എന്താണ് ശരിയായ മാർഗ്ഗം എന്നും മറ്റുമുള്ള ചോദ്യങ്ങൾക്ക് അടുത്ത കാലത്ത് മാത്രമാണ് ഒട്ടൊക്കെ തൃപ്തികരമായ ഉത്തരം ലഭിച്ചു തുടങ്ങിയത്. ഏകമാനമായ ബുദ്ധിശക്തിയെ (unitary intelligence) സ്ഥാപിച്ചെടുക്കാനുള്ള ദീർഘകാലത്തെ അന്വേഷണം നമ്മളെ കൊണ്ടെത്തിച്ചതാവട്ടെ കൂടുതൽ സങ്കീർണമായ ചോദ്യങ്ങളിലേക്കാണ്. ഇത്തരം ചോദ്യങ്ങളെ നേരിടാൻ ശ്രമിക്കുന്നതിന് മുന്നോടിയായി ഒരു ജീവിവർഗം എന്ന നിലയിൽ നമ്മൾ നേടിയെടുത്ത നേട്ടങ്ങൾക്ക് പിറകിൽ പ്രവർത്തിച്ചതെന്തൊക്കെ എന്ന് പരിശോധിച്ചു നോക്കേണ്ടിയിരിക്കുന്നു.

നമ്മളെപ്പോലെ പലതരം സാധ്യതകളുള്ള ഒട്ടനവധി ജീവിവർഗ ങ്ങൾ നമ്മളോടൊപ്പം ഭൂമിയിൽ ജീവിച്ചിരിപ്പുണ്ട്. അവരിൽനിന്നെല്ലാം നമ്മളെ വേർതിരിക്കുന്ന പൊതു ഘടകമായി വർത്തിക്കുന്നത് നമ്മൾ പ്രൈമേറ്റ (Primate)കൾ /ആൾക്കുരങ്ങ് വിഭാഗത്തിൽപെടുന്നു എന്നുള്ളത് തന്നെയാണ്. എല്ലാ ഉയർന്നതരം ആൾക്കുരങ്ങുകളുടെയും ശരീരവലുപ്പം (body mass) 25 kg യിലുമധികം ആണ്. ഏറ്റവും ചെറിയ പാനിസ്കസ് വിഭാഗത്തിലുള്ള പെണ്ണിനത്തിലുള്ളവരുടെയും ശരാശരി ശരീരവലുപ്പം 26kg-36kg നും ഇടയിലാണ്. അതായത് ശരാശരി 26 kg. മനുഷ്യരുൾപ്പെടെയുള്ള എല്ലാ ഹൊമിനിഡുകളും ആൺ-പെൺ വ്യത്യാസത്തിന്റെ അടിസ്ഥാനത്തിൽ ശരീരവലുപ്പത്തിൽ വേറിട്ടു നിൽക്കുന്നുണ്ട്. അതോടൊപ്പം ഇന്ന് ജീവിച്ചിരിക്കുന്ന ഹോമിനിഡ് വിഭാഗത്തിൽപ്പെടുന്ന എല്ലാ ജീവികൾക്കും കൂടുതൽ വലിയ മസ്തിഷ്കവലു പ്പമാണുള്ളത്. ഇതുപോലെതന്നെ ഈ വിഭാഗങ്ങളിലെ കുഞ്ഞുങ്ങളുടെ ശരീര-മസ്തിഷ്കവളർച്ച ഏറെ സമയമെടുത്തുകൊണ്ട് മാത്രം പൂർത്തീക രിക്കപ്പെടുന്നതുമാണ്.

ഇപ്രകാരം ഏറെകാലം കൊണ്ട് പൂർത്തീകരിക്കുന്ന വളർച്ച കാരണം ലഭ്യമായ വലിയ സാധ്യതകൂടിയായാണ് ചുറ്റുപാടുമുള്ള ഇടപെ ടലുകളിലൂടെ കൂടുതൽ മെച്ചപ്പെട്ട രീതിയിൽ വികസിച്ചു വരാൻ തക്ക രീതിയിൽ നമ്മുടെ മസ്തിഷ്കം കൈവരിച്ച ശേഷി. ഓരോ ജീവിവർഗ്ഗങ്ങ ളുടെയും ബുദ്ധിശേഷിയെ നിശ്ചയിച്ചതിൽ പ്രധാന പങ്കുവഹിച്ചത് അവ കഴിക്കുന്ന ആഹാരങ്ങളാണ്. ഹോമിനിഡ് വിഭാഗത്തിലുള്ള ഭൂരിഭാഗം ജീവികളുടെയും ആഹാരത്തിലെ മുഖ്യ ഘടകം പഴങ്ങളാണ്.

ചിമ്പാൻസികളുടെ ഭക്ഷണത്തിൽ ഏതാണ്ട് 4% ത്തോളം മാത്രമാണ് മാംസമടങ്ങിയിട്ടുള്ളത്. ശേഷിക്കുന്ന ഭക്ഷണത്തിൽ ഏറിയ കൂറും പഴങ്ങൾ തന്നെയാണ് (Jane Goodal). പഴങ്ങൾക്കുടാതെ ചില അവസരങ്ങളിൽ ഇലകൾ, ചെടിത്തണ്ടുകൾ, വേരുകൾ, മുകുളങ്ങൾ, മരക്കമ്പുകൾ, കൂടാതെ ചിതലുകളെപ്പോലുള്ള ചെറിയ ഇനം നട്ടെല്ലി ല്ലാത്ത ജീവികളൊക്കെ ഇവരുടെ ആഹാരമാവാറുണ്ട്. സയാമങ്ങ്കൾ എന്ന കുരങ്ങിനങ്ങൾ, പർവ്വതവാസികളായ ഗൊറില്ലകൾ എന്നിവ യൊക്കെ നാരുകളടങ്ങിയ ആഹാരമാണ് കഴിക്കുന്നത്. മുഖ്യമായും ഇവർ ഇലയാണ് ഭക്ഷിക്കുന്നത്. (Folivorous)

പലതരത്തിലുള്ള ചുറ്റുപാടുകളുടെ സമ്മർദ്ദവും ഇത്തരം ജീവികളുടെ ആഹാരത്തെ നിർണയിച്ചിട്ടുണ്ട്. ലഭ്യമായ പലതരം ആഹാരങ്ങൾ ക്കനുസൃതമായി കൂടിയാണ് ഇവയിലെ ബുദ്ധിശക്തിയും വികസിച്ചു വന്നത്. ഇങ്ങനെയുള്ള ജീവികളിൽ കാണുന്ന സങ്കീർണ്ണമായ സാമൂഹ്യ

ബന്ധങ്ങളും ബുദ്ധിശേഷിയെ തീരുമാനിച്ചതിൽ സുപ്രധാനമായ പങ്ക് നിർവഹിച്ചിട്ടുണ്ട്. ചിമ്പാൻസി, ബബൂണുകൾ, മാക് കുരങ്ങുകൾ എന്നിവയുടെയെല്ലാം ബുദ്ധിശക്തിയെ നിർണ്ണയിച്ചതിൽ സാമൂഹ്യജീവിതത്തിന്റെ പങ്ക് നിസ്തുലമാണ്. പൊതുവെ ശാന്തരായ മിത്രങ്ങളെയും കൂട്ടത്തിലുള്ള ചതിയന്മാരെയുമെല്ലാം കണ്ടെത്താനുള്ള ശേഷി സാമൂഹ്യജീവിതത്തിൽ അത്യന്താപേക്ഷിതമാണ്. സത്യസന്ധമായ വിവരങ്ങൾ പങ്കുവെക്കപ്പെടുന്നതിനേക്കാൾ ചതിക്കാനുള്ള വിവരങ്ങളാണ് പരസ്പരം പങ്കുവെക്കപ്പെടുന്നതെങ്കിൽ അത്തരത്തിലുള്ള വിവരങ്ങളായിരിക്കും ഏറെയും പ്രബലപ്പെടുന്നത്.

പരിസ്ഥിതി ഏൽപ്പിക്കുന്ന സമ്മർദ്ദങ്ങളേക്കാൾ കനത്ത സമ്മർദ്ദങ്ങളാണ് സാമൂഹിക ചുറ്റുപാടിൽനിന്നും ഉണ്ടാകാനിടയുള്ളത്. മനുഷ്യരിലെ ജ്ഞാനസമ്പാദന ശേഷിയെ രൂപപ്പെടുത്തിയതിൽ മുഖ്യചാലക ശക്തിയായിത്തീർന്നതും ഇത്തരത്തിലുള്ള സമ്മർദ്ദങ്ങൾതന്നെയാണ്.

ഇതിന് പുറമെ ആഹാരം തേടി വിശാലമായ ഇടങ്ങളിലേക്ക് മനുഷ്യൻ സഞ്ചരിക്കാനിടവന്നതും, പഴങ്ങൾ കഴിക്കാൻ തുടങ്ങിയതും നമ്മുടെ മസ്തിഷ്കശേഷിയെ വർദ്ധിപ്പിച്ചിട്ടുണ്ട്. മാംസാഹാരത്തിലൂടെ ലഭ്യമായ മിതമായ അളവിലുള്ള പ്രോട്ടീൻ (protein) മസ്തിഷ്കവളർച്ചയെ വലിയതോതിൽ സ്വാധീനിച്ചിട്ടുണ്ട്.

വളരെയേറെ സങ്കീർണ്ണതകളോടുകൂടിയ സാമൂഹ്യബന്ധങ്ങളിൽ ഏർപ്പെടാൻ തുടങ്ങിയതിന്റെ ഭാഗമായിക്കൂടിയാണ് നമ്മുടെ ബുദ്ധിശേഷി ഇന്നു കാണുന്ന രീതിയിൽ വികസിച്ചുവരാൻ ഇടയായത്. സമൂഹ്യജീവിതവുമായി ബന്ധപ്പെട്ട് സൃഷ്ടിച്ചെടുക്കേണ്ടുന്ന വിവരങ്ങളത്രയും പല വിധത്തിലുള്ള ഇന്ദ്രിയങ്ങളിലൂടെ ലഭിക്കുന്ന വിവരങ്ങളെ അവലംബിച്ച് പ്രവർത്തിക്കുന്നതായതിനാൽ അത്രയേറെ സങ്കീർണ്ണവുമാണ്. ഉദാഹരണത്തിന് നമ്മുടെ കൂട്ടത്തിലുള്ളവരുടെ നോട്ടങ്ങൾ, സംസാര രീതികൾ, ശരീരഭാഷകൾ, എല്ലാം തന്നെ സാമൂഹ്യവും വ്യക്തിപരവുമായ അർത്ഥങ്ങൾ അറിയിക്കുന്നവയാണ്. ഇവയെക്കുറിച്ചെല്ലാമുള്ള വ്യക്തമായ അറിവില്ലാതെ വന്നാൽ നമ്മുടെ നിലനിൽപ്പ് പലപ്പോഴും അപകടത്തിൽപ്പെടാവുന്നതാണ്. നേരത്തെ സൂചിപ്പിച്ച പോലെ മനുഷ്യന്റെ ആഹാരം പഴങ്ങളെ ആശ്രയിച്ചായിരുന്ന അവസ്ഥയിൽആകുന്നതോടെ ചുറ്റുപാടുകളെ സസൂക്ഷ്മം നിരീക്ഷിക്കുകയും ഓരോ ഇടത്തെക്കുറിച്ചും വ്യക്തമായ അറിവ് സംഭരിക്കാനുള്ള കഴിവും അനിവാര്യമായിത്തീർന്നു.

മാറിവരുന്ന കാലാവസ്ഥകളിൽ വ്യത്യസ്ത ഇടങ്ങളിൽ ലഭ്യമാവുന്ന വൈവിധ്യമാർന്ന ഭക്ഷണസ്രോതസ്സ് തിരക്കി പോവുക എന്നതും

മനുഷ്യരുടെ ജ്ഞാനസമ്പാദന വ്യവസ്ഥയിൽ വെല്ലുവിളികൾ ഉയർത്തുന്നതായിരുന്നു. ഇത്തരത്തിലുള്ള ബാഹ്യസമ്മർദ്ദങ്ങളുമായി ഏറ്റുമുട്ടേണ്ടിവന്നതിന്റെ ഭാഗമായുള്ള പ്രതികരണക്ഷമത കൂടിയാണ് ബുദ്ധിശക്തിയെ നിശ്ചയിച്ചത്.

കാര്യക്ഷമമായ രീതിയിൽ ബുദ്ധിശക്തി പ്രയോഗിക്കാൻ കഴിഞ്ഞവർക്ക് മാത്രമേ നിലനിൽപ്പ് ഉറപ്പിക്കാൻ കഴിഞ്ഞിരുന്നുള്ളൂ. ഇലകളെ അപേക്ഷിച്ച് പഴങ്ങൾ ഏതാനും ചില ഇടങ്ങളിൽ മാത്രമേ കാണാൻ കഴിഞ്ഞിരുന്നുള്ളൂ എന്നതുകൊണ്ട് തന്നെ അവ നേടിയെടുക്കാൻ പ്രയാസകരവുമായിരുന്നു. ഇത് കൂടാതെ പഴങ്ങളെ അവയുടെ നിറം, മണം എന്നിവ നോക്കിക്കൊണ്ട് ഭക്ഷ്യയോഗ്യമാണോ, അതല്ല വിഷകാരിയാണോ എന്നൊക്കെ മനസ്സിലാക്കുകയും ചെയ്യുന്നതിന് ബുദ്ധിശക്തി അത്യന്താപേക്ഷിതമായിരുന്നു. അതുകൊണ്ട് തന്നെ ഇത്തരം പഴങ്ങൾ ആഹരിക്കുന്നതിനായി നിറം, മണം, കാഴ്ച എന്നീ അനുഭവങ്ങളെ പരസ്പരം ചേർത്തുവെച്ചുകൊണ്ട് ഒരു പ്രത്യേക പഴത്തെക്കുറിച്ചുള്ള ജ്ഞാനം സംഭരിക്കുന്നതിനായി ഓർമ്മിക്കാനുള്ള ശേഷി, ഓരോ സ്ഥലത്തെക്കുറിച്ചുമുള്ള ഓർമ്മകൾ (Cognitive map) എന്നിവ അനിവാര്യമായിത്തീരുന്നുണ്ട്.

പ്രോട്ടീൻ, കൊഴുപ്പ് എന്നിവയാൽ സമ്പന്നമായ വൈവിധ്യമുള്ള പഴങ്ങൾ കഴിക്കേണ്ടതുകൊണ്ടുതന്നെ ദൂരസ്ഥലങ്ങളിലേക്ക് ആഹാരം തേടി പോവേണ്ടതും ഉണ്ടായിരുന്നു. ചിമ്പാസികളുൾപ്പെടെയുള്ള പ്രൈമേറ്റുകളുടെ ജീവിതത്തെ മറ്റുള്ള മൃഗങ്ങളിൽ നിന്ന് വ്യത്യസ്തമാക്കിയ ഒരു പ്രധാന ഘടകം കൂടിയായി ഇത് മാറിയിട്ടുണ്ട്.

ദൂരെയുള്ള പ്രദേശങ്ങളിലേക്ക് സഞ്ചരിക്കേണ്ടിവന്നതുകൊണ്ട് ഓർമ്മവെക്കാനുള്ള കഴിവിലും വ്യത്യസ്തമായ അറിവുകളും മറ്റും നിർമ്മിക്കാനുള്ള ശേഷിയിലും വമ്പിച്ച മാറ്റങ്ങൾവരുകയുണ്ടായി. ഇങ്ങനെ കൈവശപ്പെടുത്താൻ വിഷമമുള്ള പഴങ്ങൾ കരസ്ഥമാക്കാൻ സാങ്കേതിക വിദ്യകൾ വികസിപ്പിക്കേണ്ടി വന്നതും ബുദ്ധി ശക്തിയെ അടിസ്ഥാനപ്പെടുത്തിയ ജീവിതത്തെ നിർബ്ബന്ധമാക്കി തീർക്കുകയാണുണ്ടായത്.

ചിമ്പാൻസികൾ ചിതലുകളെയും മറ്റും പിടിക്കുന്നതിനായി ചെടിയുടെ തണ്ടുകൾപല്ലുകൾക്കിടയിലിട്ട് പരുവപ്പെടുത്തി ഉപയോഗിച്ചിരുന്നു. പഴങ്ങളിലടങ്ങിയ വിഷാംശങ്ങളെ തിരിച്ചറിയുക, ശരിയായ രീതിയിൽ പഴുത്ത് പാകം വന്നതാണോ, മറ്റ് ജീവികൾഅവിടെ വന്ന് കഴിക്കുന്നതിന് മുൻപ് എങ്ങനെ ഇത് കൈവശപ്പെടുത്തണം എന്നൊക്കെയുള്ള ചിന്തകളുടെ ബലത്തിലാണ് അവർക്ക് ജീവിതം കെട്ടിപ്പൊക്കേണ്ടിയിരുന്നത്.

പരസ്പരം സഹകരിച്ചു കൊണ്ട് ചില പ്രവർത്തനങ്ങളിൽ ശ്രദ്ധയോടെ ഏർപ്പെടാൻ കഴിഞ്ഞതും ഓരോ വ്യക്തിയുടെയും ബുദ്ധിശക്തിയെ ബലപ്പെടുത്താൻ ഉപകരിച്ചിട്ടുണ്ട്. കൂടുതൽ അംഗങ്ങൾ ഒരുമിച്ച് ചേർന്ന് ശത്രുക്കൾക്കെതിരെ പൊരുതാൻ കഴിഞ്ഞത് മൂലം ഇവർക്കിടയിലെ ബുദ്ധിവികാസം വലിയതോതിൽ മുന്നേറുകയാണുണ്ടായത്. (Selection Pressure).

ശരീരത്തിന്റെ ആകാരം, ശരീരവും മസ്തിഷ്കവും തമ്മിലുള്ള അനുപാതം, ലൈംഗിക വിഭജനം (Sexual Dimorphsm), കുഞ്ഞുങ്ങളുടെ വളർച്ചാനിരക്കിലുള്ള കാലതാമസം, ആഹാരരീതികൾ, ജീവിക്കുന്ന വനത്തിലെ ചുറ്റുപാട്, ഇരുകാലിത്തം (Bipedality) കൂട്ടങ്ങളായി ജീവിക്കാൻ തുടങ്ങിയത്, പരസ്പരമുള്ള ആശയവിനിമയ സമ്പ്രദായങ്ങൾ, ആത്മാവബോധം (അവനവനെക്കുറിച്ചുള്ള അവബോധം), ഉപകരണങ്ങൾ ഉപയോഗിക്കാനുള്ള പ്രാപ്തി എന്നിവയാണ് ഇന്നു കാണുന്ന രീതിയിലുള്ള ബുദ്ധിശക്തിയുടെ സങ്കീർണ്ണതയിൽ ഏറെ നിർണായകമായിത്തീർന്നത്.

സാമാന്യബുദ്ധി (General Intelligence) എന്നു വിളിക്കുന്ന ശേഷി ഒരു കുട്ടിയുടെ വളർച്ചാ ഘട്ടങ്ങളിൽ ലഭിക്കുന്ന സാമൂഹ്യവിവരങ്ങളെ അടിസ്ഥാനപ്പെടുത്തി നിർമ്മിക്കപ്പെടുന്ന അതിജീവനത്തിനാവശ്യമായ പലതരം ശേഷികൾ അടങ്ങിയതാണ്. മനുഷ്യൻ ഉൾപ്പെടെയുള്ള മൃഗങ്ങളിൽ സാമാന്യബുദ്ധി ഉടലെടുക്കുന്നത് രണ്ട് പ്രധാന മാർഗ്ഗങ്ങളിലൂടെയാണ്.

സ്വമേധയാ നടക്കുന്ന വികാസത്തിൽ നിശ്ചിതമായ ഉള്ളടക്കം നിലനിർത്തിക്കൊണ്ട് അല്ലെങ്കിൽ പഠനാനുഭവങ്ങളിലൂടെ സ്വയം ഉറച്ചുവരുന്ന വ്യത്യസ്തമായ ഉള്ളടക്കത്തോട് കൂടിയത് എന്ന മട്ടിലായിരിക്കും അവരിലെ സാമാന്യബുദ്ധി ഉറയ്ക്കുന്നത്.

നമ്മുടെ മനസ്സ് എന്നത് ഒട്ടേറെ അടിസ്ഥാന ശേഷികളും അതിലേറെ അനുബന്ധശേഷികളും അടങ്ങിയ ഒരു സമ്മിശ്ര വ്യവസ്ഥയാണ്. ഓരോ ജീവിവർഗ്ഗത്തിലും ഇത്തരത്തിലുള്ള ശേഷികളുടെ ഏറ്റക്കുറച്ചിലുകൾ സ്വാഭാവികമാണ്.

പൊതുവെ മനുഷ്യരല്ലാത്ത മൃഗങ്ങൾക്കത്രയും ജൈവികപ്രേരണകൾ മാത്രമേ ഉള്ളൂ എന്നും മനുഷ്യന് മാത്രമാണ് യുക്തിബോധം ഉള്ളൂ എന്നുമുള്ള കാഴ്ചപ്പാടുകൾ ഏറെ പഴക്കം വന്നതാണ്. ഇതിനെ തുടർന്ന് വന്ന നിരീക്ഷണങ്ങൾ പ്രകാരം മറ്റ് മൃഗങ്ങളിൽ ചില മേഖലകളെ പ്രവർത്തനയോഗ്യമാക്കത്തക്ക രീതിയിലുള്ള ജൈവിക പ്രേരണകൾ മാത്രമേ ഉള്ളൂ എന്ന നിലപാടും ശക്തിപ്പെട്ടു വന്നിട്ടുണ്ട്.

മനുഷ്യരിൽ സർവ്വമേഖലകളെയും ഗ്രഹിക്കത്തക്ക മാനസിക ശേഷികളുണ്ട് എന്നാണ് നമ്മൾ വിശ്വസിച്ചു പോരുന്നത്. എന്നാൽ, മനുഷ്യരിലും ചില നിശ്ചിത മാനസിക പദ്ധതികൾ (Modules) ആണ് നിലനിൽക്കുന്നത് എന്ന് തെളിയിക്കുകയാണ് ലിഡാ കോസ്മിഡ്, ജോൺ ടൂബി എന്നിവർ ചെയ്തത്.

അതോടൊപ്പം തന്നെ മനുഷ്യനൊഴികെയുള്ള മറ്റ് മൃഗങ്ങളിലും ഇത്തരത്തിലുള്ള ചില നിശ്ചിതമേഖലകളെ അധികരിച്ചുള്ള മാനസിക പ്രവർത്തനങ്ങൾ സാധ്യമാണെന്ന് തിരിച്ചറിയപ്പെട്ടിട്ടുണ്ട്.

യുക്തിപൂർവ്വം പ്രശ്നങ്ങൾ പരിഹരിക്കാനുള്ള കഴിവ്, അമൂർത്തമായി ചിന്തിക്കാനുള്ള കഴിവ്, സങ്കീർണ്ണമായ ആശയങ്ങൾ ഗ്രഹിച്ചെടുക്കാനുള്ള ശേഷി, എളുപ്പത്തിൽ പുതിയ കാര്യങ്ങൾ പഠിക്കാൻ കഴിയുക, അനുഭവങ്ങളിൽനിന്നും പഠിക്കാനുള്ള കഴിവ് എന്നീ ശേഷികൾഅടങ്ങുന്നതാണ് ബുദ്ധിശേഷി എന്നതാണ് സാമാന്യമായി സ്വീകരിക്കപ്പെട്ടിട്ടുള്ള വിശദീകരണം. (Intelligence is defined as involving the ability to reason, plan, solve problems, think correctly and learn from experience.)

ആൽഫ്രഡ് ബിനെ, സൈമൺ എന്നിവർ ബുദ്ധി അളക്കാനായി ചിട്ടപ്പെടുത്തിയ സൈക്കോമെട്രിക് ടെസ്റ്റു (psychometric test) കൾ അക്കാദമിക് ആവശ്യങ്ങൾക്ക് വേണ്ടി ആസൂത്രണം ചെയ്തതായതുകൊണ്ട് തന്നെ നമ്മൾ ഇപ്പോഴും ബുദ്ധിശക്തിയെ അക്കാദമിക് ശേഷികൾ കൈവരിക്കുന്നതിലുള്ള മികവായി മാത്രം ചുരുക്കി കാണുന്നുണ്ട്. എന്നാൽ ഓരോരുത്തരുടെയും വിശാലമായ ചുറ്റുപാടുകളെ ആഴത്തിൽ മനസ്സിലാക്കിക്കൊണ്ട് അടുത്ത ചുവട് വെക്കുന്നതിന് മുൻപ് എന്താണ് ചെയ്യേണ്ടത് എന്ന വ്യക്തമായ ധാരണ രൂപീകരിക്കാനുള്ള കഴിവ് കൂടി അടങ്ങിയതാണ് ബുദ്ധിശേഷി.

ഭൗതിക ചുറ്റുപാടുമായും, സാമൂഹ്യസാഹചര്യങ്ങളുമായും ഇടപെട്ടുകൊണ്ട് പുതിയ അറിവുകൾ സമ്പാദിച്ച് നിലവിലുള്ള പെരുമാറ്റത്തിൽ തക്കതായ മാറ്റങ്ങൾ വരുത്തിക്കൊണ്ട് പുതിയ പ്രശ്നങ്ങളെ പരിഹരിക്കാനുള്ള ശേഷിയെയാണ് ബുദ്ധിസാമർത്ഥ്യം (intelligence) എന്നത്കൊണ്ട് വിവക്ഷിക്കുന്നത്.

യുക്തിബോധവും, പെരുമാറ്റങ്ങളിൽ പുലർത്തുന്ന വഴക്കവും (Flexibility) ബുദ്ധിശേഷിയുടെ തന്നെ ഭാഗമാണ്. എന്നാൽ, മനുഷ്യരിൽ പ്രവർത്തിക്കുന്ന സാമാന്യബുദ്ധി (Genaral Intelligence) ക്ക് ജനിതകമായ അടിത്തറ തന്നെയുണ്ട്. മസ്തിഷ്കത്തിന്റെ ഘടനയും പ്രവർത്തനവുമായി പരസ്പരബന്ധമുറപ്പിക്കുന്ന തരത്തിലാണ്

സാമാന്യബുദ്ധിശക്തി നിലനിൽക്കുന്നത്. മസ്തിഷ്ക ആകൃതി (Brain Size), graymatter ന്റെ സാന്ദ്രത, മസ്തിഷ്കത്തിന്റെ കട്ടി/ഘനം, വിവരങ്ങൾഗ്രഹിക്കാനും കൂട്ടിച്ചേർക്കാനുമുള്ള കാര്യക്ഷമത എന്നിവ തമ്മിൽപരസ്പരബന്ധം സ്ഥാപിക്കാൻ കഴിയും. മസ്തിഷ്ക വ്യവസ്ഥയുടെ തന്നെ ഒരു തനത് സ്വഭാവമാണ് (property) സാമാന്യബുദ്ധിശേഷി എന്നത്. ജീവിതത്തിലെ നേട്ടങ്ങളെ പ്രതിഫലിപ്പിക്കുന്ന ഒരു സൂചകം കൂടിയായാണ് സാമാന്യ ബുദ്ധി പ്രവർത്തിക്കുന്നത്.

അക്കാദമിക് രംഗങ്ങളിൽ, കൈവരിക്കുന്ന നേട്ടങ്ങൾ, തൊഴിൽ രംഗങ്ങളിലെ മികവ്, ആരോഗ്യം എന്നു തുടങ്ങി അനവധി കാര്യങ്ങൾ തൃപ്തികരമായ നിലയിൽ നിലനിർത്തുന്നതിന് സാമാന്യ ബുദ്ധിശക്തി അനിവാര്യമാണ്. അനായാസേന മാറ്റം സംഭവിക്കുന്നതും സൂക്ഷ്മ രൂപത്തിലുള്ളതുമായ ബുദ്ധിശക്തിയുടെ സാധ്യതകളെ അടയാളപ്പെടുത്തിയെടുക്കാനായി ഹോൺ, കാറ്റൽ, എന്നിവർ ഒരു മാതൃക തന്നെ നിർമ്മിച്ചിട്ടുണ്ട്. യുക്തിപൂർവ്വം ചിന്തിച്ചുകൊണ്ട് പുതിയ പ്രശ്നങ്ങളെ സ്വന്തം നിലയിൽ പരിഹരിക്കാനുള്ള ശേഷിയും, മുൻകാല അനുഭവങ്ങളിലൂടെ അറിവുകളുടെ പിൻബലമില്ലാതെതന്നെ ഓരോന്നിന്റെയും മാതൃകകളെയും, പരസ്പരബന്ധങ്ങളെയും തിരിച്ചറിയാനുള്ള ശേഷിയുമായാണ് ഇത് കരുതപ്പെടുന്നത്.

ദീർഘകാല ഓർമ്മകളുടെ പിൻബലത്തിൽ വൈദഗ്ധ്യമുള്ള ശേഷികളും, അറിവും, അനുഭവങ്ങളും ഉപയോഗപ്പെടുത്താനുള്ള കഴിവിനെയാണ് സൂക്ഷ്മതലത്തിലുള്ള ബുദ്ധിശക്തിയായി വിവക്ഷിക്കപ്പെടുന്നത്. (Investment theory) ഇൻവെസ്റ്റ്മെന്റ് തിയറി എന്ന സിദ്ധാന്തപ്രകാരം സാമാന്യമായ മാറ്റത്തിന് വിധേയമാകുന്ന തരത്തിലുള്ള ബുദ്ധിശക്തിയും, സൂക്ഷ്മമായ ബുദ്ധിശക്തിയും തമ്മിൽ പരസ്പരം ബന്ധപ്പെടുത്താൻ കഴിയും.

വികാസത്തെ പരിഗണിച്ചുകൊണ്ടുള്ള മാതൃകയായതുകൊണ്ടും, നിരീക്ഷണ തലത്തിൽ പിന്തുണയുള്ളതിനാലും ഈ സിദ്ധാന്തത്തിന് ഏറെ സ്വീകാര്യത ലഭിക്കുന്നുണ്ട്. ഈ ബുദ്ധിശക്തിയെ അളന്നെടുക്കാനുള്ള മാതൃക ശ്രേണീബദ്ധമായി ചിട്ടപ്പെടുത്തപ്പെട്ടതാണ്. (Therson, Gust afssan & Cliffordson 2014 Callel Horn)

സാമാന്യബുദ്ധിശക്തിമൂലം വഴക്കമാർന്ന ബുദ്ധിശക്തിയെയും (Fluid intelligence) സൂക്ഷ്മ ബുദ്ധിശക്തിയെയും ഒരേപോലെ സ്വാധീനം ചെലുത്തുന്ന രീതിയിലാണ് ഈ ക്രമം ഉണ്ടാക്കിയിട്ടുള്ളത്. വാൻഡർമാസ് എന്ന മനഃശ്ശാസ്ത്രകാരനാണ് സാമാന്യബുദ്ധിശേഷിയെ സംബന്ധിച്ച നിത്യ ചലനാത്മകമായ മാതൃക രൂപപ്പെടുത്തിയത്. ഈ

മാതൃകയനുസരിച്ച് വളർച്ചയുടെ ആദ്യഘട്ടങ്ങളിൽതന്നെ ആർജ്ജിക്കുന്ന സ്വതന്ത്രമായ ജ്ഞാനസമ്പാദനശേഷിയായിട്ടാണ് സാമാന്യബുദ്ധിശക്തിയെ വിലയിരുത്തുന്നത്.

സാമാന്യബുദ്ധിശക്തി പലതരം കാര്യനിർവ്വഹണശേഷികളുമായും (Executive Functions) ബന്ധപ്പെട്ടിരിക്കുന്നു. മുകളിൽനിന്നും താഴോട്ട് എന്ന രീതിയിലുള്ള മാനസിക പ്രവർത്തനങ്ങളുടെ ബലത്തിൽ മാത്രമേ നിങ്ങൾക്ക് ഒരു വ്യക്തിക്ക് നിശ്ചിത കാര്യത്തിൽ ശ്രദ്ധ കേന്ദ്രീകരിക്കാൻ കഴിയുകയുള്ളൂ. ഇത്തരം സന്ദർഭങ്ങൾ കൂടാതെ നിങ്ങളുടെ സ്വന്തം ഉൾക്കാഴ്ചയുടെയും പ്രേരണയുടെയും ഉൾബലത്തിൽ പ്രവർത്തിക്കേണ്ടി വരുമ്പോഴും പുറത്തുനിന്നുള്ള ബാഹ്യമായ ഇടപെടലുകൾക്കോ ഉപദേശങ്ങൾക്കോ ഒന്നുംതന്നെ ചെവിക്കൊടുക്കാനാവില്ല.

പെരുമാറ്റങ്ങളെ വരുതിയിൽ നിർത്താനുള്ള ശേഷി, നിശ്ചിത കാര്യങ്ങളിൽ (selective) മാത്രം ശ്രദ്ധ പുലർത്തുക, ഭാഷപോലുള്ള പ്രവർത്തനയോഗ്യമായ ഓർമ്മകൾ (working memory) പ്രകാശിപ്പിക്കുക എന്നിവയെല്ലാമാണ് പ്രധാനപ്പെട്ട മനസ്സിന്റെ കാര്യനിർവ്വഹണ മേഖലകൾ.

കാര്യനിർവ്വഹണ മേഖലകളുടെ കാര്യക്ഷമമായ പ്രവർത്തനങ്ങളെ (Executive function) അടയാളപ്പെടുത്താൻ ഒരുങ്ങിയപ്പോഴെല്ലാം അതിന് സാമാന്യബുദ്ധിശക്തി (മാറ്റത്തിന് വഴങ്ങുന്ന ബുദ്ധിശേഷി) യുമായുള്ള ബന്ധം ഉറപ്പിക്കാൻ കഴിഞ്ഞിട്ടുണ്ട്.

ഏതെങ്കിലും ജീവിവർഗത്തിന് അതിന്റെ കാര്യക്ഷമത (Fitness) വർദ്ധിപ്പിക്കുന്നതിന് സഹായിക്കുന്ന ജ്ഞാനോത്പാദന ശേഷി ഒരു വലിയ കാലയളവിൽ തുടർച്ചയായി ഉണ്ടാവുന്ന സാഹചര്യം വന്നാൽ അത് സ്വയം പ്രബലപ്പെടുക സ്വാഭാവികമാണ്. ഇപ്രകാരത്തിലുള്ള അറിവ് നിർമിക്കാനുള്ള ശേഷി കാലക്രമത്തിൽ ജനിതകമായ അടിസ്ഥാനത്തിൽ പുനഃക്രമീകരിക്കപ്പെടുകയും അതുവഴി അതാത് ജീവിവർഗ്ഗങ്ങളുടെ പിന്നീടുള്ള ജീവിതത്തെ സമ്പന്നമാക്കുകയും ചെയ്യേക്കാം.

ഉദാഹരണത്തിന്, എവിടെയെങ്കിലും ഒളിച്ചുസൂക്ഷിക്കേണ്ടിവന്ന ഭക്ഷണം വീണ്ടെടുക്കാനായി ഓർത്തെടുക്കാൻ സഹായിക്കുന്ന സ്ഥലപരമായ ഓർമ്മകൾ നിലനിർത്തപ്പെടുകയും എന്നാൽ മറ്റ് ചില സന്ദർഭങ്ങളിൽ ആവശ്യമെന്ന് നമുക്ക്തന്നെ തോന്നുന്ന ചില ജ്ഞാന സമ്പാദനശേഷികൾ ഇല്ലാതെ പോകുകയും ചെയ്യാം.

മനുഷ്യർക്ക് സാമാന്യ ബുദ്ധിശക്തിവഴി ഏത് മേഖലയിലെ പ്രശ്നങ്ങളും പരിഹരിക്കാൻ ഒരു പക്ഷെ കഴിഞ്ഞേക്കുമെങ്കിലും ചില മേഖലകളിൽ മാത്രം പ്രകടമാകുന്ന ബുദ്ധിശക്തിക്ക് അതിന് കഴിയണമെന്നില്ല.

നിശ്ചിതമേഖലകളെ ഘടകരൂപത്തിൽമാത്രം വെളിവാക്കുന്ന ശേഷികൾക്ക് ശരാശരിയായി നോക്കിയാൽ വളരെ പൊടുന്നനെ ചില പ്രശ്നങ്ങൾ പരിഹരിക്കാൻ കഴിഞ്ഞേക്കാം.

നമ്മുടെ വംശചരിത്രത്തിൽ ഏറ വൈകി ഉയർന്നു വന്ന പലതരത്തിലുള്ള വെല്ലുവിളികളേയും പരിഹരിക്കുന്നതിനായി ആയാസപൂർണ്ണമായ പഠനവും, പരിശീലനവും ആവശ്യമായി വരാം. ഘടകങ്ങളായി വേർതിരിഞ്ഞ് നിൽക്കുന്ന ജ്ഞാനസമ്പാദന പദ്ധതികൾ (cognitive modules) നിരന്തരം മാറ്റങ്ങൾക്ക് വിധേയമാണെന്നത് സിദ്ധാന്തങ്ങളുടെ വെളിച്ചത്തിലും അനുഭവങ്ങളുടെ ബലത്തിലും ചോദ്യം ചെയ്യപ്പെടാവുന്നതാണ്.

പുതുതായി നേരിടുന്ന പ്രശ്നങ്ങളെ പരിഹരിക്കുന്നതിനായി പുതിയ നാഡീ സമുച്ചയങ്ങൾ രൂപപ്പെടുന്നതിനു പകരം പഴയവ പുതിയ ഉപയോഗങ്ങൾക്കായി പുനഃക്രമീകരിക്കപ്പെടുകയാണ് പലപ്പോഴും സംഭവിക്കാറുള്ളത്. ചുരുങ്ങിയ കാലത്തേക്ക് നിലനിൽക്കുന്ന നാഡികോശങ്ങളുടെ സ്വയംപരിഷ്കരണങ്ങൾ, (ഒരു നിശ്ചിത സിഗ്നലിനെ മറ്റൊന്നിലേക്ക് മാറ്റുക) മസ്തിഷ്ക കോശങ്ങളുടെ സ്വയം ക്രമീകരിക്കാനുള്ള ശേഷി (plasticity), അപകടങ്ങളോടുള്ള പ്രതികരണം, കൂടാതെ മസ്തിഷ്ക വളർച്ചയും, വളർച്ചാഘട്ടങ്ങളിലുള്ള വികാസപ്രക്രിയകളും മറ്റും വെച്ച് നോക്കുമ്പോഴും ഇത് പൊരുത്തപ്പെടുന്നില്ല. (incompatible with evolvability)

നിശ്ചിത മേഖലകളിൽ കേന്ദ്രീകരിച്ച് പ്രവർത്തിക്കുന്ന പ്രവർത്തന ഏകകം എന്ന നിലക്ക് (functional unit) ചില പ്രത്യേക ഉത്തേജനങ്ങൾക്ക് (stimulus) അനുസരിച്ച് മാത്രം പ്രവർത്തിക്കുന്ന ബലതന്ത്രമാണിത്. ഉദാഹരണത്തിന് ദൃശ്യവിസ്മയം (optical illusion) (Fodorian Modules). ഘടങ്ങളായി വിഘടിച്ച് നിൽക്കുന്ന ബൗദ്ധിക മേഖലകൾക്ക് മുകളിലാണ് സാമാന്യബുദ്ധിശക്തി പ്രവർത്തിക്കുന്നത്.

വടിക്കഷ്ണങ്ങൾപോലുള്ള ചുള്ളിക്കമ്പുകളോ മറ്റു സങ്കേതങ്ങളോ ഉപയോഗിച്ച് ആഹാരം സമ്പാദിക്കുന്ന ചിമ്പാൻസികൾക്കിടയിൽ ഏതൊരു സമാനമായ വസ്തു കണ്ടാലും ഉപകരണമാണെന്നായിരിക്കും മനസ്സിലാക്കപ്പെടുന്നത്. എന്നാൽ ഇത്തരത്തിൽ ഉപകരണങ്ങൾ ഉപയോഗിച്ച് വഴക്കമില്ലാത്ത ചിമ്പാൻസികൾക്കിടയിലാവട്ടെ ഈ വിധമുള്ള കാഴ്ച ഉണ്ടാവണമെന്നില്ല. കണ്ണ്, കാത്, മൂക്ക് തുടങ്ങിയ വ്യത്യസ്തമായ ഇന്ദ്രിയാവയവങ്ങൾ വഴി എത്തുന്ന ഉത്തേജനങ്ങളിൽ ഏതിനാണ് ശ്രദ്ധ പതിപ്പിക്കേണ്ടത് എന്നതാണ് ഏതൊരുജീവിയും നേരിടുന്ന മുഖ്യ വെല്ലുവിളി. അടിസ്ഥാനപരമായി ഇത് തീരുമാനിക്കപ്പെടുന്നത് ഏറെയും നമ്മുടെ സഹജമായ വിവര സ്വീകരണ

വ്യവസ്ഥയിലൂടെയാണ് (Information processing system).

ഒരു പ്രത്യേക കാര്യത്തിൽ ശ്രദ്ധ പതിപ്പിക്കാനുള്ള താത്പര്യം മാറ്റമില്ലാത്ത മൂലഘടകങ്ങളാൽ നിശ്ചയിക്കപ്പെടുന്ന ഒന്നല്ല. ഏതാനും ചില ഉപാധികൾക്കനുസരിച്ച് മാത്രമാണ് ഇത്തരം താത്പര്യങ്ങൾ പ്രകടമാവുന്നത്. ചെറിപഴത്തിന് വേണ്ടി സഞ്ചരിക്കുന്ന ഒരു മൃഗം ചെറിയതും ചുവന്ന നിറത്തിലുള്ളതുമായ എന്ത് വസ്തു കണ്ടാലും മറ്റ് വസ്തുക്കളെ അപേക്ഷിച്ച് അതിൽ കൂടുതൽ ശ്രദ്ധ പതിപ്പിക്കും. എന്നാൽ, അതേ മൃഗം തന്നെ നേരിടാൻവരുന്ന ശത്രുമൃഗത്തിന്റെ സാന്നിധ്യം കണ്ടാൽ എളുപ്പത്തിൽ ഒളിച്ചിരിക്കാവുന്ന ഏറ്റവും സുരക്ഷിതമായ ഇടത്തിലായിരിക്കും അതിന്റെ ശ്രദ്ധ പതിപ്പിക്കുന്നത്. പ്രൈമേറ്റുകളുടെ ബുദ്ധിശക്തി വികസിച്ചുവന്നപ്പോൾ സാമാന്യബുദ്ധിശക്തി തന്നെയാണ് പ്രാഥമികമായ തെരഞ്ഞെടുപ്പിന് വിധേയമായികൊണ്ട് മുൻകൈനേടുകയാണുണ്ടായത്. നമ്മുടെ വംശം അതിന്റെ ജീവിത ചരിത്രത്തിൽ കാലതാമസം വരുത്തുകയും, അതിജീവനക്ഷമത വർദ്ധിപ്പിക്കുകയും ചെയ്തുകൊണ്ടാണ് മനുഷ്യമസ്തിഷ്കത്തിന് ഇത്രയേറെ വലുപ്പം കൈവരിക്കാൻ ഇടവന്നത്. മാത്രമല്ല അമ്മ ഉൾപ്പെടെയുള്ള കുടുംബത്തിലെ മറ്റുള്ളവരും കുഞ്ഞുങ്ങളുടെ പരിചരണത്തിൽ ശ്രദ്ധചെലുത്തിത്തുടങ്ങിയത് വഴിയാണ് നമ്മുടെ മസ്തിഷ്കശേഷി ഇത്രയേറെ ഉയർന്ന ശേഷികൾ നേടിയെടുക്കാവുന്ന രീതിയിൽ മെച്ചപ്പെട്ടുവന്നത്.

സാമൂഹ്യജീവിതത്തിലൂടെ കൈവരിക്കുന്ന ബുദ്ധിശക്തിമൂലം നീണ്ട വളർച്ചയുടെ കാലയളവിൽ സ്വായത്തമാക്കാൻ കഴിഞ്ഞ അതിജീവനാവശ്യങ്ങളെ പിന്തുണക്കുന്ന തരത്തിലുള്ള ശേഷികൾ ആർജ്ജിച്ചെടുക്കാൻ കഴിഞ്ഞതും നമ്മുടെ ബുദ്ധിശക്തിയിലുള്ള മികവിനെ നിശ്ചയിച്ചിട്ടുണ്ട്.

സമൂഹത്തിൽനിന്ന് ലഭിക്കുന്ന വിവരങ്ങൾ (inputs) ബുദ്ധിശക്തിയുടെ മേഖലയിൽ നിർണ്ണായകമാണ്. സാമൂഹ്യ വ്യാപനത്തിനുതകുന്ന തരത്തിലുള്ള വിജ്ഞാന സമ്പാദന ശേഷിയുള്ളതാണ് മനുഷ്യസമൂഹം. വളർച്ചയുടെ ആദ്യനാളുകളിൽതന്നെ സാംസ്കാരിക മൂല്യങ്ങൾ പങ്കുവെക്കാൻ കഴിയുന്നതും ഇതുകൊണ്ട് തന്നെയാണ്.

സാംസ്കാരിക ജീവിതത്തിലൂടെ ആർജ്ജിക്കുന്ന പല തരത്തിലുള്ള അനുഭവങ്ങൾ വഴി ബുദ്ധിശക്തിയിൽ മറ്റെല്ലാ മൃഗങ്ങളിൽ നിന്നും വേറിട്ടു നിൽക്കാൻ നമ്മളെ സഹായിച്ചതിൽ മുഖ്യ പങ്കു വഹിച്ചത് കുട്ടികളെ വളർത്തിയെടുക്കുന്നതിൽ ഉള്ള കൂട്ടായ പങ്കാളിത്തമാണ്. നവജാതശിശുക്കളിൽ കാണുന്ന അനുകരണ ശേഷിയും, അവരിൽ പിന്നീട് വികസിച്ചു വരുന്ന അനുബന്ധ മാനസിക ശേഷികളുമെല്ലാം

ഇപ്രകാരത്തിലുള്ള കൂട്ട ജീവിതത്തിന്റെ തന്നെ തുടർച്ചകളായി കാണാമെന്ന് മെൽസോഫിന്റെയും, പെക്ട്രീഷ്യ കൗളിന്റെയും (Meltzoff & Patricia Kaul) പഠനങ്ങൾ മുഖേന ബോധ്യപ്പെടാവുന്നതേ ഉള്ളൂ. രക്ഷിതാക്കൾക്കുപരി മറ്റുള്ളവരിൽ നിന്ന് കിട്ടുന്ന പരിചരണത്തെ പോലെ തന്നെയാണ് അദ്ധ്യാപകരിൽ നിന്ന് കിട്ടുന്ന ശ്രദ്ധയും പരിചരണവും. ഇതും ഒരു വ്യക്തിയുടെ ബുദ്ധിശക്തിയെ സ്വാധീനിക്കാനിടവരുന്നുണ്ട്.

ബുദ്ധിശക്തിയെ നിർണ്ണയിക്കുന്നതിൽ സ്വാധീനം ചെലുത്തുന്ന ഘടകങ്ങളിൽ ഓരോരോ സമൂഹത്തിന്റെയും സമീപനങ്ങളും, കാഴ്ചപ്പാടുകളും പ്രസക്തമായിത്തീരുന്നുണ്ട്. തീർത്തും വ്യക്തികേന്ദ്രീകൃത നിലപാടുകൾ നിലനിൽക്കുന്ന രാജ്യങ്ങളിൽ തന്നെ ബുദ്ധിശക്തി എന്നത് വ്യക്തിയുടെ മികവിന്റെ തെളിവായി മാത്രമാണ് ഏറെയും കരുതപ്പെടുന്നത്. ഇത്തരത്തിലുള്ള സമൂഹങ്ങളിൽ സ്കൂൾ/കോളേജ് പ്രവേശനത്തിനുവേണ്ടിയും, വ്യവസായ സംരംഭങ്ങളുമായി ബന്ധപ്പെട്ടും എല്ലാമാണ് ബുദ്ധിശക്തിയെ അളന്നെടുക്കാൻ ശ്രമിക്കാറുള്ളത്. വ്യക്തി കേന്ദ്രീകൃതമായ ഇത്തരം സമീപനങ്ങൾക്ക് ബുദ്ധിശക്തിയെ സംബന്ധിച്ചുള്ള ശാസ്ത്രീയ സമീപനം കൈക്കൊള്ളുന്നതിൽ പരിമിതികൾ നേരിടുക സ്വാഭാവികമാണ്. വ്യക്തികളുടെ ഏതൊരു പ്രവൃത്തിയും സമൂഹത്തിൽ പ്രത്യക്ഷമോ പരോക്ഷമോ ആയ സ്വാധീനം ചെലുത്താതെ വയ്യ.

നമ്മൾ ഏർപ്പെടുന്ന പ്രവൃത്തികളിൽ ഭൂരിഭാഗവും സാമൂഹ്യ സന്ദർഭങ്ങളിൽ വെച്ച് തന്നെയാണ് നിറവേറ്റപ്പെടുന്നത്. കളികൾ മുതൽ ശാസ്ത്രപരീക്ഷണം വരെ നീളുന്ന മേഖലകളിൽ ഇതിന് സാധ്യതയുണ്ട്. പരീക്ഷകളിൽ വിജയിക്കുക എന്നതിൽമാത്രം ഒതുങ്ങുന്നതിന് പകരം, നമ്മുടെ ചുറ്റുപാടിനെ സസൂക്ഷ്മം പഠനവിധേയമാക്കി നമുക്കും മറ്റുള്ളവർക്കും അനുയോജ്യമായ രീതിയിൽ പ്രശ്നങ്ങളെ യുക്തിഭദ്രമായി പരിഹരിക്കുക എന്നത് കൂടിയാണ് ബുദ്ധിശക്തിയുടെ അടിസ്ഥാനം.

ബുദ്ധിശക്തിയുടെ ജനിതക സ്വാധീനത്തെക്കുറിച്ചുള്ള അമിതമായ ഊന്നലുകൾ പലപ്പോഴും ഈ മേഖലയിൽ ഒട്ടേറെ അവ്യക്തതകൾ സൃഷ്ടിച്ചിട്ടുണ്ട്. വാൾസ്ട്രീറ്റ് മാസികയിൽ വന്ന ഒരു ലേഖനം ഇതിനെ ബലപ്പെടുത്തുന്നുണ്ട്. ഇതിൽ ഏതാനും ചിന്തകർ ഈ ലേഖനത്തിലെ നിരീക്ഷണങ്ങളോട് വിയോജിപ്പ് പുലർത്തിക്കൊണ്ടുള്ള സമീപനം സ്വീകരിക്കുകയാണുണ്ടായത്. ഈ വിയോജിപ്പിന്റെ കാരണമായി വർത്തിച്ചത് ബുദ്ധിശക്തിയുടെ അടിത്തറ നിശ്ചയിക്കുന്നതിൽ ചുറ്റുപാടുകളേക്കാൾ ജനിതകഘടകങ്ങൾക്കാണ് പ്രാധാന്യം ഉള്ളത്

എന്ന പ്രസ്താവന നിമിത്തമായിരുന്നു. എന്നാൽ IQ test ചിട്ടപ്പെടുത്താൻ തുടക്കമിട്ട ആൽഫ്രെഡ് ബിനെ, സൈമൺ എന്നിവർ പോലും അവനവന്റെ തെറ്റുകളിൽനിന്ന് പാഠമുൾക്കൊണ്ടുകൊണ്ട് അവനവനെത്തന്നെ വിമർശനവിധേയമാക്കാനുള്ള കഴിവുകൂടി ബുദ്ധിശക്തിയുടെ ഭാഗമാണെന്ന് അഭിപ്രായപ്പെട്ടിട്ടുണ്ട്.

പാരമ്പര്യമായി നിലനിൽക്കുന്ന ബുദ്ധിശക്തിയെക്കുറിച്ചുള്ള ധാരണകളോട് വിയോജിച്ചു കൊണ്ട് ഗാഡിനർ കൊണ്ടുവന്ന ബഹുവിധ ബുദ്ധിശക്തി (multiple intelligence) എന്ന സങ്കല്പത്തിന് ഇന്ന് ഏറെ പ്രചാരം കിട്ടിക്കൊണ്ടിരിക്കുന്നുണ്ട്. സാമ്പ്രദായികമായി നടപ്പിലാക്കിക്കൊണ്ടിരിക്കുന്ന IQ ടെസ്റ്റുകളിൽ പരാവർത്തനം ചെയ്യപ്പെടുക്കാവുന്നതിലും അപ്പുറമാണ് ബുദ്ധിശക്തി പ്രവർത്തിക്കുന്നത് എന്ന വാദം ഒരു വശത്ത് ശക്തിപ്പെട്ടപ്പോഴും ഇതിനെ അവലംബിച്ചുകൊണ്ട് സമാനമായ അളവ് മാതൃകകൾ പരിമിതമായ തോതിലെങ്കിലും പ്രോത്സാഹിപ്പിക്കപ്പെടുന്നുണ്ട്.

ഗാർഡനറുടെ സിദ്ധാന്തം ഒരു വശത്ത് ഏറെ ഭംഗിയുള്ള ഒന്നായിരിക്കെത്തന്നെ അദ്ദേഹം പരാമർശിക്കുന്ന പ്രകാരം ഉള്ള ഓരോ ബുദ്ധിശേഷിക്കും അനുപൂരകമായ മസ്തിഷ്കകോശങ്ങളെയോ കോശസമുച്ചയങ്ങളെയോ ഇതുവരെ കണ്ടെടുക്കാൻ കഴിഞ്ഞിട്ടില്ല. MI Theory യുടെ മുഖ്യ വിമർശകനായ വില്ലിങ്ങാം പറയുന്നത് ഇതിനകം കണ്ടെത്തപ്പെട്ട 8 ഓളം ബുദ്ധിശക്തികളുടെ കൂടെ ഇനിയും കൂടുതൽ ബുദ്ധിശേഷികൾ ഉണ്ട് എന്ന് വാദിക്കാവുന്നതാണ് എന്നു തന്നെയാണ്. മാത്രമല്ല MI Theory പ്രകാരം ഈ 8 തരം ബുദ്ധിശേഷികളും വെവ്വേറെ അളന്നെടുക്കാവുന്നതാണെന്ന് അവകാശപ്പെടുന്നുണ്ടെങ്കിലും ഇതിനാവശ്യമായ അനുഭവങ്ങളുടെ അടിസ്ഥാനത്തിലുള്ള വിവരങ്ങളൊന്നും ശേഖരിക്കാനുള്ള പരീക്ഷണ നിരീക്ഷണങ്ങളൊന്നും ഗാർഡനർ നടത്തിയിട്ടില്ല എന്നുമാണ് വില്ലിംങ്ഹാമിന്റെ വിമർശനം. കുട്ടികളിലെ സഹജമായ ചില താത്പര്യങ്ങളെക്കൂടി പരിഗണിച്ചുകൊണ്ട് അധ്യാപനരീതികളിൽ ഗുണകരമായ മാറ്റങ്ങൾ വരുത്തുന്നതിന് സ്കൂളുകളെ ഒരളവോളം സഹായിക്കാൻ ഈ സമീപനത്തിന് കഴിഞ്ഞിട്ടുണ്ട് എന്നത് വിസ്മരിക്കാനാവില്ല. പക്ഷേ, ഘടകങ്ങളായി വേർതിരിഞ്ഞ് നിൽക്കുന്ന ബുദ്ധിശക്തികളുടെ ഭൗതികാടിസ്ഥാനം കണ്ടെത്തുന്നതിൽ ഇനിയും വിജയം കൈവരിച്ചിട്ടില്ല എന്നുതന്നെ പറയാം.

വ്യക്തികൾക്കിടയിലുള്ള പരസ്പരബന്ധങ്ങൾ നിലനിർത്തുന്നതിന് സഹായകരമായ ബുദ്ധിശക്തിയും ഒരു വ്യക്തിക്ക് തന്റെ സ്വകാര്യലോകത്തെ പ്രത്യവലോകനം ചെയ്തുകൊണ്ട് സ്വയംബോധം

ആർജ്ജിക്കുന്നതിനാവശ്യമായ ബുദ്ധിശക്തിയും പരസ്പരം വേർതിരിക്കാനാവുന്നവയല്ല. (Interpersonal & Intra personal are not independent of each other)

ചില ബുദ്ധിശേഷികൾ – ഏകാത്മകമല്ല (unitary). ചില ആളുകൾ നല്ല വായനക്കാരാണ്, എന്നാൽ നല്ല എഴുത്തുകാരല്ല (linguistic intelligence). ചിലർ Algibra-യിൽ നല്ല പ്രകടനം കാഴ്ച വെച്ചേക്കാം. എന്നാൽ അവർക്ക് സങ്കീർണ്ണമായ യുക്തിസഹമായ തെളിവുകൾ നിർധരിക്കേണ്ട ഗണിതശാസ്ത്ര പ്രശ്നങ്ങളിൽ മികവ് കാട്ടാൻ കഴിയണമെന്നില്ല. ഒരു നല്ല പാട്ടുകാരൻ നല്ല സംഗീതസംവിധായകനാകണമെന്നില്ല. നല്ല മികവുറ്റ സംഗീത സംവിധായകന് ഒരു പക്ഷെ ഒരു സംഗീതോപകരണത്തിൽ മാത്രമേ കഴിവ് തെളിയിക്കാൻ കഴിയുകയുള്ളൂ.

ചില മേഖലകളിൽ പരിശീലനം വഴി പോലും നേടിയെടുക്കാവുന്ന വൈദഗ്ദ്ധ്യത്തെ ബുദ്ധിശക്തി എന്ന രീതിയിൽ പരിശോധിക്കാൻ കഴിയുമോ എന്നപോലെയുള്ള നിരവധി ചോദ്യങ്ങൾക്ക് ഇനിയും തൃപ്തികരമായ വിശദീകരണങ്ങൾ വരേണ്ടതുണ്ട്.

ഗാർഡ്നർ വിശദീകരിക്കുന്ന തരത്തിലുള്ള ബുദ്ധിശക്തികളിൽ പലതിനും ഇന്നത്തെ സാഹചര്യത്തിൽ അനുയോജ്യത നിലനിർത്താൻ പ്രയാസമാണ്. എല്ലാവരിലും സംഗീതശേഷി ഉണ്ടാകുന്നത് ഒരു കാലത്ത് അതിജീവനത്തെ പിന്തുണച്ചിരുന്നെങ്കിൽ ഇന്ന് ചെറിയ ശതമാനം ആളുകൾ മാത്രമാണ് സംഗീതമേഖലയിൽ ഇടപെട്ടുകൊണ്ടിരിക്കുന്നത്.

ബുദ്ധിശക്തിക്കും മറ്റേതൊരു കഴിവിനെയുമെന്നപോലെതന്നെ അതിജീവനത്തെ പിന്തുണക്കുന്ന മൂല്യം ഉണ്ടായിരിക്കണം. ഓരോ വ്യക്തിക്കും ജീവിക്കുന്ന പ്രദേശത്തുള്ളവർക്കും സ്വന്തം തന്നെയും നിലനിൽക്കാൻ സഹായകരമായ രീതിയിലായിരിക്കണം ബുദ്ധിശക്തിയും ഉണ്ടായിരിക്കേണ്ടത്.

ഒറ്റപ്പെട്ട വ്യക്തികൾ അനുയോജ്യതയില്ലാത്തവരാകുന്നതോടൊപ്പം അയാളിൽ സർവ്വാധികാരവും കൈവരുക കൂടി ചെയ്യുന്നതോടെ ലോകത്തെ മുഴുവൻ ഇല്ലാതാക്കാൻ അയാൾക്ക് എളുപ്പമായിരിക്കും. ഈ ഒരു ഭയമാണ് യുവാൽ ഹരാരി, ഇലോൺ മസ്ക്, റോഗർ പെന്റോസ് (Elon Musk, Roger Penrose) എന്നിവർ കൃത്രിമബുദ്ധി (Artificial Intelligence)യുമായി ബന്ധപ്പെട്ട് ഉന്നയിക്കുന്ന മുഖ്യമായ ഉത്ക്കണ്ഠ എന്നത് കൂടി നാം മറന്നുകൂടാ.

രണ്ടാം ലോക മഹായുദ്ധത്തിൽ ആറ്റംബോംബ് നിർമ്മിക്കുന്നതിൽ മുൻകൈയെടുത്ത ഓപ്പൺ ഹൈമർ തന്റെ ബുദ്ധിശക്തി ഉപയോഗിച്ച് കൊണ്ട് എന്താണ് ചെയ്തത് എന്ന് നമുക്കറിവുള്ളതാണ്. ചുറ്റുപാടുമായി ഇണങ്ങി പോകുന്നതിനുള്ള ശേഷി കൈവരിക്കുന്നതനുസരിച്ച് ചുറ്റുപാടിനെ മാറ്റി തീർക്കാനുള്ള ശേഷിയും വർധിക്കുന്നു. മനുഷ്യസമൂഹം ഇന്നോളം ഉണ്ടാക്കിയ എല്ലാ മാറ്റങ്ങളും ഗുണകരമല്ല എന്നതിന് തെളിവാണ് മനുഷ്യർ കാരണം സംഭവിച്ചുകൊണ്ടിരിക്കുന്ന അപ്രതീക്ഷിതമായ കാലാവസ്ഥാ വ്യതിയാനങ്ങളും അതിനെ തുടർന്നുള്ള ദുരന്തങ്ങളും. ലോകത്തെ നിലനിർത്താനുപയോഗിക്കുന്ന ബുദ്ധിശക്തിയെ ത്തന്നെ ദുരുപയോഗം ചെയ്തുകൊണ്ട് ഇതേ ലോകത്തെ ഒന്നാകെ നശിപ്പിക്കാനും കഴിയും. കൃത്രിമ ബുദ്ധിയുടെ സഹായത്തോടെ നമ്മൾ സ്വപ്നത്തിൽപോലും കാണാൻ പ്രയാസം നേരിട്ട പല സാധ്യതകളും നേടിയെടുക്കാൻ മനുഷ്യരാശിക്ക് കഴിഞ്ഞേക്കാം. എന്നാൽ, ഇതേ കൃത്രിമ ബുദ്ധിതന്നെ നേരത്തെ സൂചിപ്പിച്ച പോലെ നമ്മുടെ നാശത്തിന് കാരണമാവാതിരിക്കാനുള്ള നീതിബോധത്തിലധിഷ്ഠിതമായ (ethical intelligence) ബുദ്ധിശക്തിയെ കരുതലോടെ കാത്തുവെക്കേണ്ടതുണ്ട് എന്ന് മാത്രം.

സാധ്യതകളുടെ കൗമാരം

ശൈശവത്തിനും, പ്രായപൂർത്തിയെത്തുന്നതിനും ഇടയിലുള്ള ഒരു അനിശ്ചിതത്വ ഘട്ടമായാണ് കൗമാരം എന്ന ഘട്ടം വിശേഷിപ്പിക്കപ്പെടുന്നത്. പത്തിനും പത്തൊൻപതിനും ഇടക്കുള്ള കാലത്താണ് കൗമാരം നീണ്ടു നിൽക്കുന്നതായി കരുതപ്പെടുന്നത്. കൗമാരക്കാർക്ക് ഈ ഘട്ടത്തിൽ അവരുടെ പങ്ക് എന്താണ് എന്നതിനെ സംബന്ധിച്ച അവ്യക്തത കനത്തു നിൽക്കാറുണ്ട്. പത്തോ പതിനൊന്നോ വയസ്സ് വരെ അവരെ കുട്ടികളായി പരിഗണിക്കുകയും അതിനനുസരിച്ചുള്ള സ്നേഹവും വാത്സല്യവും ഒക്കെ ലഭിക്കുകയും ചെയ്യാറുണ്ടെങ്കിലും ഈ പ്രത്യേക ഘട്ടമെത്തുന്നതോടെ അതിനെല്ലാം മാറ്റം വന്നു തുടങ്ങാം. പ്രായപൂർത്തിയെത്തിയ ഒരു വ്യക്തിയായി കാണുന്നതിനോ കുട്ടിയായി പരിഗണിക്കപ്പെടുന്നതിനോ ഉള്ള സാഹചര്യം ഇല്ലാതാകുന്നതോടെ മനുഷ്യ വാസമില്ലാത്ത ദ്വീപിലെത്തിയ പ്രതീതിയാണ് ഇവർക്കനുഭവപ്പെടുന്നത്.

ഇതിനും പുറമെ, കലാപകാരി, മുൻപിൻ ചിന്തയില്ലാത്തവൻ/ഇല്ലാത്തവൾ, അധികപ്രസംഗി തുടങ്ങിയ പേരുകൾ ഇവരുടെ രക്ഷിതാക്കളിലൂടെയും മറ്റു ആളുകളിലൂടെയും ഇവർക്ക് മേൽ ചാർത്തപ്പെടുകയും ചെയ്യാം. എന്നാൽ ചില സംസ്കാരങ്ങളിൽ കൗമാര കാലത്തുള്ളവരെ സാമൂഹ്യ പ്രക്രിയകളിലേക്കു ചേർത്ത് വെക്കുന്നതിനുള്ള ഒട്ടേറെ ചടങ്ങുകളും കർമ്മങ്ങളും മറ്റും നടക്കാറുണ്ട് എന്ന വസ്തുതയും തള്ളിക്കളയാനാവില്ല.

ഏറെക്കുറെ എല്ലാ സസ്തനി വിഭാഗങ്ങളിലും കുട്ടികാലത്തിൽ നിന്നും പ്രായപൂർത്തിയാകുന്നതിലേക്കുള്ള പരിവർത്തനം മാത്രമേ കാണാൻ

കഴിയുകയുള്ളൂ. എന്നാൽ ആന, സിംഹം, ചെന്നായ്ക്കൾ എന്നിങ്ങനെ കൂട്ടായി ജീവിക്കുന്ന സസ്തനികൾക്കിടക്ക് പ്രായപൂർത്തി/പ്രത്യുത്പാദ നക്ഷമത, ശൈശവത്തെ തുടർന്ന് വരുന്ന ഇടക്കുള്ള ഒരു ഘട്ടത്തിൽ (Juvenile Stage) നീട്ടിവെയ്ക്കപ്പെടുകയാണ് പതിവ്.

മനുഷ്യർക്കിടയിലാണെങ്കിൽ ശൈശവത്തെ തുടർന്ന് വരുന്നത് കൗമാരഘട്ടമാണ്. നമ്മുടെ കുഞ്ഞുങ്ങളിൽ പ്രസവത്തിന് മുൻപുള്ള ഘട്ടത്തിലും (lust stage) പ്രസവാനന്തരമുള്ള ആദ്യഘട്ടത്തിലും (0-3) ആണ് മസ്തിഷ്ക വളർച്ചക്ക് വേഗം വർദ്ധിക്കുന്നത്. ആൾക്കുരങ്ങ് വിഭാഗത്തിൽ പെടുന്ന കുഞ്ഞുങ്ങളുടെ വളർച്ചയിൽ ആദ്യ ഘട്ടത്തെ തുടർന്നുള്ള ഘട്ടത്തിലെത്തുമ്പോഴേക്കും മസ്തിഷ്കവളർച്ച ഇരട്ടിയോളം വർദ്ധിക്കുന്നുണ്ട്. എന്നാൽ, മനുഷ്യരിലേക്കെത്തുമ്പോൾ അത് മൂന്നിര ട്ടിയായി വർദ്ധിക്കുന്നു.

ഹോമോ ഇറക്ടസ് (നിവർന്ന് നിൽക്കുന്ന ആദിമനുഷ്യർ) - ലേക്കെ ത്തുമ്പോൾ മസ്തിഷ്കവ്യാപ്തി 950 cc ൽ നിന്നും 1100 cc ഓളം വർദ്ധിക്കു ന്നതായി നിരീക്ഷിക്കപ്പെട്ടിട്ടുണ്ട്. അതിന്റെ ഭാഗമായി ശൈശവഘട്ടമെ ന്നത് കുറച്ചുകൂടി നീളുകയും അങ്ങിനെ കൗമാരഘട്ടം എന്നൊരു ഇടവേള (interim stage) ഘട്ടം കൂടി വികസിച്ചുവരുകയും ചെയ്തു.

പിൽക്കാലത്ത് മെച്ചപ്പെട്ട മസ്തിഷ്ക ശേഷിയോടെ വികസിച്ചുവന്ന Homo Erectus ന് കൂടുതൽ സങ്കീർണ്ണമായ സാങ്കേതികവിദ്യ വഴി ഇര തേടുന്നതിനും ശത്രുക്കളെ നേരിടുന്നതിനുമൊക്കെ ഉപകരിക്കുന്ന ഉപകരണങ്ങൾ നിർമ്മിക്കാനുള്ള ശേഷി കൈവരിക്കാൻ കഴിഞ്ഞു. ഇത്തരം സാങ്കേതിക ശേഷിയും മറ്റും വികസിപ്പിച്ചെടുക്കുന്നതിന്റെ തന്നെ ഭാഗമായി കൂടുതൽ അടുപ്പമുള്ള സാമൂഹ്യ കൂട്ടായ്മകളും വികസി പ്പിച്ചെടുക്കാൻ കഴിഞ്ഞത് ഒരു വലിയ മുന്നേറ്റം തന്നെ ആയിരുന്നു.

എന്നാൽ ഇത്തരം സാമൂഹ്യ ജീവിതത്തിന് ഇണങ്ങുന്ന രീതിയിൽ വളർന്നു വരുന്നതിനും, സാങ്കേതിക വിജ്ഞാനം ആർജ്ജിക്കുന്നതിനു മായി ഒരു പരിശീലനഘട്ടം എന്ന നിലയിലും കൂടിയാവണം കൗമാര ഘട്ടം വളരെ പ്രത്യേകതകളുള്ള ഒരു ഘട്ടമായി മാറിയത്. ഇപ്രകാരം മാത്രമേ സമൂഹത്തിലെ ഒരു മുതിർന്ന വ്യക്തിയായി ഈ കുട്ടികൾക്ക് വികസിച്ചുവരാൻ കഴിയുമായിരുന്നുള്ളൂ എന്നു വേണം അനുമാനിക്കേ ണ്ടത്. ഇങ്ങനെയാണ് മനുഷ്യ ചരിത്രത്തിൽ കൗമാരം എന്നത് ഒട്ടേറെ സവിശേഷതകളുള്ള ഘട്ടമായി മാറാനിടവരുന്നതും അത് സാമൂഹ്യ വികാസത്തിന്റെ കൂടി അവിഭാജ്യ ഘടകമായി തുടരുന്നതും.

മറ്റ് മൃഗങ്ങളെ അപേക്ഷിച്ച് മനുഷ്യർ അവരുടെ പ്രത്യുത്പാദനക്ഷ മതയിൽ മുൻപന്തിയിലാണ്. മനുഷ്യരിൽ 50% ത്തിലേറെ ആളുകൾ

പ്രായപൂർത്തിയാകുന്നവരെ അതിജീവിക്കുന്നുണ്ട്. എന്നാൽ ചിമ്പാൻസികളാവട്ടെ കേവലം 35% മാത്രമാണ് പ്രായപൂർത്തി എത്തുന്നത് വരെ ജീവിക്കുന്നത്. കൂട്ടമായി ജീവിക്കുന്ന മറ്റ് മാംസാഹാരികൾക്കിടയിൽപോലും 12% മാത്രമേ പ്രായപൂർത്തി എത്തുന്നതുവരെ ജീവിക്കാൻ സാധിക്കുന്നുള്ളൂ. മനുഷ്യരുടെ ആദ്യകാല പൂർവികരെ സംബന്ധിച്ചിടത്തോളം ജീവിത വിജയത്തിന്റെ അടിസ്ഥാന പെരുമാറ്റ മാതൃകകളായി പരിഗണിക്കപ്പെട്ടിരുന്നത് ഒരളവുവരെ ഇണ ചേരാനുള്ള ശേഷിയും, കുഞ്ഞുങ്ങളെ പരിപാലിക്കാനുള്ള കഴിവും തന്നെ ആയിരുന്നു.

കുട്ടികൾക്ക് ആഹാരവും സുരക്ഷിതത്വവും ഉറപ്പിക്കുക എന്നത് ഹോമിനിഡ് വിഭാഗങ്ങളുടെ വൻ മുന്നേറ്റം തന്നെയായിരുന്നു. ഇത് ഇവരിൽ വികസിച്ചു വന്ന ഒരു അനുകൂല തന്ത്രം കൂടിയായി പരിഗണിക്കാവുന്നതാണ് (Adaptive Strategy). പ്രാചീന നായാടി ഗോത്രങ്ങളിലും, ഇടയഗോത്രങ്ങളിലും കൂടാതെ കാർഷിക ഗോത്രങ്ങളിലുമെല്ലാം പ്രത്യുത്പാദനപ്രക്രിയകളിലേർപ്പെടുന്നതിന് മുന്നോടിയായി രക്ഷാകർത്താക്കൾ പ്രവർത്തിക്കുന്ന രീതിയിൽ പ്രവർത്തിക്കുന്നതിനാവശ്യമായ ശേഷികൾ കൈവരിക്കാനുള്ള ഒരു പരിശീലനഘട്ടം തന്നെയായാണ് കൗമാരം പ്രവർത്തിച്ചത്. ഈ കുട്ടികളും കൗമാരക്കാരുമെല്ലാം തന്നെ ഉത്പാദനപ്രക്രിയയിൽ പ്രത്യക്ഷമായ രീതിയിലോ അതല്ലെങ്കിൽ പരോക്ഷമായോ ഒട്ടേറെ സംഭാവന ചെയ്തിട്ടുണ്ട്.

ലൈംഗികമായ വ്യത്യാസത്തിനൊത്ത് ശരീരത്തിന്റെ വടിവിലും ആകാരസൗഷ്ടവത്തിലുമെല്ലാം മാറ്റങ്ങൾ വന്നു തുടങ്ങുന്നതും കൗമാരത്തിന്റെ ഈ കാലയളവിൽ തന്നെയാണ്. സ്തനമുകുളങ്ങളുടെ വളർച്ച, ഗുഹ്യരോമങ്ങൾ എന്നിവയാണ് പെൺകുട്ടികളിലെ ശാരീരിക ചിഹ്നങ്ങളായി വരുന്നത്. ഇത് കൂടാതെ തുടയുടെ വളർച്ച, നിതംബം, അരക്കെട്ടിന്റെ വലുപ്പം എന്നിവയും ശാരീരിക ലക്ഷണങ്ങളായി വരുന്നു.

പെൺകുട്ടികൾ അവരുടെ മുതിർച്ചയിൽ ചെയ്യേണ്ടുന്ന പ്രവൃത്തികൾ ഋതുമതികളാകുന്നതിന് മുൻപ് തന്നെ ചെയ്തുതുടങ്ങുന്നുണ്ട്. അക്കാരണത്താൽതന്നെ ആൺകുട്ടികളെ അപേക്ഷിച്ച് അവരെ പക്വത വന്നവരായിട്ടാണ് മുതിർന്നവർ നോക്കിക്കാണുന്നത്. ആൺകുട്ടികളാവട്ടെ പ്രത്യുത്പാദനക്ഷമത ആർജ്ജിച്ച ശേഷമാണ് മുതിർന്നവരുടെ പ്രവർത്തനമാതൃകകൾ സ്വീകരിച്ചുതുടങ്ങുന്നത്. ഇത്തരം ആൺകുട്ടികളെ മുതിർന്നവരായി പരിഗണിക്കുന്നതിന് മുതിർന്നവർ തയ്യാറാവുന്നത് വളരെ വിരളമാണ്.

കൗമാരകാലത്തെ/ഘട്ടത്തെ അടയാളപ്പെടുത്തുന്നതിനായി പൊതുവിൽ മൂന്ന് ഘടകങ്ങളെയാണ് ആശ്രയിക്കാറുള്ളത്.

ഒന്നാമതായി, വ്യക്തിത്വ വ്യവസ്ഥ: ഒരു വ്യക്തിക്ക് തന്റെ വഴിവിട്ടതെന്ന് തോന്നിപ്പിക്കുന്ന പെരുമാറ്റങ്ങളിൽനിന്ന് വിട്ടുനിൽക്കാൻ കഴിയുന്നുണ്ടോ എന്നതാണ് ഈ വ്യവസ്ഥയുടെ മുഖ്യപരിഗണനയായി വരുന്നത്. മറ്റൊന്നാണ് സാമൂഹ്യവ്യവസ്ഥയെ ഉൾക്കൊള്ളാനുള്ള ശേഷി. ഇതുവഴിയാണ് ഒരു വ്യക്തി സാമൂഹ്യജീവിതത്തിന് അനുകൂലമായ സ്വഭാവവിശേഷങ്ങൾആർജ്ജിക്കാനിടവരുന്നത്. ഉദാഹരണത്തിന് സഹപാഠികളുമായുള്ള കൂട്ടുകെട്ടുകൾ, സന്നദ്ധപ്രവർത്തനങ്ങളിൽ പങ്കുചേരൽ, പാർട്ടി, ക്ലബ്ബ് എന്നീ കൂട്ടായ്മകളിൽ ചേർന്ന് പ്രവർത്തിക്കുക. കൂടാതെ, കുടുംബത്തോട് കൂടുതൽ അടുപ്പം കാണിക്കുക എന്നതും ഈ ഘട്ടത്തിന്റെ സവിശേഷത തന്നെയാണ്. കുടുംബസദസ്സുകളിൽ പങ്കെടുക്കുക, വിവാഹം പോലുള്ള പൊതുചടങ്ങുകളിൽ പങ്കുകൊള്ളുക എന്നിവയെല്ലാം ഈ കാലഘട്ടത്തിന്റെ പെരുമാറ്റ രീതികളായി കാണാവുന്നതാണ്.

മൂന്നാമതായി വരുന്നത് സുരക്ഷിതമായ പെരുമാറ്റ ഘടകങ്ങളാണ്, ഗുണപരമായ പെരുമാറ്റങ്ങളെ പ്രോത്സാഹിപ്പിക്കുന്ന തരത്തിലുള്ള സന്നദ്ധ പ്രവർത്തനങ്ങളെല്ലാംതന്നെ ഇതിലുൾപ്പെടുന്നുണ്ട്. അപകടകരമായ ഘടകങ്ങൾക്കൂടി ഉൾപ്പെട്ടതാണ് കൗമാരഘട്ടം. ഇത് വ്യക്തിവ്യവസ്ഥയിൽതന്നെ പെടുത്താവുന്നതുമാണ്. അമിതമായ സ്വത്വാഭിമാനം പോലും അപകടകരമായ ഘടകങ്ങളിൽ പെടുത്താവുന്നതാണ്.

ചില സാഹചര്യങ്ങളിൽ സമൂഹത്തിൽ മറ്റുള്ള സമപ്രായക്കാർ വഴിവിട്ട രീതിയിലുള്ള പെരുമാറ്റങ്ങൾ കാണിച്ചുകൊണ്ട് വിജയം വരിക്കുന്നതിനെ മാതൃകയാക്കുകയും ഇതുവഴി അപകടങ്ങൾ വിളിച്ചുവരുത്തുകയും ചെയ്യുക എന്നത് കൗമാരകാലത്തിന്റെ പ്രത്യേകതകളായി കാണാറുണ്ട്. ഇത്തരത്തിലുള്ള അനഭിലഷണീയമായ പെരുമാറ്റങ്ങൾ കാണിച്ചുകൊണ്ട് വിജയം നേടിയെടുക്കുക/ഉറപ്പിക്കുക എന്നത് പലപ്പോഴും ഒരു ശീലമായി മാറ്റാനുള്ള സാഹചര്യങ്ങളെ തള്ളിക്കളയാനാവില്ല.

ആത്മനിയന്ത്രണം നന്നേ കുറഞ്ഞവർക്കിടയിലാണ് ഇത്തരം താന്തോന്നിത്തം നിറഞ്ഞ പെരുമാറ്റങ്ങൾ കണ്ടുവരാറുള്ളത്. സ്വീകാര്യമായ പെരുമാറ്റങ്ങളിലൂടെ കിട്ടാനിടയുള്ള നേട്ടങ്ങളേക്കാൾ എളുപ്പത്തിൽ നേട്ടങ്ങൾ കൈവരിക്കാൻ കഴിയുമെന്ന സാഹചര്യമാണ് ഇമ്മട്ടിലുള്ള പെരുമാറ്റങ്ങളെ പ്രബലപ്പെടുത്താറുള്ളത്. മാത്രമല്ല, സ്വീകാര്യമായ പെരുമാറ്റങ്ങളിലൂടെ ലഭിക്കാനിടയുള്ള നേട്ടങ്ങൾക്ക് കാലതാമസം നേരിടാൻ സാധ്യത ഏറെയാണ് എന്നതും ഒരനുകൂലമായ ഘടകമായി മാറിയേക്കാം.

എന്നാൽ, ഇത്തരത്തിലുള്ള വഴിവിട്ട പ്രവർത്തനങ്ങളിൽനിന്ന് വിട്ടുനിൽക്കുന്നതിനാവശ്യമായ ആത്മനിയന്ത്രണശേഷി കൈവരിക്കുന്നതിന് ഏതൊരു കുട്ടിക്കും അവളുടെ /അവന്റെ വളർച്ചയുടെ പ്രാരംഭഘട്ടങ്ങളിൽതന്നെ രക്ഷിതാവുമായി ഊഷ്മളമായ രീതിയിലുള്ള സന്തോഷം നിറഞ്ഞ പരസ്പരബന്ധം നിലനിർത്താൻ കഴിയേണ്ടതുണ്ട്.

താന്തോന്നിത്തം നിറഞ്ഞ പെരുമാറ്റരീതികളും ആദ്യകാല വളർച്ചാനുഭവങ്ങളും തമ്മിൽ പരസ്പരബന്ധം നിലനിൽക്കുന്നുണ്ടെന്ന് ഒട്ടേറെ പഠനങ്ങൾ തെളിയിച്ചു കഴിഞ്ഞിട്ടുണ്ട്. അതുകൊണ്ട് തന്നെ കുട്ടികളും രക്ഷിതാക്കളും തമ്മിൽ ആരോഗ്യകരമായ ബന്ധങ്ങൾ നിലനിൽക്കുന്ന കുട്ടികളുടെ പെരുമാറ്റത്തെ അപേക്ഷിച്ച് തീർത്തും അനാരോഗ്യകരമായ ബന്ധത്തിലൂടെ വളർച്ച നേടിയ കൗമാരക്കാരിൽ വഴിവിട്ട പെരുമാറ്റങ്ങൾ കാണിക്കാനുള്ള സാധ്യത ഏറുന്നതായാണ് കാണുന്നത്.

ഏതൊരു കുട്ടിയുടെയും ആദ്യ പത്ത് വർഷം ആത്മനിയന്ത്രണശേഷി കൈവരിക്കുന്നതിൽ അതിനിർണായകം തന്നെയാണ്. അതുകൊണ്ടുതന്നെ കുട്ടികളെ സാമൂഹ്യ സാക്ഷരത (Social Literacy) ആർജ്ജിക്കാനുള്ള ഇടപെടലുകളിലേക്ക് തുറന്നു വിടുന്നതു തന്നെയാണ് കുട്ടികളുടെ വളർച്ചയിലുള്ള രക്ഷിതാക്കളുടെ മുഖ്യപങ്കായി പരിഗണിക്കപ്പെടേണ്ടത്.

ഇങ്ങനെയുള്ള തുറന്ന സാമൂഹ്യ ഇടപെടലുകൾക്ക് സാഹചര്യം ലഭിക്കാത്ത കുട്ടികൾക്കിടക്കാണ് താരതമ്യേന ദുർബ്ബലമായ ആത്മനിയന്ത്രണം മാത്രം സാധ്യമാകുന്നത്. അതിന്റെ ഫലമായി തന്നെയാണ് കൂടുതൽ എളുപ്പത്തിലും വേഗത്തിലും ലക്ഷ്യം നേടിയെടുക്കാൻ സഹായകരമായ തരത്തിലുള്ള വഴിവിട്ട പ്രവൃത്തികളിലേക്ക് തെന്നിമാറാനിടവരുന്നത്.

Hay യും Forest ഉം 2006 ൽ ആത്മനിയന്ത്രണവും രക്ഷകർത്താക്കളുടെ നിയന്ത്രണത്തിലുള്ള സാമൂഹ്യവൽക്കരണവുമായി ബന്ധപ്പെടുത്തി നടത്തിയ പഠനത്തിൽ വെളിപ്പെട്ട വസ്തുതകൾ ഈ തിരിച്ചറിവിനെ ബലപ്പെടുത്തുന്നു. 3,793 ആളുകളാണ് ഈ പഠനത്തിൽ നിരീക്ഷണവിധേയമായിട്ടുള്ളത്.

ഒരു കുട്ടിയുടെ വളർച്ചയുടെ ആദ്യ 10 വർഷത്തിനുള്ളിലൽ തന്നെ ആത്മനിയന്ത്രണശേഷി വർദ്ധിപ്പിക്കത്തക്ക രീതിയിലുള്ള ഇടപെടലുകൾ ഉറപ്പാക്കേണ്ടതാണെന്ന് ഈ പഠനം വെളിവാക്കുന്നു. എന്നാൽ കുട്ടികളിൽ ഈ കാലയളവിൽ ആത്മനിയന്ത്രണശേഷിയെ വെളിവാക്കുന്ന പെരുമാറ്റങ്ങൾ സുസ്ഥിരമായി തുടരുന്നതിൽ രക്ഷാകർത്താക്കളുടെ ഇടപെടലിന്റെ പങ്ക് ചെറിയ തോതിലാണെന്നാണ് ഇവരുടെ പഠനം വഴി തെളിഞ്ഞിട്ടുള്ളത്.

ആത്മനിയന്ത്രണശേഷിയെ കൂടാതെ ദാരിദ്ര്യവും മറ്റ് സാഹചര്യസമ്മർദ്ദങ്ങളുമുള്ളവർക്കിടയിലും ഇത്തരം വഴിവിട്ട സ്വഭാവങ്ങൾ കാണാമെന്ന് Evans & Rosen baum (2008) ന്റെ പഠനങ്ങൾ തെളിയിക്കുന്നു. 97 ഓളം Middle School കുട്ടികളിലാണ് ഇവരുടെ പഠനം നടന്നിട്ടുള്ളത്. 2010 ൽ Romer, Duck Worth, എന്നിവർ 900 കൗമാരപ്രായക്കാരിൽ നടത്തിയ പഠനപ്രകാരം ആഗ്രഹപൂർത്തീകരണത്തിൽ കാലവിളംബം ഉണ്ടായാൽ അതിനെ നേരിടാൻ കഴിയുമെങ്കിൽ അത്തരക്കാർക്കിടയിൽ വഴിവിട്ട പെരുമാറ്റം വളരെ വിരളമായി മാത്രമേ കാണാൻ കഴിയുകയുള്ളൂ എന്ന് തെളിയുകയുണ്ടായി.

മറ്റുള്ളവർ എങ്ങനെയാണ് പെരുമാറുന്നത് എന്ന് നിരീക്ഷിച്ചുകൊണ്ടാണ് കുട്ടികൾ അവരുടെ പെരുമാറ്റത്തെ ചിട്ടപ്പെടുത്താറുള്ളത്. (Differential Association) അതല്ലെങ്കിൽ ചില പ്രത്യേക ഉത്തരവാദിത്വവുമായി (role) ബന്ധപ്പെടുത്തി മറ്റൊരാളിൽ ചില മനോഭാവങ്ങൾ വളർത്തിയെടുക്കാൻ പ്രോത്സാഹിപ്പിക്കുക എന്നതും സമൂഹത്തെ കുറിച്ച് പഠിക്കുന്നതിന്റെ അവിഭാജ്യ ഭാഗമാണ്

ഉദാഹരണത്തിന്, ഒരു വിദ്യാർത്ഥി അധ്യാപകനോട് എങ്ങനെ എന്ത്/മനോഭാവമാണ് പുലർത്തേണ്ടത് എന്ന് വിവരിക്കുക മറ്റ് ചില സാഹചര്യങ്ങളിൽ ഒരു സവിശേഷ പെരുമാറ്റത്തോട് അന്യർ എങ്ങനെ പ്രതികരിക്കുന്നു എന്നതുമായി ബന്ധപ്പെട്ട് ഒന്നുകിൽ ഇത്തരം പെരുമാറ്റങ്ങൾ പ്രോത്സാഹിപ്പിക്കപ്പെടുകയോ അതല്ലെങ്കിൽ നിരുത്സാഹപ്പെടുത്തപ്പെടുകയോ ചെയ്യാം.

ഇത്തരം പെരുമാറ്റങ്ങൾ ഭാവിയിലും സംഭവിക്കുന്നതിന് /സംഭവിക്കാതിരിക്കുന്നതിന് മനസ്സിലാക്കേണ്ടത് ഈ പ്രത്യേക പെരുമാറ്റം വഴി നേട്ടങ്ങൾ ഉണ്ടാക്കാൻ കഴിയുന്നുണ്ടോ അതല്ല നഷ്ടങ്ങളാണോ ഉണ്ടാക്കുന്നത് എന്നത് തന്നെയാണ്. നേട്ടങ്ങളാണെങ്കിൽ അത്തരം പെരുമാറ്റങ്ങൾ അനുകരണീയമാണെന്ന് ഉറപ്പിക്കുന്നതിനെയാണ് അനുകരണം എന്ന വിശേഷിപ്പിക്കുന്നത്.

വഴിവിട്ട അക്രമോത്സുകമായ പെരുമാറ്റങ്ങളുടെ കാര്യത്തിലും ഇതുതന്നെയാണ് സംഭവിക്കുന്നത്. നിരന്തരമായി അകലം നിറഞ്ഞ ചാറ്റുപാടുകളിൽ ജീവിക്കേണ്ടിവരുന്ന കുട്ടികളിൽ ഭാവിയിൽ അത്തരം പെരുമാറ്റങ്ങൾ കാണിക്കാനുള്ള സാധ്യത ഏറെയാണ് എന്നാണ് Jensen സ്ഥാപിക്കാൻ ശ്രമിച്ചത്.

2007 ൽ 747 കോളേജ് വിദ്യാർത്ഥികളിൽ നടത്തിയ പഠനത്തിലൂടെ Payne & Salott (2007) എപ്രകാരമാണ് സമൂഹത്തിൽനിന്നുള്ള പെരുമാറ്റങ്ങൾ പഠിച്ചെടുക്കുന്നതിന്റെ തോതും അക്രമാസക്തമായ

പെരുമാറ്റവും തമ്മിൽ പരസ്പരം ബന്ധപ്പെട്ടിരിക്കുന്നത് എന്ന് തെളിയിക്കുകയാണ് ചെയ്തത്.

Durkin, Blackstone, Dowd 3 Tranz & Eagle എന്നിവർ 1459 ഓളം കോളേജ് വിദ്യാർത്ഥികർക്കിടയിൽ നടത്തിയ പഠനത്തിൽ സാമൂഹ്യജീവിതത്തിലെ പഠനശേഷിയും (Social learning) ലഹരിമരുന്ന് ഉപയോഗിക്കുന്ന സ്വഭാവവും തമ്മിലുള്ള ബന്ധത്തെ വെളിപ്പെടുത്തുന്നുണ്ട്. വിഭവങ്ങൾ നേടിയെടുക്കാനുള്ള മത്സരത്തിന്റെ ഭാഗമായിക്കൂടിയാണ് വഴിവിട്ട പെരുമാറ്റങ്ങൾ ഏറെയും അനുവർത്തിക്കപ്പെടാറുള്ളത്.

വിഭവസമാഹരണത്തിനായുള്ള പെരുമാറ്റങ്ങളിൽ ഉള്ളടങ്ങിയ സൂക്ഷ്മതകളെ പഠിക്കുന്നതിൽ സാമൂഹ്യപഠനസിദ്ധാന്തം പരിമിതികൾ നേരിടുന്നുണ്ട് എന്നതും പരിഗണന അർഹിക്കുന്നുണ്ട്. ചുറ്റുപാട് എപ്രകാരമാണ് പെരുമാറ്റത്തെ സ്വാധീനിക്കുന്നത് എന്നും അത്തരം ചുറ്റുപാടുകൾ എങ്ങനെയാണ് ഒരു വ്യക്തിയുടെ ജീവിതചരിത്രത്തെ (Life History)തന്നെ സ്വാധീനിക്കുന്നത് എന്നുകൂടി പഠിക്കേണ്ടതാണ്.

ഏതൊരു ജീവിയും അത് ജീവിക്കുന്ന ചുറ്റുപാട് എത്രയേറെ പരുഷവും കഠിനവുമാണെന്നതിനനുസരിച്ചായിരിക്കും അതിന്റെ ജീവിതത്തെ സുരക്ഷിതമാക്കുന്നതിനുള്ള തന്ത്രങ്ങൾ പ്രയോഗിക്കുന്നതിനായി നിർബ്ബന്ധിക്കപ്പെടുന്നത്. മാത്രമല്ല, നിർദ്ദിഷ്ട ചുറ്റുപാട് എത്രമേൽ പ്രവചനങ്ങൾക്ക് വഴങ്ങുന്നതാണ് എന്നുകൂടി ഉറപ്പിക്കേണ്ടതായും വരും.

കൗമാരക്കാരും ഇത്തരത്തിൽത്തന്നെ തങ്ങളുടെ ചുറ്റുപാട് എത്രമാത്രം കാര്യക്ഷമത (Fitness) ഉറപ്പാക്കുന്നതിന് അനുകൂലമാണ് എന്നു നോക്കി തന്നെയാണ് ഏതൊരു തീരുമാനവും കൈക്കൊള്ളുന്നത്. ഈ തീരുമാനങ്ങളാവട്ടെ അതിനാവശ്യമായി വിനിയോഗിക്കേണ്ടിവരുന്ന ഊർജ്ജവും അതുവഴി ലഭിക്കാനിടയുള്ള നേട്ടങ്ങളും തമ്മിൽ ഒത്തുനോക്കി മാത്രമായിരിക്കും സ്വീകരിക്കപ്പെടുന്നത്. ജീവിത ചുറ്റുപാട് കഠിനമാണെന്ന് വരികയാണെങ്കിൽ എളുപ്പം പക്വത ആർജ്ജിക്കാനിടവരുകയും വളരെ നേരത്തേ തന്നെ ഇണയെ കണ്ടെത്തി പ്രത്യുത്പാദനത്തിലേർപ്പെടുകയും ചെയ്യുക സ്വാഭാവികമാണ്. പിന്നീട് ഇത്തരമൊരവസരം അനിശ്ചിതമായതുകൊണ്ടുകൂടിയാണ് ഇങ്ങനെയുള്ള നീക്കങ്ങൾ നടക്കുന്നത്.

അതുകൊണ്ടുതന്നെ വിഭവങ്ങൾ കരസ്ഥമാക്കാനുള്ള ശ്രമങ്ങൾ ചെറിയ കാലയളവിനുള്ളിൽത്തന്നെ നടത്തുക എന്നത് മാത്രമാണ് ലഭ്യമായ സാധ്യത. ഒന്നുകിൽ വിഭവങ്ങളുടെ ശ്രോതസ്സ് കണ്ടെത്തുന്നതിലും അതല്ലെങ്കിൽ ചുറ്റുപാടിലുള്ള സാഹചര്യങ്ങൾ എത്രമേൽ പരുക്കനാണ് എന്ന് അറിയിക്കുന്നതിനുള്ള സൂചകം എന്ന രീതിയിലും

കൂടിയാണ് രക്ഷിതാക്കളുടെ പങ്ക് പലപ്പോഴും പ്രസക്തമാകാറുള്ളത്. രക്ഷിതാക്കളുമായുള്ള ബന്ധം ദുർബ്ബലപ്പെടുകയോ, ഏതെങ്കിലും തരത്തിലുള്ള പീഢനത്തിന് (Abuse) കുട്ടികൾ സാക്ഷികളാകുകയോ ഒക്കെ ചെയ്യുന്ന സാഹചര്യം ഉണ്ടായാൽ പോലും അത് അനഭിലഷണീയമായ/കഠിനമായ ചുറ്റുപാടായിട്ടാണ് പരിഗണിക്കപ്പെടാറുള്ളത്.

ഇങ്ങനെയുള്ള പ്രതികൂല സാഹചര്യങ്ങളിൽ വളർന്നുവരുന്ന കൗമാരക്കാർ ഏറെ വേഗത്തിൽ വളർന്ന് വികസിച്ച് പക്വത ആർജ്ജിക്കുകയും അവരുടെ സഹജമായ സ്വഭാവവിശേഷങ്ങൾ കാണിച്ചുതുടങ്ങുകയും ചെയ്യാറുണ്ട്. ഇത്തരക്കാർ തുടർച്ചയായി രതി ബന്ധങ്ങളിലേർപ്പെടുന്നതിനും സാധ്യതകൾ ഏറെയാണ്. ഇത് കൂടാതെ തങ്ങളുടെ നിലനിൽപ് ഉറപ്പിച്ചു കൊണ്ട് അതിജീവിച്ചുപോകാനാവശ്യമായ ഏതു തരത്തിലുള്ള തന്ത്രവും ഇത്തരക്കാർ അനുവർത്തിച്ചേക്കാനിടയുണ്ട്. (Ellis Figueredo, Brumbach & Schlomer 2009)

മനുഷ്യവംശം കരസ്ഥമാക്കിയ മാനസിക പ്രക്രിയകളത്രയും നീണ്ടകാലത്തെ സങ്കീർണ്ണ പ്രക്രിയകളിലൂടെ സ്വരൂപിക്കപ്പെട്ടതായതിനാൽ തന്നെ നമ്മളിൽ ഇന്ന് കാണുന്ന ഏതൊരു സ്വഭാവവിശേഷത്തെയും ഈ ചരിത്രപരിസരത്ത് വച്ച് തന്നെ കാണേണ്ടതുണ്ട്. വിഭവങ്ങൾ ഏറെ കുറവാണെങ്കിൽ ഇത് കരസ്ഥമാക്കുന്നതിനുവേണ്ടി കാണിക്കേണ്ടിവരുന്ന ആക്രമണ സ്വഭാവവും കനത്തതാവാനിടയുണ്ട്. അത്തരം സാഹചര്യങ്ങളിൽ അക്രമാസക്തമായ പെരുമാറ്റം പ്രയോജനകരമാവാം. എന്നാൽ മറ്റാരെങ്കിലും ഇത് നിർത്തുന്നതിനായി ഇടപെടുന്നതുവരെ മാത്രമേ ഈ പെരുമാറ്റം തുടരാൻ കഴിയുകയുള്ളൂ. ഇത്തരത്തിലുള്ള അക്രമസ്വഭാവം കാണിക്കുന്നതിൽ ലിംഗവ്യത്യാസം പരിഗണിക്കപ്പെടേണ്ടതുതന്നെയാണ്.

തങ്ങളുടെ വ്യക്തിപരമായ അന്തസ്സിന് മുറിവേൽക്കുന്ന സാഹചര്യങ്ങളിലാണ് ആണുങ്ങൾക്കിടയിൽ അക്രമസ്വഭാവം പുറത്ത് വരാറുള്ളത്. ഇവിടെ വ്യക്തിപരമായ അന്തസ്സ് തന്നെയാണ് പ്രധാനമായി വരുന്നത്. പ്രത്യത്പാദനപരമായ കാര്യക്ഷമത തെളിയിക്കുന്നതിന്റെ സൂചനകൂടിയായി വേണം ഈ പെരുമാറ്റത്തെ കാണേണ്ടത്. മുൻകാലങ്ങളിൽ സുന്ദരിമാരായ പെൺകുട്ടികളെ വിവാഹം ചെയ്യുന്നതിനുപോലും ഇങ്ങനെ ശക്തി തെളിയിക്കുന്ന ഒട്ടേറെ പരീക്ഷണങ്ങൾ രാജാധിപത്യ കാലത്തും നിലനിന്നിട്ടുണ്ടായിരുന്നു.

ഇണക്ക് വേണ്ടി കടുത്ത മത്സരം നേരിടുന്ന സാഹചര്യങ്ങളിൽ ആണുങ്ങൾക്കിടയിൽ വർദ്ധിച്ച തോതിലുള്ള അക്രമസ്വഭാവം കാണാൻ കഴിയും. ചിമ്പാൻസികൾക്കിടക്ക് പോലും പ്രഥമപുരുഷന്

(Alphamale) വേണ്ടിയുള്ള പോരാട്ടം കനത്തതാണ്. ഇത്തരത്തിൽ ആണുങ്ങൾക്കിടയിൽ നടക്കുന്ന ഏറ്റുമുട്ടലുകൾവഴി മറ്റൊരാളിന്റെ/അന്യന്റെ പ്രത്യുത്പാദനപ്രക്രിയയെ ഇല്ലാതാക്കുക എന്നത് തന്നെയാണ് ഇത്തരം പെരുമാറ്റങ്ങളുടെ പ്രേരക ഘടകങ്ങളാവുന്നത്. സ്ത്രീകളുടെ പ്രീതി നേടിയെടുക്കുന്നതിനും ആണുങ്ങൾ അക്രമസ്വഭാവം പ്രകടിപ്പിക്കാറുണ്ട്. സിനിമകളിൽപോലും ഇത്തരം കഥാപാത്രങ്ങൾ സർവസാധാരണമാണ്. ഒരു ഇണയെയെങ്കിലും കിട്ടിക്കഴിഞ്ഞാൽ ഇങ്ങനെയുള്ള പെരുമാറ്റം കുറയാനിടയുണ്ട്. ഇപ്രകാരം ആക്രമണ സ്വഭാവം കുറയുന്നതിന് ഇടയാക്കുന്നതാവട്ടെ ഇത് മൂലം ഉണ്ടാവാനിടെയുള്ള പരിക്കുകളും നിയമപരമായി കിട്ടാനിടയുള്ള ശിക്ഷയും നിമിത്തം തന്റെ ഇണയെ സുരക്ഷിതമായി പരിപാലിക്കാൻ കഴിയില്ല എന്നതുകൊണ്ട് കൂടിയാവാം.

കൗമാരക്കാരികളായ പെൺകുട്ടികളാവട്ടെ പൊതുവിൽ പരോക്ഷമായ രീതിയിലുള്ള ആക്രമണസ്വഭാവമാണ് കാണിക്കാറുള്ളത്. ഒന്നുകിൽ മറ്റു പെൺകുട്ടികൾക്കുള്ള ബന്ധങ്ങൾ ഇല്ലാതാക്കികൊണ്ടോ അതല്ലെങ്കിൽ മറ്റു പെൺകുട്ടികൾ ഇഷ്ടപെടുന്ന ആൺകുട്ടികളുടെ അന്തസ്സിനെ ഇടിച്ചുതാഴ്ത്തിക്കൊണ്ടോ ആയിരിക്കും ഇവരുടെ ആക്രമണസ്വഭാവം പുറത്ത് വരുന്നത്.

ചില അവസരങ്ങളിൽ പെണ്ണുങ്ങളുൾക്കിടക്കുള്ള മത്സരങ്ങൾ പുറത്ത് വരുന്നത് ഒന്നുകിൽ സ്വന്തം ശരീരം അതിയായ തോതിൽ ആകർഷണീയമാക്കി നിലനിർത്തിക്കൊണ്ടോ അതല്ലെങ്കിൽ മറ്റ് ആളുകളുടെ സൗന്ദര്യത്തെ ഇകഴ്ത്തിക്കാണിച്ച്കൊണ്ടോ ആയിരിക്കും. എന്നാൽ സ്വന്തം നില അപകടപ്പെടുത്തിക്കൊണ്ടുള്ള പെരുമാറ്റത്തിൽ നിന്ന് വിട്ടുനിൽക്കുന്നതിനാണ് പെൺകുട്ടികൾ പൊതുവിൽ താല്പര്യം പ്രകടിപ്പിച്ചുകാണാറുള്ളത്.

പ്രായപൂർത്തിയായ കാലഘട്ടവും അതിനു ശേഷവും സ്ത്രീകൾ അവരുടെ ജീവിതത്തിന്റെ വലിയൊരു പങ്ക് കുഞ്ഞുങ്ങളെ വളർത്താനും പരിപാലിക്കാനും വേണ്ടിയാണ് വിനിയോഗിക്കേണ്ടി വരുന്നത്. അതുകൊണ്ട് തന്നെ അവർ ആരുമായി ഇണചേരണം എന്ന് തീരുമാനിക്കുമ്പോൾ അവരുടെ കുഞ്ഞുങ്ങൾക്ക് സംരക്ഷണം ഉറപ്പുവരുത്താൻ കഴിയുന്ന ആളാണോ എന്നതാണ് മുഖ്യ പരിഗണയിൽ വരുന്നത്.

14 നും 15നും ഇടക്ക് പ്രായമുള്ള കൗമാരക്കാരിൽ Charles & Egar 2005 ൽ നടത്തിയ പഠനത്തിൽ ഇണചേരാനുള്ള പരിശ്രമവും (frequency of sexual relationships) താന്തോന്നിത്തം കലർന്ന പെരുമാറ്റവും തമ്മിലുള്ള ബന്ധത്തെ വിശകലനം ചെയ്യുന്നുണ്ട്. പ്രായം

ചെല്ലുന്തോറും ഇതിന്റെ തോത് കൂടിവരുന്നതായാണ് ഈ പഠനം വെളിവാക്കുന്നത്.

UK യിലെ 121 കൗമാരക്കാരിൽബർലസ്, ഈഗൻ എന്നിവർ ചേർന്ന് നടത്തിയ പഠനത്തിൽ ഇണയെ നേടിയെടുക്കാനുള്ള ശ്രമത്തിന്റെ ഭാഗമായി ആയുധം കൊണ്ടുനടക്കുന്നതുമായുള്ള ബന്ധത്തെക്കുറിച്ച് പരാമർശിക്കുന്നുണ്ട്. പ്രായപൂർത്തിയായവർക്കിടയിൽപോലും ഇത്തരം താന്തോന്നിത്തം കലർന്ന പെരുമാറ്റം കണ്ടുവരുന്നതായി ഇദ്ദേഹം നിരീക്ഷിക്കുന്നു.

കുടുംബചുറ്റുപാടിനൊത്തുള്ള ജീവിത സമ്പ്രദായങ്ങളാണ് കൗമാരക്കാർ അനുവർത്തിച്ചുപോരുന്നത്. രക്ഷിതാവിനുള്ള വിഭവസ്രോതസ്സ്, രക്ഷിതാക്കൾക്കിടയിലുള്ള പരസ്പരബന്ധം, കുട്ടിയുമായി രക്ഷിതാക്കൾ പുലർത്തുന്ന അടുപ്പം എന്നിവയെല്ലാം ആണ് കുടുംബചുറ്റുപാടിനെ നിർണ്ണയിക്കുന്നതിൽ മുഖ്യമായി വരുന്നത്.

രക്ഷിതാക്കൾക്കിടയിൽ ആരോഗ്യകരമായ ബന്ധം നിലനിൽക്കുന്ന സാഹചര്യങ്ങളിൽ കുട്ടികളിൽ ലൈംഗികത ഏറെ വൈകി മാത്രമാണ് പ്രകാശിപ്പിക്കപ്പെടുന്നത്. ഭാര്യാഭർത്താക്കന്മാർക്കിടയിലുള്ള ബന്ധം ദുർബ്ബലപ്പെടുന്ന സാഹചര്യത്തിൽ ഇത്തരക്കാരുടെ കുട്ടികൾ വളരെ നേരത്തെതന്നെ ലൈംഗികതയിലേർപ്പെടുന്നതായും പഠനങ്ങൾ സാക്ഷ്യപ്പെടുത്തുന്നുണ്ട്.

ഹംഗറിയിലെ 500 ഓളം കൗമാരക്കാരിൽ Ivan ഉം Berzeku യും നടത്തിയ പഠനത്തിൽ രക്ഷാകർത്താക്കൾ കുട്ടികളിൽ പുലർത്തുന്ന ശിക്ഷയുടെ തോതും കുട്ടികൾക്കിടയിലെ അപകടം നിറഞ്ഞ പ്രവൃത്തികളിലേർപ്പെടുന്ന പെരുമാറ്റവും തമ്മിൽ ബന്ധപ്പെട്ടിരിക്കുന്നു എന്നാണ് കണ്ടെത്തിയിട്ടുള്ളത്.

സവിശേഷമായ തൊഴിലെടുക്കുന്ന സാഹചര്യമില്ലാതിരുന്ന നായാടിസമൂഹങ്ങൾക്കിടയിൽ ഭക്ഷണവുമായി ബന്ധപ്പെട്ട് മാനസിക വിഷമതകൾക്ക് വിധേയരായിട്ടുള്ളവരുടെ എണ്ണമായിരുന്നു ഏറിയിരുന്നത്. എന്നാൽ, നാഗരിക സമൂഹങ്ങളിലാവട്ടെ ഭക്ഷണം ശേഖരിക്കാനുള്ള തൊഴിലാണ് വേണ്ടത്. കേവലം ഭക്ഷണം ശേഖരിക്കുന്നതിലുപരി അന്തസ്സും മറ്റു വിഭവങ്ങൾ സമ്പാദിക്കുന്നതിനുള്ള തൊഴിലുകൾക്കുമാണ് പ്രാധാന്യം കൈവന്നത്. ഇത് കൂടാതെ, സമൂഹത്തിലെ അധികാര ശ്രേണിയിൽ തങ്ങളുടെ പദവി ഉറപ്പിക്കുക എന്നതും പ്രസക്തമാണ്. അത് കൊണ്ട് കൂടിയാവണം നിയമം, വൈദ്യം എന്നീ മേഖലകളിൽ പഠിക്കാനെത്തുന്ന കുട്ടികൾക്കിടയിൽ റാഗിങ്ങ് പോലുള്ള പരപീഡ പ്രവണതകൾ താരതമ്യേന വർധിക്കുന്നതിന്

ഇടയാക്കുന്നത്. ഭൗതിക വിഭവങ്ങൾ ഉറപ്പിക്കുക/സമ്പാദിക്കുക എന്ന തിനപ്പുറം അന്യരെ ഇത്തരത്തിൽ ശല്യം ചെയ്തുകൊണ്ട് തങ്ങളുടെ ശാരീരികമായ സുരക്ഷിതത്വവും സ്വാഭിമാനബോധവും ഉറപ്പിക്കാനും കൂടി കഴിയുന്നു എന്നതു കൂടി ഓർക്കേണ്ടതാണ്.

ഇത്തരത്തിൽ നേടുന്ന കുപ്രസിദ്ധിവഴി ഒന്നുകിൽ അധികാരശ്രേണി യിൽ ഉയർന്നുനിന്നുകൊണ്ട് അതല്ലെങ്കിൽ അധികാര പദവികളിൽ ഉയർന്നു നിൽക്കുന്നവരുമായി നല്ല ബന്ധങ്ങൾ /സ്വാധീനം ഉണ്ടാക്കി ക്കൊണ്ട് പിന്നീടുണ്ടാവാനിടയുള്ള സംഘർഷങ്ങളിൽനിന്ന് സുരക്ഷ ഉറപ്പാക്കുന്നതിനും കഴിയും. കുറഞ്ഞ ചെലവിൽ ഇതെല്ലാം സാധിക്കുന്നു എന്നുള്ളതും പ്രത്യേകം ശ്രദ്ധാർഹമാണ്.

സാമൂഹ്യ അധികാരത്തിനുള്ള മത്സരത്തിൽ വിജയിക്കാൻ കഴിഞ്ഞാൽ ഒട്ടേറെ ഗുണപരമായ നേട്ടങ്ങൾ ഉറപ്പിക്കാനാവും എന്നു ള്ളതും മറ്റൊരു സാധ്യതയാണ്.

ദരിദ്രമായ ചുറ്റുപാടുകളോട് ഇടഞ്ഞു നിൽക്കുന്നതിന്റെ ഭാഗമായാണ് മാനസിക പീഡനം ഏല്പിക്കാൻ ഇടവരുന്നത് എന്ന കാഴ്ചപ്പാടും ഇതോടൊപ്പം നിലനിൽക്കുന്നുണ്ട്. ഇത്തരത്തിലുള്ള പ്രതിലോമകര മായ പ്രതിഷേധങ്ങൾവഴി മനോപീഡനമേൽപ്പിക്കുന്ന പെരുമാറ്റദൂ ഷ്യമുള്ള ആണിലും പെണ്ണിലും ഏറെ നേരത്തേ തന്നെ ലൈംഗികത ആരംഭിക്കുന്നതായും പഠനങ്ങൾ ചൂണ്ടിക്കാട്ടുന്നു.

മനോപീഡ ഒരു അനുകൂലനമെന്ന (adaptation) രീതിയിൽ പ്രവർ ത്തിക്കുന്നതിന് ഇരു മാനദണ്ഡങ്ങൾ പാലിക്കേണ്ടതുണ്ട്. (William 1996) ഇത്തരക്കാരിൽ ഇമ്മട്ടിലുള്ള പെരുമാറ്റങ്ങളെ കെട്ടഴിച്ചു വിടത്ത ക്കരീതിയിൽ ഒന്നിലധികം ജീനുകൾ ഒരുമിച്ച് ചേർന്ന് പ്രവർത്തിച്ചു കൊണ്ടായിരിക്കാം ഇത്തരം പെരുമാറ്റങ്ങൾ പ്രകടമാകുന്നത്. നമ്മുടെ species - നകത്തെ നിശ്ചിത ജീനുകൾ പ്രവർത്തിച്ചാൽ മാത്രമേ ഇത്തരം പെരുമാറ്റ രീതികൾ പുറത്ത് വരുകയുള്ളൂ. ഇങ്ങനെയുള്ള ജനിതക അടിത്തറ രൂപപ്പെടാത്ത സാഹചര്യത്തിൽപരിണാമപ്രക്രിയ വഴി ഒരു സ്വഭാവവിശേഷം എന്ന രീതിയിൽ (Trait) മനോപീഡനത്തിലേർ പ്പെടുന്ന പെരുമാറ്റത്തിന് പ്രവർത്തനക്ഷമമാവാൻ കഴിയില്ല (Volk 2012). എന്നാൽ 1600 ഓളം കുടുംബങ്ങളിലെ കൗമാരക്കാർക്കിടയിൽ നടത്തിയ പഠനത്തിൽ 0.61% വ്യക്തികളിൽ മാത്രമാണ് ഭാഗികമായ ജനിതകസ്വാധീനങ്ങളുള്ളതായി കാണപ്പെട്ടത്.

ചൈനീസ് സഞ്ചാരിയായ ഹ്വയാങ്സാങ്-ന്റെ സഞ്ചാരക്കുറിപ്പു കളിൽ മനോപീഢന പെരുമാറ്റത്തെക്കുറിച്ച് പരാമർശിക്കുന്നുണ്ട്. ഇത്തരം പെരുമാറ്റങ്ങൾ എല്ലാ സമൂഹങ്ങളിലും നിലനിൽക്കുന്നുണ്ട്

എന്നതുകൊണ്ടുതന്നെ ഇത് ഭാഗികമായി ജനിതകഘടകങ്ങളാലും ഭാഗികമായി സാംസ്കാരിക സവിശേഷതകളാലും രൂപപ്പെട്ടുവരുന്നതാണെന്ന് മനസ്സിലാക്കാവുന്നതാണ്.

മറ്റ് മൃഗങ്ങളിലും ഈ സ്വഭാവവിശേഷം കാണാൻ കഴിയും. ചെന്നായ്ക്കൾ, ചിമ്പാൻസി, നായകൾ, എന്നിവക്കിടയിലൊക്കെ ഇത്തരം പെരുമാറ്റങ്ങൾ കാണാറുണ്ട്. ഇത്തരത്തിലുള്ള പെരുമാറ്റം വഴി ഏതെങ്കിലും തരത്തിലുള്ള ആനന്ദം ഉണ്ടാകുന്നുണ്ടെങ്കിൽ അത്തരത്തിലുള്ള പെരുമാറ്റ രീതികൾ അനുവർത്തിക്കപ്പെടാനുള്ള സാദ്ധ്യതകൾ ഏറെയാണ്.

ഇത്തരക്കാരായ ആളുകളിൽ മറ്റുള്ളവരെ മനസ്സിലാക്കി പ്രവർത്തിക്കാനും, നേതൃത്വഗുണം പ്രകടിപ്പിക്കുന്നതിനും, കൂടാതെ പ്രയാസമനുഭവിക്കുന്നവരോടുള്ള അനുകമ്പ കാണിക്കുന്നതിനും ഒക്കെ കഴിയുന്നു എന്നത് ഒരുവേള വിചിത്രമായി തോന്നിയേക്കാം. നായാട്ട് നടത്തി ജീവിച്ചിരുന്ന ഗോത്രങ്ങൾക്കിടയിൽപോലും ഇമ്മട്ടിലുള്ള പ്രകൃതമുള്ളവർക്ക് ഒട്ടനവധി മുൻഗണനകൾലഭിച്ചുപോന്നിട്ടുണ്ട്. പുരാതന ഗ്രീസിൽപോലും ഇങ്ങനെയുള്ള സ്വഭാവപ്രകൃതമുള്ളവർ ധാരാളമുള്ളതായി യാത്രാവിവരണങ്ങൾവഴിതന്നെ മനസ്സിലാക്കാൻ കഴിയും.

നമ്മുടെ നാട്ടിൽ ഏതാനും വർഷങ്ങൾക്ക് മുൻപ് വരെ സ്കൂളുകളിലും, കോളേജുകളിലും എല്ലാം ഇത്തരം പ്രകൃതമുള്ളവരെ സുലഭമായി കാണാൻ കഴിഞ്ഞിരുന്നു. ഹോസ്റ്റലുകളിലും ക്ലാസുമുറികൾക്കു പുറത്തുമെല്ലാമാണ് ഇങ്ങനെയുള്ള മനോപീഡനം ഏറെയും നടക്കുന്നത്. അധ്യാപകരുടെ നേരിട്ടുള്ള ഇടപെടൽ സാധ്യമല്ലാത്ത ഇടങ്ങളിലാണ് ഇത്തരം പെരുമാറ്റങ്ങൾ ഏറെയും കണ്ടുവരാറുള്ളത്. അപരിചിതരായ സഹപാഠികളെയാണ് ഇത്തരം പ്രകൃതത്തിനടിമകളായ കൗമാരക്കാർ മിക്കപ്പോഴും ഇതുപോലുള്ള പ്രവൃത്തികൾക്ക് ഇരകളാകാറുള്ളത്. ഈയിടെ അമേരിക്കയിൽ ക്ലാസുമുറിയിൽ സഹപാഠികൾക്ക് നേരെ വെടിയുതിർത്ത വാർത്തയിൽ ഇത് തെളിഞ്ഞ് കാണാം.

ആൺകുട്ടികൾ ശാരീരികമായ പീഡനം പോലും നടത്തിക്കൊണ്ടാണ് മറ്റുള്ളവരെ ശല്യം ചെയുന്നെതെങ്കിൽ, അശ്ളീല വാക്കുകൾ ഉപയോഗിച്ചും മാനസികമായി ശല്യം ചെയ്തു കൊണ്ടുമാണ് പെൺകുട്ടികൾ ഇത്തരത്തിലുള്ള വഴിവിട്ട പ്രകൃതങ്ങൾ കാണിക്കുന്നത്. പരദൂഷണം പോലുള്ള പരോക്ഷമായ മാനസികപീഢനം നടത്തുന്നതും ഏറെയും പെൺകുട്ടികൾ തന്നെയാണ്. രക്ഷിതാക്കൾ/അധ്യാപകർ കാണിക്കുന്ന മാനസിക പീഡനപെരുമാറ്റത്തെ അനുകരിച്ചുകൊണ്ടും കുട്ടികൾ ഇത്തരം പെരുമാറ്റങ്ങൾക്ക് അടിപ്പെടാവുന്നതാണ്.

മുതിർന്നവർ കുട്ടികളോട് കാണിക്കുന്ന മനോപീഡനം ലക്ഷ്യംവെച്ചുകൊണ്ടുള്ള പെരുമാറ്റം കുട്ടികളിൽ ഇത്തരം പ്രകൃതം വളർന്നുവരുന്നതിന് സാഹചര്യം ഒരുക്കിയേക്കാം. കുട്ടികളുടെ വ്യക്തിത്വത്തെയും സ്വാതന്ത്ര്യത്തെയും മുതിർന്നവർ നൽകുന്ന വരദാനമായി പരിഗണിച്ചുകൊണ്ടുള്ള ജീവിതകാഴ്ചപ്പാടുകൾ ഈ രീതിയിലുള്ള സ്വഭാവസവിശേഷതകളെ വർദ്ധിപ്പിക്കുന്നതിനിടയാക്കുന്നുണ്ട്. ബൗർമ്റിൻഡ് പരാമർശിക്കുന്നപോലെ അധികാരോന്മുഖവും ഉയർന്ന അളവിലുള്ള സംഘർഷങ്ങൾക്ക് സാഹചര്യമൊരുക്കുന്നതുമായ രക്ഷകർത്താക്കളുടെ ഇടപെടലുകളുടെ ഫലമായി കുട്ടികളിൽ ഒട്ടും ഊഷ്മളതയില്ലാത്ത, തരം താഴ്ന്ന നിലയിലുള്ള സംവേദനക്ഷമതയും മറ്റും വളർന്നുവരാനുള്ള സാധ്യതകൾ ഏറെയാണ്. ഇത്തരത്തിലുള്ള ബാല്യ കാലത്തിലൂടെ കടന്നുപോകേണ്ടിവരുന്ന കുട്ടികൾ ഭാവിയിൽ താന്തോന്നിത്തം നിറഞ്ഞ പെരുമാറ്റങ്ങളിലേർപ്പെടുന്നതിന്റെ ദൃഷ്ടാന്തമായി പടിഞ്ഞാറൻ സമൂഹങ്ങളെ തന്നെ പരിഗണിക്കാവുന്നതാണ്. (Baldry & Farringten)

രക്ഷിതാക്കൾക്കിടയിൽ ഇടവിട്ടുണ്ടാകുന്ന കുടുംബവഴക്കുകളും, കുട്ടികൾക്കെതിരെ പ്രയോഗിക്കുന്ന അമിതമായ കർശനനിയന്ത്രണങ്ങളും, ശിക്ഷാവിധികളും എല്ലാംതന്നെ കുട്ടികളിൽ വഴിവിട്ട പെരുമാറ്റത്തിലേർപ്പെടാൻ പ്രേരണയാകാവുന്നതാണ്. ബൻഡുര (Bundura) നിരീക്ഷിച്ചപോലെ രക്ഷിതാക്കളിലെ ആക്രമണോത്സുക മാതൃകകൾ അനുകരിച്ചുകൊണ്ട് കുട്ടികൾ സമാനമായ പെരുമാറ്റ മാതൃകകൾ അനുവർത്തിച്ചേക്കാം. മുതിർന്നവർ /രക്ഷാകർത്താക്കൾ അവരുടെ നിയന്ത്രണപരിധിയിലുള്ള സാമൂഹ്യ ഇടങ്ങളിൽ ഇത്തരം രീതികൾ അനുവർത്തിക്കുമ്പോൾ കുട്ടികൾ അവരുടെ സാമൂഹ്യലോകത്ത് തങ്ങളുടെ സഹപാഠികളോടും മറ്റും സമാനമായ പെരുമാറ്റങ്ങൾ കാണിക്കുന്നു എന്നു മാത്രം.

കുട്ടികൾ അവരുടെ ആദ്യരക്ഷിതാവുമായി സ്ഥാപിക്കുന്ന വൈകാരികബന്ധത്തെ ആശ്രയിച്ചുകൊണ്ടാണ് വൈകാരികനിയന്ത്രണവും, സാമൂഹ്യശേഷികളും (Social competence) ആർജ്ജിച്ചെടുക്കുന്നത്. മാതൃകാപരമായ സാമൂഹ്യബന്ധങ്ങൾ ഉണ്ടാക്കിയെടുക്കുന്നത് പോലും തന്റെ രക്ഷിതാവുമായി ഉണ്ടാവുന്ന വൈകാരികബന്ധത്തെ ആന്തരീകരിച്ചുകൊണ്ടാണ് എന്ന് നിത്യ ജീവിതാനുഭവങ്ങളിലൂടെ തന്നെ ബോധ്യപ്പെടാവുന്നതാണ്.

അരക്ഷിതമായ ബന്ധങ്ങൾക്കുള്ളിൽ വളരാനിടവരുന്ന കുട്ടികൾക്ക് അവരെക്കുറിച്ചും, മറ്റുള്ളവരെക്കുറിച്ചും സാമൂഹ്യവിരുദ്ധ

കാഴ്ചപ്പാടുകളായിരിക്കും ഉണ്ടാവുക. ഇത്തരക്കാരായ കുട്ടികൾക്ക് മറ്റു വ്യക്തികളുമായി ഉണ്ടാവുന്ന ബന്ധങ്ങളിലൂടെ ലഭിക്കേണ്ടുന്ന സുഖവും സുരക്ഷിതത്വവും കിട്ടാതെ വരുകയും അതുമൂലം എളുപ്പത്തിൽ സാമൂഹ്യ വിരുദ്ധ സ്വഭാവത്തിലേക്ക് വഴുതി വീഴാനിടവരുകയും ചെയ്യുന്നു.

അധ്യാപകർ രണ്ടാം രക്ഷിതാവിനെ പോലെ പെരുമാറേണ്ടവരാണെങ്കിലും ആധുനിക സ്കൂൾ സംവിധാനത്തിൽ ഇതിനു വിപരീതമായ തലത്തിൽ പ്രവർത്തിക്കാൻ അവർ നിർബ്ബന്ധിതരായി തീരുകയാണ്. ഓരോ വർഷത്തിലും എന്നതിലുപരി ഓരോ ആഴ്ചയിൽ നിശ്ചിതമായ പാഠഭാഗങ്ങൾ പൂർത്തീകരിക്കാൻ മാത്രമാണ് ഇന്നത്തെ അദ്ധ്യാപകർ ശ്രദ്ധ കേന്ദ്രീകരിക്കുന്നത്. അത് കൊണ്ട് തന്നെ ഒട്ടു മിക്ക കുട്ടികളും വിദ്യാലയങ്ങളിൽ പല വിധത്തിലുള്ള മാനസിക സംഘർഷങ്ങൾക്ക് വിധേയരായിക്കൊണ്ടാണ് അവരുടെ സ്കൂൾ ജീവിതം മുന്നോട്ടു കൊണ്ട് പോകുന്നത്. ഇത്തരത്തിലുള്ള സംവിധാനത്തിന്റെ പ്രത്യാഘാതമെന്നോണം കൂടിയാണ് ഓരോ സ്കൂളിലും കുട്ടികളുടെ മാനസിക പ്രശ്നങ്ങളെ ലഘൂകരിക്കുന്നതിനായി കൗൺസിലർമാരെയും മറ്റും നിയോഗിക്കേണ്ടി വരുന്നത്. പൗലോഫ്രെയർ തന്റെ (Pedogogy of the oppressed) മർദ്ദിതരുടെ ബോധന ശാസ്ത്രത്തിൽ പരാമർശിച്ചപോലെ വിദ്യാഭ്യാസപ്രവർത്തനം ഒരു ലാഭോത്പാദന ബാങ്കിംഗ് വ്യവസായം പോലെയായി മാറിക്കൊണ്ടിരിക്കുന്നു എന്നത് ഇന്നും ഒരു യാഥാർത്ഥ്യമായി നിലനിൽക്കുന്നു. അധ്യാപക/അധ്യാപികമാരും ഒരു തരത്തിൽ All parent തന്നെ ആയിരിക്കേണ്ടവരാണ്. എന്നാൽ ഇന്നത്തെ അധ്യാപന പ്രക്രിയയ്ക്കകത്ത് ഇതിന് ആവശ്യമായ സംവിധാനങ്ങൾ ഏറെ ദുർബ്ബലമാണ്.

നായാടി സമൂഹങ്ങൾക്കകത്ത് ഉണ്ടായിരുന്ന രണ്ടാം രക്ഷിതാക്കൾ അവരുടെ ജീനുകൾപോലും പങ്കുവെച്ചിട്ടുള്ളവരും, കൂടാതെ കുട്ടികളോടൊത്ത് നീണ്ട കാലത്തെ സഹവാസവുമുള്ളവരുമായിരുന്നു. പരസ്പരം ആശ്രയിക്കുന്ന ഒരു ഗാഢബന്ധമുള്ള കൂട്ടം (Cohesive group) ആയിട്ടായിരുന്നു ഇത്തരം സമൂഹങ്ങൾ മുന്നോട്ട് പോയത്. അതുകൊണ്ട് ഇന്നത്തെ അധ്യാപകർക്ക് ശക്തമായ ഉൾപ്രേരണകളോ അറിവോ ഉണ്ടാവണമെന്നില്ല. കുട്ടികളെ സമാശ്ലേഷിയായി അഭിസംബോധന ചെയ്യാവുന്ന കാര്യക്ഷമത കൈവരിക്കുന്നതിൽ നമ്മുടെ സ്കൂളുകൾ വിജയമാണെന്ന് പറയാൻ കഴിയില്ല. (Due to lack of inclusive fitness) അതുകൊണ്ടുതന്നെ കൗമാരക്കാരായ കുട്ടികൾ വഴിവിട്ട് പെരുമാറുന്ന സാഹചര്യങ്ങളിൽ അധ്യാപകരുടെ ഇടപെടലുകൾ പലപ്പോഴും അനഭിലഷണീയമായ രീതിയിലായി മാറി പോകാറുണ്ട്. ഇതിന് കാരണമായി

വർത്തിക്കുന്നതാവട്ടെ ഇത്തരം ഇടപെടലുകളിൽ അനുവർത്തിക്കപ്പെടുന്ന അശാസ്ത്രീയ മാർഗങ്ങളാണ്. കൗമാരഘട്ടത്തിലും പിന്നീടുമുണ്ടാവാനിടയുള്ള വഴിവിട്ട പെരുമാറ്റ രീതികളെ മറികടക്കുന്നതിനായി നമ്മുടെ കുടുംബങ്ങളും, വിദ്യാലയങ്ങളും, സമൂഹവും കൂട്ടായി നടത്തുന്ന ഇടപെടലുകൾ അനിവാര്യമാണ്. ഈ വെല്ലുവിളി ഏറ്റെടുക്കാതെ ഇത്തരം പ്രശ്നങ്ങളെ മറികടക്കാൻ സാധ്യമല്ല. കുടുംബവും, വിദ്യാലയവും സമൂഹവും, കൂട്ടായി നടത്തുന്ന ഇടപെടലുകളിലൂടെ മാത്രമേ കൗമാര ഘട്ടത്തിലും പിന്നീടുമുണ്ടാവാനിടയുള്ള പ്രതിലോമകരമായ പെരുമാറ്റങ്ങളെ ഇല്ലാതാക്കാൻ കഴിയുകയുള്ളൂ.

എടുത്തുചാടാം കയറിപ്പോരുമോ

നമ്മുടെ ബോധപൂർവ്വമായ അറിവോടുകൂടിയല്ലാതെ സംഭവിക്കുന്ന ഏതൊരു പ്രതികരണവും നമ്മുടെ ഭൗതികമായ നിലനിൽപ്പുമായി ബന്ധപ്പെട്ട് വികസിച്ചുവന്നിട്ടുള്ളവയായിരിക്കും.

ചില സന്ദർഭങ്ങളിൽ ഉണ്ടാകുന്ന വെല്ലുവിളികളെ നേരിടുന്നതിനായി പെട്ടെന്നുള്ള നടപടികൾ കൈക്കൊള്ളുക എന്നത് ഒരു സ്വാഭാവിക പ്രതികരണമായി മാറിയിട്ടുണ്ട്. ഇത് കാരണം ചില നേട്ടങ്ങൾ ഉണ്ടാകാമെങ്കിലും ഈ രീതി നിരന്തരമായി അനുവർത്തിക്കപ്പെടുന്നതിലൂടെ ഇതിന് ഒരു സ്ഥിര സ്വഭാവമായി മാറാനും കഴിഞ്ഞേക്കും എന്നതാണ് ഇതിന്റെ മുഖ്യ പരിമിതിയായിട്ടുള്ളത്. അതാതു സമയത്തെ വികാരത്തിന് കീഴടങ്ങി കൊണ്ട് മറ്റാളുകളോട് പെരുമാറുകയും മറ്റും ചെയ്യുക മൂലം പല ബന്ധങ്ങളും ഇല്ലാതെയാകുന്നതിനും ഇത്തരം പെരുമാറ്റ രീതികൾ കാരണമാകാം

മനുഷ്യർക്ക് പുറത്തുള്ള മറ്റ് ജീവികളുടെ കാര്യത്തിലും ഇതേ നിയമം തന്നെയാണ് പ്രവർത്തിക്കുന്നത്. ഇപ്രകാരത്തിലുള്ള പ്രതികരണങ്ങൾ വഴിയാണ് നാഡീവ്യവസ്ഥയുടെ അടിസ്ഥാനതത്വം തന്നെ വെളിവാക്കപ്പെടുന്നത്. ഒരു ചൂടുള്ള വസ്തുവിൽ കൈവെക്കുമ്പോൾ പൊടുന്നനെ കൈവലിക്കാൻ പ്രേരിപ്പിക്കപ്പെടുന്നത് ഇതിന് തെളിവാണ്.

പുറത്തുനിന്ന് താപം സ്വീകരിച്ചുകൊണ്ട് പ്രവർത്തിക്കുന്ന തൊലിയിലെ സ്പർശഗ്രാഹികൾ കേന്ദ്രാഡീവ്യവസ്ഥയിലേക്ക് ഒരു സന്ദേശമയക്കുകയും ഇതിനെത്തുടർന്ന് ചലനത്തെ ഉത്തേജിപ്പിക്കുന്ന നാഡീകോശങ്ങൾ പ്രവർത്തനക്ഷമമാകുന്നതും കൊണ്ടാണ് ഇത്

സാധിക്കുന്നത്. ഇത്തരത്തിലുള്ള ചലനങ്ങൾ നടക്കുന്നതാവട്ടെ സ്പൈനൽകോഡിൽവെച്ച് മാത്രമാണ്. ഇത്തരം സന്ദേശങ്ങൾ പരിണാമ ചരിത്രത്തിൽ വികസിച്ച വന്ന ഉരഗ മസ്തിഷ്കത്തിന്റെ പോലും അനുമതി കിട്ടുന്നതിന് മുൻപ് തന്നെ കൈ പിൻവലിക്കാനുള്ള തീരുമാനം പ്രകടമാക്കുന്നത് നമ്മുടെ ജീവൻ അപകടത്തിലാകാതെ നോക്കുന്നതിനുള്ള ഒരു മുൻ കരുതൽ എന്ന നിലയിലാണ് ഇതിന്റെ പ്രവർത്തന രീതി ചിട്ടപ്പെട്ടിട്ടുള്ളത്.

ചില കാര്യങ്ങളിൽ പൊടുന്നനെ പ്രവർത്തിക്കാൻ കഴിയാത്ത പക്ഷം നമ്മുടെ ജീവൻതന്നെ അപകടത്തിലാകും എന്നതിന് തെളിവാണ് ശ്വാസോച്ഛ്വാസപ്രക്രിയ. കേന്ദ്രനാഡീവ്യവസ്ഥക്കുള്ളകത്ത് ഉള്ളടങ്ങിയ അടിസ്ഥാനതത്വമായാണ് ഇത് നിലകൊള്ളുന്നത്.

ഒരു കുഞ്ഞ് ജനിക്കുന്നതിന് മുൻപ് കുഞ്ഞിന്റെ ശ്വാസകോശം നിറയെ ഗർഭാശയദ്രവം (Amniolic Fluid) കൊണ്ട് നിറഞ്ഞിരിക്കും. ഗർഭപാത്രത്തിൽനിന്ന് കുഞ്ഞ് പുറത്തേക്ക് വരുന്നതിനിടയിൽ കുഞ്ഞിന്റെ നെഞ്ചിലേൽക്കുന്ന കടുത്ത മർദ്ദത്തെ തുടർന്നാണ് ഈ ദ്രാവകമത്രയും പുറത്തേക്ക് പോകാനിടവരുന്നത്. ഇപ്രകാരം കുഞ്ഞ് പുറത്ത് വരുന്നതോടെ ഉള്ളിലുള്ള മർദ്ദം സ്വതന്ത്രമാക്കപ്പെടുകയും ശ്വാസകോശം വികസിച്ചുകൊണ്ട് വായു ഉള്ളിലേക്ക് കടക്കാനിടയാവുകയും ചെയ്യും.

പ്രസവപൂർവ്വഘട്ടത്തിൽ പ്ലാസന്റവഴി ലഭിച്ച ഓക്സിജൻ മൂലമാണ് കുഞ്ഞ് അതിജീവിച്ചതെങ്കിൽ ഇതിൽ നിന്ന് വേറിടുന്നതോടെ ഓക്സിജന്റെ അഭാവമുണ്ടാവുകയും കാർബൺഡയോക്സൈഡിന്റെ (CO_2) സാന്നിദ്ധ്യത്തിൽ രക്തത്തിന് അമ്ലഗുണം കൈവരുകയും ചെയ്യുന്നു. ഇത് മസ്തിഷ്കത്തിലേക്ക് രക്തമെത്തിക്കുന്ന ധമനികൾ ഗ്രഹിച്ചെടുക്കുന്നു. ഈ ധമനികളാണ് കുഞ്ഞിന്റെ മസ്തിഷ്കത്തിന്റെ അടിസ്ഥാന ഘടനയിലേക്ക് വിവരമെത്തിക്കുന്നത്. തുടർന്നുള്ള പ്രവർത്തനങ്ങളുടെ ഭാഗമായി ഡയഫ്രം സങ്കോചിച്ചുകൊണ്ട് ശ്വാസകോശത്തെ വികസിക്കാൻ പ്രേരിപ്പിക്കുകയും അത് വഴി ശ്വസിക്കാനുള്ള ശേഷി കിട്ടുകയും ചെയ്യുന്നു.

ഈ പ്രക്രിയകളത്രയും ചിന്തിച്ചുകൊണ്ട് ചെയ്യാനിടവന്നിരുന്നുവെങ്കിൽ എന്ത് സംഭവിക്കുമായിരുന്നു എന്ന് ഊഹിക്കാവുന്നതേ ഉള്ളൂ. നിങ്ങളുടെ ചുമലിന് പിന്നിൽവന്ന് ആരെങ്കിലും ഒന്ന് കൈവെച്ചാൽപോലും പെട്ടെന്ന് ഞെട്ടുന്നതും ഇതുപോലെ ബോധത്തിന്റെ അറിവോടു കൂടിയല്ലാതെയുള്ള പ്രവർത്തനം മാത്രമാണ്. ഏത് പ്രതികൂല സാഹചര്യത്തിൽപോലും ശ്വസിക്കുന്നതിനായി നമ്മുടെ പ്രാചീന മസ്തിഷ്കഭാഗങ്ങൾ

കഠിനമായി പരിശ്രമിക്കാറുണ്ട്. ചില അപകടങ്ങളിൽ പെട്ടുപോയാൽ പോലും ശ്വസനം നടക്കുന്നത് ഇക്കാരണത്താലാണ്. കണ്ണിന് മുന്നിൽ വല്ലതും പെട്ടാൽ കണ്ണുകൾ ഇറുകെ ചിമ്മുകയും മൂക്കിനുള്ളിൽ വല്ല പൊടിപടലവും വന്നാൽ തുമ്മുകയും ചെയ്യുക എന്നതും ഇപ്രകാരമുള്ള ബോധമനസ്സിന്റെ ഇടപെടൽ കൂടാതെയുള്ള പ്രതികരണങ്ങളാണ്.

നമുക്ക് ലഭിച്ചിട്ടുള്ള സഹജവാസനകളെല്ലാം (instinct) ഒരു നിശ്ചിതമാതൃകയെ പിൻപറ്റിയാണ് പ്രവർത്തനക്ഷമമാകുന്നത്. മുട്ട വിരിഞ്ഞ ശേഷം ആമക്കുഞ്ഞുങ്ങൾ കടലിനെ ലക്ഷ്യം വെച്ച് സഞ്ചരിക്കുന്നപോലെ പൂർവ്വനിശ്ചിതമായ പദ്ധതികളായാണ് സഹജവാസനകളൊക്കെയും പ്രകടമാകുന്നത്.

സാമൂഹ്യജീവിതത്തിന് പ്രയോജനകരമായ വികാരോത്തേജനവ്യവസ്ഥക്ക് (Limbic system) പ്രസക്തമായ കാര്യങ്ങളെ മാത്രം മുന്നോട്ട് നീക്കുക എന്നതാണ് മസ്തിഷ്കത്തിന്റെ അധോഘടനയുടെ പ്രധാന ധർമ്മം. ചിലപ്പോഴൊക്കെ ചിന്തിക്കാൻ ശേഷിയുള്ള നിയോകോർട്ടെക്സിന് ആവശ്യമായ വിവരങ്ങളെക്കൂടി പരിഗണിച്ചുകൊണ്ടാണ് ഇത് പ്രവർത്തിക്കുന്നത്.

ഏതുതരത്തിലുള്ള പെരുമാറ്റവും വെളിവാകുന്നതിന് ഏതാണ്ട് നൂറ് മില്ലിസെക്കന്റുകൾക്ക് മുൻപുതന്നെ പ്രസ്തുത പെരുമാറ്റത്തിനുള്ള സന്നദ്ധത മസ്തിഷ്കത്തിൽ ഉറപ്പിച്ചു കഴിഞ്ഞിരിക്കും.

ഉച്ച സമയങ്ങളിൽ സൂര്യവെളിച്ചത്തിന്റെ തീവ്രത ഏറുകയും, ഉയർന്ന ഊഷ്മാവും ഉയർന്ന തോതിലുള്ള നീലവെളിച്ചവും പ്രത്യക്ഷമാകുന്നുണ്ടെങ്കിലും സന്ധ്യയാകുന്നതോടെ ഇതിനത്രയും സാരമായ കുറവ് വരുന്നതോടെ നമ്മുടെ മസ്തിഷ്കത്തിന്റെ കീഴ്ഘടന (Replilian brain) ഉറങ്ങാനുള്ള സന്ദേശം അയച്ചുതുടങ്ങും.

മനുഷ്യശരീരവും മസ്തിഷ്കവും പരിണമിച്ചുവന്നത് പ്രസക്തമായ വിവരങ്ങളെമാത്രം സ്വീകരിക്കുന്നതിനിണങ്ങുന്ന രീതിയിലായതിനാലാണ് ഇങ്ങനെ സംഭവിക്കുന്നത്. അക്കാരണത്താൽ തന്നെ ചില സന്ദർഭങ്ങളിൽ നേരിയ അവ്യക്തമായ വിവരങ്ങളുടെ അടിസ്ഥാനത്തിൽപോലും നൈമിഷികമായ ചടുലതീരുമാനങ്ങൾ കൈക്കൊള്ളാൻഇടവരാറുണ്ട്.

ഇതേപോലെ കറുപ്പ് അല്ലെങ്കിൽ വെളുപ്പ് എന്ന രീതിയിൽമാത്രം എന്തിനെയും തരം തിരിച്ചുകാണുന്നതുമൂലം ഒന്നുകിൽ ശരി അതല്ലെങ്കിൽ തെറ്റ് എന്ന വിഭജനയുക്തിയിൽ മാത്രം ചിന്തിക്കുന്നതിനായി നമ്മൾ പരിശീലിപ്പിക്കപ്പെടുന്നുണ്ട്. ഒരു ക്ലാസ്സുമുറിക്കകത്ത് വെച്ച് രണ്ട് കുട്ടികൾ പരസ്പരം കലഹിക്കുന്ന സന്ദർഭത്തിൽപോലും ഇത്തരം യുക്തികൾ അവലംബിക്കുന്നത് കാരണം അതിലെ ഒരു കുട്ടിയെ

നിർദ്ദോഷിയെന്നും മറ്റെ കുട്ടിയെ കുഴപ്പക്കാരൻ എന്നും തീരുമാനി ക്കാൻ പ്രേരിപ്പിക്കപ്പെടാവുന്നതാണ്. സിനിമകളിൽ പ്രത്യക്ഷപ്പെട്ടു ന്ന നായകൻ സമൂഹത്തിലെ എല്ലാ നന്മകളുടെയും ആദർശകഥാപാ ത്രമായി തോന്നാനിടവരുന്നതും ഇക്കാരണം കൊണ്ട് തന്നെയാണ്.

ഒന്നുകിൽ ഒരു കാര്യം/വസ്തുത സ്വീകരിക്കുക അതല്ലെങ്കിൽ അതിനെ തള്ളിക്കളയുക എന്ന യുക്തിയാണ് അടിസ്ഥാനമസ്തിഷ്കം അവലംബിക്കാറുള്ളത്. തെറ്റ്, ശരി എന്ന വിഭജന യുക്തിയുടെ അടി സ്ഥാനത്തിൽ ചിന്തിക്കുന്നവരോട് ഏതെങ്കിലും ഒരു കാര്യം തെറ്റാണെ ന്ന് ബോധ്യപ്പെടുത്താൻ ശ്രമിക്കുന്നത് മൂലം യഥാർത്ഥത്തിൽ അത്തരം പെരുമാറ്റ രീതികൾ പ്രബലപ്പെടുക മാത്രമേ ഉള്ളൂ. മില്ല്യൻ കണക്കിന് വർഷങ്ങൾക്കകത്ത് സ്വായത്തമാക്കപ്പെട്ട അനുഭവങ്ങൾ മുഖേന രൂപം കൊണ്ട ചില പ്രതികരണരീതികളായി മാത്രമേ ഇവയെ കാണാൻ കഴിയുകയുള്ളൂ. ഇതിന് പകരം ഇങ്ങനെയുള്ള പെരുമാറ്റങ്ങൾക്ക് അല്പം കാലതാമസം വരുത്തുകയാണെങ്കിൽ മസ്തിഷകത്തിലെ കൂടുതൽ മെച്ചപ്പെട്ട തരത്തിൽ ചിന്തിക്കാൻ പ്രേരിപ്പിക്കുന്ന ഇടങ്ങൾ മതിയായ തോതിൽ പ്രവർത്തിക്കാനിടവരുകയും തങ്ങളുടെ സാഹചര്യത്തെ കുറച്ചുകൂടി വ്യത്യസ്തമായി വിലയിരുത്തുന്നതിനുള്ള പ്രാപ്തി നേടുകയും ചെയ്തേക്കാം.

പ്രാചീന കാലഘട്ടത്തിൽ ഗുഹാവാസിയായി ജീവിച്ചിരുന്ന നമ്മുടെ പൂർവികർക്ക് ഗുഹയുടെ കടുത്ത ഇരുട്ടിനെ കീറി മുറിച്ചു കൊണ്ട് പുറത്തു നിന്ന് ഉച്ചത്തിൽ വരുന്ന ഏതൊരു ശബ്ദത്തിനെതിരെയും പൊരുതാ നുള്ള മുന്നൊരുക്കം നടത്തുക മാത്രമായിരുന്നു ഏക മാർഗം.

പര്യാപ്തമായ വിവരങ്ങൾ ലഭിച്ചില്ലെങ്കിൽ പോലും ഉടനടി നിഷേ ധാത്മകമായി ചിന്തിക്കുക എന്നത് പലപ്പോഴും പ്രാചീന കാലം മുതൽ തന്നെ മനുഷ്യ ചരിത്രത്തിന്റെ പതിവ് രീതിയായി മാറിയിട്ടുണ്ട്. അസ്വാഭാവികമായ എന്തിനെയും അപകടകരമായി കാണുക എന്നത് മനുഷ്യരുടെ മനോഘടനയിൽ അന്തർലീനമായ തത്വമായി ഇതിനകം തന്നെ മാറിയിട്ടുണ്ട്. കൂടുതൽ വിവരങ്ങൾക്കായി കാത്തുനിൽക്കുന്നത് ജീവന് ആപത്തായേക്കാമെന്ന കാലപ്പഴക്കം വന്ന ചിന്തയാണ് ഇതിന് കാരണമായി വർത്തിക്കുന്നത്.

അത് കൊണ്ട് കൂടിയായിരിക്കാം എളുപ്പത്തിൽ നിഷേധാത്മക ചിന്തക്കടിപ്പെടുക (negative thinking) എന്നത് പ്രാചീന മസ്തിഷ്ക പ്രവർത്തിനെത്തിന്റെ പൊതു സ്വഭാവമായി മാറിയത്. എന്താണ് സംഭവിച്ചുകൊണ്ടിരിക്കുന്നത് എന്ന കാര്യത്തിൽ പെട്ടന്നുതന്നെ തീരുമാനത്തിലെത്തുക എന്നതിനാണ് ഇത്തരം സാഹചര്യങ്ങളിൽ മുൻതൂക്കം ലഭിക്കുന്നത്.

നേരിയ തോതിലുള്ള അനിശ്ചിതത്വത്തിന്റെ നിഴൽ തട്ടിയാൽപോലും ചുറ്റുപാടിനെ സസൂക്ഷ്മം നിരീക്ഷിച്ച് കൊണ്ട് ആസന്നമാകാനിടയുള്ള നാശത്തെയാണ് നമ്മുടെ പ്രാചീനമസ്തിഷ്കം കാണാൻ ശ്രമിക്കുന്നത്. ഇങ്ങനെ എടുത്തുചാടി തീരുമാനങ്ങൾ കൈക്കൊള്ളുന്നവർ ഏത് തരം ഊഹാപോഹത്തിനും എളുപ്പത്തിൽ അടിപ്പെടാൻ/വഴങ്ങാൻ സാധ്യതയുള്ളവരാണ്. ലോകാവസാനത്തെക്കുറിച്ചുള്ള പ്രവചനങ്ങൾ പോലെയുള്ള ഏത് തരം ഊഹാധിഷ്ഠിത പ്രവചനങ്ങളിലും ഇത്തരക്കാർ എളുപ്പം ഇരയാവാറുണ്ട്. ഇവർക്ക് ലഭിക്കുന്ന ഏതൊരു നിഷേധാത്മക വിവരവും മുൻകാലത്ത് നേരിട്ട അതിജീവനത്തിനുവേണ്ടി നടത്തിയ പൊരുതലിനെ ഓർമ്മിപ്പിക്കുന്നതായിരിക്കും.

ശിലായുഗത്തിലുള്ള മനുഷ്യർ എപ്പോഴും ശുഭാപ്തിചിന്തയോടെ ജീവിച്ചിരുന്നെങ്കിൽ പല ആപത്തുകളും നമുക്ക് കാണാൻ കഴിയാതെ വരുകയും മനുഷ്യവംശം തന്നെ അപകടപ്പെടുകയും ചെയ്യുമായിരുന്നു എന്ന് അനുമാനിക്കാവുന്നതാണ്. അടിസ്ഥാന മാനസിക പ്രവർത്തനത്തിന് ആരംഭം കുറിച്ച മസ്തിഷ്കം അതിന് ലഭ്യമായ സമയവും ഊർജ്ജവും പരമാവധി വിനിയോഗിച്ചുകൊണ്ട് തീരുമാനമെടുക്കുന്നതിനായി വികസിച്ചുവന്നിട്ടുള്ളതാണ്. ഏറ്റവും അനുയോജ്യമായ തീരുമാനം മാത്രമാണ് മുൽനിരയിലെത്തുന്നത്.

ഉദാഹരണത്തിന്, നമ്മുടെ മുൻപിൽപെടുന്നത് അപകടകാരിയായ മൃഗമാണോ നിരുപദ്രവിയാണോ എന്നത് ഉടൻ തീരുമാനിക്കപ്പെടേണ്ടതാണ്. ചില സന്ദർഭങ്ങളിൽ നിരുപദ്രവിയായ മൃഗത്തെപോലും ആക്രമിച്ചേക്കാനുള്ള സാധ്യതകൂടി ഈ മാനസിക പ്രതികരണരീതി ബാക്കിവെക്കുന്നുണ്ട്. നമുക്ക് പരിചയമില്ലാത്ത ഭാഷയിലും ദേശത്തിലും നിന്നെല്ലാം ഭിന്നമായ ആരെങ്കിലും നമ്മുടെ വീട്ടിൽ വന്നാൽപോലും അയാൾ ശത്രുവാണോ/അപകടകാരിയാണോ എന്ന് ഒരു വേള സംശയിക്കുക എന്നത് സ്വാഭാവികമാണ്. ഓടുന്ന പട്ടിക്ക് ഒരു മുഴം മുൽപെ എന്ന നാടോടി തത്വത്തിനു സമാനമായ ഒരു തന്ത്രമായി ഇതിനെ കണക്കാക്കാവുന്നതാണ്. മൃഗത്തെ സംബന്ധിച്ച എല്ലാ പ്രത്യേകതകളും നിർദ്ധരിക്കുന്നതിന് പകരം ചെന്നായയെപോലെ തോന്നുന്ന മൃഗത്തിന് നേരെ അമ്പ് തൊടുക്കുകയാണ് നല്ലത് എന്ന പ്രാചീന ചിന്തയുടെ തുടർച്ചയായി മാത്രമേ ഇത്തരം സംശയങ്ങളെ കാണേണ്ടതുള്ളൂ.

അപകടകരം/നിരുപദ്രവം, സമീപിക്കാവുന്നത്/അപ്രാപ്യമായത് എന്ന രീതിയിൽ എല്ലാറ്റിനെയും വർഗീകരിച്ച് കാണുന്നതാണ് നല്ലത് എന്നത് കൊണ്ട് കൂടിയാവണം ഇതിലേതെങ്കിലും ഒന്ന് എളുപ്പത്തിൽ സ്വീകരിക്കുക എന്ന മട്ടിലുള്ള തീരുമാനം കൈക്കൊള്ളാനിടയാകുന്നത്.

പുലിയുടെ രൂപസാദൃശ്യമുള്ള മൃഗത്തെപോലും പുലിയായി മനസി ലാക്കുന്നതാണ് അതിന്റെ ഇരയാവുന്നതിനേക്കാൾ നല്ലത് എന്ന തോന്നലാണ് ഇത്തരം സന്ദർഭങ്ങളിൽ പ്രവർത്തിക്കുന്നത്.

പുതുമസ്തിഷ്കത്തിന്റെ സങ്കല്പനങ്ങൾ രൂപപ്പെടുത്താനുള്ള കഴിവ് ഏറെ പതുക്കെയായതിനാൽ തന്നെ ഇതിന് വേണ്ടി ജീവൻ അപകടപ്പെടു ത്താനാവില്ല എന്നതാണ് ഇവിടെയും മാനസിക പ്രവർത്തനത്തിന്റെ ആധാരതത്വമായി നിൽക്കുന്നത്.

ദ്വന്ദാത്മകമായ(binary thinking) ഇത്തരത്തിലുള്ള ചിന്തകൾവഴി അടിസ്ഥാനാവശ്യങ്ങൾ നിറവേറ്റാൻ കഴിയുന്നുണ്ട് എന്നതിനാലാണ് ഇത് മനുഷ്യവംശത്തിന്റെ ചരിത്രത്തിൽ തന്നെ നിർണ്ണായക സ്വാധീനം ചെലുത്തിക്കൊണ്ടിരിക്കുന്നത്. ഒന്നുകിൽ അന്യൻ നമ്മുടെ ശത്രു അതല്ലെ ങ്കിൽ മിത്രം എന്ന മട്ടിലുള്ള ചിന്തയാണിത്.

ഒരു ആൺകുട്ടിക്ക് മറ്റൊരു പെൺകുട്ടിയോട് ഉള്ളു കൊണ്ട് അടുപ്പം തോന്നുമ്പോൾ ആ പെൺകുട്ടി അവനു മുഖം കൊടുക്കാതെ പോകുകയാ ണെങ്കിൽ പോലും ഒന്നുകിൽ അവനോട് അവൾക്ക് ഇഷ്ടമല്ല എന്നോ അതല്ലെങ്കിൽ അവന്റെ മൂകത നോക്കാൻ നാണമുള്ളതിനാലാവാം അങ്ങിനെ നടന്നകന്നത് എന്ന ചിന്തയാണ് പലപ്പോഴും എളുപ്പത്തിൽ പ്രകടമാകാറുള്ളത്. ഇതിന് പകരം എന്ത് കൊണ്ട് അവൾ അങ്ങനെ നടന്നു എന്ന് കൃത്യമായി മനസിലാക്കണമെങ്കിൽ കൂടുതൽ ഉയർന്നു ചിന്തിക്കാൻ തയ്യാറാവേണ്ടതുണ്ട്. അതിനാവട്ടെ കൂടുതൽ സമയവും ഊർജ്ജവും വിനിയോഗിക്കേണ്ടതായി വരും. ഇതുകൊണ്ടൊക്കെ തന്നെയാവണം നൈമിഷിക തീരുമാനങ്ങളിലേക്ക് എടുത്തു ചാടാനി ടയാകുന്നത്.

വൈകാരികമായെടുക്കുന്ന തീരുമാനങ്ങളുടെ പിൻബലത്തിൽ ഒട്ടേറെ പ്രശ്നങ്ങളെ പരിഹരിക്കാൻ കഴിഞ്ഞവരായിരുന്നു നമ്മുടെ പൂർവ്വികർ. വികാരങ്ങൾക്ക് സ്വയം പ്രവർത്തിക്കുന്ന നാഡീവ്യവസ്ഥയെയും, ശ്വസ നത്തെയും, വിയർപ്പിനെയും, ഹൃദയമിടിപ്പ് ഉൾപ്പെടെയുള്ള അനേകം ശാരീരിക പ്രതികരണസംവിധാനങ്ങളെയും സ്വാധീനിക്കാൻ കഴിയും. ദേഷ്യം തോന്നിയാൽ മാത്രമേ ഏതൊരാൾക്കും പൊരുതാനുള്ള ശക്തി സംഭരിക്കാൻ കഴിയുകയുള്ളൂ. ഭയം തോന്നിയാൽ മാത്രമാണ് ഒന്നുകിൽ ഓടി ഒളിക്കുന്നതിനോ അതല്ലെങ്കിൽ ചത്തതുപോലെ കിടന്നുകൊണ്ട് ശത്രുവിൽനിന്ന് രക്ഷപ്പെടാനോ കഴിയുകയുള്ളൂ.

ഇങ്ങനെയുള്ള സന്ദർഭങ്ങളിൽ നമ്മുടെ ശാരീരിക നിലകളിൽ പല തരത്തിലുള്ള മാറ്റങ്ങളും പ്രത്യക്ഷപ്പെടുക സാധാരണമാണ്. ശരീര താപനിലയും, ശബ്ദത്തിലുള്ള ഇടർച്ചയും, ശ്വാസഗതിയിലുള്ള

വേഗതയും എല്ലാം ഇത്തരത്തിലുള്ള മാറ്റങ്ങളുടെ പ്രതിഫലനമാണ്. മറ്റുള്ളവർ നമ്മളോട് കാണിക്കുന്ന പെരുമാറ്റത്തിൽമാറ്റം വരുത്തിക്കൊണ്ട് നമുക്കുള്ള നേട്ടങ്ങൾ ഉറപ്പിക്കാൻ ഉപകരിക്കുന്നവയാണ് ഇങ്ങനെയുണ്ടാകുന്ന എല്ലാ ശാരീരിക മാറ്റങ്ങളും.

എന്നാൽ വികാരങ്ങൾക്ക് അല്പായുസ് മാത്രമേ ഉള്ളൂ എന്നതാണ് ഇതിന്റെ മറുപുറം. ഏതെങ്കിലും സന്ദർഭങ്ങളിൽ ദേഷ്യം കുറേക്കാലം കൊണ്ടുനടക്കാൻ കഴിയുന്നത് അതിനെ സാധൂകരിക്കുന്ന തരത്തിലുള്ള യുക്തികൾ ബോധപൂർവ്വം നിർമ്മിച്ചുകൊണ്ടായിരിക്കും.

മനുഷ്യവംശത്തിന്റെ ചരിത്രത്തിൽ പ്രാരംഭഘട്ടങ്ങളിൽ ഒന്നിലധികം ഇണകളെ നേടിയെടുക്കുന്നതിനായുള്ള പുരുഷാധിപത്യ പ്രവണതകൾ ഏറെ ശക്തമായിരുന്നു. ഇണകൾക്ക് വേണ്ടി നടന്ന ഇത്തരം കടുത്ത മത്സരങ്ങളുടെ ഭാഗമായി കൂടിയാണ് കാലക്രമത്തിൽ ആക്രമണവാസനയും ശക്തിപ്പെട്ട് വന്നത്.

ഇപ്രകാരം പുരുഷന്മാർക്കിടയിൽ നടന്ന കടുത്ത മത്സരങ്ങളുടെ തുടർച്ചയായാണ് അപകടങ്ങളെ നേരിടാനും സാഹസികതകൾക്ക് മുതിരുന്നതിനുമുള്ള താത്പര്യം പുരുഷന്മാരിൽ ശക്തി പ്രാപിച്ചത്. ഇത്തരത്തിലുള്ള താത്പര്യങ്ങളുടെ പാർശ്വഫലങ്ങൾ പോലെയാണ് സാഹസികമായവാഹന ഉപയോഗവും, മയക്ക് മരുന്നുപയോഗവും ഉൾപ്പെടെ രൂപപ്പെട്ടു വന്നത് എന്ന് അനുമാനിക്കാവുന്നതാണ്. വ്യത്യസ്ത തരത്തിലുള്ള അനുഭൂതികൾ ലഭ്യമാകുന്ന അനുഭവങ്ങൾക്കായി ഇത്തരത്തിലുള്ള കാര്യങ്ങളിലേക്ക് ഏറെ പെട്ടെന്ന് തന്നെ ആകർഷിക്കപ്പെടാനുള്ള സാദ്ധ്യതകൾ അനവധിയാണ്. ഇങ്ങനെയുള്ള അനുഭൂതിദായകമായ അനുഭവങ്ങളുടെ ഭാഗമായി ഉണ്ടാവാനിടയുള്ളപ്രത്യാഘതങ്ങളെ കുറിച്ചുള്ള ഉത്ക്കണ്ഠ ഇത്തരക്കാരിൽ വളരെ ദുർബ്ബലമായിട്ടാണ് കാണാറുള്ളത് എന്നാണ് സക്കർമാൻ, കുഹി എന്നീ ചിന്തകർ അഭിപ്രായപ്പെടുന്നത്.

ഇണകൾക്ക് വേണ്ടി നടക്കുന്ന മത്സരങ്ങളിലും വേട്ടയാടലിലും എല്ലാം പുരുഷന്മാർഏർപ്പെടുന്നത് പ്രാചീന കാലങ്ങളിൽ പതിവായതുകൊണ്ട് കൂടിയാവണം ഇങ്ങനെ അപകടങ്ങളെ അവഗണിച്ചു കൊണ്ട് സാഹസികമായി സഞ്ചരിക്കുന്നതിനും, ഇത്തരം പെരുമാറ്റങ്ങൾ കാണിക്കുന്നതിലും പുരുഷന്മാർ മുൻപന്തിയിൽ നിൽക്കുന്നത്. കുറഞ്ഞ കാലയളവിനുള്ളിൽ ചില ലക്ഷ്യങ്ങൾ നേടിയെടുക്കാനുള്ള കഠിനമായ താത്പര്യവും, എടുത്തുചാട്ട പ്രകൃതവും അധീശത്വതാത്പര്യവും, മത്സരബോധവും, ലൈംഗികോത്തേജനവും ഒക്കെ പരസ്പരം ബന്ധപ്പെട്ടിരിക്കുന്നവയാണ്.

പെരുമാറ്റങ്ങളിൽ വിലക്കുകൾ വീഴുന്നതിന് ഇടനിലയായി വർത്തിക്കുന്നത് Seretonin എന്ന രാസഘടകമാണെങ്കിൽ എന്തിനെയും സമീപിക്കുന്നതിനും നേട്ടങ്ങളിൽ ശ്രദ്ധയുറപ്പിക്കുന്നതിനും എല്ലാം സഹായിക്കുന്ന തരത്തിലാണ് Dopamine എന്ന ന്യൂറോട്രാൻസ്മിറ്റർ പ്രവർത്തിക്കുന്നത്. ഇത് കൂടാതെ പുരുഷന്മാരിലെ കൂടിയ അളവിലുള്ള ടേസ്റ്റസ്റ്റിറോൺ എന്ന ഹോർമോണിന്റെ സ്വാധീനവും ഇത്തരത്തിലുള്ള പെരുമാറ്റങ്ങൾക്ക് അടിത്തറ ഒരുക്കുന്നുണ്ട്.

അനുഭൂതിദായകമായ ജീവിതം കൊതിക്കുന്നവർക്കിടയിൽ അപകടങ്ങളെ തൃണവൽക്കരിച്ച് പെരുമാറുന്നതിനുള്ള താല്പര്യങ്ങളാണ് മികച്ച് നിലൽക്കുന്നത്. പുരുഷന്മാർക്കിടയിൽ കാണുന്ന അനുഭൂതിജന്യമായ അനുഭവങ്ങളിലേക്കുള്ള അമിതമായ അടുപ്പം ഒരളവോളം ഡോപമിൻ ഉത്തേജക വ്യവസ്ഥയുടെകൂടി പ്രവർത്തനഫലമായി കാണാവുന്നതാണ് എന്ന് Zuckermann അഭിപ്രായപ്പെടുന്നുണ്ട്.

സാമൂഹ്യവിരുദ്ധ പെരുമാറ്റത്തിനും കുറ്റകരമായ പ്രവൃത്തികളിലേർപ്പെടാനുള്ള പ്രേരണകളുടെയും കാരണങ്ങളിൽ പലപ്പോഴും പ്രധാനമായി വരുന്നത് കുറഞ്ഞ അളവിലുള്ള ആത്മനിയന്ത്രണ ശേഷി ആണെന്നാണ് തെളിഞ്ഞിട്ടുള്ളത്. Eusenck & Eysencek ന്റെ വ്യക്തിത്വമാതൃകയനുസരിച്ച് (Two factor theory of personality Measurement) എടുത്തുചാട്ടപ്രകൃതം ബഹിർമുഖ സ്വഭാവത്തിന്റെ (Extrovert behavior) പാർശ്വഫലം കൂടിയായാണ് പ്രകടമാവുന്നത്.

മസ്തിഷ്കപ്രവർത്തനത്തിലുണ്ടാവുന്ന ദുർബ്ബലതകൾ, ഉയർന്ന് ചിന്തിക്കാനുള്ള ശേഷിയില്ലായ്മ എന്നിവ കാരണം ഉടനടി ഉണ്ടാവുന്ന സമ്മർദ്ദങ്ങൾക്കടിപ്പെട്ട് പ്രവർത്തിക്കാനിടവരുന്നതിനാലാണ് എടുത്തുചാട്ടപെരുമാറ്റം ഉറച്ച് വരുന്നത്.

ലൈംഗിക ഹോർമോണുകളുടെ ആധിക്യം നിമിത്തവും സാഹസിക സ്വഭാവവും, ക്ഷിപ്രകോപവും ഒക്കെ ഉണ്ടാവാനിടയുണ്ടെന്ന് പഠനങ്ങൾ സാക്ഷ്യപ്പെടുത്തുന്നുണ്ട്. ഇങ്ങനെയുണ്ടാകുന്ന ഒട്ടേറെ പ്രവർത്തനവൈകല്യങ്ങളുടെ ഭാഗമായാണ് ശ്രദ്ധക്കുറവ്, അമൂർത്തമായി ചിന്തിക്കാനുള്ള കഴിവ് കുറവ്, കാര്യങ്ങൾ ആസൂത്ര്ണം ചെയ്ത് നടപ്പിൽവരുത്തുന്നതിലുള്ള പരാജയം എന്നിവ സംഭവിക്കുന്നത്. മയക്കുമരുന്നുകൾക്കടിപ്പെടുന്നവരിലും മദ്യപാനാസക്തിയുള്ളവരിലും ഇത്തരത്തിലുള്ള എടുത്തുചാട്ടപെരുമാറ്റം (Impulsive Behaviour)സാധാരണമാണ്.

ഇത്തരത്തിലുള്ള പെരുമാറ്റങ്ങളെ നിയന്ത്രണപരിധിയിൽ കൊണ്ടുവരുന്നതിന് Ventro medical prefrontal cortex വിശേഷിച്ച് പുറത്തുനിന്ന് ലഭിക്കുന്ന വിവരങ്ങളെ കൂട്ടിയിണക്കി വിശകലനം ചെയ്യാൻ

സഹായകരമായ ഓർബിറ്റോ ഫ്രണ്ടൽ കോർട്ടക്സ് (Orbito Frontal Cortex) Ventral Anterior Cortex എന്നീ മസ്തിഷ്കഭാഗങ്ങളുടെ ഇടപെടൽ പ്രസക്തമാണെന്ന് പഠനങ്ങൾ ചൂണ്ടിക്കാട്ടുന്നു.

എടുത്തുചാട്ട സ്വഭാവമുള്ളവരിലേറെയും ആഗ്രഹിക്കുന്നത് പെട്ടെന്ന് ലഭിക്കുന്ന ചില നേട്ടങ്ങളെ ഉറപ്പിച്ചെടുക്കുക എന്നത് മാത്രമാണ്. ഇപ്രകാരം നേട്ടങ്ങൾകൈവരിക്കാൻഅനുവർത്തിക്കുന്ന തന്ത്രങ്ങളുടെ ഫലമായി ഭാവിയിൽ എന്തെല്ലാം ബുദ്ധിമുട്ടുകൾ നേരിട്ടാലും അതിനെയെല്ലാം അവഗണിച്ചുകൊണ്ട് മുന്നോട്ട് പോകുകയാണ് ഇത്തരക്കാർ ചെയ്യാറുള്ളത്. ഉടനടിയുള്ള ആഗ്രഹസഫലീകരണം, ലക്ഷ്യസാക്ഷാത്ക്കാരം എന്നിവയാണ് എടുത്തുചാട്ട പ്രകൃതമുള്ളവരിലേറെയും ഉന്നം വെക്കുന്നത്.

അവനവനെക്കുറിച്ച് മാത്രം ചിന്തിക്കുന്നതിനപ്പുറം മറ്റുള്ളവർക്ക് തങ്ങളുടെ പ്രവൃത്തി മൂലം ഉണ്ടാകാനിടയുള്ള പ്രശ്നങ്ങളെക്കുറിച്ചു കൂടി ചിന്തിക്കുക വഴി ഇത്തരം പെരുമാറ്റ രീതികളെ ഒരു പരിധിവരെ നിയന്ത്രിക്കാവുന്നതാണ്.

വളർച്ചയുടെ വിവിധ ഘട്ടങ്ങളിൽ മുതിർന്നവരിലൂടെ ലഭിക്കുന്ന പല അനുഭവങ്ങളെയും ഒപ്പിയെടുക്കാനുള്ള (imprint) കഴിവ് എതൊരു ശിശുവിലും സഹജമായിത്തന്നെ നിലനിൽക്കുന്നുണ്ട്. പിൽക്കാലത്ത് കാലക്രമത്തിൽ വികസിച്ചുവരുന്ന നമ്മുടെ വ്യക്തിത്വത്തെയും ആത്മബോധത്തെയും ചിട്ടപ്പെടുത്തുന്നതിൽ ഇതിന് വലിയ സ്വാധീനം ചെലുത്താൻ കഴിയും. കുഞ്ഞുങ്ങൾക്ക് രക്ഷിതാക്കളെ തിരിച്ചറിയാൻ കഴിയുന്നത് പോലും ഇപ്രകാരമുണ്ടാകുന്ന മുദ്രണങ്ങൾ മുഖേനയാണ്.

Lorenz എന്ന ethologist താറാവുകുഞ്ഞുങ്ങളിൽ നടത്തിയ പഠനം ഈ വഴിക്കുള്ള വലിയ മുന്നേറ്റമാണെന്ന് വേണം കരുതാൻ. രക്ഷിതാവും കുഞ്ഞും തമ്മിലുള്ള പരസ്പരമുള്ള അടുപ്പത്തിന്റെ ആധാരമായി വർത്തിക്കുന്നതും ഇതുതന്നെയാണ്.

മനുഷ്യരെല്ലാം തന്നെ ഒരേ അനിച്ഛാപൂർവ്വമായ ശാരീരിക പ്രതികരണം (reflexes) ഉള്ളവരാണെങ്കിലും ഓരോ വ്യക്തിയും പിന്നിട്ട വളർച്ചയുടെയും വികാസത്തിന്റെയും പ്രത്യേകതകൾക്കനുസരിച്ചുള്ള മാറ്റങ്ങൾ പെരുമാറ്റങ്ങളിൽ പ്രകടമായിരിക്കും എന്നുമാത്രം. കുടുംബം, അയല്പക്കം, സ്കൂൾ, ഓരോ വ്യക്തിയും ഉൾപ്പെടുന്ന മതം, സംസ്കാരം എന്നിവയൊക്കെ നമ്മുടെ സവിശേഷ പെരുമാറ്റ രീതികളെ സ്വാധീനിക്കുന്നതിൽ നിർണായകമാണ്.

നമ്മൾ ഓരോരുത്തരും നേരിടേണ്ടിവരുന്ന ഏതൊരനുഭവത്തിനും നാഡികോശങ്ങൾക്കിടയിലുള്ള പരസ്പരബന്ധത്തെയും

വളർച്ചാനിരക്കിനെയും നിശ്ചയിക്കാനുള്ള പ്രാപ്തി ഉണ്ട്. ഓരോ വ്യക്തിയും പിന്തുടരുന്ന വിശ്വാസങ്ങൾ, മൂല്യങ്ങൾഎന്നിവയെല്ലാം ഇത്തരത്തിലുള്ള ജീവശാസ്ത്രപ്രക്രിയകളുടെ അനന്തരഫലങ്ങളായി ഉണ്ടാകുന്നവയാണ്. കാടിന്റെ പരിസരങ്ങളിൽ ജീവിക്കേണ്ടി വന്ന പ്പോൾ താത്കാലികമായി ലഭിക്കുന്ന ആഹാരവും മറ്റ് സാധ്യതകളും ഉപയോഗപ്പെടുത്തിക്കൊണ്ട് മുന്നോട്ട് പോകുന്നതായിരുന്നു ഏറെ സൗകര്യപ്രദമായിരുന്നത്. വരാനിരിക്കുന്ന അനിശ്ചിതമായ നേട്ട ങ്ങൾക്കായി കാത്തിരിക്കുന്നത് ചിലപ്പോൾ അപകടകരമാവാം എന്ന തോന്നൽ തന്നെയാവണം ഇത്തരം സ്വഭാവങ്ങളെ നിലനിർത്താൻ പ്രേരണയായത് എന്നാണ് മിഹസോട്ട യൂണിവേഴ്സിറ്റിയിലും മറ്റും നടന്ന പഠനങ്ങളും വെളിവാക്കിയിട്ടുള്ളത്.

ആധുനിക മനുഷ്യരും ഇതിൽ നിന്ന് പൂർണമായി മുക്തരാണെ ന്ന് പറയുക വയ്യ. ഉടനടിയുള്ള നേട്ടങ്ങൾ സമ്പാദിച്ചുകൂട്ടുക എന്നത് തന്നെയാണ് ഭൂരിഭാഗം ആളുകളും ആഗ്രഹിക്കുന്നത്. ഷെയർ മാർക്ക റ്റുകളും ലോട്ടറി സംവിധാനങ്ങളുമൊക്കെ ഇത്തരത്തിലുള്ള പെരുമാറ്റ രീതികളുടെ തുടർച്ചയും കൂടിയാണ്.

മൂന്ന് വയസ്സിൽ താഴെയുള്ള കുട്ടികളിൽ ആത്മാവബോധം ഉറച്ചിട്ടില്ലാത്തതിനാൽ പല കാര്യങ്ങളിലും ഇവർ ഉടനടിയുള്ള ലക്ഷ്യ സാധ്യങ്ങൾക്കായിണങ്ങുന്ന പെരുമാറ്റമാണ് കാഴ്ച വെയ്ക്കാറുള്ളത്. Marshmallow എന്ന പേരിലുള്ള പരീക്ഷണാനുഭവം വഴി കുട്ടികളിലെ ഇങ്ങനെയുള്ള പെരുമാറ്റത്തെക്കുറിച്ച് പഠിക്കാൻ കഴിഞ്ഞിട്ടുണ്ട്.

എന്നാൽ ചില ആളുകളിൽ ശാരീരികമായ പക്വത ആർജ്ജി ച്ചാൽപോലും മാനസികമായ പക്വത പ്രാപിക്കണമെന്ന് നിർബ്ബന്ധ മില്ലാത്തതുകൊണ്ടാണ് ചില വ്യക്തികളിൽ എടുത്തുചാട്ടസ്വഭാവവും ആഗ്രഹിക്കുന്നതെന്തും ഉടൻ നടന്നു കിട്ടണമെന്നും മറ്റും ശഠിക്കുന്ന സ്വഭാവങ്ങളും നിലനിൽക്കുന്നത്.

നീലനിറമുള്ള ഒരുതരം പക്ഷികളിൽ നടത്തിയ ദീർഘകാലത്തെ പഠനത്തെ അവലംബിച്ചുകൊണ്ട് ഡേവിഡ് സ്റ്റീഫൻസ് പറയുന്നത് നീട്ടിവെക്കപ്പെടുന്ന ഒരു നേട്ടം നിഷേധിക്കപ്പെടുന്ന ഒരു നേട്ടത്തി നെപോലെയാണെന്ന് തന്നെയാണ്. സമയം ചെല്ലുന്നതിനനുസരിച്ച് സാഹചര്യങ്ങൾ മാറിവരുന്നതോടൊപ്പം ഒരു പ്രത്യേക അവസരത്തിൽ കിട്ടാനിടയുള്ള നേട്ടം മറ്റൊരു സമയത്ത് ലഭ്യമാകും എന്ന് ഉറപ്പിക്കാൻ കഴിയില്ല.

മാത്രമല്ല, പക്ഷികളുടെ കാര്യത്തിലും മറ്റു വനവാസി ജീവികളിലും ഇങ്ങനെയുള്ള കൂടുതൽ മെച്ചപ്പെട്ടത് എന്ന തെരഞ്ഞെടുപ്പ് ഏറെ

അപൂർവ്വമായി മാത്രമേ വിജയം കാണുകയുള്ളൂ എന്നതും ഇതിനു കരണമാകാവുന്നതാണ്. ഏറെ വിദൂരമായ ഭാവിയിൽ കിട്ടാനിടയുള്ള നേട്ടങ്ങൾക്ക് വേണ്ടി കാത്തിരിക്കേണ്ടതില്ല എന്ന തത്വമാണ് മനുഷ്യരുൾപ്പെടെയുള്ള ഏതൊരു മൃഗത്തിന്റെയും ആധാരയുക്തി.

ആധുനിക സമൂഹത്തിൽ ഒന്നുകിൽ ഇത് അല്ലെങ്കിൽ മറ്റൊന്ന് എന്നുള്ള തെരഞ്ഞെടുപ്പിന്റെ സമ്മർദ്ദത്തിൽ പെട്ട് കൊണ്ടാണ് ഓരോ വ്യക്തിയും ജീവിക്കേണ്ടിവരുന്നത്. എന്നാൽ, വൈകി കിട്ടുന്ന നേട്ടങ്ങളെ ലക്ഷ്യം വെച്ച് പ്രവർത്തിക്കാൻ കഴിയുന്നത് വഴി മാത്രമാണ് മനുഷ്യർക്ക് അവർ നേടിയ ഒട്ടുമിക്ക നേട്ടങ്ങളും ഉറപ്പിക്കാൻ കഴിഞ്ഞിട്ടുള്ളത്. ബിസിനസ് മേഖല മുതൽ ശാസ്ത്രമേഖല വരെ ഉള്ള എല്ലാ ഉയർച്ചയും വർത്തമാനാവശ്യങ്ങളുടെ ചെറുപരിധി ലംഘിക്കാൻ കഴിഞ്ഞത് കൊണ്ടുണ്ടായിട്ടുള്ളവയാണ്. വിദ്യാഭ്യാസം, വിവാഹം എല്ലാം ഇതിൽ ഉൾപ്പെടുത്താവുന്നതാണ്.

എടുത്തുചാട്ട പ്രകൃതം എന്നത് ആധുനിക സമൂഹത്തിൽ ഒരു പ്രതികൂല സ്വഭാവം മാത്രമായേ കാണാൻ കഴിയുകയുള്ളൂ. ക്ഷമയോടെ കാത്തിരുന്നു പ്രവർത്തിക്കാൻ കഴിയുന്ന കുട്ടികൾക്കാണ് ജീവിതത്തിൽ വിജയം വരിക്കാൻ കഴിയുന്നത് എന്ന് ഒട്ടേറെ പഠനങ്ങൾ സ്ഥിരീകരിച്ചിട്ടുണ്ട്. എന്ത്കൊണ്ടായിരിക്കും നമുക്ക് ആഗ്രഹപൂർത്തീകരണത്തിന് വേണ്ടി കാത്തിരിക്കുന്നതിൽ പ്രയാസം നേരിടുന്നത്?

നാടോടികളായി ജിവിച്ച കാലഘട്ടങ്ങളിൽ ലഭ്യമായ ഏത് വിഭവവും മുൻപിൻ ചിന്തയില്ലാതെ എടുക്കുന്നതിൽ യാതൊരു വിധത്തിലുമുള്ള ശിക്ഷയും ഏറ്റുവാങ്ങേണ്ടി വരാത്തതുമൂലം ഇത്തരം സ്വഭാവങ്ങൾ മനുഷ്യരുടെ സാമാന്യസ്വഭാവമായി മാറുകയാണുണ്ടായത്.

ലിംഗപരമായി നോക്കിയാൽ ഇത്തരം സ്വഭാവങ്ങൾ സ്ത്രീകളിൽ അപൂർവ്വമായി മാത്രമേ കാണാറുള്ളൂ. സ്ത്രീകൾ ഏറെയും അവരുടെ താത്പര്യങ്ങളിൽ പല വിധത്തിലുള്ള ഒത്തുതീർപ്പുകൾക്ക് വിധേയരാവുക സാധാരണമാണ്. തന്റെ കുഞ്ഞിന് ലഭ്യമായ വിഭവങ്ങൾ പങ്കു വെക്കേണ്ടിവരും എന്ന കാരണംകൊണ്ട് കൂടി സ്ത്രീകളിൽ താരതമ്യേന മിതമായ തോതിൽ മാത്രമേ എടുത്തുചാട്ടപ്പെരുമാറ്റം കണ്ടു വരാറുള്ളൂ എന്നത് സവിശേഷ ശ്രദ്ധയർഹിക്കുന്നുണ്ട്. കുഞ്ഞുങ്ങളുടെ ആവശ്യങ്ങളെ പരിഗണിക്കേണ്ടത് നിമിത്തം തന്റേതായ പലതും ഇവർക്ക് വേണ്ടെന്ന് വെക്കേണ്ടി വരുക സ്വാഭാവികമാണ്.

തങ്ങളോട് മോശമായി പെരുമാറുന്നവരോട്പോലും മിതമായ തോതിൽ പ്രതികരിച്ചുകൊണ്ടാണ് ഒട്ടുമിക്ക സ്ത്രീകളും ജീവിക്കേണ്ടിവരുന്നത്. കുട്ടികളിൽ കാണുന്ന അനഭിലഷണീയമായ സ്വഭാവങ്ങളോട്

പോലും ശാന്തമായി പ്രതികരിക്കാൻ കഴിയുന്നത് പുരുഷന്മാരെ അപേക്ഷിച്ച് സ്ത്രീകൾക്കാണെന്ന് പറയുന്നതും ഇക്കാരണത്താലാണ്.

എന്നാൽ, ഇതിനു അപവാദങ്ങൾ ഇല്ലെന്ന് പറയാൻ കഴിയില്ല. കുട്ടിക്കാലത്തുണ്ടായ അവഗണനയുടെയോ തെറ്റായ പരിചരണ രീതികളുടെയോ ഫലമായി പെൺകുട്ടികളിലും എടുത്തു ചാട്ട പെരുമാറ്റങ്ങൾ ഉണ്ടാകാവുന്നതാണ്. ഇത് കൂടാതെ, കുടുംബ ജീവിതത്തിലുണ്ടാവുന്ന പല തരത്തിലുള്ള കഷ്ടപ്പാടുകളുടെ ഭാഗമായും ചില സ്ത്രീകൾ ഇത്തരം പെരുമാറ്റങ്ങൾ കാണിക്കാറുണ്ട്.

എടുത്തുചാട്ട സ്വഭാവത്തെ നിർണ്ണയിക്കുന്നതിൽ ചുറ്റുപാടിനും പഠനാനുഭവങ്ങൾക്കും ജനിതക ഘടകങ്ങൾക്കുമുള്ള സ്വാധീനം ഇതിനകം തന്നെ തെളിഞ്ഞുകഴിഞ്ഞിട്ടുണ്ട്. എന്നിരുന്നാലും ഇത്തരം സ്വഭാവങ്ങളെ തീരുമാനിക്കുന്നതിൽ പ്രധാനപ്പെട്ട നാല് കാരണങ്ങളാണ് ഉള്ളതെന്ന് പറയപ്പെടുന്നു.

ഒരു പ്രത്യേക കാര്യം അടിയന്തര പ്രാധാന്യമുള്ളതാണെന്നു തോന്നുകയും, അത് നീട്ടി വെച്ച കഴിഞ്ഞാൽ കനത്ത പ്രത്യാഘാതങ്ങൾ ഉണ്ടാവാമെന്ന തോന്നലിനിടയാകുകയും ചെയ്താൽ ഇത്തരം പെരുമാറ്റങ്ങൾ പ്രകടമായേക്കും. താത്കാലികമായുണ്ടായ ആവശ്യത്തിന് മാത്രമായിരിക്കും ഇത്തരം അവസരങ്ങളിൽ മുൻതൂക്കം ലഭിക്കുന്നത്. ഏതെങ്കിലും ഒരു ലക്ഷ്യം നേടുന്നതിനായി നടത്തേണ്ടിവരുന്ന നിരന്തര പരിശ്രമത്തിലേർപ്പെടാനുള്ള ശേഷിയില്ലായ്മയുടെ ഭാഗമായിപ്പോലും ഇങ്ങനെയുള്ള സ്വഭാവങ്ങൾ ഉണ്ടാകാവുന്നതാണ്. ഇതല്ലാതെ, ഒരുകാര്യത്തിലും അതിന്റെ വരും വരായ്കകളെ /പ്രത്യാഘാതങ്ങളെ മുൻനിർത്തി തീരുമാനമെടുക്കാനുള്ള പ്രാപ്തിക്കുറവ് കൊണ്ടും ഇതുപോലെയുള്ള സ്വഭാവങ്ങൾ വികസിച്ച വരാവുന്നതാണ്. പെട്ടെന്ന് ലഭിക്കുന്ന അനുഭൂതിദായകമായ അനുഭവങ്ങൾക്കായുള്ള അമിത ഉത്സാഹം നിമിത്തവും ഉടനടി പ്രവർത്തിക്കുക എന്ന സ്വഭാവം രൂപപ്പെടാവുന്നതാണ്.

ഏതൊരു പ്രവൃത്തിയെയും അതുണ്ടാക്കാനിടയുള്ള നേട്ടങ്ങളെയും കോട്ടങ്ങളെയും കുറിച്ച് വ്യത്യസ്തകാഴ്ചപ്പാടുകളിലൂടെ പരിശോധിക്കാനുള്ള കെല്പ് ആർജ്ജിച്ചെടുക്കുക എന്നത് മാത്രമാണ് ഇങ്ങനെയുള്ള പെരുമാറ്റങ്ങളെ മറികടക്കുന്നതിനായി സ്വീകരിക്കാവുന്ന ഉചിതമായ മാർഗം.

മുൻവിധിയുടെ പാഠങ്ങൾ

ആയിരകണക്കിന് വർഷങ്ങളിൽ നിലനിന്ന പല രൂപത്തിലുള്ള മത്സരങ്ങളുടെയും, പോരാട്ടങ്ങളുടെയും ചരിത്രമാണ് നമ്മുടെ ഗോത്ര കാല ജീവിതത്തെ അടയാളപ്പെടുത്തുന്നത്. ഈ മത്സരങ്ങളിൽ ഏതു ഗോത്രമാണോ തങ്ങളുടെ വിഭവങ്ങളും ആൾബലവും വർധിപ്പിച്ചു കൊണ്ട് സ്വന്തം തലമുറയിൽ പെട്ടവരെ വളർത്തി കൊണ്ട് വന്നത് അവർക്കു മാത്രമാണ് വിജയം ഉറപ്പിക്കാൻ കഴിഞ്ഞിട്ടുള്ളത്. ഇതിന്റെ തുടർച്ചയെന്നോണമാണ് സ്വന്തം കൂട്ടത്തിൽപ്പെട്ടവരുടെ ഗുണ ഗണങ്ങളെ മഹത്വീകരിക്കാനും അപര ഗ്രൂപ്പുകളെ പറ്റിയുള്ള തെറ്റായ മുൻവിധികൾ നിർമിക്കാനും ഇട വന്നത്. പിൽക്കാലത്ത് മതങ്ങളും മറ്റു സാമുദായിക രൂപങ്ങളും വികസിച്ച് വന്നപ്പോഴും ഇതേ രീതിയിൽ സ്വന്തം വിഭാഗത്തെ മഹത്വവത്കരിക്കുന്നതിനും, മറ്റു വിഭാഗങ്ങളെ മൂല്യ രഹിതമായി ചിത്രീകരിക്കുന്നതിനും അനുകൂലമായ മുൻവിധികൾ നിർമിക്കപ്പെട്ടിട്ടുണ്ട്.

ഇത്തരം ഗോത്രപരമായ മുൻവിധികൾക്കു സ്വന്തം ഗോത്രത്തിന്റെ കാര്യക്ഷമത കൂട്ടാൻ കഴിഞ്ഞേക്കാമെങ്കിലും ഇതിന് വിലയായി നൽകേണ്ടിവരുന്നത് നമ്മുടെ യുക്തിബോധം തന്നെയാണ് എന്നതാണ് വേദനാജനകം. ഇങ്ങനെയുള്ള സമീപനങ്ങളുടെ ഫലമായി സ്വന്തം ഗോത്രത്തിനു എതിരായി വരാനിടയുള്ള എന്ത് വസ്തുതയെയും തള്ളിക്കളയുകയും തങ്ങൾക്ക് അനുകൂലമെങ്കിൽ ഏതു തെറ്റായ വസ്തുതയെയും ന്യായീകരിക്കുന്നതിനും ഇത് വഴി സാധിക്കും.

നമ്മുടെ മനസ്സ് ഒന്നിലധികം സാഹചര്യങ്ങൾ നേരിട്ടുകൊണ്ട് മുന്നേറുന്ന ഒരു വ്യവസ്ഥയാണ്. വ്യത്യസ്തങ്ങളായ ആവശ്യങ്ങളെ

നിറവേറ്റുന്നതിനായി ഭിന്ന മാർഗങ്ങൾ വികസിപ്പിച്ചുകൊണ്ടാണ് മനസ് അതിന്റെ ചരിത്രം പിന്നിട്ടത്. ആദിമ കാലഘട്ടത്തിൽ അനിവാര്യമായി തീർന്ന അടിസ്ഥാന ആവശ്യങ്ങളുടെ പരിഷ്കരിച്ച രൂപങ്ങൾ മാത്രമായാണ് ഇന്ന് നാം നേരിടുന്ന ആവശ്യങ്ങളൊക്കെയും വികസിച്ചു വന്നത്.

നിലനിൽപ്പുമായി ബന്ധപ്പെട്ട അടിസ്ഥാന പ്രശ്നങ്ങളെ പരിഹരിക്കുന്നതിനായി വികസിപ്പിച്ചെടുത്ത വ്യത്യസ്ത മാർഗങ്ങൾ അവലംബിക്കുക മൂലമാണ് നമ്മൾ അനുഭവിക്കുന്ന സങ്കീർണമായ ജീവിത ക്രമം രൂപപ്പെട്ടിട്ടുള്ളത്. നമ്മളിൽ ഉടലെടുക്കുന്ന ഭീതിയും, ആനന്ദവും, ലജ്ജയും ഇപ്രകാരം വ്യത്യസ്തങ്ങളായ ആവശ്യങ്ങൾ പരിഹരിക്കുന്നതുമായി ബന്ധപെട്ടു കൊണ്ട് വളർന്നുവന്ന പെരുമാറ്റങ്ങളാണ്.

ഇത്തരത്തിലുള്ള വൈകാരികതകളുമായി ബന്ധപ്പെടുന്ന ഒട്ടനവധി പ്രശ്നങ്ങളെ നേരിടുന്നതിന്റെ ഭാഗമായി ഒട്ടനവധി മുൽവിധികൾ കലർന്ന തീരുമാനങ്ങളെടുക്കാൻ നാം നിർബ്ബന്ധിതരാവാറുണ്ട്. ഇങ്ങനെയുള്ള ഏതൊരു മുൻവിധിയും പ്രകൃത്യാ തന്നെ സ്വാഭാവികമായ തെരഞ്ഞെടുപ്പിന് വിധേയമായി രൂപം കൊണ്ട പ്രതികരണ രീതികളാണ്. ഇവയിൽ ചില മുൻവിധികൾ യാഥാർത്ഥ്യത്തിന്റെ തന്നെ വികലരൂപമായിരിക്കാം. ഉദാഹരണമായി, കയറിനെ പാമ്പായി കരുതുന്നത് ഇത്തരമൊരു മുൻവിധി തന്നെയാണ്. ഇവിടെ കയറിനെ അവഗണിക്കുന്നതിനേക്കാൾ നമ്മുടെ നിലനില്പിന് പിന്തുണയായി തീരാനിടയുള്ളത് കയറിനെ പാമ്പായി കാണുന്നതാണ്. കാരണം ഒരുവേള ഇത് ഒരു പാമ്പായിരുന്നാൽ നിലനില്പ് തന്നെ അപകടത്തിലാവും. അതുകൊണ്ട് ചില സാഹചര്യങ്ങളിൽ ഇത്തരത്തിൽ യാഥാർത്ഥ്യത്തെ തെറ്റായി മനസ്സിലാക്കുന്നത് നമ്മുടെ നിലനില്പിന് അനുകൂലമാവാം.

ഗുഹാവാസികളായി ജീവിച്ച കാലങ്ങളിൽ പ്രവർത്തിച്ച ചില മുൻവിധികൾ ഇപ്പോഴും ചില സാഹചര്യങ്ങളിൽ നമുക്ക് സഹായകരമാവാറുണ്ട്.

നമ്മുടെ ശരീരവും നാഡീവ്യവസ്ഥയും ഒന്നുംതന്നെ അടിസ്ഥാനപരമായ യാതൊരു മാറ്റത്തിനും വിധേയമായിട്ടില്ല. അക്കാരണത്താൽതന്നെ എല്ലായ്പ്പോഴും യുക്തിയുക്തമായ തീരുമാനങ്ങൾ കൈക്കൊള്ളാൻ കഴിയണമെന്ന് നിർബന്ധവുമില്ല.

കൊഴുപ്പേറിയ ഭക്ഷണസാധനങ്ങളോടുള്ള നമ്മുടെ ആർത്തിക്ക് ഇപ്പോഴും മാറ്റമൊന്നും വന്നിട്ടില്ല. ഇതിനൊരു തെളിവാണ് അമേരിക്ക പോലുള്ള വികസിത രാഷ്ട്രങ്ങളിൽ പോലും പൊണ്ണത്തടി (obesity) ഒരു മുഖ്യ പ്രശ്നമായി തീർന്നിരിക്കുന്നത്. കൊഴുപ്പുള്ള ആഹാരം താരതമ്യേന ദുർബ്ബലമായിരുന്ന കാലത്ത് ഇത് പ്രശ്നമായിരുന്നില്ലെങ്കിലും ഇന്ന്

അത്തരം ആഹാരങ്ങൾ അനുയോജ്യമായ ഗണത്തിൽ പെടുന്നവയല്ല.

കൊഴുപ്പിന്റെ ദൗർലഭ്യം അനുഭവിച്ച നമ്മുടെ പൂർവ്വികരുടെ കോശസ്തരത്തിൽ കൊഴുപ്പ് സൂക്ഷിച്ചുവെക്കുക എന്നത് അവരുടെ അതിജീവനത്തിനു ഗുണകരമായിരുന്നു. പക്ഷെ കൊഴുപ്പ് കലർന്ന ഭക്ഷണം സുലഭമായി കഴിഞ്ഞിരിക്കുന്ന ഇന്നത്തെ ചുറ്റുപാടിൽ കൊഴുപ്പിനോടുള്ള ആർത്തി ഒരു പ്രതികൂല ഘടകമായി തീരുകയാണുണ്ടായത് കൊഴുപ്പിനോടുള്ള നമ്മുടെ ആർത്തി (മുൻവിധി കലർന്നുള്ള ശീലം) ഒരു പ്രതികൂലഘടകമായിമാറുകയാണുണ്ടായത്. ഇതേപോലെ തന്നെയാണ് മധുരപദാർത്ഥങ്ങളോടുള്ള നമ്മുടെ അത്യാസക്തി നമ്മുടെ ആരോഗ്യത്തിന് പ്രതികൂലമായി മാറിയത്.

പ്രാചീന സാഹചര്യത്തിൽ ഗ്ലൂക്കോസ് അടങ്ങിയ ഭക്ഷണപദാർത്ഥങ്ങൾ വിരളമായിരുന്നതിനാൽ നമ്മുടെ ശരീരത്തിൽ ഗ്ലൂക്കോസ് സൂക്ഷിച്ചുവെക്കുന്ന ഒരു പ്രത്യേകത രൂപപ്പെട്ടുവരുകയായിരുന്നു. എന്നാൽ ഗ്ലൂക്കോസ് സമൃദ്ധമായി കിട്ടുന്ന ഇന്നത്തെ സാഹചര്യത്തിൽ നമ്മുടെ മധുരപദാർത്ഥങ്ങളോടുള്ള നേരത്തെ രൂപം കൊണ്ട അത്യാഗ്രഹം ഭാരമായി മാറുകയാണുണ്ടായത്. അത് കാരണമായിരിക്കാം നമ്മുടെ ജനസംഖ്യയിൽ വലിയൊരളവോളം ഡയബറ്റിസിനും മറ്റും ഇരയാവുന്നത്.

സാങ്കേതികമായി നമ്മൾ നേടിയ ഇത്രയധികം നേട്ടങ്ങൾക്ക് നടുവിലും നമ്മുടെ ശരീരവും സഹജസ്വഭാവങ്ങളും ഏറെയൊന്നും മാറ്റത്തിന് വിധേയമായിട്ടില്ല എന്നതാണ് യാഥാർത്ഥ്യം. നമ്മൾ നടത്തുന്ന ഏതൊരു തെരഞ്ഞെടുപ്പും ഏതാനും ആവശ്യങ്ങളെ മുൻനിർത്തി മാത്രം രൂപപ്പെട്ടവയാണ്.

ശാരീരികാഘാതത്തിൽനിന്ന് ഒഴിഞ്ഞുനിൽക്കുക, രോഗങ്ങളിൽനിന്ന് രക്ഷപ്പെടുക, സുഹൃത്തുക്കളെ/ബന്ധുക്കളെ ഉണ്ടാക്കുക, അന്തസ് നിലനിർത്തുക, ഇണയെ സമ്പാദിക്കുക, ഇണയെ സംരക്ഷിക്കുക, കുടുംബത്തെ പരിപാലിക്കുക തുടങ്ങിയവയാണ് ഇതിൽ അടിസ്ഥാനപരമായ ആവശ്യങ്ങളായി വരുന്നത്.

ഏതാണ്ട് പതിനായിരം വർഷങ്ങൾക്ക് മുൻപ് കാർഷിക ജീവിതരീതി ആരംഭിച്ചതിനെ തുടർന്നാണ് നമ്മുടെ മനോഘടനയിൽ തന്നെ അവിശ്വസനീയമായ മാറ്റങ്ങൾക്ക് തുടക്കം കുറിച്ചത്. വ്യക്തി ജീവിതത്തിന്റെയും സാമൂഹ്യ ജീവിതത്തിന്റെയും താത്പര്യങ്ങൾ പരസ്പരം സങ്കർഷത്തിലേർപ്പെടാത്ത തരത്തിൽ എടുക്കുന്ന ഏതൊരു തീരുമാനത്തിനും നമ്മുടെ വംശ ചരിത്രത്തെ മുന്നോട്ടു കൊണ്ട് പോകാൻ കഴിയും. എന്നാൽ, ഇത്തരം തീരുമാനങ്ങൾ അതാതു സമയത്തെ

ആവശ്യങ്ങളെ മാത്രം മുൻനിർത്തിയുള്ളതായാൽ ഭാവിയിൽ അപ്രതീക്ഷിതമായ തിരിച്ചടികൾ ഉണ്ടാകാനുള്ള സാദ്ധ്യതകൾ ഏറെയാണ്.

വിശാലമായ ഭൂപ്രദേശത്തെ വരച്ചുവെക്കുന്ന ഭംഗിയുള്ള (landscape) ചിത്രങ്ങളിലേക്ക് നമുക്കുള്ള ആകർഷണത്തെ നിശ്ചയിക്കുന്നത്പോലും നമ്മുടെ പൂർവ്വികർ തുറന്ന സാവന്നകളിൽ (വിസ്തൃത പ്രദേശങ്ങളിൽ) ജീവിച്ചതിന്റെ അനുഭവങ്ങളുടെ തുടർച്ച കൂടിയാണ്. ജോൺ ഡിബാളിംങ്ങും ജോൺഫാക്കും നടത്തിയ പ്രസിദ്ധമായ പരീക്ഷണത്തിൽ/പഠനത്തിൽ പരാമർശിക്കുന്നത് പ്രകാരം, വിശാലമായ മൈലുകളോളം നീണ്ടുകിടക്കുന്ന ഭൂപ്രദേശത്ത് നമ്മുടെ ശത്രുക്കളെ നേരെ വ്യക്തമായി കാണാനും അതുവഴി സുരക്ഷിതമായ ഇടങ്ങളിലേക്ക് ഒളിഞ്ഞുമാറാനും കഴിഞ്ഞതിന്റെ ഓർമ്മ നിർമ്മിച്ച മുൻവിധിയാണ് ഇത്തരം ചിത്രങ്ങൾവരെ ഇഷ്ടപ്പെടാൻ നമ്മളെ പ്രേരിപ്പിക്കുന്നത്.

1975 ൽ ബ്രിട്ടീഷ് ഭൂഗോള ശാസ്ത്രജ്ഞൻ ജേ ആപ്പ്ള്ട്ടൺ (British GeographerJay Appleton) നടത്തിയ നിരീക്ഷണം അനുസരിച്ച് ചുറ്റിലുമുള്ള അപകടസാഹചര്യത്തെ വിലയിരുത്തി നമ്മുടെ അഭയം ഉറപ്പിക്കാനുള്ള ആവശ്യവുമായി ബന്ധപ്പെട്ടുകൊണ്ടാണ് സൗന്ദര്യശാസ്ത്രസങ്കല്പങ്ങൾവരെ രൂപംകൊണ്ടിട്ടുള്ളത്.

വിശാലമായ തുറന്നചക്രവാളം കാണാനിടവരുന്നതും അതല്ലെങ്കിൽ ഒരു പ്രത്യേക കാഴ്ചപ്പാട് രൂപപ്പെടുത്തുന്നതായാലും ഒന്നുകിൽ ശത്രുവിന്റെ അസാന്നിദ്ധ്യത്തെ ഉറപ്പിക്കുന്നതിനോ അതല്ലെങ്കിൽ വെള്ളത്തിന്റെയോ ഭക്ഷണത്തിന്റെയോ സാന്നിദ്ധ്യം ഉറപ്പിക്കുന്നതിനോ ഉപകരിക്കുന്നതായിരിക്കാം (വന്യമൃഗങ്ങളൾ, ഫലവൃക്ഷങ്ങൾ, ഇവയെല്ലാം നമ്മുടെ ആകർഷണപരിധിയിൽ വരാനിടയായത് ഇതുകൊണ്ട് മാത്രമാണ്. ഒരു ഗുഹ, അറ, മലമുന എല്ലാംതന്നെ പ്രകൃതിയിൽ ലഭ്യമായിരുന്ന അഭയസ്ഥാനങ്ങളായിരുന്നു. അത്തരം ഇടങ്ങളിൽ ഒരു വേട്ടമൃഗത്തിനും എത്തിപ്പെടാൻ പറ്റമായിരുന്നില്ല. ഇങ്ങനെയാവണം ഇപ്പോഴും നമ്മുടെ സൗന്ദര്യശാസ്ത്രപരമായ ഭാവുകത്വത്തെപോലും നിറം പിടിപ്പിക്കുന്ന ഒരു മുൻവിധിയായി ഇത്തരത്തിലുള്ള സൗന്ദര്യശാസ്ത്രപ്രേരണകൾ പ്രവർത്തിക്കുന്നത്.

ഇതേ തത്വം തന്നെയാവണം കടൽതീരത്ത് ഇരിക്കുമ്പോൾ നമുക്ക് കിട്ടുന്ന സുഖത്തെ നിശ്ചയിക്കുന്നതും. അവിടെ എല്ലാം തന്നെ വ്യക്തമാണ്. കടൽ തീരങ്ങളിൽ എല്ലാം തന്നെ സുവ്യക്തമായി കാണാവുന്നതാണ് എന്നതും കൂടിയായിരിക്കാം ഇതിനൊരു കാരണമായത്. കടൽ തീരത്തിലെത്തുമ്പോൾ ഏവരും വല്ലാതെ ഉന്മേഷഭരിതരാകുന്നതിനു പിറകിലെ രഹസ്യവും ഇതാവാം. നമ്മുടെ പൂർവ്വികർജീവിച്ചിരുന്ന

അവരുടെ പഴയ ചുറ്റുപാടിൽ അതിജീവനത്തിനു ഉതകിയിരുന്ന പല വിശേഷ ഗുണങ്ങളും / സ്വഭാവ വിശേഷങ്ങളും മുൻവിധികളുടെ രൂപത്തിൽ നമ്മളിൽ ബാക്കി നിൽക്കുന്നുണ്ട്.

പാമ്പിനോടും ചിലന്തിയോടുമുള്ള ഭയം ഇന്നും നമ്മളെ വിട്ടുമാറാത്തതിന് കാരണവും മറ്റൊന്നാവാനിടയില്ല. വേട്ടയാടി ഉപജീവനം നടത്തിയ നമ്മുടെ പൂർവ്വികരെ ഭയപെടുത്തിയതും ഇതൊക്കെതന്നെയായിരുന്നു. ഇന്ന് നമ്മൾ ഏറെ ഭയക്കേണ്ടുന്നത് അമിതമായ തോതിൽ കൊഴുപ്പ് അടങ്ങിയ ഭക്ഷണസാധനങ്ങളെയും രോഗകാരണമായ വൈറസുകളെയുമാണെന്നിരിക്കെ പഴയ ഭയങ്ങൾ ഇന്നും നമ്മളെ വിട്ടുമാറുന്നില്ല.

ഒരർത്ഥത്തിൽ പറഞ്ഞാൽ മുൻവിധിയുടെ മാനസികാവസ്ഥ ഒരു തരത്തിലുള്ള ഉപയുക്തമായ മനോവിഭ്രാന്തി പോലെയാണ്. കത്തുന്ന തീയിൽവെന്തുരുകുന്നതിനേക്കാൾവരാൻ പോകുന്ന കാട്ടുതീയെക്കുറിച്ചുള്ള വ്യാജമുന്നറിയിപ്പിൽ അസ്വസ്ഥമാകുന്നതാണ് നല്ലത് എന്നത് പോലെയാണ്. നമ്മളനുഭവിക്കുന്ന ഏതൊരു പ്രത്യക്ഷാനുഭവവും അല്പം പൊരുത്തക്കേടുകളുള്ളതായിരിക്കും. (Asymmetry). ഉയർന്നുവരുന്ന ഏതൊരു ശബ്ദവും അടുത്തടുത്ത് വരുന്നതായി തോന്നുന്നതും ഇങ്ങനെയുള്ള മുൻവിധികളുടെ തന്നെ തുടർച്ചയാണ്.

Wooster College ലെ മനഃശാസ്ത്രവിഭാഗം പ്രൊഫസറായ Prof. John G Neuhof നടത്തിയ ഒരു പഠനത്തിൽ എന്തുകൊണ്ടാണ് വർദ്ധിച്ച/ഉയർന്നു പൊങ്ങുന്ന ശബ്ദം അടുത്ത് വരുന്നതായി അനുഭവപ്പെടുന്നത് എന്ന് പഠിക്കുകയുണ്ടായി. ഒരു വേട്ടമൃഗം നമ്മുടെ നേരെ വരുമ്പോൾഇത്തരമൊരു വിഭ്രാന്തി നല്ലതാണെന്നാണ് ഈ പഠനം തെളിയിക്കുന്നത്.

വ്യാജമുന്നറിയിപ്പുകളെ മുൻവിധിയോടെ കാണുന്നവരെ പിന്തുണക്കുന്ന രീതിയിലാണ് നാഡീവ്യവസ്ഥ സ്വയം ക്രമീകരിക്കപ്പെട്ടിട്ടുള്ളത് എന്നാണ് (`Paranoid Optimist') പരനോയിഡ് ഒപ്റ്റിമിസ്റ്റ് എന്ന തലക്കെട്ടോടെ പ്രസിദ്ധീകരിക്കപ്പെട്ട ഗവേഷണപ്രബന്ധത്തിൽ പറയുന്നത്. നിലനിൽപ്പിന് ഭീഷണി ഉണ്ടാകുന്ന സാഹചര്യങ്ങളിൽ ഇത് വളരെ പ്രസക്തമാണ്. ഇതേപോലെതന്നെയാണ് എന്തെങ്കിലും ഒരു വസ്തു നമ്മുടെ കാഴ്ചയ്ക്ക് നേരെ വരുമ്പോൾ അത് ഏറെ വലുതായി തോന്നുന്നത്. ഉദാഹരണത്തിന്, ഒരു പെൻസിൽ നമ്മുടെ കണ്ണിനു നേർക്ക് കൊണ്ട് വരുകയാണെങ്കിൽ അത് കണ്ണിനോട് അടുക്കുംതോറും വലുതായി തോന്നാം. ഈ വലുപ്പം വാസ്തവത്തിൽ കണ്ണിനെ അപകടപ്പെടുത്തുന്ന സാധ്യതയെ ഒഴിവാക്കാനുപകരിക്കുന്ന കാഴ്ചയിലെ ഒരു

മുൻവിധിയായി കണക്കാക്കാവുന്നതാണ്.

ഒരു മലമുനയുടെ മുകളിൽ കയറിനിന്ന് താഴേക്ക് നോക്കുമ്പോൾ താഴെ നിന്ന് മുകളിലേക്ക് നോക്കുമ്പോഴുള്ളതിനേക്കാൾ ഉയരത്തിലാണെന്ന് തോന്നുന്നതും ഇതേ തത്വം അനുസരിച്ചാണ്.

നമ്മൾ പലപ്പോഴും കരുതുന്നപോലെ ഒട്ടുമിക്ക അവസരങ്ങളിലും അത്രയേറെ യുക്തിഭദ്രമായി ചിന്തിക്കാൻ നമുക്ക് പലപ്പോഴും കഴിയാറില്ല എന്നതാണ് യാഥാർത്ഥ്യം. അപ്രസക്തമായ ഒട്ടേറെ വിവരങ്ങളെ ആശ്രയിച്ചുകൊണ്ടാണ് നമ്മൾ പല തീരുമാനങ്ങളും കൈക്കൊള്ളാറുള്ളത്. എന്നാൽ തെറ്റായ തീരുമാനങ്ങളെപോലും വിഫലമായി യുക്തിവൽക്കരിക്കാൻ നമ്മൾ ശ്രമിച്ചുകൊണ്ടേയിരിക്കും. ഇതൊന്നും തന്നെ നമ്മുടെ ബോധപൂർവ്വമായ അറിവോടുകൂടിയല്ല സംഭവിക്കാറുള്ളത്.

ചില സാമ്പത്തികമായ സാഹചര്യങ്ങളെ നേരിടേണ്ടിവരുമ്പോഴും, ഇണയെ തെരഞ്ഞെടുക്കുന്ന സാഹചര്യങ്ങളിലും എടുക്കുന്ന തീരുമാനങ്ങൾ പലപ്പോഴും തെറ്റിപ്പോകുക സാധാരണമാണ്. ഇത്തരത്തിൽ തെറ്റായ തീരുമാനങ്ങളിലേക്ക് എത്തിപെടുന്നതാവട്ടെ നേരെത്തെ സൂചിപ്പിച്ച പ്രകാരത്തിലുള്ള മുൻവിധികളുടെ ദുസ്വാധീനം നിമിത്തവും ആകാവുന്നതാണ്.

ജന്തുക്കൾക്കിടയിൽ നടത്തിയ താരതമ്യ പഠനത്തിലൂടെ പ്രധാനമായ ചില ഉൾക്കാഴ്ചകൾ സ്വരൂപിക്കാനാവും. മുൻവിധികളുടെ വംശവൃക്ഷത്തെ കണ്ടെത്താനും ഏതൊക്കെ സ്വഭാവങ്ങളാണ് (തീരുമാനങ്ങൾ) മറ്റ് Primate വിഭാഗങ്ങളുമായി നമ്മൾ പങ്കുവെക്കുന്നത്, ഏത് സ്വഭാവവിശേഷമാണ് നമ്മുടെ വംശത്തിന് സഹജമായിട്ടുള്ളതെന്നും, ഏതൊക്കെ ജ്ഞാനസമ്പാദന രീതികളാണ് (Cognitive mechanism) ചില പ്രത്യേക തീരുമാനങ്ങൾ സ്വീകരിക്കാൻ നമ്മളെ പ്രേരിപ്പിക്കുന്നത് എന്നിവ മനസ്സിലാക്കുന്നതിൽ താരതമ്യപഠനം വലിയതോതിൽ സഹായകമാണ്. നമ്മുടെ സാമൂഹ്യ ജീവിതത്തിന്റെ ബഹുവിധമായ ആവശ്യങ്ങളെ നേരിടുന്നതിനും അവക്ക് തക്കതായ പരിഹാരം കണ്ടെത്തുന്നതിനും വ്യത്യസ്തമായ മാനസിക ശേഷികളാണ് നമുക്കുള്ളത്.

ചില വ്യക്തികൾ അവരുടെ ജീവിതത്തിൽ നേരിടുന്ന പ്രശ്നങ്ങളെ ഭിന്ന മാർഗങ്ങളിലൂടെ വിശകലനം ചെയ്യുന്നതിന് പകരം ഏതെങ്കിലും ഒരു മാർഗത്തിലൂടെ മാത്രം പരിഹാരം കാണാൻ ശ്രമിക്കുന്നത് മൂലം ഒന്നുകിൽ എളുപ്പം വിജയിക്കുക അതല്ലെങ്കിൽ പരാജയപ്പെട്ട് പിൻവാങ്ങുക എന്നതിനെ അടിസ്ഥാനപ്പെടുത്തിയുള്ള സമീപനങ്ങളാവും കൈക്കൊള്ളുന്നത്. എന്നാൽ നമ്മൾ ചില സംവാദങ്ങളിൽ

ഏർപ്പെടുന്ന അവസരങ്ങളിൽപോലും പഴയ പൊരുതൽതത്വം തന്നെയാണ് അവലംബിക്കാറുള്ളത്. ഇതിന് ഉത്തമ ഉദാഹരണമാണ് തിരഞ്ഞെടുപ്പിന്റെ സന്ദർഭത്തിൽ ട്രമ്പും ജോബൈഡനും തമ്മിൽ നടന്ന സംവാദം. ഇതിൽ ഇരുവരും അറിയാതെതന്നെ നമ്മുടെ പഴകിയ പെരുമാറ്റ രീതിയാണ് അനുവർത്തിച്ചത് എന്ന് കാണാൻ കഴിയും.

നമ്മുടെ ഉള്ളറിവിനനുസരിച്ചാണ് (intuition) എല്ലാറ്റിലും ചില നിശ്ചിത ക്രമം/ഘടന കണ്ടെത്താൻ സാധിക്കുന്നത്. ഫലപ്രദമായ രീതിയിൽ ഇത്തരത്തിൽ എല്ലാറ്റിലും നിശ്ചിതക്രമം കണ്ടെടുക്കാൻ കഴിഞ്ഞാൽ വിജയം ഉറപ്പിക്കാൻ കഴിയും. ഉദാ: ഒരു പ്രത്യേക സുഹൃത്തിനോടൊപ്പം ഏറെക്കാലം ഇടപഴകുമ്പോൾ അവളിൽ/ അവനിൽനിന്ന് ലഭിക്കുന്ന ഏത് വിവരത്തെയും (signal) എളുപ്പത്തിൽ മനസ്സിലാക്കിക്കൊണ്ട് യുക്തമായി പ്രതികരിക്കാൻ കഴിയും.

നാം ഉണ്ടാക്കുന്ന ഏതൊരു സൗഹൃദവും പ്രവർത്തിക്കുന്ന രീതി നമ്മൾ പിന്നിട്ട സാവന്ന ജീവിതത്തെ ഓർമ്മിപ്പിക്കുന്നത് കൂടിയാണ്. ഒരു ഗോത്രമായി ജീവിച്ച നാളുകളിൽ നമ്മുടെകൂടെ ജീവിച്ച മറ്റുള്ളവരെ വിലയിരുത്തുന്നതിന് സഹായകമായത് അനിച്ഛാപൂർവ്വം പ്രവർത്തിച്ച (രൂപംകൊണ്ട) പ്രതികരണങ്ങൾ മാത്രമാണ്. ബോധപൂർവ്വമായ വിശകലനങ്ങൾ വഴി സ്വരൂപിച്ച യുക്തിയുടെ ബലത്തിൽ പ്രവർത്തിക്കുക എന്നത് അക്കാലങ്ങളിൽ തീർത്തും അപ്രായോഗികമായിരുന്നു.

നമുക്ക് നമ്മളെക്കുറിച്ചുള്ള ധാരണ (അവബോധം) പലപ്പോഴും തെറ്റാവാം. ബോധപൂർവ്വം നാം നമ്മളെക്കുറിച്ചുണ്ടാക്കുന്ന അവബോധം ആനപ്പുറത്തിരിക്കുന്ന പാപ്പാനെപ്പോലെയാണ് എന്ന് പറയുന്നതിൽ തെറ്റില്ല. ഒരു വ്യക്തി അയാളെ കുറിച്ച് ഉണ്ടാക്കുന്ന അവബോധം പരസ്പരം വഴതി മാറുന്ന പല സങ്കീർണ്ണമായ മാനസിക പ്രക്രിയകളുടെയും ഉത്പന്നമാണ്. അത്തരം പ്രക്രിയകളത്രയും സ്വയം പ്രവർത്തിക്കുന്ന നിയന്ത്രണ സംവിധാനമായ പ്രാചീന മസ്തിഷ്കാനുഭവങ്ങളുടെയും പുതുതായി രൂപം പ്രാപിച്ച ഏതാനും പ്രത്യേക ഉദ്ദേശ്യങ്ങളോടെ പ്രവർത്തിക്കുന്ന വ്യവസ്ഥകളുടെയും ഇടയിലാണ് പൂർത്തീകരണം നേടുന്നത്. അതുകൊണ്ട്തന്നെ നമ്മുടെ ഇന്ന് കാണുന്ന പെരുമാറ്റങ്ങളെ പൂർണ്ണമായും യുക്തിഭദ്രമെന്ന് പറയുക പ്രയാസകരമാണ്.

അറിവുമായി ബന്ധപ്പെട്ട് നമ്മൾ സൂക്ഷിക്കുന്ന പല മുൻവിധികളും പരിണാമ ചരിത്രത്തിന്റെ ശേഷിപ്പുകൾ മാത്രമാണ്. ഏറെ ചിന്തിക്കാതെ തന്നെ ചില കാര്യങ്ങളിൽ തീർപ്പ് കൽപ്പിക്കാനുള്ള ശേഷി

കാരണമാണ് വിസ്തൃതമായ ഭൂപ്രദേശങ്ങളിൽ അതിജീവിക്കാൻ നമ്മുടെ പൂർവ്വികരെ പ്രാപ്തരാക്കിയത്.

മുൻവിധികൾ പല മേഖലകളിൽ പല രീതിയിൽ പ്രവർത്തിക്കുന്നു എന്നത് ആധുനിക ജീവിതത്തിന് ഒരു വെല്ലുവിളി തന്നെയായി മാറിയിട്ടുണ്ട്. ജ്ഞാനസംബന്ധിയായ നാല് ഇനം മുൻവിധികളാണ് പൊതുവിൽ കണ്ടുവരുന്നത്.

ഒന്നാമതായി അവനവനെ/അവളവളെക്കുറിച്ചുള്ള അവ്യക്തമായ വിലയിരുത്തൽ, അന്യരെക്കുറിച്ചുള്ള വ്യക്തതയില്ലാത്ത വിലയിരുത്തലുകൾ, വരാനിടയുള്ള അപകടത്തെ സംബന്ധിച്ചുള്ള വിലയിരുത്തൽ, കൂടാതെ തനിക്ക് ലഭിക്കാനിടയുള്ള വിഭവങ്ങളെക്കുറിച്ച് പോലുമുള്ള ചില അനുമാനങ്ങൾ എന്നിവയെല്ലാം മുൻവിധികളുടെ ഫലം തന്നെയാണ്.

ഇതിൽ ഏത് തരത്തിലുള്ള മുൻവിധിയായാലും അത് പ്രകടിപ്പിക്കുന്ന ആളിന് മാനസികമായി താത്കാലിക സുഖം നൽകും. ആത്മവിശ്വാസം ഉറപ്പിച്ചുകൊണ്ട് ജീവിക്കാനും കഴിഞ്ഞേക്കാം. എന്നാൽ, ഇത് ഏറിയപങ്കും അല്പകാലത്തേക്ക് മാത്രമേ നിലനിൽക്കുകയുള്ളൂ.

കൂടുതൽ ആഴത്തിലുള്ള ചിന്ത എപ്പോഴും കൂടിയ അളവിലുള്ള മസ്തിഷ്ക ഊർജ്ജം ആവശ്യപ്പെടുന്നതായതിനാൽ എത്രയും കുറഞ്ഞ ഊർജ്ജം ചെലവിട്ടുകൊണ്ട് എത്രയും വേഗം അവനവന്റെ നിലനിൽപ്പുറപ്പിക്കുക എന്ന സ്വാർത്ഥപ്രേരിതമായ താത്പര്യം മാത്രമാണ് ഇവിടെ തെരഞ്ഞെടുപ്പിൽ വിജയിക്കുന്നത്. എന്നാൽ ഇത് കണ്ടുപിടിക്കപ്പെടുന്ന പക്ഷം മാനസികനില ആകെ താറുമാറാകുകയും ഇത്തരം ചില സാഹചര്യങ്ങളിൽ നാം ദുഃഖത്തിനടിപ്പെടാവുന്ന സാഹചര്യവും ഉണ്ടാവാകുന്നതാണ്.

നമ്മുടെ അറിവിന്റെ പരിമിതികൾമൂലമുണ്ടാകുന്ന മുൻവിധികളും ചില കാര്യങ്ങളിൽ യുക്തി പ്രയോഗിക്കുന്നതിൽ സംഭവിക്കുന്ന പിശകുകളെയും ഭിന്നമായി കാണേണ്ടതാണ്. അവനവന്/അവൾക്ക് ആവശ്യമായ വസ്തുതകൾ മാത്രം പെറുക്കിയെടുത്ത് ഒരു പ്രത്യേക കാര്യത്തെ വിശകലനം ചെയ്യാൻ മുതിരുന്നതിനെയാണ് തന്നിഷ്ടപ്രകാരമുള്ള തെരഞ്ഞെടുപ്പ് (Cherry picking) എന്ന് പറയുന്നത്. ജ്ഞാനസംബന്ധമായ മുൻവിധികളിൽ (Cognitive bias) നിന്ന് മോചിതരായാൽ ചില പരസ്യങ്ങൾ നിർമ്മിക്കുന്ന വ്യാജ നിർമ്മിതികളിൽ നിന്ന് ഒഴിഞ്ഞു നിൽക്കാൻ കഴിഞ്ഞേക്കും. അധികാരത്തിനു വേണ്ടിയും സമ്പത്തിനു വേണ്ടിയും നമ്മളെ പല തരത്തിലുള്ള ഉപജാപങ്ങൾക്കും വിധേയരാക്കാൻ ഇടയുള്ളവരിൽ നിന്നും അകന്നു നിൽക്കാൻ ഇത്

സഹായകരമായേക്കും. എന്നിരുന്നാലും, നമ്മളിൽ പ്രവർത്തിക്കുന്ന സ്വയം നിയന്ത്രണവ്യവസ്ഥ (Auto piloting system) എപ്പോഴും ശരി/തെറ്റ് ദ്വന്ദങ്ങളിൽ ചുറ്റിത്തിരിയുക സ്വാഭാവികമാണ്.

ഇതിനെ മറികടക്കുന്നതിനായി യാഥാർത്ഥ്യത്തെ സംബന്ധിച്ച സംഭവ്യതാതത്വം പകരം വെക്കാവുന്നതാണ്. യാഥാർത്ഥ്യത്തെ സംബന്ധിച്ച കൂടുതൽ വിവരങ്ങൾ ലഭിക്കുന്ന മുറയ്ക്ക് നമ്മുടെ നിലനിൽപ്പിനെ ബാധിക്കുന്ന വിവരങ്ങളെ കാലോചിതമായി പരിഷ്കരിച്ചുകൊണ്ട് മുന്നേറുക എന്നതാണ് ഏകമാർഗം. ശാസ്ത്രം അനുവർത്തിക്കുന്ന മാർഗവും ഇതു തന്നെയാണ്.

ജ്ഞാനോദയ കാലഘട്ടത്തിനു ശേഷം യുക്തിക്കും ജനാധിപത്യ മര്യാദകൾക്കും കൈവന്ന പ്രാധാന്യത്തിന്റെ അടിസ്ഥാനത്തിലാണ് അറ്മാനിഷ്ഠമായ വിലയിരുത്തലുകളിൽ ഉള്ളടങ്ങിയ നീതി നിഷേധത്തെക്കുറിച്ചും യുക്തിരാഹിത്യത്തെ കുറിച്ചും തിരിച്ചറിയാനുള്ള അവസരമൊരുക്കിയത്. ഏതൊരു തീരുമാനം കൈകൊള്ളുന്നതിന്റെയും മുന്നോടിയായി സമൂഹത്തിലെ വിവിധ വിഭാഗങ്ങളിലുള്ളവരുടെ ചിന്തകൾക്കും സമീപനങ്ങൾക്കും കൂടി ഇടം കൊടുത്തു കൊണ്ട് പരസ്പര ധാരണയുടെ വെളിച്ചത്തിൽ നടക്കുന്ന തുറന്ന സംവാദങ്ങൾക്ക് തുടക്കമായതും ഇതിന്റെ ഭാഗമായാണ്. ഇത്തരത്തിലുള്ള മാറ്റങ്ങൾ മുൻവിധികൾ മറികടക്കുന്നതിന് വലിയ അളവോളം സഹായകരമായി തീർന്നിട്ടുണ്ട്.

ഓർമ്മകളിലേക്ക്

നിങ്ങളാരാണെന്ന് ആരെങ്കിലും ചോദിക്കാനിടവന്നാൽ മറുപടി പറയണമെങ്കിൽ ഓർമ്മയുണ്ടായിരിക്കണം. ഓർമ്മകൾക്കപ്പുറം ജീവിതം അസാദ്ധ്യമാണെന്ന് മനസ്സിലാക്കുന്നതിന് ഏറെ ചിന്തിക്കേണ്ടതില്ല. എന്താണ് ഓർമ്മകൾ എന്ന അന്വേഷണത്തിന് 17ാം നൂറ്റാണ്ടിൽ തന്നെ തുടക്കമിട്ടത് ഹെർമൻ എബിഗ്വസ് (Herman Abinghaus 1850-1909) എന്ന ജർമ്മൻ മനഃശാസ്ത്രജ്ഞനാണ്. പഠനത്തെ സംബന്ധിച്ചും, ഓർമ്മകളെ സംബന്ധിച്ചും ഇദ്ദേഹം നടത്തിയ പഠനത്തെ തുടർന്ന് ഒട്ടനവധി ചിന്തകർ ഈ മേഖലയിൽ ഗവേഷണങ്ങൾ നടത്തുകയും പല സിദ്ധാന്തങ്ങളും മുന്നോട്ട് വെക്കുകയും ചെയ്തിട്ടുണ്ട്.

സമീപകാലത്ത് വികസിച്ചുവന്ന നവീനമായ സാങ്കേതിക വിദ്യകൾഉപയോഗപ്പെടുത്തിക്കൊണ്ട് ന്യൂറോ സയൻസിന്റെ മേഖലയിൽ ഉണ്ടായ പഠനങ്ങൾ നമ്മുടെ പതിവ് ധാരണകളെ എല്ലാം തിരുത്തി എഴുതാൻ സഹായിച്ചിട്ടുണ്ട്. നമ്മൾ കടന്നുപോകുന്ന ഓരോ അനുഭവങ്ങളുടെയും മാനസിക പ്രതിനിധാനങ്ങൾ സൃഷ്ടിക്കപ്പെടുന്നുണ്ട് എന്ന തിരിച്ചറിവാണ് എല്ലാ അന്വേഷണങ്ങളെയും മുന്നോട്ട് നയിച്ചത്.

നമ്മുടെ ഓരോ അനുഭവങ്ങളും വർത്തമാന സന്ദർഭങ്ങളിൽ നേരിടുന്ന ഓരോരോ പ്രശ്നങ്ങളുമായും ബന്ധപ്പെട്ടാണ് നിർമ്മിക്കപ്പെടുന്നത്. ഇതിൽ ചില അനുഭവങ്ങൾ ഭാവിയിൽ നേരിടാനിടയുള്ള പ്രശ്നങ്ങളെക്കൂടി പരിഹരിക്കുന്നതിൽ പ്രത്യക്ഷമായോ പരോക്ഷമായോ സഹായകരമാവാനിടയുള്ളവ കൂടിയായിരിക്കും. ഇത്തരം സന്ദർഭങ്ങളിലാണ് ഓരോരോ സമയങ്ങളിലും ഉണ്ടാവുന്ന അനുഭവങ്ങളെ ആശ്രയിച്ചുള്ള

വിവരങ്ങളെ ഭാഗികമായോ മുഴുവനുമായോ ശേഖരിച്ചുവെക്കേണ്ടിവരുന്നുണ്ട്. ഏതെങ്കിലും സാഹചര്യത്തിൽ ഇത്തരത്തിലുള്ള വീണ്ടെടുപ്പുകൾ നടക്കാതെ വരുകയാണെങ്കിൽ പലപ്പോഴും ജീവൻ തന്നെ അപകടത്തിലാകാനിടയുള്ള സാഹചര്യങ്ങളിൽ ചെന്ന് പെടാനുള്ള സാധ്യതകൾ തള്ളിക്കളയാനാവില്ല.

ഓർമ്മകൾ എന്നത് വിപുലമായ സാധ്യതകൾ ഉൾക്കൊള്ളുന്ന മാനസികാനുഭവമാണ്. ചില ഓർമ്മകൾ ശൈശവഘട്ടം മുതൽ തന്നെ വേര് മുളക്കുന്നതാണെങ്കിൽ മറ്റു ചിലത് വളർച്ചയുടെ പ്രത്യേക ഘട്ടം പിന്നിട്ടാൽ മാത്രം ഉടലെടുക്കുന്നവയാണ്. ശിശുക്കൾ അവരുടെ ജീവിതത്തെ അതിജീവനക്ഷമമാക്കുന്നത് അവരിൽ ഗൂഢമൂലമായിക്കിടക്കുന്ന ഓർമ്മകളുടെ ബലത്തിലാണ്. ഇത്തരത്തിലുള്ള ഓർമ്മകളൊന്നും തന്നെ അവരുടെ ബോധമണ്ഡലത്തിൽ ഇടം കിട്ടാത്തവയാണ്.

വളർച്ചയുടെ ആദ്യഘട്ടത്തിൽ പ്രവർത്തിച്ചുതുടങ്ങുന്ന ഓർമ്മകൾ നമ്മുടെ വംശചരിത്രത്തിൽ തന്നെ ആഴത്തിൽ വേരോട്ടം നേടിയവയാണ്. ഓരോ സംഭവങ്ങളെയും വേറിട്ട് ഓർത്തെടുക്കാൻ പറ്റുന്ന തരത്തിലുള്ള ഓർമ്മകൾ (episodic memory) ശക്തിപ്പെട്ട് വരുന്നത് വളർച്ചയുടെ രണ്ടാമത്തെ ഘട്ടത്തിൽ മാത്രമാണ്.

സംഭവപരമ്പരകളെ ഓർത്തെടുക്കാനുള്ള ശേഷി കൈവരിക്കുന്നതും ആത്മബോധം ഉറച്ചുവരുന്നതുമായി പരസ്പരം ബന്ധപ്പെട്ടിരിക്കുന്നു. ആത്മകഥാപരമായ ഓർമ്മകൾ ഉണ്ടാവുന്നതിനുള്ള മുന്നുപാധിയായാണ് ആത്മാവബോധം പ്രവർത്തിക്കുന്നത്. മനസ്സിൽ അന്തർലീനമായിക്കിടക്കുന്ന ഓർമ്മകളും, സംഭവപരമ്പരകൾ ഓർത്തെടുക്കാനുള്ള ശേഷിയും കൂട്ടുചേർന്ന് പ്രവർത്തിച്ചാൽ മാത്രമാണ് ഓർമ്മകളുമായി ബന്ധപ്പെട്ട ജീവിതം മുന്നോട്ട് കൊണ്ടുപോകാൻ കഴിയുന്നത്.

ഓർമ്മകളുടെ ആവിർഭാവചരിത്രം പരിശോധിക്കുന്നതിന് മനുഷ്യരുൾപ്പെടെയുള്ള മറ്റ് Primate (ആൾക്കുരങ്ങ്) വിഭാഗത്തിൽപ്പെട്ടവരുടെ ജീവിതത്തെക്കുറിച്ചുകൂടി മനസ്സിലാക്കേണ്ടതുണ്ട്.

ഓരോ ജീവിവർഗവും അവരുടെ ആഹാര സമ്പാദനത്തിനായി നടത്തേണ്ടിവരുന്ന സഞ്ചാരങ്ങളും, പ്രത്യുത്പാദനം ഫലപ്രദമായി നടത്താനായി അനുവർത്തിക്കേണ്ടിവരുന്ന തന്ത്രങ്ങളുടെയും അടിസ്ഥാനത്തിലാണ് ഓർമ്മകൾ പ്രവർത്തനക്ഷമത കൈവരിക്കുന്നത്. പുല്ലുകളും മറ്റ് സസ്യങ്ങളും ആഹരിച്ച് ജീവിക്കേണ്ടിവരുന്ന മൃഗങ്ങളെയും, ചെറിയ ഇനം കീടങ്ങളെയും മറ്റ് മാംസഭക്ഷണത്തെയും ആശ്രയിച്ച് ജീവിക്കേണ്ടി വരുന്നവയുടെയും വെല്ലുവിളികൾ തീർത്തും വിഭിന്നമാണ്.

നാൽക്കാലികളായ പശു, ആട്, എരുമ തുടങ്ങിയ മൃഗങ്ങൾക്ക് അവരുടെ ഭക്ഷണത്തിനായി ഏറെ ദൂരങ്ങൾ പിന്നിടുകയോ ഏതെങ്കിലും സൂക്ഷ്മമായ തന്ത്രങ്ങൾ മെനയുകയോ ചെയ്യേണ്ടതില്ല. അവർക്കാവശ്യമുള്ള ആഹാരത്തിനായി മുഖം പുല്ലിലേക്ക് താഴ്ത്തിക്കൊണ്ട് ലളിതമായ ചില തെരഞ്ഞെടുപ്പുകൾ നടത്തിയാൽ മാത്രം മതിയാവും. എന്നാൽഇരപിടിയന്മാരായ പരുന്ത്, ചെന്നായ എന്നിങ്ങനെയുള്ള മൃഗങ്ങൾക്ക് അവരുടെ ആഹാരത്തിനിണങ്ങുന്ന ഇരകളെ കിട്ടുന്നതിനായി ചില നിർദ്ദിഷ്ട ഇടങ്ങൾ ഓർമ്മയിൽവെക്കേണ്ടതുണ്ട്.

കാഴ്ചയിൽ നന്നേ ചെറുതായ വാലാട്ടിപക്ഷി (Humming Bird) ക്ക് പോലും താൻ ഏതാനും സമയത്തിന് മുൻപ് സന്ദർശിച്ച പൂക്കളെയും, പല ഇനം പൂക്കൾക്കിടക്ക് ഏത് പൂവിലാണ് തേൻ ഏറെയുള്ളത് എന്നും മറ്റും ഓർമ്മയിൽ സൂക്ഷിക്കാൻ കഴിയും. അതല്ലെങ്കിൽഅനാവശ്യമായ ഊർജ്ജവ്യയം ഉണ്ടാവുകയും അത് വഴി അതിജീവനം തന്നെ അപകടപ്പെടാനിടയാവുകയും ചെയ്യാം.

സഞ്ചരിച്ച് ആഹാരം സമ്പാദിക്കേണ്ടി വരുന്ന ജീവികൾക്കിടയിൽ ഓർമ്മകൾ എപ്രകാരമാണ് പ്രവർത്തിക്കുന്നത് എന്നറിയുന്നതിനുള്ള പഠനങ്ങളിലേറെയും നടന്നിട്ടുള്ളത് പക്ഷികളിൽതന്നെയാണ്. (Sherry @ Schactor) മയ്റ്റ് ബാൾഡ് എന്ന സിരാ ശാസ്ത്രജ്ഞനും, കാമിലും കൂട്ടുചേർന്ന് നടത്തിയ പഠനത്തിൽഅമേരിക്കയിൽ കണ്ടുവരുന്ന നാല് ഇനം കാർവിസ് എന്ന പക്ഷികളിൽ സ്ഥല സംബന്ധിയായ ഓർമ്മകൾ എങ്ങനെയാണ് പ്രയോജനകരമാവുന്നത് എന്നതായിരുന്നു പഠിക്കാൻ ശ്രമിച്ചത്.

ചിലതരം പക്ഷികൾ കട്ടിയേറിയ ധാന്യങ്ങൾ പൊട്ടിച്ച് കഴിക്കുന്നവയാണ്. ഇവർക്ക് ആവശ്യമായ ധാന്യങ്ങൾ എല്ലായ്പ്പോഴും സുലഭമല്ലാത്തതിനാൽ ദാരിദ്ര്യകാലത്തേക്ക് ധാന്യങ്ങൾ ഒളിപ്പിച്ചുവെക്കുക പതിവാണ്. ഇങ്ങനെ ഒളിപ്പിച്ചുവെക്കേണ്ടിവരുന്നതിന്റെ ഫലമായി തന്നെ ഇത്തരം പക്ഷികളിൽ സ്ഥലസംബന്ധിയായ ഓർമ്മകൾ താരതമ്യേന ശക്തമായി കാണുന്നുണ്ട്. ഇവ്വിധമുള്ള ഓർമ്മകൾ ഉള്ളതുകൊണ്ടാണ് അവർക്ക് ധാന്യങ്ങൾ ഒളിച്ചുവെച്ച ഇടങ്ങൾ വ്യക്തമായി ഓർത്തെടുക്കാനും അതു വഴി അവരുടെ അതിജീവന സാധ്യതകൾ വർദ്ധിപ്പിക്കാനും കഴിയുന്നത്. ഇതിന് സമാനമായ രീതിയിൽ തന്നെയാണ് പൂക്കളിലെ തേനിനെ ആശ്രയിച്ചു ജീവിക്കേണ്ടിവരുന്ന പക്ഷികളുടെ ഓർമ്മയും നിലനിൽക്കുന്നത്.

പൂക്കളിലുള്ള തേൻ വേഗം നഷ്ടമാകുന്നതിനാൽ ഓരോ പൂവും സന്ദർശിക്കുന്നതോടൊപ്പം ഇതിനകം സന്ദർശിച്ച പൂക്കളെ ഒഴിവാക്കി

പുതിയത് തേടുന്നതിന് നിർദ്ദിഷ്ട പൂക്കളുള്ള ചെടികൾ എവിടെയാണ് ഉള്ളത് എന്ന് ഓർത്തെടുത്തെ മതിയാകൂ.

ഒരു പൂവിൽ വീണ്ടും തേൻ നിറയുന്നതിനായി ശരാശരി 24 മണിക്കൂർ എടുക്കുന്നുണ്ട്. അതുകൊണ്ട് തന്നെ സവിശേഷ രീതിയിലുള്ള പ്രവർത്തനയോഗ്യമായ ഓർമ്മകളുടെ (Working Memory) സഹായത്താൽ മാത്രമേ ഇവയ്ക്ക് ആവശ്യമായ അളവിലുള്ള തേൻ സമ്പാദിക്കാൻ കഴിയുകയുള്ളൂ. ഏതൊരോർമ്മയുടെയും ആധാരതത്വങ്ങളായ എന്ത്, എവിടെ, എപ്പോൾ എന്നീ അടിസ്ഥാന അനുഭവങ്ങൾ പക്ഷികളിലും നിലനിൽക്കുന്നുണ്ടെന്ന് തെളിയുന്നത് ഇങ്ങനെയാണ്. ധാന്യങ്ങൾ പൊട്ടിച്ചുതിന്നുകയും മറ്റും ചെയ്യുന്ന പക്ഷികളിൽ ഉള്ളത് പോലെ തന്നെ മറ്റു ചില മൃഗങ്ങൾക്കിടയിൽ നിലനിൽക്കുന്ന പ്രത്യുത്പാദന സമ്പ്രദായങ്ങൾക്കനുസരിച്ചുംഓർമ്മകൾ ബലപ്പെടുന്നുണ്ട്.

വോൾസ് കുരങ്ങന്മാരിൽ നടന്ന പഠനം ഈ തിരിച്ചറിവിനെ സാക്ഷ്യപ്പെടുത്തുന്നുണ്ട്. ഇവരിൽ ഒന്നിലധികം ഇണകളുമായി ബന്ധം സ്ഥാപിക്കുന്ന (Polygamous) കുരങ്ങുകൾ വ്യത്യസ്തമായ പ്രദേശങ്ങളിലുള്ള പെണ്ണിനങ്ങളുമായി ബന്ധപ്പെടുക പതിവാണ്. ഇത്തരം കുരങ്ങുകൾക്കിടയിൽ ഒറ്റ ഇണയെ സ്വന്തമാക്കുന്ന രീതി അനുവർത്തിക്കുന്നവരെ അപേക്ഷിച്ച് സ്ഥല സംബന്ധിയായ ഓർമ്മകൾ ശക്തമാണെന്നാണ് പഠനങ്ങൾ തെളിയിച്ചിട്ടുള്ളത്.

സ്വർണ്ണനിറത്തിലുള്ള സിംഹം (Golden lion) എന്നറിയപ്പെടുന്ന മൃഗങ്ങളും ടാമറിൻകുരങ്ങുകളും (Tamerin monkeys) മിശ്രഭോജികളായതിനാൽ മതിയായ അളവിൽ ആഹാരം ശേഖരിക്കുന്നതിനായി ദൂരസ്ഥലങ്ങളിൽ പോകേണ്ടതുണ്ട്. ഇവർക്കിടയിലും സ്ഥലസംബന്ധിയായ ഓർമ്മകൾ ഏറെക്കുറെ ബലപ്പെട്ട് നിൽക്കുന്നുണ്ട്.

പഴവർഗ്ഗങ്ങളെയും, കീടങ്ങളെയും മറ്റും മാറിമാറി കിട്ടേണ്ടതിനാൽ ഇവരിൽ ദീർഘകാല സ്മൃതികൾ (Long Term Memory) നിശ്ചിത ഇടങ്ങളിൽ കിട്ടുന്ന ആഹാരങ്ങൾ കഴിച്ച് ഉപജീവനം കഴിച്ച് ജീവിക്കുന്ന മൃഗങ്ങളേക്കാൾ ഏറെ കൂടുതലായി കാണുന്നു.

എന്നാൽ മാർമോസെറ്റുകൾ പോലെ മരങ്ങളിൽനിന്ന് എളുപ്പത്തിൽ കിട്ടുന്ന കറകൾകഴിച്ച് ജീവിക്കുന്നവർക്കിടയിൽ സ്ഥലസംബന്ധിയായ ഓർമ്മകൾ ദുർബ്ബലമാണ്. ഒരിക്കൽ കറ ലഭിച്ച മരത്തിൽ തന്നെ വീണ്ടും കറയെടുക്കാവുന്ന സൗകര്യമാണ് ഇവരെ ഒരിടത്ത് തന്നെ ഒതുക്കി നിർത്തുന്നതിനിടയാക്കിയതിന്റെ മുഖ്യകാരണമായി കരുതപ്പെടുന്നത്. കുറഞ്ഞ സമയത്ത് നിലനിർക്കുന്ന ഓർമ്മകളുടെ സഹായത്താലാണ് ഇവയുടെ അതിജീവനം സാധ്യമാകുന്നത്.

എന്തുതന്നെ ഓർത്തെടുക്കാൻ ശ്രമിക്കുമ്പോഴും നിശ്ചിത ഓർമ്മയ്ക്ക് പശ്ചാത്തലമൊരുക്കിയ സന്ദർഭങ്ങളെ കൂടി ഓർത്തെടുത്താൽ മാത്രമേ അത് ഫലപ്രദമായിത്തീരുകയുള്ളൂ. ഒരു മാൻപേടക്ക് പോലും വെള്ളം കിട്ടണമെങ്കിൽ അത് ലഭിക്കുന്ന കാടിന്റെ ഭാഗം കൂടി ഓർത്തെടുക്കേണ്ടതുണ്ട്.

നമ്മുടെ ഓരോതരം ഓർമ്മയും അവ ആവിർഭവിച്ച സാഹചര്യങ്ങളുമായി സമാനതകളുള്ള സന്ദർഭങ്ങളിലാണ് എളുപ്പത്തിൽ ഓർത്തെടുക്കാൻ കഴിയുക. ഭക്ഷണം സമ്പാദിക്കുക, അപകട സാഹചര്യങ്ങളെ ഒഴിവാക്കുക, ഇണകളെ കണ്ടെത്തുക തുടങ്ങിയ ജീവിതത്തിന്റെ അടിസ്ഥാന ആവശ്യങ്ങളുമായി ബന്ധപ്പെട്ടാണ് നമ്മുടെ ഓർമ്മകൾ സൂക്ഷിക്കാനുള്ള ശേഷികൾ തന്നെ ശക്തിപ്പെട്ടുവന്നത്.

ഓരോ സാഹചര്യത്തിന്റെയും വെല്ലുവിളികളെ നേരിടുന്നതിലൂടെ രൂപപ്പെട്ട സവിശേഷ മാനസിക ശേഷികൾവഴിയാണ് ദീർഘകാലത്തെ പലവിധത്തിലുള്ള സമ്മർദ്ദങ്ങൾക്കടിപ്പെട്ടുകൊണ്ട് ഓരോ മാനസിക ശേഷിയും മനുഷ്യർക്ക് കൈവരിക്കാൻ കഴിഞ്ഞിട്ടുള്ളത് (Domain specific capabilities).

വിസ്തൃതമായ ഭൂപ്രദേശങ്ങളിൽ വേട്ടമൃഗങ്ങളെ തുരത്തുന്നതിനായി നടത്തിയ പോരാട്ടത്തിന്റെ ഭാഗമായി രൂപപ്പെട്ട ഓർമ്മകൾ മൂലമാണ് പിന്നീടുള്ള മുന്നേറ്റങ്ങളൊക്കെ നടത്താൻ മനുഷ്യ വർഗത്തിന് സാധിച്ചിട്ടുള്ളത്.

സ്വയം സുരക്ഷിതമാകുന്നതിന് യോജിച്ച തരത്തിൽ രൂപപ്പെട്ട ഓർമ്മകളാണ് മനുഷ്യരിൽഏറെയും ഉള്ളത്. അതുകൊണ്ട് തന്നെ ഈ ഓർമ്മകളൊന്നും ആധുനിക സാഹചര്യത്തിൽ ഏറ്റവും മികച്ച രീതിയിൽ പ്രവർത്തിക്കാവുന്ന വിധത്തിലല്ല വികസിച്ചുവന്നിട്ടുള്ളത് എന്നതാണ് വാസ്തവം.

മനുഷ്യചരിത്രത്തിന്റെ ആദിമഘട്ടങ്ങളിൽ നേരിടേണ്ടിവന്ന ചുറ്റുപാടുകളിലെ പ്രശ്നങ്ങളെ നിർദ്ധരിക്കുന്നതുമായി ബന്ധപ്പെട്ട ഓർമ്മകൾക്ക് മറ്റുള്ളവയെ അപേക്ഷിച്ച് കൂടുതൽ സമയം നിലനിൽക്കാൻ കഴിയുമെന്ന് അനുമാനിക്കാവുന്നതാണ്.

പുൽപ്രദേശങ്ങൾ, കാട്, കടൽ, പുറം പ്രദേശങ്ങൾ എന്നീ സാഹചര്യങ്ങളുമായി ബന്ധപ്പെട്ട് വികസിച്ച വന്ന ഓർമ്മകൾ സജീവമാകുന്നതിനുള്ള സാദ്ധ്യതകൾ ഏറെയാണ്. ഇത്തരം ചുറ്റുപാടുകളിൽ ഒറ്റപ്പെട്ടുപോകാനുള്ള സാധ്യത ഏറിയതിനാൽ പ്രാചീന കാലങ്ങളിൽ മനുഷ്യരുടെ ജീവൻ തന്നെ അപകടപ്പെടാവുന്നതിനാലാവാം ഈ ശേഷി കൈവരിക്കാൻ കഴിഞ്ഞത്.

ഓർമ്മശക്തി പരിശോധിക്കുന്ന അവസരങ്ങളിൽ മേൽ സൂചിപ്പിച്ച സാഹചര്യങ്ങളുമായി ബന്ധമുള്ള വാക്കുകൾ ഓർത്തെടുക്കാൻ കഴിയു ന്നതിന് പ്രേരിപ്പിക്കുന്നത് ഇവയിൽ ഉള്ളടങ്ങിയ സാമൂഹ്യമായ ഒറ്റപ്പെട ലിനെ സംബന്ധിച്ച ഭീതികൂടിയാണ് എന്ന നിരീക്ഷണവും പ്രബലമാണ്.

നമ്മുടെ മസ്തിഷ്കത്തിന്റെ വിവിധ ഭാഗങ്ങളിലുള്ള പ്രവർത്തനങ്ങൾ കൂട്ടുചേർന്നുകൊണ്ടാണ് എല്ലാതരത്തിലുള്ള ഓർമ്മകളും പ്രവർത്ത നക്ഷമത ആർജ്ജിക്കാനിടവരുന്നത്. ഇതിൽ ചില ഭാഗങ്ങൾക്ക് മറ്റു ള്ളവയെ അപേക്ഷിച്ച് കൂടുതൽ സ്വാധീനം ചെലുത്താൻ കഴിയുമെന്ന് മാത്രം.

ഓർമ്മകളെക്കുറിച്ചുള്ള പഠനങ്ങളിൽ ഒരു വഴിത്തിരിവായി മാറിയത് അമേരിക്കൻ പൗരനായ ഹെൻട്രി മൊളൈസണിൽ ഡോക്ടർ വില്യം സ്കോവില്ലി നടത്തിയ ശസ്ത്രക്രിയയായിരുന്നു. ഈ ശസ്ത്രക്രിയയെ തുടർന്ന് ആ രോഗിയിലുണ്ടായ മാറ്റങ്ങളാണ് ശാസ്ത്രലോകത്തെ വിസ്മ യിപ്പിച്ചത്. ഏതാനും മിനിറ്റുകൾക്ക് മുൻപ് വരെ നടന്ന ചില സംഭവങ്ങ ളെപോലും ഓർത്തെടുക്കാൻ ഇദ്ദേഹത്തിന് നേരിട്ട പ്രയാസത്തെ തുടർന്ന് മസ്തിഷ്കത്തിന്റെ ഒരു ഭാഗമായ ഹിപ്പോകാമ്പസിന് ഓർമ്മക ളുടെ നിർമ്മിതിയിൽ എത്രയേറെ പ്രസക്തിയുണ്ടെന്ന് ശാസ്ത്രലോകം ഇതിലൂടെയാണ് തിരിച്ചറിയാനിടവന്നത്. ശസ്ത്രക്രിയക്കുശേഷം ഹെൻട്രി മൊളൈസൺ എന്ന രോഗിക്ക് അരമണിക്കൂറിന് മുൻപ് നടന്ന കാര്യ ങ്ങളെ സംബന്ധിച്ചുള്ള ഓർമ്മകളെപ്പോലും ഭാവി പ്രവർത്തനങ്ങൾക്ക് സഹായകരമായ വിധത്തിൽ കൂട്ടിയിണക്കി ചിന്തിക്കാനുള്ള ശേഷി ദുർബ്ബലപ്പെടുകയാണുണ്ടായത്. സൂസന്ന കോർക്കിൻ എന്ന ന്യൂറോ സൈന്റിസ്റ്റ് തന്റെ വിഖ്യാതമായ 'The permenant present' എന്ന ഗ്രന്ഥത്തിൽ ഇദ്ദേഹത്തിനുണ്ടായിരുന്ന പരിമിതികളെക്കുറിച്ചും സാധ്യ തകളെക്കുറിച്ചും വിശദമാക്കുന്നുണ്ട്.

രണ്ടു തരത്തിലുള്ള ഓർമ്മകളാണ് നമ്മുടെ ജീവിതത്തിൽ പ്രധാ നമായി വരുന്നത്. സംഭവപരമ്പരകളെ ഓർത്തെടുത്തു കൊണ്ടും അവയ്ക്കിടയിൽ യുക്തിഭദ്രമായ ബന്ധങ്ങൾ സൃഷ്ടിച്ച കൊണ്ടുമാണ് നമുക്ക് ചെയ്യേണ്ടുന്ന ഏതൊരു പ്രവർത്തിയും നിറവേറ്റപ്പെടുന്നത്.

നിത്യജീവിതത്തിലെ പ്രധാനപ്പെട്ട ഓർമ്മകളെല്ലാം തന്നെ എപ്പി സോഡിക് ഓർമ്മകളായി (ഓരോരോ ഉപകഥകളുടെ രൂപത്തിൽ ഓർത്തുവെക്കാനുള്ള ശേഷിയെയാണ് ഇതുകൊണ്ട് അർത്ഥമാക്കു ന്നത്) സൂക്ഷിച്ചുവക്കാൻ നമുക്ക് കഴിയുന്നുണ്ട്. (episodic memory) പിന്നീടൊരവസരത്തിൽ അത്തരം ഓർമ്മകൾ വീണ്ടെടുത്തുകൊണ്ട് നിർദ്ദിഷ്ട അനുഭവങ്ങളെ പുനരുജ്ജീവിപ്പിച്ചെടുക്കാൻ കഴിയും. ജീവിത

കാലയളവിലാകെ ഇത്തരം അനുഭവങ്ങൾ ഓർത്തെടുക്കുന്നതിനുള്ള അവസരങ്ങൾ കൈവരുകയാണെങ്കിൽ അതത്രയും നമ്മുടെ മാനസിക ജീവിതത്തിന്റെ ചരിത്രവും ജീവിതത്തെ സംബന്ധിച്ച ആഖ്യാനവുമായി മാറുകയാണുണ്ടാവുക.

നമ്മളൾ ഭാഗഭാക്കായ അനുഭവങ്ങൾ തന്നെയാണ് ഓർമ്മകളുടെ അടിത്തറയായിത്തീരുന്നത്. ഒന്നുകിൽ ഇത്തരം ഓർമ്മകൾ സ്വയം ഓർത്തെടുക്കുന്നതിലൂടെയോ അതല്ലെങ്കിൽ ഇവയത്രയും മറ്റുള്ളവരുമായി പങ്കുവെക്കുന്നതിലൂടെയോ ആണ് ഇത്തരത്തിലുള്ള ഓർമ്മകൾ ജീവിതത്തെയാകെത്തന്നെ സ്വരൂപിച്ചെടുക്കാനുള്ള കെല്പ് നേടുന്നത്.

ഭാഷാർത്ഥങ്ങളുടെ അടിസ്ഥാനത്തിലും പ്രതീകങ്ങളുടെ ബലത്തിലും ലോകത്തെക്കുറിച്ച് നിർമ്മിക്കുന്ന അറിവുകളും നമ്മുടെ ഓർമ്മകളുടെ വ്യാപ്തി വർദ്ധിപ്പിക്കാൻ സഹായിക്കുന്നുണ്ട്. ഓർമ്മകൾ പലരൂപത്തിൽ പ്രവർത്തിക്കാമെങ്കിലും നമ്മുടെ എല്ലാ വിധത്തിലുമുള്ള ജ്ഞാനവും (അവബോധവും) (cognition) മസ്തിഷ്കത്തിലുണ്ടാവുന്ന പ്രതിനിധാനങ്ങളെ ആശ്രയിച്ചാണ് രൂപം കൊള്ളുന്നത്.

സിരാപടലത്തിലുണ്ടാവുന്ന ഏതൊരു പ്രതിനിധാനത്തിന്റെയും അടിത്തറയായി വർത്തിക്കുന്നത് നിയതമായ ചില ഓർമ്മകളും അതിനെ അടിസ്ഥാനപ്പെടുത്തിയുള്ള വിവിധ രൂപത്തിലുള്ള പെരുമാറ്റങ്ങളും തന്നെയാണ്.

ജനിതകമായ ചില ശേഷികളുടെ മുകളിൽ മസ്തിഷ്ക രൂപീകരണഘട്ടം മുതൽ ഓരോ അനുഭവവും ഉണ്ടാക്കുന്ന മാറ്റങ്ങൾക്കനുസരിച്ചാണ് മനുഷ്യരിലെ ജ്ഞാനവും പെരുമാറ്റങ്ങളും എല്ലാം രൂപപ്പെടുന്നത്.

ജനനാന്തരമുണ്ടാകുന്ന അനവധി അനുഭവങ്ങളിൽനിന്നും ഏതാനും അനുഭവങ്ങൾക്ക് കൈവരുന്ന പ്രാമുഖ്യത്തെ മുൻനിർത്തിയാണ് പിന്നീടുണ്ടാകുന്ന പെരുമാറ്റ രീതികളും ഓർമ്മകളും അറിവും എല്ലാം ഉറച്ചുവരുന്നത്. ഇത്തരത്തിൽ മുൻനിരയിൽ നിൽക്കാനിടവരുന്ന അനുഭവങ്ങൾക്ക് സിരാവ്യവസ്ഥയെ (neural system) തന്നെ പുനഃക്രമീകരിക്കുന്നതിനു പോലും പ്രാപ്തിയുണ്ട്.

ശരീരത്തെയും അതിന്റെ നീക്കങ്ങളെയും നിയന്ത്രിക്കുന്നത് മസ്തിഷ്കമാണെങ്കിലും, ശരീരം നടത്തുന്ന പ്രവർത്തികൾ മുഖേനയാണ് ചുറ്റുപാടിൽ പല തരത്തിലുള്ള മാറ്റങ്ങൾക്ക് തുടക്കമിടുന്നത്. ഇപ്രകാരം മാറ്റത്തിന് വിധേയമായ ചുറ്റുപാടാവട്ടെ ശരീരത്തെയും മസ്തിഷ്കത്തെയും പുനഃക്രമീകരിക്കാൻ പ്രാപ്തിയുള്ളത് കൂടിയാണ്.

ഉദാഹരണത്തിന്, ഒരു സർപ്പത്തെ കാണുന്ന മാത്രയിൽ ഭയം ഉത്പാദിപ്പിച്ചുകൊണ്ട് ശരീരത്തെ ചലിപ്പിക്കുന്നത് മസ്തിഷ്കമാണ്. തുടർന്ന് നമ്മൾ ഓടാൻ തുടങ്ങുന്നു. ഇതോടൊപ്പം ശരീരത്തിലെ ആന്തരിക രസതന്ത്രം ഒട്ടനവധി മാറ്റങ്ങൾക്ക് വിധേയമാവുന്നു. ഉത്ക്കണ്ഠയും ഭയവും ഒരു പരിധിവിട്ട് വർദ്ധിക്കുകയാണെങ്കിൽ ചില സാഹചര്യങ്ങളിൽ മരവിപ്പിന് വിധേയമായി താത്കാലികമായി ബോധരഹിതനായി കുഴഞ്ഞ് വീണെന്നും വരാം.

ഓരോ വ്യക്തിയും തന്റെ ചുറ്റുപാടുമായി സ്ഥാപിക്കുന്ന ബന്ധംവഴി ഉണ്ടാകുന്ന പരസ്പര പ്രവർത്തനത്തെ ആശ്രയിച്ചുകൊണ്ടാണ് എല്ലാതരത്തിലുമുള്ള സിരാവ്യവസ്ഥയിലെ പ്രതിനിധാനങ്ങളും സംഭവിക്കുന്നത്. (neural representations) ഏതൊരു തരത്തിലുള്ള അറിവിന്റെയും, വൈകാരികാവസ്ഥയുടെയും ഭൗതികാടിസ്ഥാനമായി നിൽക്കുന്നതിൽ ഇങ്ങനെയുള്ള പരസ്പര ബന്ധങ്ങൾ വളരെ നിർണായകമാണ്.

നമ്മളിൽ നിലനിൽക്കുന്ന ചില ഓർമ്മകളും, പെരുമാറ്റരീതികളും മറ്റു ജീവി വർഗത്തിനകത്തും ഏറെക്കുറെ സമാനമായിത്തന്നെ നിലനിൽക്കുന്നുണ്ട്. സമാനമായ രീതിയിൽ മുഖങ്ങൾ തിരിച്ചറിയാനും അവ ഓർത്തെടുക്കുന്നതിനുമുള്ള കഴിവ് ആടുമാടുകളിലും ആൾക്കുരങ്ങുകളിലും ആവിർഭവിച്ചിട്ടുണ്ട്. ഓർമ്മകളുടെ മേഖലയിൽ ഇങ്ങനെയുള്ള ഒട്ടേറെ പരിഷ്കരണങ്ങളും മാറ്റങ്ങളും കാലക്രമത്തിൽ സംഭവിച്ചിട്ടുണ്ട്.

ഹിപ്പോകാമ്പസ് പോലുള്ള മസ്തിഷ്കഭാഗങ്ങളിൽ സഞ്ചാരാവശ്യങ്ങൾക്കായി ഓർമ്മകൾശേഖരിക്കുക എന്ന ധർമ്മത്തിൽ നിന്നും ദീർഘകാല ഓർമ്മകൾ നിലനിർത്തുക എന്ന ധർമ്മത്തിലേക്ക് സ്വയം മാറ്റത്തിന് വിധേയമായത് ഇപ്രകാരമാണ്.

നമ്മുടെയിടയിൽ സാമൂഹ്യജീവിതവും മറ്റ് ഉയർന്ന മസ്തിഷ്ക പ്രവർത്തനങ്ങളും സാധ്യമാക്കുന്നതിനിടയാക്കിയ നിയോ കോർടെക്സ് (Neo cortex) എന്ന ഘടനയേക്കാൾ പഴക്കം ചെന്ന മസ്തിഷ്കഭാഗമായാണ് ഹിപ്പോകാമ്പസ് പ്രവർത്തിക്കുന്നത്. അതായത് ജീവികളുടെ ജീവിതത്തിന് പ്രസക്തമായ ഓർമ്മകൾ സൂക്ഷിക്കുന്നതിനു വേണ്ടി ഉപകരിക്കുന്ന രീതിയിലാണ് ഹിപ്പോകാമ്പസ് സസ്തനികളിൽ ഫലപ്രദമായി പ്രവർത്തിച്ചു തുടങ്ങിയത്.

വളരെ വ്യത്യസ്തമായ ചുറ്റുപാടുകളിൽ ജീവിക്കേണ്ടി വരുന്നതിന്റെ ഫലമായി അതിനിണങ്ങുന്ന മാനസിക ശേഷികളും നേടിയെടുക്കുകയാണുണ്ടായത്. ഇന്ന് കാണുന്ന സസ്തനി വിഭാഗത്തിലുള്ള പൂച്ച, പട്ടി എന്നിവയൊക്കെ ശീതരക്ത ജീവികളായ ഗൗളി, ആമ എന്നിവയുടെ പൊതു പൂർവികനിൽനിന്നാണ് ആവിർഭാവം കുറിച്ചത്. പക്ഷികളും

ഇതിനു അപവാദമല്ല. നമ്മളെ പോലെ സസ്തനി വിഭാഗത്തിൽ പെടുന്നവയും എന്നാൽ കടൽ ജീവിതവുമുള്ള ഡോൾഫിനുകൾ വരെ ഉഷ്ണരക്തമുള്ളവ തന്നെയാണ്. അവയുടെ ഓർമ്മ വെക്കാനുള്ള കഴിവ് ചില കാര്യങ്ങളിൽ നമ്മുടേതിനേക്കാൾ മെച്ചപ്പെട്ടതാണ് എന്ന് പറയാം. കുപ്പിക്കഴുത്തുള്ള ഡോൾഫിനുകൾക്ക് ഇരുപത് വർഷങ്ങൾക്ക് മുൻപ് പോലും കൂടെ താമസിച്ചിരുന്ന മറ്റു ഡോൾഫിനുകളുടെ ചൂളം വിളി ഓർത്തെടുത്തു കൊണ്ട് അവരെ തിരിച്ചറിയാൻ കഴിയുമെന്ന് ഈ മേഖലയിൽ നടന്ന പല പഠനങ്ങളും വെളിവാക്കിയിട്ടുണ്ട്. ഇത് നമ്മൾ നമുക്ക് പ്രിയപെട്ടവരുടെ പേരുകളും,ശബ്ദവും ഒക്കെ ഓർമ്മയിൽ വെക്കുന്നതിന് ഏറെക്കുറെ സമാനമായ രീതിയിലാണെന്നു കരുതാവുന്നതാണ്.

ഉഷ്ണരക്തജീവികൾക്ക് പല നേട്ടങ്ങളും കൈവരിക്കാൻ കഴിഞ്ഞിട്ടുണ്ട്. തണുപ്പുള്ള കാലത്ത് പോലും രാത്രികളിൽ ആഹാരം തേടി സഞ്ചരിക്കാൻ ഇവരെ കഴിവുറ്റവരാക്കിയതും ഇതു തന്നെയാണ്. ഇത് നേട്ടങ്ങളോടൊപ്പം പരിമിതികളും സൃഷ്ടിച്ചിട്ടുണ്ട്. ദൂരങ്ങളിൽ ആഹാരത്തിനും മറ്റും രാത്രികാലങ്ങളിൽപോലും സഞ്ചരിക്കേണ്ടി വരുന്നതിനാൽ ഇതേ വലുപ്പമുള്ള ശീതരക്തജീവികളുടേതിനേക്കാൾ രണ്ട് മൂന്ന് ഇരട്ടി ഊർജ്ജം വിനിയോഗിക്കേണ്ടി വരുന്നു എന്നതാണ് ഇവരുടെ പ്രധാന പരിമിതി. വിശ്രമവേളകളിൽപോലും സസ്തനികൾ കൂടുതൽ ഊർജ്ജ വിനിയോഗം നടത്തുന്നുണ്ട്. നിരന്തരം വെള്ളത്തിൽനീന്തിക്കൊണ്ടിരിക്കുന്ന മത്സ്യങ്ങളേക്കാൾ കൂടുതൽ ഊർജ്ജം ഇത്തരം സസ്തനിവിഭാഗത്തിലുള്ള ജീവികൾക്ക് ആവശ്യമായി വരുന്നുണ്ട്.

സ്ഥലപരമായ ഓർമകളുടെ ബലത്തിൽ മാത്രമേ ഓരോ മരച്ചില്ലകൾക്കിടക്കുമുള്ള അകലത്തെ കൃത്യമായി മനസിലാക്കികൊണ്ട് ഒരു ചില്ലയിൽ നിന്നും മറ്റൊന്നിലേക്ക് ഉന്നം വച്ച് സഞ്ചരിക്കാൻ കഴിയുകയുള്ളു. കുരങ്ങുകളെ പോലുള്ള ജീവികൾക്കൊക്കെയും അവരുടെ ജീവിതത്തെ സുരക്ഷിതമാക്കാൻ കഴിഞ്ഞത് ഇത്തരം കഴിവുകളുടെ പിൻബലത്തിൽ മാത്രമാണ്..

ഓരോ ചില്ലകളിലെയും പഴങ്ങളെയും, വിത്തുകളെയും ഉന്നംവെച്ച് എത്തിപ്പിടിക്കാനുള്ള കഴിവാണ് ചിമ്പാൻസികൾ, കുരങ്ങുകൾ തുടങ്ങിയവയുടെയല്ലാം ജീവിതത്തെ സംരക്ഷിച്ചത്.

നമ്മുടെ ഉയർന്നതരം മാനസിക പ്രവർത്തനങ്ങളായ ശ്രദ്ധ, യുക്തിഭദ്രമായ തീരുമാനങ്ങൾ കൈക്കൊള്ളുക എന്നിവയെ നിയന്ത്രിക്കുന്ന മസ്തിഷ്കഭാഗമായ പ്രീഫ്രണ്ടൽ കോർട്ടക്സ് (prefrontal cortex)

വികസിച്ചുവന്നത് പ്രധാനമായും മൂന്ന് ഘട്ടങ്ങളായിട്ടാണ്. മുൻമസ്തിഷ്ക ത്തിന്റെ പിൻഭാഗത്തായി വികസിച്ചുവന്ന ഒരു കൂട്ടം മസ്തിഷ്കകോശങ്ങൾ ആദ്യകാല സസ്തനികളിലും ആൾക്കുരങ്ങുവിഭാഗങ്ങളിലും എലികളിലും എല്ലാം ഒരേപോലെ വികസിച്ചുവന്നിട്ടുണ്ട്. രണ്ടാംഘട്ടമാകുമ്പോഴേ ക്കും ആദ്യകാല ആർക്കുരങ്ങുകളിലും നമ്മളുൾപ്പെടുന്ന ആധുനിക ആർക്കുരങ്ങുകളിലും അത് പ്രത്യക്ഷപ്പെട്ടു. മൂന്നാമത്തെ മാറ്റമാവട്ടെ മുൻമസ്തിഷ്കത്തിന്റെ മുൻവശത്തോട്ട് ചേർന്ന് വികസിച്ചുവന്ന കോശ സമുച്ചയത്തിലാണ് നടന്നത്.

ഓരോ അനുഭവത്തെയും ശേഖരിച്ചുവെക്കുകയും തുടർച്ചയായുള്ള സമാനമായ അനുഭവങ്ങളിലൂടെ അത്തരം ഓർമ്മകളെ ഉറപ്പിച്ചെടുക്കു കയും ചെയ്തു കൊണ്ടാണ് അവർക്ക് ആവശ്യമായ പോഷക സമൃദ്ധമായ ആഹാര സാധനങ്ങൾ കിട്ടാനിടയുള്ള സ്ഥലങ്ങൾ തേടി സഞ്ചരിക്കാ നും ചുറ്റുവട്ടത്തുണ്ടാകാനിടയുള്ള അപായകരമായ സാഹചര്യങ്ങളെ ഒഴിവാക്കാനും ഇത് മൂലം സാധിച്ചിട്ടുണ്ട്.

ഗന്ധം, കാഴ്ച എന്നിവയെ പ്രവർത്തനസജ്ജമാക്കുന്ന കേന്ദ്രങ്ങളിൽ നിന്നുള്ള വിവരങ്ങൾസമാഹരിച്ചുകൊണ്ടാണ് സുരക്ഷിതമായ ഇടങ്ങ ളിലൂടെ ആഹാര സമ്പാദനത്തിനും ഇണകളെ കണ്ടെത്തുന്നതിനും സഹായിക്കുന്ന തരത്തിലുള്ള ഓർമ്മകൾ ഇവരിൽ ബലപ്പെട്ടുവന്നത്.

മനുഷ്യരിലേക്ക് എത്തുന്നതോടെ ഇത്തരത്തിലുള്ള കഴിവുകൾക്കെ ല്ലാം ഒട്ടനവധി മാറ്റങ്ങൾ വരുകയാണുണ്ടായത്. ലോകത്തെക്കുറിച്ചുള്ള ആഴത്തിലുള്ള അറിവുകൾ നിർമിക്കാനുള്ള ശേഷി കൈവരിക്കുന്നതും ഇതിന്റെ ഭാഗമായിട്ടാണ്. ഇങ്ങനെയുള്ള ഒട്ടനവധി അനുഭവങ്ങൾ ആർജ്ജിച്ചുകൊണ്ട് നിശ്ചിതമായ പ്രതിനിധാനങ്ങൾ രൂപപ്പെട്ടതോ ടൊപ്പം ഇതേ ശേഷികൾ തുടക്കത്തിൽ അനുഷ്ഠിച്ച ധർമ്മത്തിനപ്പുറം പോകുകയും വ്യത്യസ്ത രൂപത്തിലുള്ള പ്രവർത്തനങ്ങൾ കാഴ്ചവെക്കത്ത ക്ക വിധത്തിൽ പരിഷ്കരിക്കപ്പെടുകയുമാണുണ്ടായത്.

സ്ഥലപരമായ ഓർമ്മകൾ രേഖപ്പെടുത്തതക്കവിധത്തിൽ ആവിർഭവിച്ച ഹിപ്പോകാമ്പസ് പിന്നീട് ഓർമ്മകളെ ദീർഘകാലം നിലനിർത്തുന്നതിന് സഹായകരമാകുന്ന രീതിയിൽപരിഷ്കരിക്കപ്പെ ടുകയാണുണ്ടായത്.

ഓർത്തെടുക്കാനുള്ള കഴിവും, ചിന്തിക്കാനുള്ള പ്രാപ്തിയും, ശരീരചല നങ്ങളും ഒക്കെത്തന്നെ നാഡികോശങ്ങൾക്കിടയിലുള്ള പരസ്പര വിനി മയത്തെ ആശ്രയിച്ചുമാത്രമാണ് എന്ന വിശ്വാസമാണ് ഏറെക്കാലം ശാസ്ത്രമേഖലയിൽ നിലനിന്നത്. ജന്മനാ രൂപപ്പെട്ട നാഡീകോശങ്ങൾ പരസ്പരം നടത്തുന്ന വിനിമയത്തിന്റെ അനന്തര ഫലം മാത്രമാണ്

ഓർമകളുൾപ്പെടെയുള്ള കഴിവുകൾ എന്നായിരുന്നു ഏറെകാലം ശാസ്ത്ര മേഖലയിൽ നിലനിന്ന ധാരണകൾ.

1949 ൽ Donald Hebb എന്ന കാനേഡിയൻ മനഃശാസ്ത്രകാരനാണ് ഈ ധാരണ തിരുത്തിക്കൊണ്ട് പുതിയ നിരീക്ഷണം അവതരിപ്പിച്ചത്. അദ്ദേഹത്തിന്റെ അഭിപ്രായമനുസരിച്ച് ഓരോ പഠനാനുഭവത്തെ തുടർന്നും മസ്തിഷ്കകോശങ്ങളുടെ പ്രവർത്തനത്തിൽ മാത്രമല്ല അവയുടെ ഘടനയിലും മാറ്റം വരുന്നുണ്ട്. ഹ്രസ്വകാല ഓർമ്മകൾ ഏതാനും മിനിറ്റുകൾമാത്രം നിലനിൽക്കുമ്പോൾ ദീർഘകാലഓർമ്മകൾ ഏറെക്കാലം നിലനിൽക്കാനുള്ള കാരണവും ഇതുതന്നെയാണെന്നാണ് അദ്ദേഹത്തിന്റെ പക്ഷം.

ചില നാഡികോശങ്ങൾക്കിടയിൽ പരസ്പരം നടക്കുന്ന വിനിമയങ്ങൾ മാത്രമാണ് ഹ്രസ്വകാല ഓർമ്മകൾ. അവക്ക് കുറച്ചു സമയം നിലനിൽക്കാനേ കഴിയൂ. ഒരു പാർക്കിൽ ഇരിക്കുന്ന വിനോദസഞ്ചാരികൾക്കിടയിൽ നടക്കുന്ന കുശലം പറച്ചിലിന് സമാനമായ രീതിയിൽ നാഡികോശങ്ങൾക്കിടയിൽ നടക്കുന്ന പരസ്പര വിനിമയം പോലെയാണ് അവ പെരുമാറുന്നത്. ഇതാവട്ടെ ഏതാനും മണിക്കൂറുകൾക്കുള്ളിൽ വിസ്മരിക്കപ്പെടുകയും ചെയ്തേക്കാം. എന്നാൽ ദീർഘകാല ഓർമ്മകളാവട്ടെ ഒരു നോവൽ പോലെയാണ്. ഇത് ആർക്കു വേണമെങ്കിലും പിന്നീടൊരവസരത്തിൽ ആവശ്യമുള്ളപ്പോൾവായിച്ചുനോക്കാവുന്നതാണ്.

ജീവശാസ്ത്രവും, മനഃശാസ്ത്രവും തമ്മിൽ കാലങ്ങളായി ഉണ്ടായിരുന്ന വിടവ് നികത്തുന്നതിൽ Hebbന്റെ നിരീക്ഷണം അതീവ പ്രസക്തമായിത്തീർന്നു. 1970 ആയപ്പോഴേക്കും എറിക് കാൻഡൽ എന്ന ജർമ്മൻ ശാസ്ത്രജ്ഞൻ Hebb തുടങ്ങിവെച്ച ഗവേഷണത്തെ ബഹുദൂരം മുന്നോട്ട് കൊണ്ടുപോകുകയും തന്റെ കണ്ടെത്തലിന് നോബൽ പുരസ്കാരം നേടുകയും ചെയ്യുകയുണ്ടായി.

ജോൺ ഹിഗ്സ് ന്റെ ബോസോൺ എന്ന സൂക്ഷ്മ കണികയെ വസ്തുതാപരമായി തെളിയിച്ചെടുക്കാൻ സ്വിറ്റസർലണ്ടിൽ സ്ഥാപിച്ച ലാർജ്ജ് ഹാഡ്രോൺ കൊളൈഡർ സംരംഭം വഴി ലഭ്യമായതെന്താണോ അതിന് സമാനമായ രീതിയിലാണ് ഹെബിന്റെ കണ്ടെത്തലിന് വസ്തുനിഷ്ഠ അടിത്തറ പണിയുന്നതിനുള്ള എറിക് കാൻഡലിന്റെ ഗവേഷണങ്ങൾ മാറിയത്.

മറ്റ് മൃഗങ്ങളെ അപേക്ഷിച്ച് മനുഷ്യരുടെ മേന്മയായി കണക്കാക്കുന്ന ബോധപൂർവ്വം പ്രവർത്തിക്കാനും, ഭാഷപോലുള്ള സങ്കീർണ്ണമായ പ്രതീക വ്യവസ്ഥകൾ നിർമ്മിക്കാനും കഴിഞ്ഞതിന് പിറകിൽ

പ്രവർത്തിച്ച നിയോകോർടക്സ് (Neo cortex) ആദ്യകാലങ്ങളിൽഡൈനോസോറുകളുടെ നിഴൽപറ്റി ജീവിച്ച ജീവികൾക്കിടയിൽപോലും ഉണ്ടായിരുന്നു. 210 മില്ല്യൻ വർഷങ്ങൾക്ക് മുൻപ് തന്നെ ഈ ഒരു മസ്തിഷ്കഭാഗം ആവിർഭവിച്ചതായി കണക്കാക്കപെടുന്നുണ്ട്. എന്നാൽ കേന്ദ്രനാഡിവ്യവസ്ഥയിൽനാഡികോശങ്ങളെ പരസ്പരം കൂട്ടിയിണക്കുന്ന സെറിബ്രൽകോർട്ടക്സിന്റെ ചെറിയ ഒരു ഭാഗത്ത് മാത്രമാണ് ഈ മസ്തിഷ്ക ഭാഗം വികസിച്ചുവന്നത് എന്ന് മാത്രം. ജീവിതത്തിന് ആവശ്യമായ അടിസ്ഥാനവൈദഗ്ദ്ധ്യങ്ങളെ സംബന്ധിച്ച വിവരങ്ങൾ സൂക്ഷിക്കപ്പെടുന്നത് ഈ ഭാഗത്താണ്. ഏതൊരു ചലനത്തെയും നിയന്ത്രിക്കുന്ന പേശികൾ പ്രവർത്തിക്കുന്നതിനാവശ്യമായ ഓർമ്മകൾ രൂപപ്പെടുന്നത് വൈദഗ്ദ്ധ്യമാർന്ന ചലനങ്ങൾ വഴിയാണ്. ഉദാഹരണത്തിന്, ഒക്ടോപാസിന്റെ ഓരോ കാലിനും സ്വതന്ത്രമായി ചലിക്കാൻ കഴിയും. ഓരോ കാലിലും വെവ്വേറെ വരുന്ന സംവേദനങ്ങളെ (sensations) ആശ്രയിച്ചുകൊണ്ടാണ് അവ ചലിക്കുന്നത്. അതുകൊണ്ട്തന്നെ ഇവയ്ക്ക് ഓരേ സമയം വ്യത്യസ്ത നീക്കങ്ങൾ നടത്താൻ (multitasking) സാധിക്കും. നമ്മളെ സംബന്ധിച്ചിടത്തോളം ഈ രീതിയിൽ പ്രവർത്തിക്കുക ഏറെ വിഷമമാണ്. ഒരേ സമയം രണ്ട് കൈകൾകൊണ്ടും ബാറ്റ് ചെയ്യാൻ പോലും നമുക്ക് ബുദ്ധിമുട്ടാണ്.

ആത്മാവബോധത്തിന്റെ പിൻതുണയില്ലാതെ തന്നെ പ്രവർത്തിക്കുന്ന ഒട്ടേറെ ഓർമ്മകൾനമ്മളിൽ നിലനിൽക്കുന്നുണ്ട്. ഇവയെയാണ് ലീനസ്മൃതികൾ (Implicit Memory) എന്നു വിളിക്കുന്നത്. 1985 ൽ ചില രോഗങ്ങൾ നിമിത്തം പ്രകടമായ ഓർമകൾക്ക് (explicit Memory) തടസ്സം നേരിട്ട Clive Wearing എന്ന ഇംഗ്ലീഷ് സംഗീതകാരന് താൻ രോഗപൂർവ്വ കാലത്ത് ചെയ്ത സംഗീതം വീണ്ടും ആവർത്തിച്ച് പ്രദർശിപ്പിക്കാൻ കഴിഞ്ഞത് ഇതുകൊണ്ടാണ്.

Dr. ഫിങ്ക്നെപ്പോലുള്ള ന്യൂറോളജിസ്റ്റുകളുടെ അഭിപ്രായത്തിൽ സംഗീത സംബന്ധിയായ ഓർമ്മകൾ ഫ്രണ്ടൽ ലോബിലും, സുപ്പീരിയർ ടെംപോറൽ ജയ്റസ് (superior temporal gyrus) തുടങ്ങിയ ഇടങ്ങളിലുമാണ് ശേഖരിച്ചുവെച്ചിട്ടുള്ളത്. നല്ലപോലെ സംഗീതം ചെയ്യാൻ കഴിയുമ്പോഴും താൻമുമ്പ് ഇങ്ങനെ ചെയ്തിരുന്നു എന്ന് അദ്ദേഹത്തിന് ഓർക്കാനായില്ല എന്നുമാത്രം. ഇപ്പോഴും അദ്ദേഹത്തിന് സംഗീതം അറിയാമെന്ന് പറയാനും അദ്ദേഹത്തിന് കഴിയില്ല എന്നതാണ് ഏറെ വിചിത്രം. തുടക്കത്തിൽ സൂചിപ്പിച്ചപോലെ ഏതൊരു മസ്തിഷ്ക പ്രവർത്തനത്തിനും ചില ഒത്തുതീർപ്പുകളും കൊടുക്കൽ വാങ്ങലുകളും നടക്കുന്നുണ്ടാവണം എന്ന് അനുമാനിക്കാവുന്നതാണ്.

ഇതുപോലെത്തന്നെയുള്ള മറ്റൊരു വ്യക്തിയാണ് വൈദ്യലോകത്ത് D.F. എന്നപേരിലറിയപ്പെടുന്നത്. അദ്ദേഹത്തിന് വസ്തുക്കളും, രൂപങ്ങളും ഗ്രഹിച്ചെടുക്കാനാവില്ലെങ്കിലും വസ്തുക്കൾക്ക് നേർക്ക് കൃത്യമായി/തെറ്റാതെ കൈകൾ ചലിപ്പിക്കാൻ കഴിയും. ഒരു വലിയ ഗ്ലാസ്സും ചെറിയ ഗ്ലാസ്സും കാണിച്ചാൽ ഇവയിലേതാണ് വലുത് എന്ന് പറയാനാവില്ല എന്ന മാത്രം. വിഷൽ അഗ്നോഷ്യ (visualAgnosia) എന്നാണ് ഈ അവസ്ഥക്ക് പറയാറുള്ളത്. എന്താണ് കാണുന്നതെന്നറിയില്ലെങ്കിലും എന്ത് പ്രവർത്തിക്കണമെന്നറിയാം. പ്രവൃത്തിയിൽ മുൻപിലും നിരീക്ഷണത്തിൽ പിന്നിലുമാണെന്ന് മാത്രം. (good doer but poor perciever)

ആൾക്കുരങ്ങ് വിഭാഗത്തിൽപ്പെട്ട മനുഷ്യരുൾപ്പെടെയുള്ള ജീവികൾ കാഴ്ചയിൽമുൻപന്തിയിലാണ്. ഉപകരണം നിർമ്മിക്കാൻ കഴിയുന്നു എന്നതാണ് ഈ വിഭാഗത്തിന്റെ മുഖ്യ സവിശേഷതയായി കാണാറുള്ളത്. ചിമ്പാൻസികൾ, റീസസ് കുരങ്ങുകൾ, എന്നിവ പല ആവശ്യങ്ങൾക്കായി ഉപകരണങ്ങൾ ഉപയോഗിക്കുന്നുണ്ട്. മരപ്പൊത്തിലും മറ്റുമുള്ള തേൻ ശേഖരിക്കുന്നതിനും മാളങ്ങളിൽനിന്ന് ചിതലുകളെ പിടിക്കുന്നതിനും, അരുവികളിൽനിന്ന് വെള്ളം കുടിക്കുന്നതിനും എല്ലാമായി ഇലകൾ ചെടിതണ്ടുകൾ, കമ്പുകൾ, കല്ലുകൾ, എന്നിവ ഇവ ആയുധമായി ഉപയോഗിക്കുക പതിവാണ്.

പ്രസിദ്ധ നരവംശ ശാസ്ത്രജ്ഞയായ (Jane Goodal) ജെയിൻ ഗുഡലിന്റെയും, ജപ്പാനീസ് പ്രൈമറ്റോളജിസ്റ്റ് ആയ (Mastsuzava) മാസുസാവയുടെയും പഠനങ്ങളിൽ ഇതിനുള്ള തെളിവുകൾ സുലഭമാണ്. 2.6 mya മുൻപ് തന്നെ കൂർത്ത കല്ലുകൾ ആയുധമായി ഉപയോഗിക്കപ്പെട്ടിട്ടുണ്ട്. 1987 ൽ തന്നെ തെക്ക് കിഴക്കൻ ഗിനിയയിലെയും കിഴക്കൻ ലൈബീരിയയിലെയും പടിഞ്ഞാറൻ ഐവറി കോസ്റ്റിലെയും ചിമ്പാൻസികൾ കട്ടിയുള്ള ബദാം പോലുള്ള ധാന്യങ്ങൾ പൊട്ടിക്കുന്നതിനായി കല്ലുകൾ ഉപയോഗിക്കുന്നതായി നിരീക്ഷിക്കപ്പെട്ടിരുന്നു.

കൂടാതെ 4/5 വടിക്കമ്പുകൾ കൂട്ടിയോജിപ്പിച്ചുകൊണ്ട് കാട്ടിൽ തേൻ ശേഖരിക്കുന്ന ചിമ്പാൻസികളെയും കാണാൻ കഴിയും. നമുക്കുള്ള ഓർമ്മവെക്കാനുള്ള കഴിവ് പല വഴികളിലൂടെ ഒട്ടനേകം സങ്കീർണ്ണ പ്രക്രിയകളിലൂടെ ഉരുത്തിരിഞ്ഞ് വന്നിട്ടുള്ളതാണെന്ന് മനസ്സിലാക്കാൻ സഹായകരമായ മനോശേഷികളാണ് ചിമ്പാൽസിപോലുള്ള മൃഗങ്ങൾക്ക് ലഭിച്ചിട്ടുള്ളത്. മസ്തിഷ്കശാസ്ത്രത്തിനും മറ്റ് അനുബന്ധശാഖകൾക്കും ഇന്നും പൂർണ്ണമായി മനസ്സിലാക്കാൻ കഴിഞ്ഞിട്ടില്ലാത്തതും, വികസിച്ചുകൊണ്ടിരിക്കുന്നതുമായ അന്വേഷണമണ്ഡലമായി വേണം

മറ്റേതൊരു മാനസിക പ്രവർത്തനത്തെപോലെതന്നെ ഓർമ്മകളെയും പരിഗണിക്കേണ്ടത്.

മനഃശാസ്ത്ര മേഖലകളെയും, ജീവശാസ്ത്രമണ്ഡലത്തെയും ഒരേ പോലെ കുഴക്കിയ മറ്റൊരു സംഭവമായി കാണേണ്ടത് (Hyperthymesia) ഹൈപ്പർതൈമീഷ്യ എന്ന പേരിൽ വിശേഷിപ്പിക്കപ്പെടുന്ന അസാമാന്യ ഓർമ്മകളുള്ള ജിൽപ്രൈസിനെ പോലുള്ള വ്യക്തികളെയാണ്.

അമേരിക്കൻ ന്യൂറോബിയോളജിസ്റ്റികളായ എലിസൺബെറ്റ് പാർക്കർ, ലാറി കാഹിൽ (Elizanbet Parker, Larry Cahill, James Incraugh) എന്നിവരാണ് ജിൽ പ്രൈസ് എന്ന സ്ത്രീയിലെ അസാധാരണമായ ഓർമ്മശക്തിയെക്കുറിച്ച് പഠിക്കാനിടയായയത്. ഇത് ഒരു സവിശേഷരൂപത്തിലുള്ള അസാധാരണമായ മസ്തിഷ്ക പ്രവർത്തനം മൂലമാണ് ഉണ്ടാകുന്നത് എന്ന് കരുതപെടുന്നുണ്ടെങ്കിലും പൂർണ്ണമായും അങ്ങനെയാണെന്ന് ശാസ്ത്രലോകത്തിന് ഉറപ്പിച്ച് പറയാനായിട്ടില്ല. മസ്തിഷ്ക വികാസത്തിന്റെ സാമാന്യരീതികൾക്ക് സമാന്തരമായിതന്നെ വികസിച്ചുവരുന്ന ഭിന്ന മസ്തിഷ്ക വളർച്ചാരീതിയാണോ ഇത്തരം പ്രതിഭാസങ്ങൾ എന്ന് പറയാറായിട്ടില്ല.

ജിൽ പ്രൈസിനെ പോലെയുള്ള 60 ഓളം വ്യക്തികൾക്ക് ഇത്തരത്തിലുള്ള കഴിവ് ഉണ്ടെന്നാണ് കണ്ടെത്തപ്പെട്ടത്. ഇത്തരക്കാർ വളരെ കൂടുതൽ സമയം തുടർച്ചയായിതന്നെ തങ്ങൾഭാഗഭാക്കായ ഓരോ സംഭവത്തെക്കുറിച്ചും ഓർത്തുകൊണ്ടേ ഇരിക്കുന്നുണ്ടെന്നാണ് സ്ഥിരീകരിക്കപ്പെട്ടത്. കൂടാതെ ഇവരുടെ ജീവിതത്തിലെ ഓരോ വ്യക്തിപരമായ ഓർമ്മകളെയും താലോലിക്കുകയാണ് ഇക്കൂട്ടർ ചെയ്യുന്നത്. ഇപ്രകാരം സ്വന്തം ജീവിതത്തിലെ ഓർമ്മകളുടെ നീരാളിപിടുത്തത്തിൽനിന്ന് ഇവർക്ക് മോചനമില്ലെന്ന മട്ടിലാണ് ജിൽ പ്രൈസിനെപോലുള്ളവർപറയുന്നത്. ഒബ്സെസിവ് കംബൽസിവ് ഡിസോർഡർ രോഗികളുടേതിനോട് ഏറെക്കുറെ സമാനമായ രീതിയിലുള്ള മസ്തിഷ്ക പ്രവർത്തനമാണ് ഇത്തരക്കാരിൽ കണ്ടു വരുന്നത് എന്നാണ് ജെയിംസ് മേക്ഓഫ് ഉൾപ്പെടെയുള്ള ഗവേഷകർ അഭിപ്രായപ്പെടുന്നത്.

ഇതുപോലുള്ള ഒട്ടനവധി വ്യക്തികൾ കണ്ടിരിക്കാനിടയുള്ള ചിത്രമാണ് കിം പീക് എന്ന ഓട്ടിസ്റ്റിക് പ്രകൃതമുണ്ടായിരുന്ന വ്യക്തിയുടെ ജീവിതത്തെ അധികരിച്ച് പുറത്തുവന്ന റെയിൻ മാൻ (`Rain man') എന്ന ചലച്ചിത്രം. എത്ര വലിയ നമ്പറുകളും അനായാസം ഓർത്തെടുക്കുന്നതോടൊപ്പം അസാമാന്യ വേഗതയിൽ രണ്ടു കണ്ണുകളും വെവ്വേറെ ഉപയോഗിച്ചുകൊണ്ട് രണ്ട് പുസ്തകങ്ങൾ വായിക്കുവാനും,

ഇങ്ങനെ വായിച്ചതിന്റെ 90% കാര്യങ്ങളും ഓർമ്മയിൽ വെക്കാനും കഴിയുന്ന തരത്തിലുള്ള കഴിവാണ് അദ്ദേഹത്തിനുണ്ടായിരുന്നത്.

എന്നാൽ ബുദ്ധി ശക്തി അളക്കുന്ന പരീക്ഷകളിലും മറ്റും ശരാശരി പ്രകടനം മാത്രമായിരുന്ന അദ്ദേഹത്തിന് കാഴ്ചവെക്കാനായത് എന്നതും പ്രത്യേകം ഓർക്കേണ്ടതാണ്. കൂടാതെ സാധാരണ കുട്ടികളെപോലെ നടക്കാനോ മറ്റ് നിത്യജീവിതാവശ്യത്തിനായുള്ള പ്രവൃത്തികൾ ചെയ്യുന്നതിനോ അദ്ദേഹത്തിന് കടുത്ത വിഷമതകൾ നേരിടേണ്ടി വന്നിട്ടുണ്ട്. ഇങ്ങനെ നോക്കിയാൽമനുഷ്യമസ്തിഷ്കം വിചിത്രമായ രീതികളിലാണ് ഓർമ്മകൾകരുതിവെക്കുന്നതും പ്രയോഗിക്കുന്നതും എന്ന് കാണാൻ കഴിയും.

ഓർമ്മകളെപ്പറ്റിയുള്ള ആഴത്തിലുള്ള ഗവേഷണങ്ങൾ മുഖേന ലഭ്യമായ അനവധി സാദ്ധ്യതകളിൽ മുഖ്യമായ ഒന്നാണ് ഓർമ്മകളുടെ പുനർ ഏകീകരണം. (reconsolidation) മനുഷ്യവംശം പിന്നിട്ട ആദിമ കാലഘട്ടത്തിൽ നേരിട്ട പ്രാചീന ചുറ്റുപാടിൽ നമ്മളിൽ ഭീതി ജനിപ്പിച്ച ഒട്ടനേകം ജീവികളെക്കുറിച്ചുള്ള ഓർമ്മകൾ ആധുനിക മനുഷ്യരിൽ പോലും ദൃഢമൂലമായിക്കിടക്കുന്നുണ്ടെന്ന് നമുക്കറിയാവുന്നതാണ്. ഇന്നും ലോകത്തെവിടെയുമുള്ള മനുഷ്യർക്ക് ചിലന്തി, സർപ്പം തുടങ്ങിയ ജീവികളെ കടുത്ത ഭയം തന്നെയാണ്.

ഇത് കൂടാതെ ഒരു കുട്ടിയുടെ വളർച്ചയുടെ തുടക്കകാലങ്ങളിൽ ഭീതി ജനിപ്പിച്ച പലതും ചില സന്ദർഭങ്ങളിൽ സാധാരണ ജീവിതം തന്നെ ബുദ്ധിമുട്ട നിറഞ്ഞതാക്കുന്ന രീതിയിൽ ജീവിതകാലം മുഴുക്കെ നമ്മളെ ബുദ്ധിമുട്ടിച്ചേക്കാം. ഇത്തരത്തിലുള്ള അകാരണ ഭീതിയെ ആണ് Phobia എന്ന് വിളിക്കാറുള്ളത്. ഇങ്ങനെയുള്ള അകാരണ ഭീതികളെ ഇല്ലാതാക്കുന്നതിന് അവലംബിക്കുന്ന ചികിത്സാ രീതികൾ പോലും ഇന്ന് ലഭ്യമാണ്.

ഭീതിക്ക് കാരണമായ ഓർമ്മകളെ പുനരാഖ്യാനം ചെയ്യാൻ ഇതിനിരയായവരെ പ്രോത്സാഹിപ്പിച്ചുകൊണ്ട് അവരുടെ യുക്തിബോധത്തെയും, വൈകാരികതയെയും മുഖത്തോട് മുഖം നിർത്തിക്കൊണ്ടാണ് ഇത്തരത്തിലുള്ള ചികിത്സകൾ നടക്കുന്നത്. മനഃശാസ്ത്ര, ജീവശാസ്ത്രമേഖലയിൽ ഇനിയും വികസിച്ചുവരാനിരിക്കുന്ന വൻസാധ്യത കൂടിയായി വേണം ഇത്തരം ഗവേഷണങ്ങളെ മനസിലാക്കേണ്ടത്.

വൈകാരികതകളും നീണ്ട കാലത്തെ പഠന പ്രക്രിയകൾ വഴി തന്നെ ഉറച്ചുപോകുന്നതാണെന്ന തിരിച്ചറിവിനെ അടിസ്ഥാനമാക്കിയാണ് ഇങ്ങനെയുള്ള ഭീതിജനകമായ ഓർമ്മകളെ മായ്ച്ചുകളയാൻ

കഴിയുന്നത്. നമ്മൾ നേരത്തെ ആർജ്ജിച്ച ചില തെറ്റായ അറിവുകളെ എങ്ങനെയാണോ പുതിയ അനുഭവങ്ങളുടെ വെളിച്ചത്തിൽ തിരുത്തി യെടുത്തുകൊണ്ട് പുതിയ അറിവുകൾ നിർമ്മിക്കുന്നത് എന്നതുപോലെ തന്നെയാണ് ഓർമ്മകളെ പുനക്രമീകരിച്ചുകൊണ്ട് നമ്മളിലെ ചില ഭീതികളെ പോലും മറികടക്കാൻ കഴിയുന്നത്. ഇങ്ങനെ ഓർമ്മകളെ അതത് സാഹചര്യങ്ങൾക്കൊത്ത് പരിഷ്കരിച്ചെടുക്കുക എന്നതാണ് ഇത്തരത്തിലുള്ള ഇടപെടലുകളുടെ മൂലതത്വമായി പ്രവർത്തിക്കുന്നത്.

വിഷാദം

ദുഃഖം എന്ന മാനസികാനുഭവത്തിലൂടെ കടന്നുപോകാത്തവരായി ആരും ഉണ്ടാവാനിടയില്ല. ഒരിക്കലല്ലെങ്കിൽ മറ്റൊരിക്കൽ ഈ മാനസികാനുഭവത്തിന്റെ തീവ്രത അറിഞ്ഞവരായിരിക്കും നമ്മളിൽ ഭൂരിഭാഗം ആളുകളും.

ഏതൊരു സമൂഹത്തിലും കല, സാഹിത്യം, സംഗീതം എന്നീ ആവിഷ്കാരഭാഷകളിലെല്ലാം ദുഃഖം മുഖ്യ പ്രമേയമായി വരാറുണ്ട്.

കലാരൂപങ്ങൾവഴി ദുഃഖാനുഭവങ്ങളെ ആസ്വദിച്ചുകൊണ്ട് ആസ്വാദകർക്ക് അവരുടെ മനസ്സിലെ പ്രതികൂല വികാരങ്ങളെ കഴുകിക്കളയാനുള്ള അവസരം ലഭിക്കുന്നുണ്ട് എന്നാണ് തന്റെ കാവ്യമീമാംസയിൽ അരിസ്റ്റോട്ടിൽ പ്രതിപാദിക്കുന്നത്.

എന്നാൽ വിഷാദം എന്ന മാനസികാവസ്ഥ രോഗാതുരതയിലെത്തിക്കുന്നത് നിമിത്തം ജീവിതം തീരാഭാരമായി മാറുന്ന ഒട്ടനവധി ആളുകൾ നമുക്കിടയിലുണ്ട്. പലതരം മനോചികിത്സ സങ്കേതങ്ങളുടെ സഹായത്തോടെ ഇത്തരക്കാരെ സാധാരണ ജീവിതത്തിലേക്ക് കൊണ്ടുവരുന്നതിൽ ആധുനിക വൈദ്യശാസ്ത്രം ഒട്ടൊക്കെ വിജയിച്ചിട്ടുണ്ട്.

എങ്കിലും നമ്മുടെ വംശത്തിന്റെ ചരിത്രത്തിൽ എവിടെ വെച്ചാണ് ഈ ഒരു മാനസിക പ്രകൃതം നമ്മളിൽ ആവിർഭവിച്ചത് എന്നും, ഈ മാനസികാനുഭവം പ്രതികൂലമായ സ്വഭാവമാകുമ്പോൾ തന്നെ ഇതിന് ഏതെങ്കിലും തരത്തിലുള്ള നേട്ടങ്ങൾ കൊണ്ടുവരാൻ കഴിഞ്ഞിട്ടുണ്ടോ എന്നുമുള്ള അന്വേഷണങ്ങൾക്കും ഏറെ പ്രസക്തിയുണ്ട്.

ലോകജനസംഖ്യയിൽ തന്നെ 15% ആളുകളും വിഷാദമെന്ന രോഗാവസ്ഥക്ക് അടിപ്പെട്ടവരാണെന്നാണ് ഔദ്യോഗിക കണക്കുകൾ രേഖപ്പെടുത്തുന്നത്.

ഇത്തരക്കാരെ അലട്ടുന്ന രണ്ട് പ്രധാന പ്രശ്നങ്ങളാണ് പൊതുവിൽ കണ്ടുവരാറുള്ളത്. ഈ അവസ്ഥയുടെ ഫലമായുണ്ടാകുന്ന ഉറക്കമില്ലായ്മ, ഉന്മേഷക്കുറവ് തുടങ്ങിയ അനവധി ശാരീരികവും മാനസികവുമായ പ്രശ്നങ്ങളാണ് ഇതിൽ പ്രധാനമായി വരുന്നത്.

ഇതുകൂടാതെ പുറത്തുള്ള മറ്റാളുകൾ ഇത്തരക്കാരോട് കാണിക്കുന്ന സംശയാസ്പദമായ സമീപനവും അകൽച്ചയും കാരണമായുണ്ടാകുന്ന പ്രശ്നങ്ങൾ ഇത്തരം അവസ്ഥകളെ ഇരട്ടിപ്പിക്കുന്നു.

വടക്കെ അമേരിക്ക പോലുള്ള സ്ഥലങ്ങളിൽ പോലും 16.2%വരെ ആളുകളും കടുത്ത വിഷാദരോഗത്തിന് അടിപ്പെടുന്നതായി Kessler - ടെയും മറ്റും പഠനങ്ങൾ ചൂണ്ടിക്കാട്ടിയിട്ടുണ്ട്. ഏതാനും വർഷങ്ങൾക്കുള്ളിൽ മറ്റു വ്യാധികളെ അപേക്ഷിച്ച് കനത്ത പ്രശ്നമായി വിഷാദരോഗം മാറാനിടയുണ്ടെന്നാണ് സർവ്വെകൾ വെളിപ്പെടുത്തുന്നത്.

മറ്റുള്ളവരുമായി ഇടപഴകുന്നതിനു മടി കാണിക്കുക, തക്കതായ സമയത്ത് ഉചിതമായി പ്രവർത്തിക്കാനുള്ള വിമുഖത, പലതിലും ശ്രദ്ധ ചെലുത്താൻ കഴിയാതിരിക്കുക, ഭാരക്കുറവ് അനുഭവപ്പെടുക, അമിതമായ ഉറക്കം, അതല്ലെങ്കിൽ ഉറക്കക്കുറവ്, അവനവനെ/അവളവളെക്കുറിച്ചുള്ള അവമതി, കടുത്ത കുറ്റബോധം എന്നിവയാണ് ഇത്തരം രോഗാതുരവിഷാദത്തിന്റെ ഭാഗമായി കാണപ്പെടുന്ന മുഖ്യലക്ഷണങ്ങൾ.

ഒരു സമൂഹവും ദുഃഖം/വിഷാദം എന്ന മാനസികാവസ്ഥക്ക് പുറത്തല്ലെന്ന് Paul Ekman സാക്ഷ്യപ്പെടുത്തുന്നുണ്ട്. വേട്ടയാടി ഉപജീവനം നിലനിർത്തിയ മനുഷ്യർക്കിടയിൽ പോലും വിഷാദം ഉള്ളതായി കാണാം.

ദക്ഷിണാഫ്രിക്കയിലെ കൽഹാരി മരുഭൂമിയിലെ Kung വംശജർക്കിടയിൽ പോലും വിഷാദത്തിനടിപ്പെട്ടവരെ കാണാൻ കഴിയുമെന്ന് Howell നെപോലുള്ള ചിന്തകർ നിരീക്ഷിക്കുന്നുണ്ട്.

മനുഷ്യർക്ക് പുറത്തുള്ള മറ്റ് മൃഗങ്ങൾക്കിടയിലും ദുഃഖത്തിന്റെ ലക്ഷണങ്ങളായ ശരീരഭാഷയും മാനസിക പ്രതിഫലനങ്ങളും കാണാനാവും.

അതുകൊണ്ട് തന്നെ വ്യത്യസ്ത ജീവിവർഗങ്ങളിലൂടെ വികസിച്ചുവന്ന ഒരു അനുകൂലന തന്ത്രം കൂടിയായി വേണം വിഷാദത്തെ സമീപിക്കേണ്ടത്.

ഉയർന്നതരം ആൾക്കുരങ്ങ് വിഭാഗങ്ങളുടെ (ഒറങ്കുട്ടാൻ, ഗറില്ല, ചിമ്പാൻസി, മനുഷ്യർ) പൂർവ്വികനിൽതന്നെ വിഷാദം ആവിർഭവിച്ചിരിക്കാം എന്ന് അനുമാനിക്കാവുന്നതാണ്. അതിനാൽ മനുഷ്യവംശത്തിന്റെ ചരിത്രത്തിൽ ഒട്ടേറെ ധർമ്മങ്ങൾ അനുഷ്ഠിച്ചിട്ടുള്ള ഒന്നുകൂടിയായി വിഷാദത്തെ കാണാവുന്നതാണ്. അത്യധികം സന്തോഷിക്കാതിരിക്കുക എന്നതിനും ചില നേട്ടങ്ങൾ ഉണ്ടായിരിക്കാം.

Forgas നടത്തിയ ചില പഠനങ്ങളിൽ ദുഃഖകരമായ മാനസികാവസ്ഥകൾ സൃഷ്ടിച്ചുകൊണ്ട് സംവാദങ്ങളിൽ ഏർപ്പെടുന്നതിന് സാഹചര്യമൊരുക്കിയപ്പോൾ ഇത്തരം മാനസികാവസ്ഥ ഇല്ലാത്തവരെ അപേക്ഷിച്ച് ദുഃഖാനുഭവമുള്ളവർ സംവാദത്തിൽ ഉയർന്ന നിലവാരം പുലർത്തിയതായി നിരീക്ഷിക്കപ്പെട്ടിട്ടുണ്ട്.

ചില പ്രവൃത്തികൾ ഏറ്റെടുക്കുന്നതിന് സ്വപ്രേരണയോടെ തയ്യാറാവുന്നതിലും വ്യക്തിബന്ധങ്ങൾ ഉറപ്പിക്കുന്നതിലും മറ്റാളുകളെ വിലയിരുത്തുന്നതിലും എല്ലാം മേന്മയുള്ളവരാണ് ദുഃഖാവസ്ഥയിലൂടെ കടന്നുപോകുന്നവർ എന്നാണ് Forgas അഭിപ്രായപ്പെടുന്നത്.

ചെറിയ കാലയളവിൽ വിഷാദത്തിനടിപ്പെടുന്നവർ പല വിവരങ്ങളെയും അപഗ്രഥിക്കുന്നതിൽ നിലവാരം പുലർത്തുന്നതായി കാണാം.

എന്നാൽ വലിയ തോതിലുള്ള വിഷാദരോഗങ്ങളിൽ നാഡീകോശങ്ങളുടെ പ്രവർത്തനത്തിലും ശരീരപ്രവർത്തനങ്ങളിലും അസ്വാഭാവികമായ ഒട്ടേറെ മാറ്റങ്ങൾ കാണാറുണ്ട്.

മസ്തിഷ്കത്തിൽ മീഡിയൽ പ്രീ ഫ്രണ്ടൽ കോർട്ടക്സിനകത്ത് Medial PFC അസാധാരണമായ പല മാറ്റങ്ങളും സംഭവിക്കാവുന്നതാണ്.

അറിവ് നിർമ്മിക്കുന്ന പ്രക്രിയയിൽപോലും കനത്ത പ്രത്യാഘാതങ്ങൾ ഇത്തരം രോഗാവസ്ഥകളുടെ ഭാഗമായി ഉണ്ടാവാറുണ്ട്.

ശരീരത്തിന്റെ താപനിലയിൽ വൻവർധനയും കൂടാതെ ഇരുമ്പിന്റെ (Fe) അളവിൽ സാരമായ കുറവും ഇത്തരം ആളുകളിൽ കാണാറുണ്ട്. അന്നജം അടങ്ങിയ ആഹാരത്തോട് കനത്ത കൊതിയും ഇത്തരക്കാരിൽ പ്രകടമാവാറുണ്ട്.

മനുഷ്യരിൽ കാണുന്ന സകല സഹജ സ്വഭാവങ്ങളെയും മുഖ്യമായും നാലായി തിരിക്കാവുന്നതാണ്.

ചില സഹജസ്വഭാവങ്ങൾ ചുറ്റുപാടുമായി ഇണങ്ങി പോകാനുള്ള പൊരുത്തപ്പെടലിന്റെ ഭാഗമാവാം. ഉദാഹരണത്തിന്, കണ്ണുകൾക്കകത്തെ റെറ്റിനയുടെ ആകൃതി, പ്രവർത്തനം, ശത്രുമൃഗങ്ങളുടെ സാന്നിദ്ധ്യത്തിൽ ഭീതി അനുഭവപ്പെടുക തുടങ്ങിയവ.

ചില സഹജപ്രത്യേകതകൾ മറ്റ് ചില പൊരുത്തപ്പെടലുകളുടെ/ അനുകൂലനങ്ങളുടെ പാർശ്വഫലങ്ങളായിട്ടാവും പ്രത്യക്ഷപ്പെടുന്നത്. ഉദാ:പൊക്കിൾ.

ഒന്നുകിൽ ചില ഉൽപരിവർത്തനങ്ങളുടെ ഫലമായോ അതല്ലെങ്കിൽ അസ്വാഭാവികമായ വികാസപ്രക്രിയകളുടെ (Developmental Process) ഭാഗമായോ ചില അനുകൂലനങ്ങൾക്ക് പ്രവർത്തന തകരാറുകൾ സംഭവിക്കാം.

ഉത്കണ്ഠ ഒരു സഹജസ്വഭാവമായി രൂപപ്പെട്ടതാണെങ്കിലും ഇത് നിയന്ത്രണപരിധിവിട്ട് പ്രവർത്തിക്കുന്നത് മൂലം അമിത ഉത്ക്കണ്ഠയും വിഷാദരോഗവുമായി മാറാവുന്നതാണ് എന്നതിനെ ഇതിന് നിദർശനമായെടുക്കാവുന്നതാണ്.

കടുത്ത വിഷാദരോഗം പോലും (Major Depression Disorder) സങ്കീർണ്ണമായ പ്രശ്നങ്ങൾപരിഹരിക്കുന്നതിനായി അന്യരുടെ സഹായം ഉറപ്പിക്കുന്നതിനുള്ള സമായോജന തന്ത്രം അഥവാ അനുകൂലന (adaptive plan) മാണെന്നാണ് Andrew & Thomson നെപ്പോലുള്ളവർഅഭിപ്രായപ്പെടുന്നത്.

ഒരു കാലത്ത് മനുഷ്യവംശം നേരിട്ട ചില പ്രശ്നങ്ങളെ നിർദ്ധരിക്കുന്നതിനും പരിഹരിക്കുന്നതിനുമായി ഉപകരിച്ചെങ്കിലും പിൽക്കാലത്ത് വിഷാദാവസ്ഥ മനുഷ്യപ്രകൃതത്തിന്റെ തന്നെ ഭാഗമായിമാറുകയാണുണ്ടായത്.

ചില രോഗാവസ്ഥകൾക്കെതിരെയുള്ള പ്രതിരോധം തീർക്കുന്നതിന്റെ ഭാഗമായി രൂപപ്പെട്ട ശാരീരിക-മാനസികാവസ്ഥയുടെ പാർശ്വഫലം എന്ന നിലയിൽകൂടിയാണ് ദുഃഖം വികസിച്ചുവന്നിട്ടുള്ളത്.

ഏതൊരു സഹജ സ്വഭാവത്തെയും പൂർണ്ണമായി മനസ്സിലാക്കുന്നതിന് അവ എങ്ങനെ പ്രവർത്തിക്കുന്നുവെന്നും എന്തുകൊണ്ട് അത്തരത്തിൽ പ്രവർത്തിക്കുന്നുവെന്നും അറിയേണ്ടതുണ്ട്.

പരസഹായം, പറക്കാനുള്ള ശേഷി, ശബ്ദം വഴി വിനിമയം നടത്താനുള്ള കഴിവ്, പ്രണയലീലകൾ, ഇതെല്ലാം തന്നെ ഇത്തരത്തിലുള്ള പരിശോധനകൾ ആവശ്യപ്പെടുന്നു.

എങ്ങനെയാണ് പ്രത്യേകതരം സഹജസ്വഭാവങ്ങൾ വികസിച്ചുവന്നത് എന്നറിയുന്നതിനായി നിർദ്ദിഷ്ട സ്വഭാവത്തിന്റെ പ്രത്യക്ഷഘടകങ്ങളെ തിരിച്ചറിയേണ്ടതുണ്ട്.

എന്തുകൊണ്ടാണ് വിഷാദം പോലുള്ള സ്വഭാവം നമ്മുടെ വംശത്തിന് സ്വായത്തമായത് എന്ന് മനസ്സിലാക്കുന്നതിനായി ഈ സ്വഭാവത്തിന്റെ

ആത്യന്തിക കാരണങ്ങളെക്കൂടി അറിയേണ്ടതാണ്. ഇതിനെയാണ് വിദൂരഘടകങ്ങൾ (distant factors) എന്നു വിളിക്കുന്നത്.

Nesse യുടെയും മറ്റും പഠനങ്ങൾ ഈ വഴിക്കുള്ള അന്വേഷണങ്ങൾക്ക് ഊർജ്ജം പകരുന്നുണ്ട്.

പ്രാമാണികമായ മനഃശാസ്ത്ര കാഴ്ചപ്പാടുകളും സിരാശാസ്ത്ര കാഴ്ചപ്പാടുകളും (Neuro scientific perspectives) വിഷാദത്തിന്റെ പ്രത്യക്ഷ ഘടകങ്ങളെ ശാസ്ത്രീയമായി അപഗ്രഥിക്കുകയും രോഗാവസ്ഥകളെ മറികടക്കുന്നതിനുള്ള ചികിത്സാ സമ്പ്രദായങ്ങൾ വികസിപ്പിച്ചെടുക്കുകയും ചെയ്തിട്ടുണ്ട്.

വിഷാദമുണ്ടാകുന്ന സമയത്ത് എത്തരം ജൈവരാസഘടകങ്ങളുടെ (Neuro Transmitters) ആധിക്യമാണുള്ളത് എന്നും ചുറ്റുപാടുകളുടെ സമ്മർദ്ദം വഴി എങ്ങനെയാണ് വിഷാദം ഉണ്ടാകുന്നത് എന്നും മറ്റും കണ്ടെത്തുന്നതിൽ ഇത്തരം വിശകലനങ്ങൾ സഹായിച്ചിട്ടുണ്ട്.

നമ്മുടെ ശരീരം എങ്ങനെയാണോ വ്യത്യസ്ത മേഖലകളിലായി അതിന്റെ പ്രവർത്തനപരമായ സങ്കീർണ്ണതകളെ പരിഹരിക്കുന്നത് എന്നത്പോലെതന്നെയാണ് മാനസികലോകവും വിഭിന്ന മേഖലകളിലാണ് അതിന്റെ ധർമ്മങ്ങൾ അനുഷ്ഠിക്കുന്നത്. ഉദാ: ദൃശ്യാനുഭവത്തെ സൃഷ്ടിക്കുന്നതിനായി വിവിധ മേഖലകളിൽ പ്രവർത്തിക്കുന്ന ഭാഗങ്ങൾ കാണാൻ കഴിയും.

കണ്ണിലേക്ക് പ്രവേശിക്കുന്ന പ്രകാശത്തെ വളയ്ക്കുന്നതിന് സഹായിക്കുന്ന കോർണിയയും പിന്നീട് കൃഷ്ണമണി, ലെൻസ് എന്നിവയിൽവെച്ച് കൂടിയ അളവിലുള്ള പ്രതികരണത്തിന് പ്രകാശത്തെ വിധേയമാക്കി റെറ്റിനയിൽ കേന്ദ്രീകരിപ്പിക്കുകയും അതുപോലതന്നെ വസ്തുക്കളുടെ വടിവ് (contour) അടയാളപ്പെടുത്താൻ സഹായിക്കുകയും മറ്റും ചെയ്യുന്നത് ഇങ്ങനെ വിവിധ മേഖലകളുടെ സംയോജിച്ച പ്രവർത്തനങ്ങൾ വഴിയാണ് (വസ്തുക്കളുടെ രൂപത്തെ കൃത്യമായി മനസ്സിലാക്കി എടുക്കുന്നതിന് സഹായിക്കുന്നത് അതിന്റെ വടിവാണ്). ഇതുപോലതന്നെ പ്രധാനമാണ് വസ്തുവിനെ തൊട്ടുനോക്കിപോലും ആ വസ്തു എന്താണെന്ന് പറയാൻ കഴിയുക എന്നത്. പലതരം തുണിത്തരങ്ങൾതെരഞ്ഞെടുക്കുമ്പോൾ അതിന്റെ ഇഴയടുപ്പം മനസ്സിലാക്കി എടുക്കുന്നതിന് ഈ ശേഷി അനിവാര്യമാണ്

V. S Ramachandran പരാമർശിക്കുന്ന ഒരു സ്ത്രീയുടെ അനുഭവം ഇവിടെ പ്രസക്തമാണ്. ഒരു കപ്പ് ചായ കൊടുത്താൽ അത് ചുണ്ടുവരെ കൊണ്ടുവരാൻ ആവുമെങ്കിലും ചുണ്ട് തൊടുമ്പോഴേക്കും ചുണ്ടിടിച്ച് ആണ് കപ്പ് ചുണ്ടിലേക്കെത്തുന്നത്. വസ്തുവിനെ അതിന്റെ

ചലനക്രമത്തിന്റെ സങ്കീർണ്ണതയിൽ ഗ്രഹിച്ചെടുക്കാൻ കഴിയാതിരിക്കുന്നതാണ് കാരണമാകുന്നത്. ഇങ്ങനെ സംഭവിക്കുന്നതിന് 32 ഓളം മാനങ്ങളുള്ള ഒന്നാണ് നമ്മുടെ ദൃശ്യാനുഭവം എന്ന് Neuroscience സ്ഥിരീകരിച്ചിട്ടുണ്ട്. അതായത് സവിശേഷ പ്രശ്നങ്ങൾ പരിഹരിക്കുന്നതിനായി സവിശേഷ പരിഹാര രീതികളാണ് വികസിച്ചുവന്നിട്ടുള്ളത്.

സമാനമായ മാതൃകയിൽ തന്നെയാണ് മാനസിക ലോകവും പ്രവർത്തിക്കുന്നത്. ഓരോ സ്വഭാവവിശേഷവും ജീവിവർഗങ്ങൾ അവയുടെ ചുറ്റുപാടുകളിൽ നേരിടുന്ന വെല്ലുവിളികളെ പരിഹരിക്കുന്നതുമായി ബന്ധപ്പെട്ട് ഉണ്ടായിട്ടുള്ളവയാണ്.

ചുമ, പനി എന്നീ ശാരീരിക പ്രശ്നങ്ങൾപോലും ബാഹ്യഘടകങ്ങൾക്കെതിരെയുള്ള പ്രതിരോധത്തിന്റെ ഭാഗമായി വികസിച്ചുവന്ന ശാരീരിക തന്ത്രങ്ങൾകൂടിയാണ്. രോഗകാരികളായ ഘടകങ്ങളെ ഇപ്രകാരം തുരത്തുക എന്നത് പ്രാരംഭ തത്വം തന്നെയാണ്.

നമ്മളോരോരുത്തരും സ്വന്തം ജീവിതം കരുപ്പിടിപ്പിക്കുന്നതിനായി അന്യരുമായി സഹകരിച്ചുകൊണ്ടെന്നപോലെതന്നെ മത്സരിച്ചുകൊണ്ടുകൂടിയാണ് മുന്നേറുന്നത്. ഇത്തരം മത്സരങ്ങളിൽ മറ്റുള്ളവരെ അപേക്ഷിച്ച് എന്റെ നില ഭദ്രമാക്കിയെടുക്കുക എന്നത് തന്നെയാണ് അടിസ്ഥാന പ്രേരണയായി നിൽക്കുന്നത്. ബോധപൂർവ്വമായതും അല്ലാത്തതുമായ ഒട്ടനവധി മത്സരങ്ങളിൽ ഏർപ്പെട്ടുകൊണ്ട് മാത്രമേ നമുക്ക് അതിജീവനം സുരക്ഷിതമാക്കാൻ കഴിയുകയുള്ളൂ.

സഹോദരങ്ങൾക്കിടയിൽ നടന്ന കടുത്ത മത്സരത്തിന്റെ രക്തസാക്ഷിയായ ആദ്യവ്യക്തി ഒരു പക്ഷേ ബൈബിളിൽ പ്രതിപാദിക്കുന്ന കായേൻ എന്ന കഥാപാത്രമായിരിക്കും.

സ്കൂൾ ജീവിതത്തിൽപ്പോലും പലതരത്തിലുള്ള കടുത്ത മത്സരങ്ങൾ നടക്കുന്നതിന് നമ്മൾ ഇരകളും സാക്ഷികളുമായിരിക്കും. മറ്റുള്ളവർ നമ്മുടെ പദവി തട്ടിയെടുക്കുന്നു എന്നു തോന്നുമ്പോൾ പലപ്പോഴും ദുഃഖത്തിനടിപ്പെടാനുള്ള സാധ്യത ഏറെയാണ്.

John Price നെപ്പോലുള്ള മനഃശാസ്ത്രകാരന്മാർ മനുഷ്യർക്കിടയിലും മറ്റ് മൃഗങ്ങൾക്കിടയിലും പദവി ഇല്ലാതാകുന്നതുമായി ബന്ധപ്പെട്ട് വിഷാദം ഉടലെടുക്കാമെന്ന് കണ്ടെത്തുന്നുണ്ട്.

അതുകൊണ്ട് തന്നെ ഒരു പദവി കിട്ടുകയോ നഷ്ടപ്പെടുകയോ ചെയ്യുന്നതിനിടയിൽഅനുഭവപ്പെടുന്ന വ്യത്യാസങ്ങളോടുള്ള മനോജീവശാസ്ത്രപരമായ പ്രതികരണം കൂടിയായി വിഷാദാവസ്ഥകളെ കാണാൻ കഴിയും.

പ്രത്യുത്പാദനപരമായ പ്രവൃത്തികളിൽ ഏർപ്പെടാൻ കഴിയാത്ത സാഹചര്യങ്ങളിലും ഉത്പാദനപരമായ മറ്റ് പ്രവൃത്തികളിൽ പരാജയപ്പെടാനിടയുള്ള സന്ദർഭങ്ങളിലും പൊരുതി പരാജയപ്പെടുന്നതിനേക്കാൾ നിശ്ശബ്ദമായി പിൻവാങ്ങുന്നതാണ് ഉചിതം എന്നതിന്റെ പ്രകട സാക്ഷ്യം കൂടിയായി ദുഃഖം മാറുന്നുണ്ട്.

പ്രണയം പരാജയപ്പെടുന്നതിനെ തുടർന്ന് വിഷാദം കലശലായി ജീവനൊടുക്കുന്നതിൽവരെ എത്തി നിൽക്കുന്ന അനുഭവങ്ങൾ ഏറെ ഉള്ള സമൂഹമാണ് നമ്മൾക്കുള്ളത്. ഇതിന് പുറമെ, സാമ്പത്തിക മേഖലയിൽ പരാജയം നേരിടുന്നതിനെ തുടർന്നും ഇതേപോലെയുള്ള വിഷാദവും ആത്മഹത്യയുമെല്ലാം സാധാരണയായി മാറിയിട്ടുണ്ട്. ഈയിടെ കേരളത്തിൽ ഒരു അച്ഛനും അദ്ദേഹത്തിന്റെ ചെറിയ മകനും മറ്റൊരു വാഹനത്തിന് നേരെ കാറോടിച്ച് ആത്മഹത്യ ചെയ്ത ദുരന്താനുഭവം ഇനിയും നമുക്ക് മറക്കാനായിട്ടില്ല.

പരാജയം ഉറപ്പുള്ള സാഹചര്യങ്ങളിൽ കൂടുതൽ പൊരുതി നിൽക്കുന്നതിന് പകരം പിൻവാങ്ങുകയാണ് അഭിലഷണീയം എന്നതാണ് ഇത്തരം സന്ദർഭങ്ങളിൽ പ്രവർത്തനക്ഷമമാകുന്ന തത്വം.

സാമൂഹ്യജീവിതം ഏത്രയേറെ സങ്കീർണ്ണമായി തീരുന്നുവോ അതിനനുസരിച്ച് മസ്തിഷ്കത്തിലുള്ള മാറ്റങ്ങളും സംഭവിക്കുക സ്വാഭാവികമാണ്. അതുകൊണ്ടാണ് മനുഷ്യരിലെ പുതുമസ്തിഷ്കം എന്ന (Neo cortex)ഭാഗം ഏറെ വികാസം പ്രാപിച്ചിട്ടുള്ളത്.

സാമൂഹ്യജീവിതത്തിലുള്ള സങ്കീർണ്ണതകൾ ഏറുന്നതുകൊണ്ട് തന്നെ നേരത്തെ സൂചിപ്പിച്ച പദവിയെക്കുറിച്ചുള്ള ആകുലതകൾ വംശപരമായിതന്നെ നമ്മളിൽ അന്തർലീനമാണ് എന്ന് അനുമാനിക്കേണ്ടിവരും.

കഴുകന്റെയും പ്രാവിന്റെയും തന്ത്രങ്ങൾ മാറിമാറി അനുവർത്തിച്ചു കൊണ്ടാണ് ഏതൊരു ലക്ഷ്യവും നേടിയെടുക്കാൻ നമുക്ക് കഴിയുന്നത്.

നിത്യജീവിതത്തിൽ നമ്മൾ നേരിടുന്ന ഒട്ടുമിക്ക വെല്ലുവിളികളെയും നേരിടുന്നതിനായി രണ്ട് തന്ത്രങ്ങളും സൗകര്യപ്രദമായി പ്രയോഗിച്ചു കൊണ്ടാണ് നമ്മളെല്ലാവരും മുന്നേറുന്നത്.

നമുക്ക് എത്രമാത്രം വിഭവങ്ങൾ സമാഹരിച്ചെടുക്കാനുള്ള ശേഷിയുണ്ട് (RHP Resourse holding Potential) എന്നതിനെ അടിസ്ഥാനപ്പെടുത്തിയാണ് നമ്മുടെ നിലനിൽപിനുള്ള സാധ്യതകൾ ഉറപ്പിക്കപ്പെടുന്നത്.

ആകാരത്തിന്റെ അടിസ്ഥാനത്തിൽ പൊരുതാനുള്ള ശേഷി, സ്വന്തമായുള്ള ശക്തി, വൈദഗ്ദ്ധ്യം മുൻകാലത്ത് നേടിയ വിജയങ്ങൾ, ആയുധബലം, സംഘബലം എന്നിവയൊക്കെയാണ് വിഭവശേഷി കൈവരിക്കാനുള്ള വിവിധ മാർഗങ്ങൾ.

ഇപ്രകാരം വിഭവശേഷി ദുർബ്ബലമാകുമ്പോൾ കീഴടങ്ങുക എന്നതാണ് സ്വീകാര്യമാവുക. ഇങ്ങനെ നോക്കിയാൽ വിഷാദം പ്രാവിന്റെ തന്ത്രമാകാനേ വഴിയുള്ളൂ. ഇത്തരം കീഴടങ്ങലുകൾ തീർത്തും അനിച്ഛാപൂർവ്വം നടക്കുന്ന ഒന്നാണ്. ബോധപൂർവ്വം നടത്തുന്ന ഒരു പിൻവാങ്ങലായി വിഷാദത്തെ കാണേണ്ടതില്ല എന്നർത്ഥം. ഇത്തരം കീഴ് വഴങ്ങലുകൾക്ക് പ്രധാനമായും മൂന്ന് ധർമ്മങ്ങളാണുള്ളത്. ശത്രുക്കളിൽനിന്ന് ഉണ്ടാവാനിടയുള്ള ആക്രമണസ്വഭാവത്തെ നിരോധിക്കുന്ന തരത്തിലുള്ള പ്രവർത്തനപദ്ധതികൾ ഒരുക്കുക.

പദവിയിൽ നമുക്ക് മേലെ ആണെന്ന് തോന്നുന്നവരിൽനിന്ന് അകലം പാലിക്കുക എന്നിവയാണ് മുഖ്യമായ പ്രതിരോധങ്ങൾ.

നമ്മുടെ കാര്യക്ഷമതയില്ലായ്മയെ സംബന്ധിച്ച ആത്മാവബോധം സൃഷ്ടിച്ചെടുത്തുകൊണ്ട് നിലവിലുള്ള പ്രതികൂല സാഹചര്യവുമായി പൊരുത്തപ്പെടുക എന്നതും പ്രാധാന്യമർഹിക്കുന്നത് തന്നെയാണ്.

സ്വയം ദുഃഖകരമായ മാനസികാവസ്ഥക്ക് വിധേയമാകുന്നതിലൂടെ തന്റെ ശത്രുക്കൾക്ക് താൻ ഒരപകടമല്ല എന്ന സന്ദേശം കൊടുക്കുന്നതിന് കൂടി കഴിയും എന്നതാണ് പ്രധാനം. തനിക്ക് യാതൊരു പ്രവൃത്തിയും ഈ സാഹചര്യത്തിൽ ഏറ്റെടുക്കാൻ കഴിയില്ല എന്ന സന്ദേശം കൂടിയായി വിഷാദം മാറുന്നുണ്ട്.

സ്വയം എന്തിനും വഴങ്ങിക്കൊടുത്തുകൊണ്ട് തനിക്ക് എന്തും ഉൾക്കൊള്ളാൻ കഴിയും എന്നുകൂടി അറിയിക്കുന്നതോടൊപ്പം ഞാൻ പരാജിതനും നിർദ്ദോഷിയുമാണെന്നുള്ള സന്ദേശം കൂടി അറിയിക്കുന്നതിന് ദുഃഖം സഹായകരമാവുന്നു.

ഇപ്രകാരമുള്ള ലഘുവായ പിൻവാങ്ങൽ പെരുമാറ്റങ്ങൾ ഒരളവോളം ഗുണകരമാണെന്ന് പറയാം. ഇങ്ങനെ സ്വാഭാവികമായുണ്ടാകുന്ന ദുഃഖം പ്രകടിപ്പിച്ചുകൊണ്ട് പിൻവാങ്ങുന്നതിനുള്ള ശേഷി തടയപ്പെടുന്നപക്ഷം മാനസികാവസ്ഥ നിയന്ത്രണം വിടുകയും കടുത്ത വിഷാദരോഗത്തിന് അടിപ്പെടുകയും ചെയ്യേക്കാം.

മനുഷ്യർ എപ്പോഴും തങ്ങളുടെ കൂട്ടത്തിലുള്ള മറ്റുള്ളവരുമായി താരതമ്യം ചെയ്തുകൊണ്ടാണ് സ്വന്തം പദവി ഉറപ്പിക്കാറുള്ളത്. കുടുംബത്തിനകത്തും സ്കൂളിനകത്തും തൊഴിൽ സ്ഥലത്തും കലാമത്സരങ്ങളുടെ ലോകത്തുമെല്ലാം ഇത്തരത്തിലുള്ള മാറ്റുരക്കലുകൾ കാണാൻ കഴിയും.

ഇതുകൊണ്ടാണ് മറ്റുള്ളവരുടെ വിഭവശേഷിയേക്കാൾ തനിക്ക് പ്രാപ്തിയുണ്ട് എന്ന് ചിന്തിക്കാനിടവരുന്നത്.

ഒന്നുകിൽ ചുറ്റുപാടുകളിൽനിന്ന് ലഭിക്കുന്ന സൂചനകൾ വഴിയോ അതല്ലെങ്കിൽഏതെങ്കിലും മയക്കുമരുന്നോ ചാരായമോ മറ്റോ കഴിച്ചു കൊണ്ടും ഇപ്രകാരം അവനവനെപ്പറ്റിയുള്ള വ്യാജമായ അവബോധം സൃഷ്ടിക്കപ്പെടാം.

താഴ്ന്ന സാമൂഹ്യപദവി കാരണമായും ദുഃഖത്തിലേക്ക് നയിക്കപ്പെടാവുന്നതാണ്. ഇത് ഒരു തരത്തിലുള്ള പെരുമാറ്റപരമായ പിൻവാങ്ങലായി കാണാൻ കഴിയും. (Behavioural Shut down Mechanism BSM) നീണ്ടകാലത്തെ അപകടങ്ങൾ നിറഞ്ഞ അനുഭവങ്ങൾ മാനസിക സംഘർഷങ്ങൾ, ലക്ഷ്യങ്ങൾ നേടിയെടുക്കുന്നതിൽ നേരിടുന്ന തുടർച്ചയായ പരാജയങ്ങൾഎന്നിവയുടെ സാഹചര്യങ്ങളിൽ ഓരോ വ്യക്തിയും പെരുമാറ്റങ്ങളിൽ സ്വയം തന്നെ നിയന്ത്രണം നിലനിർത്താറുണ്ട്. (Behavioural Inhibition)

വിഭവങ്ങളുടെ അഭാവം കടുത്ത രീതിയിൽ അനുഭവപ്പെടുമ്പോൾ വ്യത്യസ്തതരം പ്രേരണകൾക്ക് വിധേയമാവാതെ ശേഷിക്കുന്ന വിഭവങ്ങളെങ്കിലും നഷ്ടപ്പെടാതെ കരുതിവെക്കുക എന്നതാണ് ദുഃഖത്തിന്റെ ഉന്നമാകുന്നത്.

നേടിയെടുക്കാൻ കഴിയാത്ത ലക്ഷ്യങ്ങളിൽനിന്ന് വിട്ടുനിൽക്കേണ്ടി വരുമ്പോൾദുഃഖത്തിനടിപ്പെടുക എന്നത് ഒരു ഒത്തുതീർപ്പ് കൂടിയാണ്.

നിത്യജീവിതത്തിൽ എളുപ്പം ഉത്ക്കണ്ഠക്കടിപ്പെടുന്നവർ, ഏറ്റെടുക്കുന്ന പ്രവൃത്തികളിൽഏറെ ഉത്തരവാദിത്വബോധമുള്ളവർ, തങ്ങളുടെ ലക്ഷ്യസാധ്യത്തിനായി ഇതിനകംതന്നെ തെരഞ്ഞെടുത്തിട്ടുള്ള മാർഗത്തിൽ കാര്യക്ഷമതയില്ലെന്ന് തോന്നിയാൽപോലും ഇതരമാർഗങ്ങൾ അവലംബിക്കാൻ മടിയുള്ളവർ എന്നിവരൊക്കെയാണ് എളുപ്പം ദുഃഖത്തിനടിപ്പെടാൻ സാധ്യതയുള്ളവർ എന്നു കാണാം. ഇത്തരക്കാർക്ക് തങ്ങളുടെ ലക്ഷ്യത്തിൽനിന്ന് പിൻമാറുക താരതമ്യേന പ്രയാസമായിരിക്കും.

സാമൂഹ്യ പദവിയിൽ താഴ്ന്ന പദവിയിലുള്ളവരെ സംബന്ധിച്ചിടത്തോളം തങ്ങളുൾപ്പെടുന്ന സമുദായം, മതം, മറ്റ് സാമൂഹ്യസംഘടനാരൂപങ്ങൾ എന്നിവയിൽ അംഗത്വം ഉറപ്പിച്ചെടുക്കുന്നതിനും അത് മൂലം തനിക്കെതിരെ ഉണ്ടാവാനിടയുള്ള ആക്രമണോത്സുക സ്വഭാവം ഇല്ലാതാക്കുന്നതിനുമെല്ലാം ഉപകരിക്കുന്ന മനോതന്ത്രംകൂടിയായി ദുഃഖം മാറാനിടയുണ്ട്. (Coline Hendrie & Alasdeiret 2012)

തങ്ങൾക്കുണ്ടാവുന്ന പ്രശ്നങ്ങളെ നിരന്തരം അപഗ്രഥിക്കാൻ സഹായിക്കുന്ന തരത്തിലുള്ള ശാരീരിക മാറ്റങ്ങൾ ദുഃഖത്തിനടിപ്പെട്ടവരിൽ കാണാൻ കഴിയും. തങ്ങളെ ബാധിക്കുന്ന പ്രശ്നവുമായി ബന്ധപ്പെട്ട സംഭവപരമ്പരകളെ നിരന്തരമായി അപഗ്രഥിക്കുക എന്നത് ഇത്തരക്കാരുടെ പ്രത്യേകതയാണ്.

മറ്റൊരു കാര്യത്തിലും താത്പര്യം കാണിക്കാതിരിക്കുന്നത് തങ്ങളെ അലട്ടുന്ന പ്രശ്നത്തിലേക്കുള്ള അമിതമായ ഏകാഗ്രതക്ക് ഭംഗം വരാതിരിക്കുന്നതിന് കൂടിയാണ്. ഇത്തരത്തിലുള്ള അനുമാനങ്ങളെ ശരിവെക്കാനുള്ള പഠനങ്ങൾ പൂർണ്ണമായും തൃപ്തികരമാവാറില്ല.

നിത്യജീവിതസന്ദർഭങ്ങളൾക്ക് പുറത്ത് പരീക്ഷണാവശ്യങ്ങൾക്ക് വേണ്ടി ഇത്തരക്കാരെ വിധേയമാക്കുന്നതുകൊണ്ടാണ് ഇത്തരം പഠനങ്ങൾക്ക് പ്രതീക്ഷിച്ച ഫലം സൃഷ്ടിക്കാൻ കഴിയാതെ പോകുന്നത്. ചികിത്സകൾപോലും ചില വിഷാദരോഗികൾക്ക് പൂർണ്ണമായി ഫലപ്രദമാകാത്ത സന്ദർഭങ്ങളും ഉണ്ടാവാറുണ്ട്.

ഇങ്ങനെ പൊതുവിൽ നൽകപ്പെടുന്ന മരുന്നുകളുടെ സഹായത്തോടെയും മറ്റുമുള്ള ചികിത്സകൾക്കുടാതെ Inter Personal Therapy-cognitive Behavioural Therapy എന്നീ മാർഗ്ഗങ്ങളും ഫലപ്രദമാണെന്ന് രേഖപ്പെടുത്തപ്പെട്ടിട്ടുണ്ട്.

ദീർഘകാലം വിഷാദത്തിനടിപ്പെടുന്നവർക്ക് Behavioural Activation Therapy ഏറെ ഫലപ്രദമാകുന്നുണ്ട്. ജീവിതത്തിലെ യഥാർത്ഥ പ്രശ്നങ്ങളെ പരിഹരിക്കുന്നതിന് സഹായകരമായ രീതിയിലാണ് ഈ ചികിത്സാരീതി ഫലപ്രദമായി തീരുന്നത്. ഇത്തരം ചികിത്സാരീതികൾവിഷാദരോഗികളിൽ കണ്ടുവരുന്ന അവരുടെ ധ്യാനനിരതമായ അപഗ്രഥന സ്വഭാവത്തിൽനിന്ന് അകറ്റുന്നില്ല എന്നതാണ് അതിന്റെ സവിശേഷത.

Andrew Thomson ന്റെ അഭിപ്രായത്തിൽ CBT, IPT എന്നീ മാർഗ്ഗങ്ങൾ ഏറെ ഫലപ്രദമാകുന്നതിന് കാരണം വിഷാദരോഗികൾ നേരിടുന്ന പ്രശ്നങ്ങളെ പരിഹരിക്കാനുതകുന്ന രീതിയിലാണ് ഈ രണ്ട് ചികിത്സാമാർഗങ്ങളും പ്രയോഗിക്കപ്പെടുന്നത് എന്നത് കൊണ്ടുകൂടിയാണ്.

സാമൂഹ്യജീവിതത്തിലെ പ്രശ്നങ്ങളെ നേരിടുന്നതിന് ആയുധം ശേഖരിക്കാനുള്ള ഒരു ഉൾവിളി പോലെയാണ് പലപ്പോഴും വിഷാദം കടന്നുവരുന്നത്.

വിഷാദമാനസികാവസ്ഥ കാരണം നമ്മുടെ ശ്രദ്ധയുടെ മുകളിൽ നിയന്ത്രണം നിലനിർത്തുന്നതിന് സഹായകരമായ രീതിയിലുള്ള (Neurolocal Mechanism) നാഡീകോശഘടനകൾ പ്രവർത്തന നിരതമാകാറുണ്ട്. നിശ്ചിതപ്രശ്നത്തിൽമാത്രം ഒതുങ്ങിനിന്നുകൊണ്ട് മറ്റ് കാര്യങ്ങളിൽനിന്ന് മനസ്സ് പിൻതിരിപ്പിക്കാനും താൻ നേരിടുന്ന വെല്ലുവിളിയിൽമാത്രം ശ്രദ്ധചെലുത്തുന്നതിനും ഇതുമൂലം സാധിക്കുന്നു.

നമ്മൾ നേരിടുന്ന ഏതൊരു പ്രശ്നവും പരിഹരിക്കുന്നതിന് പ്രവർത്തനപരമായ ഓർമ്മയുടെ (working memory) പിൻബലം അനിവാര്യമാണ്. കാരണം ഏതൊരു അപഗ്രഥനമാവശ്യപ്പെടുന്ന പ്രശ്നവും നിർദ്ധരിക്കുന്നതിന് നിശ്ചിതപ്രശ്നത്തെ ശകലങ്ങളായി (ഘടകങ്ങളായി) വേർതിരിച്ചെടുക്കേണ്ടതുണ്ട്.

കൂടാതെ ഇങ്ങനെ വേർതിരിച്ചെടുത്ത കാര്യങ്ങളെ ക്രമപ്പെടുത്തി/ചിട്ടപ്പെടുത്തി പഠിക്കേണ്ടതുണ്ട്. ഇപ്രകാരം അപഗ്രഥിക്കുന്നത് വഴി ലഭിക്കുന്ന ഫലങ്ങളെ പ്രവർത്തനപരമായ ഓർമ്മയിൽ(working memory) സൂക്ഷിക്കാൻ കഴിഞ്ഞാൽ മാത്രമേ നിർദ്ദിഷ്ട പ്രശ്നത്തിന് പരിഹാരം കാണാൻ കഴിയുകയുള്ളൂ.

സങ്കീർണ്ണതയേറെയുള്ള സാമൂഹ്യ പ്രശ്നങ്ങൾ പരിഹരിക്കുമ്പോൾ പ്രവർത്തന നിഷ്ഠമായ ഓർമ്മകളുടെ (Working Memory) കൂടിയ അളവിലുള്ള ശേഷി ആവശ്യമാണ്. അതുകൊണ്ട് തന്നെ ഇത്തരത്തിലുള്ള ഓർമ്മകളുടെ ശേഷി ആവശ്യമായി വരുന്ന പ്രവൃത്തിയിലും വിള്ളൽ വീഴാനുള്ള സാധ്യത ഏറെയാണ്. ഇതിന്റെ കൂടി ഭാഗമായിട്ടാവണം വിഷാദം ആവിർഭവിച്ചിട്ടുള്ളത്. താനുൾപ്പെടുന്ന കൂട്ടത്തിനകത്ത് അംഗത്വമുറപ്പിക്കുക, അതിജീവനത്തിനാവശ്യമായ വിഭവലഭ്യതയുണ്ടാവുക എന്നീ പ്രശ്നങ്ങൾ പരിഹരിക്കുന്നതിനായി കുറഞ്ഞ ചെലവിൽ കൂടുതൽ നേട്ടങ്ങൾ കൈവരിക്കുക എന്നത് എതൊരു സസ്തനിവിഭാഗത്തിലുള്ള ജീവിക്കുപോലും സുപ്രധാനമാണ്. പ്രവർത്തനപരമായ ഓർമ്മകളെ അടിസ്ഥാനപ്പെടുത്തിയുള്ള സാമൂഹ്യപ്രശ്നങ്ങൾ പരിഹരിക്കുക എന്നതാണ് ദുഃഖത്തിനടിപ്പെടുന്നവർക്ക് ഏറെ എളുപ്പമാവുന്നത്.

കടുത്ത ദുഃഖത്തിനിരയാകുന്നവരുടെ മസ്തിഷ്കത്തിലെ ശ്രദ്ധശേഷിയുമായി ബന്ധപ്പെട്ട ഇടതുവശത്തുള്ള വെൻട്രോ ലാറ്ററൽ പ്രീ ഫ്രണ്ടൽ കോർട്ടക്സ് (Ventro Lateral Pre frontal Cortex) ലും മറ്റും ഉയർന്ന തോതിലുള്ള ഉത്തേജനം ഉണ്ടാകുന്നതായി FMRI പഠനങ്ങൾ വഴി രേഖപ്പെടുത്തിയിട്ടുണ്ട്. ദുഃഖത്തിനിയായകാത്തവരെ അപേക്ഷിച്ച് ദുഃഖത്തിനിരയായവർക്കിടയിൽ ഇങ്ങനെയുള്ള മസ്തിഷ്കപ്രവർത്തനങ്ങൾ ഉണ്ടാവുന്നു എന്നത് സവിശേഷപരാമർശം അർഹിക്കുന്നു.

വിഷാദരോഗത്തിനിരയാകുന്നവരിൽ കൂടുതൽ അന്നജം അടങ്ങിയ ഭക്ഷണത്തോട് പ്രതിപത്തി കൂടുതലുള്ളതായി നിരീക്ഷിക്കപ്പെട്ടിട്ടുണ്ട്. നാഡീകോശങ്ങൾക്കിടയിൽ സെറടോണിൻ എന്ന ജൈവരാസഘടകത്തിന്റെ സാന്നിദ്ധ്യം കൂട്ടുന്നതിന് അന്നജം സഹായിക്കുന്നു എന്നതിനാലാണ് അന്നജമടങ്ങിയ ആഹാരത്തോട് വിഷാദികൾക്ക് താത്പര്യമേറുന്നതെന്ന് തെളിയിക്കപ്പെട്ടിട്ടുണ്ട്. ഇതേ സെറടോണിൻ തന്നെയാണ് ശ്രദ്ധശേഷിയെ നിയന്ത്രിക്കുന്ന Ventro Lateral Prefrontal Cortex പോലുള്ള മസ്തിഷ്കഭാഗങ്ങളെ ഉത്തേജിപ്പിക്കാനിടയാക്കുന്നത്.

ചില വ്യക്തികളിൽ കടുത്ത വിഷാദത്തിന്റെതന്നെ തുടർച്ചയായ അനിഡോണിയ (Anehdonia) എന്ന അവസ്ഥയിൽ എത്തുന്നതോടെ ഇത്തരം വ്യക്തികൾ പൊതുവിൽ ആനന്ദം ജനിപ്പിക്കുന്ന അനുഭവങ്ങളിൽനിന്ന് സ്വയം അകന്നു നിൽക്കാൻ തുടങ്ങുന്നു. അവസരങ്ങളുണ്ടായാൽപോലും രതിയിലേർപ്പെടുന്നതിൽനിന്നും, രുചികരമായ ആഹാരത്തിൽനിന്നും, നല്ല സൗഹൃദങ്ങളിൽനിന്നുമെല്ലാം വിട്ടുനിൽക്കുക എന്ന നിലയിലേക്ക് മാറുന്നതും ഈ അവസ്ഥ നിമിത്തമാണ്. ഇതുവഴി വിഷാദിയുടെ സാമൂഹ്യജീവിതത്തിൽനേരിടുന്ന പ്രശ്നങ്ങളെ നിർദ്ധരിക്കാനും പരിഹരിക്കുന്നതിനും മാത്രമായി ശ്രദ്ധയൂന്നാൻ കഴിയുന്നു എന്നതാണ് ഇതുവഴി കിട്ടുന്ന നേട്ടം.

ഇങ്ങനെ വളരെ എളുപ്പത്തിൽതന്നെ ലഭ്യമാകാനിടയുള്ള ആനന്ദാനുഭവങ്ങളിൽനിന്ന് വിട്ടുനിൽക്കുക വഴി തന്നെ അലട്ടുന്ന സാമൂഹ്യ/വ്യക്തിപരമായ പ്രശ്നങ്ങൾ പരിഹരിക്കുന്നതിൽമാത്രം ശ്രദ്ധചെലുത്താൻ കഴിയുന്നു.

പ്രസാദാത്മകമായ (pleasant) മാനസികാവസ്ഥ എന്നത് ഏറെ ഗുരുതരമായ അതിജീവന ആവശ്യങ്ങളെ ഉറപ്പിക്കാനാവശ്യമായ പ്രശ്നങ്ങൾ പരിഹരിക്കുന്നതിന് ഫലപ്രദമല്ല.

ഇത്തരത്തിൽ വിഷാദത്തിനടിപ്പെടുന്നത് മൂലം തന്റെ കുടുംബത്തിൽപ്പെട്ട മറ്റാളുകൾ അവരുടെ വിഭവങ്ങൾ ചെലവിട്ടുകൊണ്ട് താൻ നേരിടുന്ന പ്രശ്നങ്ങൾ പരിഹരിക്കുന്നതിന് മുൻകൈ എടുക്കുമെന്ന പ്രത്യാശകൂടിയാണ് വിഷാദാവസ്ഥയുടെ ആന്തരികപ്രേരണയാവുന്നത്.

സാധാരണ രീതിയിലുള്ള പെരുമാറ്റമുള്ളവരുടെയും, ദുഃഖത്തിനടിപ്പെടാത്ത മനുഷ്യരുടെയും പ്രശ്നങ്ങളിൽ ഉയർന്ന തോതിലുള്ള സഹാനുഭൂതിയോടെ പെരുമാറുകയോ തങ്ങളുടെ വിഭവങ്ങൾ ചെലവിടുകയോ ചെയ്യുന്നതിന് അധികമാരും കൂട്ടാക്കാറില്ല. DSM iv ലെ പഠനറിപ്പോർട്ടനുസരിച്ച് MDD (Major Depressive Disorder)

കടുത്ത വിഷാദരോഗം പിടിപെടുന്നവരിൽ 10-25% ഇടയ്ക്ക് സ്ത്രീകളും 5-12% ഇടക്ക് പുരുഷന്മാരുമാണ്.

ഒട്ടുമിക്ക മേഖലകളിലും സ്ത്രീകൾക്ക് ലഭിക്കുന്ന സാമൂഹ്യപിൻതുണ യും അവസരങ്ങളും അവരുടെ മാനസിക ജീവിതത്തെ സാരമായി ബാധിക്കുന്നതിനാൽ അവർ സ്വന്തം നിലയിൽ നേരിടുന്ന പ്രശ്നങ്ങളെ പരിഹരിക്കാനുള്ള ശേഷി താരതമ്യേന പുരുഷന്മാരെ അപേക്ഷിച്ച് നന്നേ കുറവാണെന്നാണ് ഒട്ടുമിക്ക പഠനങ്ങളും സ്ഥിരീകരിക്കുന്നത്.

എല്ലായിടത്തും സംരക്ഷണമുണ്ടാവും എന്ന സാഹചര്യത്തിൽ പ്ര തിസന്ധികളിൽസ്വയംപര്യാപ്തത കൈവരിക്കാൻ കഴിയാതെ വരുക സ്വാഭാവികമാണ്.

വിഷാദരോഗത്തിന്റെ ജനിതകവും അല്ലാത്തതുമായ കാരണങ്ങളെ ക്കുറിച്ച് അനവധി പഠനങ്ങൾ പുറത്ത് വന്നിട്ടുണ്ടെങ്കിലും വിഷാദത്തി ന്റെ പ്രതികൂലമെന്നപോലെ അനുകൂലവുമായ സാധ്യതകളെക്കുറിച്ചുള്ള അന്വേഷണങ്ങൾ വിരളമാണെന്ന് പറയേണ്ടിവരും. Allen, Badock, Nesse എന്നിവരാണ് ഈ മേഖലയിലുള്ള അന്വേഷണങ്ങൾക്ക് ആക്കം പകർന്നത്.

പ്രതിഷേധിക്കുന്നതിന് പകരം നിരാശപ്പെടുക എന്ന തത്വമാണ് വിഷാദത്തിന്റെ മൂലതത്വമെന്നാണ് ബൗൾബിയുടെ നിരീക്ഷണം.

എല്ലാ വിധത്തിലുമുള്ള വിഷാദത്തിന്റെ വകഭേദങ്ങളിലും സാമൂഹ്യ ജീവിതത്തെയും വൈകാരിക ജീവിതത്തെയും സാധ്യമാക്കുന്ന മസ്തി ഷ്കപ്രവർത്തനങ്ങളുടെ നിരോധനം/പ്രവർത്തനമാന്ദ്യം(inhibition) പ്രകടമായിരിക്കും.

പ്രിയപ്പെട്ടവരെ വേർപിരിയുമ്പോഴും, മാതൃപരിചരണത്തിന്റെ അഭാവത്തിലും, ലൈംഗിക ജീവിതം നിഷേധിക്കപ്പെടുമ്പോഴും, സാമൂ ഹ്യമായ ഒത്തുചേരലുകൾ ഇല്ലാതാവുമ്പോഴും ഇമ്മട്ടിലുള്ള നിരോധന പ്രവർത്തനങ്ങൾ ഉണ്ടാകാവുന്നതാണ്. ഇത്തരത്തിലുള്ള സാഹചര്യങ്ങ ളിലുണ്ടാവുന്ന താത്കാലിക നിരോധനം ചികിത്സയില്ലെങ്കിൽപോലും ചെറിയ കാലയളവിലേക്ക് മാത്രമേ നിലനിൽക്കാറുള്ളൂ.

വിഷാദം പോലുള്ള മാനസികാവസ്ഥകൾ കേവലം രാസഘടക ങ്ങളിൽ ഉണ്ടാകുന്ന അസന്തുലിതത്വം മൂലമാണെന്ന കാഴ്ചപ്പാടുകൾ നിലവിലുണ്ടെങ്കിലും ഒട്ടേറെ ജൈവരാസ സന്ദേശവാഹികളുടെയും (Neuro transmitters) നാഡികോശങ്ങൾക്കിടയിൽ നടക്കുന്ന ഒട്ടന വധി രാസപ്രക്രിയകളുടെയും തുടർച്ചയായിട്ടുകൂടിയാണ് വിഷാദാവസ്ഥ ഉണ്ടാകുന്നത്.

ഇതോടൊപ്പം ഓരോ വ്യക്തിയും അന്യരുമായി സ്ഥാപിക്കുന്ന ബന്ധങ്ങൾ, സമൂഹത്തിൽ കിട്ടുന്ന പദവി, ലഭ്യമാകുന്ന ക്ഷേമം എന്നിവയും അവയുമായി ബന്ധപ്പെട്ട മറ്റനേകം സംഗതികളുമായും ബന്ധപ്പെട്ടുകൊണ്ടാണ് വിഷാദം വേരുപൊട്ടുന്നത്. `Mourning and Melancholia' എന്ന ലേഖനത്തിൽ Sigmond Freud ഈ വിഷയത്തെക്കുറിച്ച് ചർച്ച ചെയ്യുന്നതായി കാണാം. പരാജയപ്പെടുകയോ മുറിവേൽക്കുകയോ മറ്റ് പരിക്കേൽക്കുകയോ ചെയ്യാനിടയുള്ള സാഹചര്യങ്ങളിൽപിൻവാങ്ങുക എന്നത് ഏറെ അഭികാമ്യമായിരിക്കുമെന്ന് നിത്യജീവിതത്തിലൂടെതന്നെ മനസിലാക്കാവുന്നതേ ഉള്ളൂ. 1970-80 കാലയളവിൽതന്നെ സാമൂഹ്യജീവിതത്തിൽ നേരിടുന്ന തിരിച്ചടികൾവിഷാദത്തിലേക്ക് നയിക്കാവുന്നതാണെന്ന് വളരെ മുൻപ് തന്നെ Bowlby-യും മറ്റും നിരീക്ഷിച്ചിട്ടുണ്ടെങ്കിലും മതിയായ തെളിവുകൾ ലഭ്യമായിരുന്നില്ല.

മാനസികനിലയിൽ ഉണ്ടാകുന്ന ഇടിവ് നിമിത്തം ചുറ്റുപാടുകൾ ഏൽപ്പിക്കുന്ന സമ്മർദ്ദങ്ങളെ അതിജീവിക്കുന്നതിനുള്ള ശേഷി ലഭ്യമായേക്കാവുന്നതാണ്.

തുടർച്ചയായുള്ള പരാജയം ഏറ്റുവാങ്ങുന്നതിനേക്കാൾ താത്ക്കാലികമായ പിന്മടക്കം വഴി കാര്യക്ഷമത വർദ്ധിപ്പിക്കുന്നതാണ് എന്ന അബോധപൂർവ്വമായ തിരിച്ചറിവാണ് ഇതിന് പിന്നിൽ പ്രവർത്തിക്കുന്നത്.

കുട്ടികളുടെ വളർച്ചയുടെ പ്രാരംഭകാലത്തുള്ള ജീവിതത്തിലെ ഗതിവിഗതികൾ അവളുടെ/അയാളുടെ പിൽക്കാല ജീവിതത്തിൽ വിഷാദത്തിനിരയാക്കിയേക്കാം.

ഏതൊരു കുട്ടിയുടെയും വളർച്ചയുടെ ആദ്യഘട്ടങ്ങളിൽ നേരിടുന്ന ഒറ്റപ്പെടൽഅരക്ഷിതവും ഭീതിജനകവുമായ സാഹചര്യങ്ങളിൽ പ്രവർത്തിക്കുന്ന നിരോധനതന്ത്രം (shutdown mechanism) പിൽക്കാല ജീവിതത്തിൽ നേരിടേണ്ടിവരുന്ന പ്രിയപ്പെട്ടവരുടെ വിയോഗത്തിലും മറ്റും ഗുരുതരമായ രീതിയിൽ പ്രകടമായേക്കാം.

മനോജീവശാസ്ത്രത്തിന്റെ കാഴ്ചപ്പാടിൽ നോക്കിയാൽ മൂന്ന് തരത്തിലുള്ള രാസഘടകങ്ങളായ നൊറിപിൻഫ്രൈൻ, ഡോപമിൻ, സെറടോണിൻ (Norepine phrine, Dopamine & Serotonin) കൂടാതെ 1921 ൽ തന്നെ കണ്ടെത്തപ്പെട്ട അസിറ്റൈൽ കോളിൻ(Acetylecoline) എന്നിവയാണ് വിഷാദാവസ്ഥകളിൽ ഇടപെടുന്നത്.

അമ്മയും കുഞ്ഞും തമ്മിലുള്ള പരസ്പര ബന്ധത്തിൽനിന്ന് തുടങ്ങി മറ്റ് ബന്ധുമിത്രാദികളിലേക്ക് കൂടി നീളുന്ന സ്നേഹബന്ധങ്ങൾക്കകത്ത് ഉണ്ടാകുന്ന വിള്ളലുകൾപോലും വിഷാദത്തിനിടയാക്കാമെന്ന് പഠനങ്ങൾ ചൂണ്ടിക്കാട്ടുന്നുണ്ട്.

ശൈശവത്തിലും കുട്ടിക്കാലത്തും നേരിടുന്ന ബന്ധങ്ങളുടെ ശോഷണം ആയുഷ്കാല ജീവിതത്തെ പ്രതികൂലമായി ബാധിക്കാമെന്ന് ബൗൾബി മുതൽ ഡാനിയൽ സീഗൽ വരെ നിരീക്ഷിക്കുന്നുണ്ട്. കുട്ടിക്കാലത്ത് തന്നെ കടുത്ത ഒറ്റപ്പെടൽ അനുഭവിക്കേണ്ടിവരുന്ന സന്ദർഭങ്ങളിൽ അന്യരെ സ്നേഹിച്ചതുകൊണ്ടുമാത്രം കാര്യമില്ല എന്നും അതോടൊപ്പം ആരെങ്കിലും നമ്മെ പിൻതുണക്കാനും സ്നേഹിക്കാനും ലഭ്യമാണെങ്കിൽ അവരെ ഒരിക്കലും നഷ്ടപ്പെട്ടുകൂടാ എന്നും മറ്റുമുള്ള അറിവുകളുടെ ബലത്തിലായിരിക്കും പിൽക്കാല ജീവിതം പുരോഗമിക്കുന്നത്. ഒറ്റപ്പെടലിനെ തുടർന്നുണ്ടാകുന്ന വിഷാദത്തിലും, വൈകാരികമായി പ്രസക്തിയുള്ളവരുമായുള്ള സ്നേഹബന്ധങ്ങളുമായി ബന്ധപ്പെട്ട പ്രശ്നങ്ങളെയും നിയന്ത്രണ വിധേയമാക്കുന്നതിൽ ഉൾച്ചേർന്ന ഒപ്പിയോയിഡുകളായ ഓക്സിറ്റോസിൻപ്രൊലാക്റ്റിൻതുടങ്ങിയ ഹോർമോണുകളും ഇവിടെ നിർണ്ണായകമാണ്.

ഇയ്യോബിന്റെ പുസ്തകം എന്ന ബൈബിളിലെ അധ്യായത്തെ ദുഃഖിതരുടെ പുസ്തകം എന്ന പേരിലറിയപ്പെടുന്നത് തന്നെ സോളമൻ രാജാവിന്റെ ഇരുളടഞ്ഞ മാനസിക നില നിമിത്തമാണ്. ഉസ്താവ് മാഹ്ളർ, ചെകോവ്സ്കി (Tchaikovsky) എന്നീ സംഗീതകാരന്മാരും അബ്രഹാം ലിങ്കൺ, വിൻസ്റ്റൺ ചർച്ചിൽ എന്നീ രാഷ്ട്രീയ ചിന്തകരും എഡ്ഗർ അലൻപോ, തോമസ്മാൻഎന്നീ എഴുത്തുകാരും ഈ പട്ടികയിൽ പെടുന്നവരാണ്. കൂടാതെ കേരളത്തിലെ രാജലക്ഷ്മി, നന്ദിത, നന്തനാർ, ഇടപ്പള്ളി തുടങ്ങിയവരും ഇത്തരം അവസ്ഥകളിലൂടെ കടന്ന് പോയവരാണ്. യവന തത്വശ്സ്ത്രജ്ഞരായ ഹിപ്പോക്രാറ്റസ്, ഗാലൻ എന്നിവരും വിഷാദത്തെക്കുറിച്ച് വിശദമായി പ്രതിപാദിക്കുകയുണ്ടായി.

ചില ആളുകൾ മറ്റുള്ളവരെ അപേക്ഷിച്ച് എളുപ്പം വിഷാദത്തിനടിപ്പെടാവുന്നവരാണെന്നായിരുന്നു ഗ്രീക്കുകാരുടെ വിശ്വാസം. ഇന്ന് കാണുന്ന വിഷാദരോഗങ്ങളിൽ പ്രസവാനന്തരം ഉണ്ടാകുന്ന വിഷാദം ഒരു വലിയ വെല്ലുവിളിയായി തന്നെ മാറാവുന്ന ഒന്നാണ്. (Postpartum Depression) ഇതിൽ പ്രസവാനന്തരമുള്ള 5/6 ദിവസത്തിനകം വിഷാദം അതിന്റെ മൂർദ്ധന്യത്തിലെത്തുന്നതായി കാണാറുണ്ട്. ഇത്തരക്കാരായ സ്ത്രീകൾക്ക് അർഹമായ പരിഗണന, സ്നേഹം, പരിചരണ എന്നിവ അനിവാര്യമാണ്.

ഇത്തരത്തിലുള്ള വിഷാദരോഗത്തിനടിപ്പെടുന്നവരിൽ 10-15% പേർ കടുത്ത വിഷാദത്തിന് അടിമകളാണെന്ന് 1968 ൽതന്നെ പിറ്റ് എന്ന മനഃശ്ശാസ്ത്രജ്ഞൻ അവകാശപ്പെടുന്നുണ്ട്.

കടുത്ത ഉത്ക്കണ്ഠ, അകാരണമായ ഭയം, എന്തിനെയും ഏതിനെയും സംശയിക്കുക, ഒന്നിനെക്കുറിച്ച് തന്നെ കലശലായ ചിന്തയിലേർപ്പെടുക, പെട്ടെന്ന് ദേഷ്യം പിടിക്കുക, ശാരീരികവും മാനസികവുമായ തളർച്ച അനുഭവപ്പെടുക, അനാവശ്യമായ കുറ്റബോധം തോന്നുക, തന്റെ കുഞ്ഞിനെ മറ്റാരെങ്കിലും ആക്രമിക്കുകയോ തട്ടിക്കൊണ്ടുപോകുകയോ ചെയ്യുമെന്നുള്ള ആധിക്കടിപ്പെടുക, ലൈംഗികതയോടുള്ള വിരക്തി അനുഭവപ്പെടുക എന്നതെല്ലാം ഇങ്ങനെയുള്ള വിഷാദത്തിന്റെ ലക്ഷണങ്ങളായി കണ്ടെത്തപ്പെട്ടിട്ടുണ്ട്.

ഇതിൽ ചില സ്ത്രീകൾക്ക് തങ്ങളുടെ വ്യക്തിത്വത്തിൽതന്നെ സാരമായ മാറ്റങ്ങൾ ഉണ്ടായതായി തോന്നാറുണ്ട്. എളുപ്പത്തിൽ ദേഷ്യത്തിനടിപ്പെടുക, കുടുംബാംഗങ്ങളോട് പോലും അകാരണമായി ഇടയുക എന്നിവയെല്ലാം ഇതിന്റെ ഭാഗമായി സംഭവിക്കാറുണ്ട്. പ്ലാസ്മ, പ്രൊലാക്ടിൻ പോലുള്ള ഹോർമോണുകളുടെ അഭാവവും ഇത്തരം അവസ്ഥകൾക്ക് കാരണമാകാവുന്നതാണ്.

ചില സംസ്കാരങ്ങളിൽ പ്ലാസന്റ തിന്നുന്നത് പോലും പ്രോത്സാഹിപ്പിക്കപ്പെടാറുണ്ട്. പ്രോജസ്റ്ററോൺ (Projesteron) എന്ന ഹോർമോൺ പ്ലാസന്റയിൽ ഏറെയുണ്ടെന്ന് ഇതിനകം തെളിഞ്ഞിട്ടുണ്ട്. പല ജീവിവർഗങ്ങളിലും ഇതേ രീതിതന്നെ കാണാവുന്നതാണ്. എലികളുൾപ്പെടെയുള്ള സസ്തനിവിഭാഗത്തിൽപെട്ട ഒട്ടുമിക്ക ജീവികളും പ്ലാസന്റ ഭക്ഷിക്കാറുണ്ട്. ശത്രുമൃഗങ്ങൾ പ്ലാസന്റയുടെ മണം പിടിച്ച് കുഞ്ഞുങ്ങളെ ഭക്ഷിക്കാൻ വരുന്നത് തടയുന്നതിന് ഈ രീതി ഉപകരിച്ചിട്ടുണ്ടായിരിക്കണം എന്നാണ് പരിണാമ ശാസ്ത്രത്തിന്റെ വെളിച്ചത്തിൽ ഈ സ്വഭാവത്തെ വിശകലനം ചെയ്യുമ്പോൾ അനുമാനിക്കാവുന്നത്. ജീവശാസ്ത്രപരമായ മാറ്റങ്ങൾ നിമിത്തവും സാമൂഹ്യജീവിതത്തിലുള്ള പല പ്രശ്നങ്ങൾ കാരണവും പ്രസവാനന്തര വിഷാദം ഉണ്ടാകാവുന്നതാണ്.

പ്രസവിക്കുന്നതോടെ അവനവനെക്കുറിച്ചുള്ള അവബോധത്തിന് (Self consciousness) വന്നുചേരുന്ന സങ്കീർണ്ണതകൾ, ശിശുവിന്റെ ലിംഗപരമായ പ്രശ്നങ്ങൾ(gendering problem) ജീവിതശൈലിയിലുണ്ടാകുന്ന മാറ്റങ്ങൾ, വൈവാഹിക ജീവിതത്തിലുണ്ടാകുന്ന മാറ്റങ്ങൾഎന്നിവയെല്ലാം ഇങ്ങനെയുള്ള വിഷാദത്തിന് കാരണമാകാറുണ്ട്.

ഇപ്രകാരം വിഷാദരോഗത്തിനടിപ്പെട്ട അമ്മമാരുടെ കുട്ടികളുടെ മാനസിക വളർച്ചയിലും പലതരം ബുദ്ധിമുട്ടുകൾ ഉണ്ടാകാറുണ്ട്.

കുഞ്ഞിന്റെ വൈകാരിക പ്രകടനങ്ങളോടുള്ള നിർവ്വികാരമായ പെരുമാറ്റം, കുഞ്ഞിന് അമ്മവഴി കിട്ടേണ്ട സുരക്ഷിതത്വബോധം ലഭിക്കാതിരിക്കൽ, അമ്മയ്ക്കും കുഞ്ഞിനുമിടയിലുണ്ടാവേണ്ടുന്ന വൈകാരിക അടുപ്പം എന്നിവയെല്ലാം കടുത്ത ഒത്തുതീർപ്പുകൾക്ക് വിധേയമാവും.

കുഞ്ഞിന്റെ ഭാഷാശേഷിയെയും സുരക്ഷിതത്വ വ്യവസ്ഥയെയും ഇവയുടെ അനുബന്ധമായ പ്രതിരോധശേഷിയെപോലും ഇത് പ്രതികൂലമായി ബാധിച്ചേക്കാം. Diagnostic Statistic Manual(DSM) ന്റെ 2, 3 പതിപ്പുകളിൽ മാത്രമാണ് കുട്ടികൾക്കിടയിലുള്ള വിഷാദത്തെക്കുറിച്ച് പരാമർശിച്ചു കാണുന്നത്. ഇതിനെക്കുറിച്ച് ഇനിയും ആഴത്തിലുള്ള പഠനങ്ങൾ ഉണ്ടാവേണ്ടിയിരിക്കുന്നു. ഇങ്ങനെ വിഷാദത്തിനടിപ്പെടുന്ന കുട്ടികൾക്കിടയിൽഅക്രമവാസന ഏറിയ തോതിൽ പ്രകടമായേക്കാം എന്ന് DSM 3 ൽ തന്നെ പരാമർശിക്കുന്നുണ്ട്.

നമ്മുടെ മനുഷ്യശരീരത്തിന്റെ വിവിധ അവയവങ്ങളെ സ്വരൂപിക്കുന്നതിൽ ജനിതക ഘടകങ്ങൾ എത്രയേറെ പ്രധാനമാണെന്ന് നമുക്കറിയാവുന്നതാണ്. ജനിതക തകരാറുകൾമൂലം കണ്ണ്, കാത്, മറ്റ് അവയവങ്ങളിലെല്ലാം പ്രതികൂലമായ ഒട്ടേറെ മാറ്റങ്ങൾഉണ്ടാവാമെന്ന് ഏവർക്കും അറിയാവുന്നതാണ്.

അതിന് സമാനമായ രീതിയിൽതന്നെ നമ്മുടെ സാമൂഹ്യ ജിവിതത്തിൽ വ്യക്തിപരമായ അതിജീവനത്തിനുതകുന്ന തരത്തിലുള്ള വൈകാരികാവസ്ഥകളും ഒരളവോളം ജനിതകമായ ക്രമീകരണത്തിന് വിധേയമാണ്. ഈ ഘടകങ്ങൾക്ക് വല്ല തകരാറുകളും സംഭവിക്കുകയാണെങ്കിൽ നേരായ വികാസ ഘട്ടങ്ങളിലൂടെ വളരാൻ കഴിയുകയില്ല.

നമ്മുടെ മാനസികനില എപ്പോഴും സന്തോഷകരമായി നിലനിർത്തിക്കൊള്ളണമെന്ന ഒരു ബാധ്യതയും ജനിതക തീരുമാനങ്ങളിൽ കാണാൻ കഴിയില്ല.

പ്രതികൂല മാനസികാവസ്ഥകൾ എന്ന് നമ്മൾ കണക്കാക്കുന്ന ഉത്ക്കണ്ഠ, ഭയം എന്നീ വികാരങ്ങൾ അത്ര നല്ല മാനസികാവസ്ഥകളല്ലെങ്കിലും അപകടസാഹചര്യങ്ങളോട് പ്രതികരിക്കുന്നതിനിണങ്ങുന്ന വിധത്തിൽ രൂപം കൊണ്ട മാനസികനിലകളായി വേണം ഇവയെ പരിഗണിക്കേണ്ടത്.

ചില സാഹചര്യങ്ങളിൽ കൂടുതൽ ഉത്ക്കണ്ഠക്കടിപ്പെട്ടുകൊണ്ട് ജാഗ്രതയോടെ പെരുമാറുന്നവർക്കാകും ജീവിതം സുരക്ഷിതമായി മുന്നോട്ട് കൊണ്ടുപോകാൻ കഴിയുന്നത്.

ഇപ്രകാരമുള്ള ജീവശാസ്ത്രപരമായ ക്രമീകരണങ്ങളെ അവഗണിക്കു ന്ന പക്ഷം ഒട്ടുമിക്ക മാനസിക പ്രതിഭാസങ്ങളെക്കുറിച്ചും ഭാഗികമായ ചിത്രം മാത്രമേ നമുക്ക് ലഭിക്കുകയുള്ളൂ. യുങ്ങിനെപോലുള്ള മനഃശ്ശാസ്ത്ര ചിന്തകർ ഇതിനെയാണ് പ്രാക് മാതൃകകൾ(Archetypes) എന്ന് വിളിക്കുന്നത്.

മനുഷ്യർക്ക് വിഭിന്നങ്ങളായ ആവശ്യങ്ങളാണുള്ളത്. സ്നേഹിക്കാനും സ്നേഹിക്കപ്പെടാനും ആദരിക്കപ്പെടുന്നതിനും മറ്റുള്ളവർക്കും നമ്മളെ പോലെതന്നെ മൂല്യം കൽപിക്കുന്നതിനും, കൂടാതെ ഓരോ വ്യക്തിയും ഉൾപ്പെടുന്ന സാമൂഹ്യവിഭാഗങ്ങളുമായി ചേർന്നു നിൽക്കുന്നതിനുമെല്ലാം ഉതകുന്ന തരത്തിലുള്ള പ്രവർത്തനങ്ങളാണ് ഇതിൽ മുഖ്യമായിട്ടുള്ളത്.

പാരമ്പര്യ മനോവിജ്ഞാന പദ്ധതികൾ എല്ലാ മാനസിക പ്ര ശ്നങ്ങളുടെയും വേർതിരയുന്നത് അതത് വ്യക്തികൾക്കുള്ളിലാണ്. എന്നാൽ വിഷാദം പോലുള്ള മാനസികാവസ്ഥകളുടെ താഴ് വേരുകൾ പലപ്പോഴും അതത് വ്യക്തികളുടെ സാമൂഹ്യചുറ്റുപാടുകളിലായിരിക്കും പലപ്പോഴും തിരയേണ്ടിവരുക.

നമ്മൾ ഇന്നനുഭവിക്കുന്ന ഒട്ടുമിക്ക മാനസികപ്രശ്നങ്ങളും രോഗ ങ്ങൾഎന്നതിനേക്കാളുപരി നമ്മുടെ പൂർവ്വികർ ജീവിക്കേണ്ടിവന്ന സാഹചര്യങ്ങളിൽ ഉണ്ടായ പ്രശ്നങ്ങളെ നിർദ്ധരിക്കുന്നതുമായി കൂടി ബന്ധപ്പെട്ട് വികസിച്ചുവന്ന മാനസിക പ്രതിരോധങ്ങൾകൂടിയാവണം. ഏത് സാമൂഹ്യജീവിത സന്ദർഭങ്ങളിലായാലും (കുടുംബം, സമുദായം, പാർട്ടി, ക്ലബ്ബ്, etc.) ഉത്ക്കണ്ഠ എന്ന മാനസികാവസ്ഥ സാധാരണ മാണ്. കുടുംബങ്ങളിൽ നടക്കുന്ന ഒട്ടുമിക്ക സംഘർഷങ്ങൾ മുതൽ രാഷ്ട്രീയ പാർട്ടികളിലേക്ക് വരെ നീളുന്ന ചേരിപ്പോരുകളെ ഇതിൽ ഉൾപ്പെടുത്താവുന്നതാണ്.

ഞാൻ ഉൾപ്പെടുന്ന കൂട്ടത്തിൽ എന്നേക്കാൾ പദവിയിൽ ഉയർന്ന് നിൽക്കുന്നവർ എന്നെക്കുറിച്ച് എങ്ങനെയായിരിക്കും ചിന്തിക്കുക? മറ്റുള്ളവർ എന്നെ സ്വീകരിക്കാൻഒരുക്കമായിരിക്കുമോ? എന്റെ പ്ര വർത്തികൾ മറ്റാരെയെങ്കിലും വേദനിപ്പിക്കാനിടയാവുമോ? മറ്റുള്ളവർ എന്നെ അപകടപ്പെടുത്താനും എന്റെ പദവി നഷ്ടപ്പെടുത്താനും ശ്രമിക്കു ന്നുണ്ടാവുമോ? എന്നിങ്ങനെയുള്ള ഒട്ടനേകം പ്രശ്നങ്ങളെ ചൊല്ലിയുള്ള ഉത്ക്കണ്ഠകൾ എല്ലാ തരത്തിലുമുള്ള കൂട്ടജീവിതത്തിലും കാണാൻ കഴിയും.

സമീപകാലത്ത് സാമൂഹ്യജീവിതത്തിലുണ്ടായ പലതരം മാറ്റ ങ്ങൾവഴി സാമൂഹ്യജീവിതം സമാധാനപരവും ആനന്ദകരവുമാക്കാൻ കഴിഞ്ഞു എന്നുമാത്രം. സാമൂഹ്യനവീകരണ പ്രവർത്തനങ്ങൾക്കും

സാംസ്കാരിക പ്രവർത്തനങ്ങൾക്കും എല്ലാം ഈ മാറ്റത്തിൽ ഗുണക രമായ പങ്ക് നിറവേറ്റാൻ കഴിഞ്ഞിട്ടുണ്ട്.

എങ്കിലും നമ്മുടെ പ്രാകൃതവാസനകളിൽനിന്നും പ്രതിരോധ തന്ത്രങ്ങളിൽനിന്നും പൂർണ്ണമായും പുറത്ത് കടക്കാൻ നമുക്ക് കഴി ഞ്ഞിട്ടില്ല എന്നതിന് തെളിവായി സമീപകാലത്ത് നടന്ന യുദ്ധങ്ങളും കൂട്ടക്കൊലകളും ജാതിമത രാഷ്ട്രീയ വൈരങ്ങളും തന്നെ മതിയാവും. അതുകൊണ്ട്തന്നെ ചൈനയോ പാക്കിസ്ഥാനോ നമ്മുടെ രാജ്യത്തെ ആക്രമിക്കുമോ, തമിഴ്നാട് കേരളത്തെ അപകടപ്പെടുത്തുമോ തുടങ്ങിയ ആധികൾ ഇപ്പോഴും കെട്ടടങ്ങുന്നില്ല.

ഇന്ന് കാണുന്ന ഒട്ടുമിക്ക പെരുമാറ്റങ്ങളും ആയിരക്കണക്കിന് വർഷങ്ങൾക്ക് മുൻപ് തന്നെ ആവിർഭവിച്ചതും പിൽക്കാലത്ത് ഒട്ടേറെ പരിഷ്ക്കരണങ്ങൾക്ക് വിധേയമായവയും കൂടിയാണ്. ഭാഷയുടെയും സ്നേഹബന്ധങ്ങളുടെയും മറ്റും കാര്യത്തിൽ ജീവശാസ്ത്രപരമായ സ്വാ ധീനത്തെക്കുറിച്ച് മനസ്സിലാക്കാൻ വലിയ പ്രയാസമില്ലെങ്കിലും ചില സഹജമനോഭാവങ്ങൾ, പ്രകൃതം (trait) എന്നിവയെക്കുറിച്ച് പറയു മ്പോൾ ഇത്തരം സ്വാധീനങ്ങളെക്കുറിച്ച് നമ്മൾ അജ്ഞരാവുകയാണ് പതിവ്.

സാമൂഹ്യജീവിതത്തിൽ നേടിയെടുക്കുന്ന വിജയം മുന്നിൽ കണ്ടുകൊ ണ്ട് പ്രവർത്തനസജ്ജമാകുന്ന ഒരു വ്യവസ്ഥയാണ് നമ്മുടെ മനസ്സ്. അല്ലാതെ പൂർണ്ണമായ തോതിൽ യുക്തിസഹമായി മാത്രം പ്രവർത്തി ക്കുന്ന ഒന്നല്ല.

മനുഷ്യഭ്രൂണത്തിന്റെ വിവിധ ഘട്ടങ്ങൾ പിന്നിടുന്നതിനിടയിൽ മത്സ്യ ത്തിന്റെ ചെകിള പോലും പ്രത്യക്ഷപ്പെടുകയും അപ്രത്യക്ഷമാവുകയും ചെയ്യുന്ന ഘട്ടങ്ങളിലൂടെയെല്ലാം കടന്നുപോയിക്കൊണ്ടാണ് മനുഷ്യ ശിശു വളർന്നു വരുന്നത് എന്നറിയുമ്പോൾ അതിശയിച്ചേക്കാമെങ്കിലും അതാണ് യാഥാർത്ഥ്യം.

പല അവയവങ്ങളും അവയുടെ ഉത്പത്തിയുമായി ബന്ധപ്പെട്ട് നില നിർത്തിയ രൂപങ്ങളുമായി ഒത്തുപോവേണ്ടിവരുന്ന സന്ദർഭങ്ങളിൽ ഒരുപാട് പരിമിതികൾ പ്രത്യക്ഷമാകുന്നുണ്ട്. ഉദാ: സുഷുമ്നാനാഡിയുടെ അടിസ്ഥാന ഘടന സമുദ്രത്തിൽവെച്ച് രൂപപ്പെട്ടതിനാൽ അതിന്റെ അടിസ്ഥാനഘടന അതേപടി നിലനിർത്തപ്പെടുകയാണുണ്ടായത്.

എന്നാൽ കരയിൽനിവർന്നുനടക്കുന്നതിൽ ഇത് ഒരു പരിമിതി യായി മാറുകയാണുണ്ടായത്. അതിന്റെ പാർശ്വഫലമെന്നോണമാണ് പുറം വേദനയും (Back Pain) ചെന്നിക്കുത്തും (Migraine)മറ്റും നമ്മളെ

പിടികൂടിയത്. മസ്തിഷ്കത്തിന്റെ കാര്യത്തിലും ഇതുതന്നെയാണ് സംഭവിച്ചിട്ടുള്ളത്.

മസ്തിഷ്കത്തിന്റെ അടിസ്ഥാന ഘടനകളും പ്രവർത്തനപദ്ധതികളും ജൈവസാമൂഹ്യ ലക്ഷ്യങ്ങളും എല്ലാംതന്നെ വലിയ മാറ്റങ്ങൾകൂടാതെ പിൽക്കാലജീവിവർഗ ചരിത്രത്തിലും സംരക്ഷിക്കപ്പെടുകയാണുണ്ടായത്.

ഇത്തരം മാറ്റങ്ങൾ ജീനുകൾ വഴിയും, നാഡീവ്യവസ്ഥ വഴിയും പ്രത്യുത്പാദനപ്രക്രിയയ്ക്കകത്ത് ഇടപെട്ടുകൊണ്ട് അടുത്ത തലമുറയിലേക്ക് പകർത്തപ്പെടുക മാത്രമാണുണ്ടായത്. കുഞ്ഞുങ്ങളെ സംരക്ഷിക്കുന്നതിനും പരിചരിക്കുന്നതിനുമുള്ള പ്രകൃതവും മറ്റും ഇമ്മട്ടിലുള്ള പൂർവ്വ നിശ്ചിത പദ്ധതികളുടെ ഭാഗമായി കൈമാറ്റം ചെയ്യപ്പെട്ട് വന്നിട്ടുള്ളതാണ്.

തങ്ങളുടെ അതിജീവനത്തിനായുള്ള വിഭവങ്ങൾ സമാഹരിക്കുന്നതിനും സ്വന്തം വംശത്തിൽപെട്ട മറ്റുള്ളവരുമായി മത്സരിക്കുന്നതിനും മറ്റുള്ളവരെ സഹായിക്കുന്നതിനും പരസ്പരം സഹകരിക്കുന്നതിനുമെല്ലാമുള്ള സ്വഭാവങ്ങൾ വികസിച്ചുവന്നതും ഇപ്രകാരം തന്നെയാണ്.

ഓരോരുത്തരുടെയും ജീവിത ചരിത്രത്തിനുള്ളിലാണ് ജനിതകഘടകങ്ങളുടെ പ്രവർത്തനം പ്രകടമാവുന്നത്. ജീവശാസ്ത്രപരമായ സൂക്ഷ്മ ഘടനകളെ നിർണ്ണയിക്കുന്നതിൽ ചുറ്റുപാടുകൾക്കുള്ള പങ്ക് ഏറെ വലുതാണ്. രക്ഷിതാക്കളിലുള്ള രോഗങ്ങൾ, അസ്വാഭാവിക പെരുമാറ്റങ്ങൾ എന്നിവ അതേപടി അടുത്ത തലമുറയിലേക്ക് പകർത്തപ്പെടാത്തതിന് കാരണവും ഇത് തന്നെയാണ്.

നമ്മൾ അനുവർത്തിച്ചുവരുന്ന ജീവിതശൈലികളും, കഴിക്കുന്ന ആഹാരങ്ങളും എല്ലാം അടങ്ങുന്ന ബാഹ്യഘടകങ്ങൾ നിമിത്തമായാണ് പ്രമേഹം ഉൾപ്പെടെയുള്ള ശാരീരിക രോഗങ്ങൾക്ക് കാരണമാവാൻ ഇടയുള്ള ജനിതക ഘടകങ്ങൾ പ്രവർത്തനക്ഷമമാകുന്നത്.

Schizophrenia പോലുള്ള മാനസിക തകരാറുകളും ഇതിനപവാദമല്ല. മനുഷ്യശിശുവിന്റെ തീർത്തും അപൂർണ്ണമായതും നിരന്തരം മാറ്റങ്ങൾക്ക് വിധേയമായികൊണ്ട് ചുറ്റുപാടുകളിൽനിന്ന് ലഭിക്കുന്ന വിവരങ്ങളെ ആശ്രയിച്ച് വളർച്ച പൂർത്തീകരിക്കാനുള്ള ശേഷിയും ഇരുതലമൂർച്ചയുള്ള വാള് പോലെയാണെന്ന MC Donaldന്റെ ഈ പരാമർശം സന്ദർഭത്തിൽ ഏറെ പ്രസക്തമാണ്.

ഇത്തരത്തിലുള്ള സ്വയംമാറ്റങ്ങൾക്ക് വിധേയമാവുന്ന നാഡീവ്യവസ്ഥ നിമിത്തം ഒന്നുകിൽ അനുകൂലമായതോ അതല്ലെങ്കിൽ പ്രതികൂലമായതോ ആയ മാറ്റങ്ങൾ ഉണ്ടാവാം.

ഓരോ വ്യക്തിയും അവളുടെ /അവന്റെ സുരക്ഷിതത്വ വ്യവസ്ഥ (safety system) വഴിയാണ് നിശ്ചിതചുറ്റുപാടുകളുമായി ഇണങ്ങി നിൽക്കാൻ പ്രാപ്തി നേടുന്നത്.

ഈ സുരക്ഷിതത്വവ്യവസ്ഥ താറുമാറാകുകയാണെങ്കിൽ ചുറ്റുപാടുകളെ അമിതമായി ഭയക്കാൻ തുടങ്ങുകയും സ്വയം പ്രതിരോധത്തിനായി അമിത ഊർജ്ജം ചെലവിട്ടുകൊണ്ട് തന്നിലേക്ക് അസ്വാഭാവികമായി പിൻവാങ്ങുകയും ചെയ്യാനിടയുണ്ട്. ഇത് കാരണം മറ്റുള്ളവരെയത്രയും ഭയപ്പാടോടെയും ഉത്ക്കണ്ഠയോടെയും കാണാനിടവരും.

ഭഡോൺ ക്വിക്സോട്ട് എന്ന കഥാപാത്രത്തെപോലെ അന്യരെ കാണുന്ന മാത്രയിൽ സ്വയം പൊരുതാൻ ഒരുങ്ങി നിൽക്കേണ്ടി വരികയും സദാ ജാഗ്രതയിൽ ജീവിക്കേണ്ടിവരുകയും ഒടുക്കം കാറ്റാടി യന്ത്രത്തെ കാണുമ്പോൾ പോലും വാളെടുത്ത് പൊരുതാൻ ഒരുങ്ങുന്നതിലേക്ക് വരെ കാര്യങ്ങൾ പുരോഗമിച്ചേക്കാം. തുറന്ന വ്യക്തികളായി മാറുന്നതിന് ഇമ്മട്ടിലുള്ള അമിത പ്രതിരോധം തടസമായി മാറുന്നു.

തുറന്ന വ്യക്തിത്വമാർജ്ജിക്കുന്നവർക്ക് മാത്രമേ അന്യർക്ക് ആത്മവിശ്വാസവും കരുത്തും പ്രദാനം ചെയ്യാൻ കഴിയുകയുള്ളൂ. ഉയർന്ന അളവിലുള്ള സ്വയം പ്രതിരോധം (self defense) നമ്മുടെ ആത്മാവബോധത്തെത്തന്നെ കടപുഴക്കി എറിയുന്നു.

ലോകത്ത് നമുക്ക് ലഭിക്കേണ്ടുന്ന ഇടം കിട്ടാതെ വരുകയും നിരന്തരമായ പീഡനാനുഭവങ്ങൾക്ക് ഇരയാവുകയും ചെയ്യുകയാണെങ്കിൽ ഏതൊരു വ്യക്തിയും അസാധാരണമായ പെരുമാറ്റങ്ങൾ പ്രകടമാക്കുക സ്വാഭാവികമാണ്. ഒരു പ്രത്യേക തരത്തിലുള്ള വിലയിരുത്തലുകൾക്ക് വശംവദയാവുകയും മറ്റുള്ളവരെക്കുറിച്ചും അവനവനെക്കുറിച്ചും തെറ്റായ വിലയിരുത്തലുകൾ നടത്തുകയും ചെയ്യാൻ തുടങ്ങുന്നതോടെയാണ് നിഷേധാത്മകമായ (negative) മാനസികാവസ്ഥകൾക്ക് ഏതൊരു വ്യക്തിയും ഇരയായി മാറുന്നത്.

നല്ല രീതിയിൽ വിദ്യാഭ്യാസം സിദ്ധിക്കുക വഴിയോ വ്യത്യസ്തമായ മാർഗങ്ങൾ വഴി തന്നെയും അന്യരെയും വിലയിരുത്താനും അറിയാനും ശ്രമിച്ചുകൊണ്ടും മാത്രമാണ് ഇത്തരത്തിലുള്ള ഏകപക്ഷീയ ധാരണകളിൽ നിന്നും രോഗാതുരമായ മാനസികാവസ്ഥകളിൽനിന്നും മുക്തി നേടാൻ കഴിയുകയുള്ളൂ.

വിഷാദത്തിനടിപ്പെട്ടുന്നവർ അവരുടെ ചിന്താരീതികളിൽ പുരാതന മാതൃകകൾ പിൻപറ്റുന്നവരാണ്. ശിലായുഗ ജീവിതത്തിനിണങ്ങുന്ന ചിന്താരീതികളാണ് ഇത്തരം അവസ്ഥകളിൽ അവലംബിക്കപ്പെട്ടുന്നത്.

കേവലമായ വഴക്കമില്ലാത്ത സ്ഥിരചിത്തരായാണ് വിഷാദത്തിന്റെ കാഠിന്യത്തിൽ ഇത്തരക്കാർ പെരുമാറുന്നത്.

എല്ലാറ്റിനെയും ഒരൊറ്റ നിലപാടിൽ നിന്ന് മാത്രം കാണാൻ തുടങ്ങുകയും കാര്യങ്ങളെ പരസ്പരം ബന്ധപ്പെടുത്തി കാണുന്നതിനോ, വ്യത്യസ്ത ചിന്താമാർഗങ്ങൾ അവലംബിക്കുന്നതിനോ ഇക്കൂട്ടർക്ക് കഴിയാതെ വരുന്ന മുറക്കാണ് വിഷാദം പോലുള്ള മാനസികാവസ്ഥകൾ കഠിനമായി തീരാറുള്ളത്. ബോധമനസ്സിന്റെ നിയന്ത്രണത്തിൽ മാത്രം പെരുമാറാൻ കഴിയുന്നവരല്ല നമ്മൾ എന്ന യാഥാർത്ഥ്യം പലപ്പോഴും വിസ്മരിക്കപ്പെടുകയാണ് പതിവ്.

മനുഷ്യർക്കിടയിൽ പരസ്പരബന്ധങ്ങൾ നിലനിർത്തുന്നതിനായി മുഖ്യമായും മൂന്നു വഴികളാണ് സാധ്യമായത് എന്നാണ് പ്രമുഖ മനഃശ്ശാസ്ത്രജ്ഞയായ കാരൻ ഹോർണി (Karen Horney-1988) അഭിപ്രായപ്പെടുന്നത്. പരസ്പരം അടുക്കുക, പരസ്പരം അകലുക, പരസ്പരം എതിർക്കുക എന്നിവയാണ് ഈ മൂന്ന് സാധ്യതകളായി പരിഗണിക്കപ്പെടുന്നത്. ഇതിൽമറ്റുള്ളവരെ നമ്മളിൽനിന്ന് മാറ്റിനിർത്താനുള്ള കഴിവ് (ഇത് അവരുടെ പ്രവൃത്തികൾ മൂലം നമുക്കുണ്ടാവാനിടയുള്ള വിനാശകരമായ സാധ്യതകളെ ഇല്ലാതാക്കുന്നതിനാണ്), നമ്മുടെ അരികിലേക്ക് മറ്റൊരാളെ എത്തിക്കുന്നതിനുള്ള കഴിവ് (പ്രണയം) എന്നിവകൂടി ഇതിനോട് ചേർക്കാവുന്നതാണ്. കൂട്ടത്തിൽപെട്ട മറ്റുള്ളവരുമായി മത്സരത്തിലേർപ്പെടാനുള്ള കഴിവ് എന്നത് ലൈംഗിക നിർദ്ധാരണം വഴി വികസിച്ചുവന്ന അനുകൂല സ്വഭാവമാണ്. (ഇണയെ കിട്ടുന്നതിനായി നമ്മളെപ്പോലെതന്നെ മറ്റുള്ളവരും ഇതേപോലെ മത്സരത്തിലേർപ്പെടുന്നുണ്ട്.)

മത്സ്യങ്ങൾക്കിടയിൽ പോലും ഈ തത്വത്തിനാധാരമായ ഒട്ടേറെ സ്വഭാവവിശേഷങ്ങൾ കാണാൻ കഴിയും. ആക്രമണസ്വഭാവത്തെ ഇല്ലായ്മ ചെയ്തുകൊണ്ട് ഇണയെ ആകർഷിക്കുന്നതിന് അനുകൂലമായ സ്വഭാവം പ്രകടിപ്പിക്കുക എന്നത് ഇവിടെ അനിവാര്യമാകുന്നു.

സമീപകാലത്ത് നമ്മൾ വികസിപ്പിച്ചെടുത്ത മൊബൈൽ വഴിയുള്ള സന്ദേശങ്ങൾ, ഫോട്ടോകൾ പങ്കുവെക്കൽ (texting, photo), പാട്ട് പാടാനുള്ള ശ്രമം, മറ്റ് കലാവിരുതുകൾകാട്ടാനുള്ള ശ്രമം എന്നിവയൊക്കെ പ്രണയലീലകളുമായി ബന്ധപ്പെട്ടവകൂടിയായി വേണം മനസ്സിലാക്കേണ്ടത്.

വേട്ടക്കാരായ ശത്രുജീവികളുടെ കാഴ്ചവട്ടത്തേക്ക് എളുപ്പത്തിൽ എത്തിപ്പെടാനുള്ള സാധ്യതകൾ ഉണ്ടായിട്ടുപോലും ബഹുവർണ്ണങ്ങളുള്ള മത്സ്യങ്ങൾ, വർണ്ണപ്പകിട്ടുള്ള തൂവലുകളോടുകൂടിയ പക്ഷികൾ

എന്നിവ പരിണമിച്ചുവന്നിട്ടുള്ളതിന്റെ ഭാഗമായാണ് ഇണകളെ ആകർഷിക്കുന്നതിനുകൂടി ഇവയത്രയും സഹായകരമായി മാറിയത്.

ഇതിന് വിപരീതമായ രീതിയിലാണ് വിഷാദികളാകുന്നവരുടെ ആലോചനകൾ എല്ലായ്പ്പോഴും നിഷേധാത്മകമായ കാര്യങ്ങളെക്കുറിച്ച് മാത്രമായിത്തീരുന്നത്. അവനവനെക്കുറിച്ചും അന്യരെക്കുറിച്ചും ലോകത്തെക്കുറിച്ചുമെല്ലാം ഇപ്രകാരം നിഷേധാത്മകമായി ചിന്തിക്കുവാൻ തുടങ്ങുന്നതോടെ വിഷാദം ഒഴിയാബാധയായി തുടരുന്നു. ലൈംഗിക നിർദ്ധാരണ തത്വത്തിന്റെ തന്നെ വെളിച്ചത്തിൽ പരിശോധിച്ചാൽ വിഷാദികൾക്ക് ഇണയെ സമ്പാദിക്കുന്നതിനുള്ള വിഭവങ്ങൾ സമാഹരിക്കാനുള്ള ശേഷി ദുർബ്ബലപ്പെടുകയാണ് പതിവ്. തങ്ങൾഅനാകർഷണീയരാണ് എന്ന് സ്വയം തോന്നുകയും ഇത്തരം തോന്നലുകളുടെ തടവറയിൽ വെന്തുരുകുകയും ചെയ്യുക എന്നത് മാത്രമാണ് വിഷാദികളുടെ ദുർഗതി. സമാധാനപരമായ ജീവിതത്തിനായി ഒരു പ്രദേശത്ത് താമസം തുടങ്ങിയ മധ്യവയസ്കയായ സ്ത്രീ തന്റെ അയൽവക്കത്ത് താമസം തുടങ്ങിയ കുടുംബത്തിലെ കൂട്ടച്ചിരികളും കുട്ടികളുടെ ബഹളങ്ങളും കാരണം തന്റെ ജീവിതം അർത്ഥശൂന്യമായി എന്ന് ധരിക്കുന്നത് കാരണം വിഷാദത്തിനടിപ്പെടുന്ന ഒരു സാഹചര്യം അമേരിക്കയിലെ ഒരു പ്രദേശത്ത് സംഭവിച്ചതായി രേഖപ്പെടുത്തപ്പെട്ടിട്ടുണ്ട്. നമ്മുടെ നാട്ടിലും ഇതിന് സമാനമായ അനുഭവങ്ങൾ കാണാനാവും. സ്വയം അറിയാതെ തന്നെ തന്റെ കീഴെ വരുന്നവരെക്കുറിച്ചുള്ള കാഴ്ചപ്പാടിനെ കേന്ദ്രീകരിച്ചുകൊണ്ടാണ് ഈ സ്ത്രീയുടെ വിഷാദം ഉടലെടുത്തത്. തനിക്ക് അയൽക്കാരിയെ അപേക്ഷിച്ച് അധികാരം കുറവാണെന്നും (social ranking) തന്റെ ജീവിതം അന്യരാൽ തീരുമാനിക്കപ്പെടാൻ പോകുകയാണ് എന്നും കരുതാനിടവരുകയും തന്റെ പരാജയം ആസന്നമായിരിക്കുന്നു എന്ന് ഉറച്ച് വിശ്വസിക്കാനും തുടങ്ങുന്നതോടെ ഈ സ്ത്രീ കടുത്ത വിഷാദത്തിനുടമയാവുകയാണുണ്ടായത്.

കാരൻ ഹോർണി, ആൽഫ്രഡ് ആഡ്ലർ (Karen Horney, Adler) തുടങ്ങിയ ചിന്തകർ നടത്തിയ നിരീക്ഷണങ്ങളുമായി ചേർത്ത് വെക്കുമ്പോൾ ഇത് പൂർണ്ണമായും ശരിവെക്കപ്പെടുന്നുണ്ട്. ഒരാൾ അയാളുടെ കീഴെ വരുന്നവരുടെ പദവിയെക്കുറിച്ചും സാധ്യതകളെക്കുറിച്ചും രൂപപ്പെടുത്തുന്ന യുക്തിരഹിതമായ കാഴ്ചപ്പാടുകളാണ് ഒരളവോളം വിഷാദരോഗത്തിനും മറ്റും ഹേതുവാകുന്നത് എന്ന ഇവരുടെ നിരീക്ഷണം ഇവിടെ ഏറെ പ്രസക്തമായിത്തീരുന്നു. ഓരോരോ ചുറ്റുപാടും വ്യത്യസ്തമായ സാധ്യതകളാണ് ജീവിതത്തിൽ സൃഷ്ടിക്കുന്നത്. ഒരു പട്ടിയെ സംബന്ധിച്ചിടത്തോളം തനിക്ക് കിട്ടാനിടയുള്ള ഭക്ഷണം, അത്

ലഭ്യമാക്കുന്ന യജമാനന്റെ സാന്നിദ്ധ്യം, വയറ് എരിയുന്നുണ്ടോ, കാലിൽ മുറിവ് പറ്റിയിട്ടുണ്ടോ തുടങ്ങിയ കാര്യങ്ങളാണ് പ്രസക്തമാകുന്നത്. ഇത് കൂടാതെ തന്റെ യജമാനൻ തന്നെ സ്നേഹിക്കുന്നുണ്ടോ വെറുക്കുന്നുണ്ടോ എന്ന് മനസ്സിലാക്കുന്നതും അതിജീവനം ഉറപ്പിക്കുന്നതിന് അത്യന്താപേക്ഷിതമാണ്.

ഇത്തരം സാഹചര്യങ്ങൾവഴി ലഭിക്കുന്ന വിവരങ്ങളത്രയും പട്ടിയുടെ മനോനിലയെ സ്വാധീനിക്കുന്നുണ്ട്. ബാഹ്യലോകത്തും ആന്തരിക ലോകത്തുനിന്നുമുള്ള വിവരങ്ങൾ(വിശപ്പ്, യജമാനൻ) വ്യക്തമായി സ്വീകരിച്ചുകൊണ്ട് ഇത് തന്റെ നിലനിൽപിനും വംശവർദ്ധനവിനും അനുകൂലമാണോ പ്രതികൂലമാണോ എന്ന് പരിശോധിക്കാൻ കഴിയുക എന്നത് മാത്രമാണ് പട്ടിയെ സംബന്ധിച്ചിടത്തോളം പ്രസക്തമാകുന്നത്. എന്നാൽ ഇങ്ങനെയുള്ള മനസ്സിലാക്കലുകളൊന്നും ബോധമണ്ഡലത്തിന്റെ സഹായത്താൽ നടക്കുന്നവയുമല്ല. പട്ടി മാംസഭക്ഷണം കഴിക്കുമ്പോൾഅതല്ലെങ്കിൽ ക്യാരറ്റ് കഴിക്കാൻ കൂട്ടാക്കാത്തപ്പോഴും അതിനറിയില്ല തന്റെ വംശപരമ്പരയുടെ ആവിർഭാവചരിത്രത്താലാണ് തന്റെ അഭിരുചികൾ തീരുമാനിക്കപ്പെടാനിടയായത് എന്ന യാഥാർത്ഥ്യം.

മനുഷ്യനുൾപ്പെടെയുള്ള ഏത് മൃഗത്തിനായാലും തന്റെ നിലനിലപിനും വംശവർദ്ധനവിനും സഹായകരമായ ഏതൊരു പ്രവൃത്തിയിലേർപ്പെടുമ്പോഴും ആനന്ദം എന്ന അനുഭൂതി സൃഷ്ടിക്കപ്പെടുന്നുണ്ട്. ഈ ആനന്ദം തന്നെയാവണം നിർദ്ദിഷ്ട പ്രവൃത്തിയിലേർപ്പെടാൻ ആ ജീവിയെ പ്രേരിപ്പിക്കുന്നതും. ചുരുക്കിപ്പറഞ്ഞാൽ നമ്മുടെ വ്യത്യസ്തങ്ങളായ മനോനിലകൾ (Moods) തന്നെയാണ് വൈകാരികതയോടെയുള്ള ഏതൊരു പെരുമാറ്റത്തെയും പുറത്തെത്തിക്കുന്നത്.

ചെറിയ തോതിലുള്ള അസ്വസ്ഥത (irritation) വന്നാൽപോലും നമുക്ക് ദേഷ്യം വരുന്നതിന്റെ രഹസ്യവും ഇത് തന്നെയാവണം. എന്തിനെക്കുറിച്ചെങ്കിലുമുള്ള ഉത്ക്കണ്ഠ കനത്ത് വരുമ്പോൾ ഭീഷണിയാവാനുള്ള കാര്യത്തെക്കുറിച്ച് മാത്രമാണ് ശ്രദ്ധ ചെലുത്താൻ കഴിയുന്നത്. ഇത് നമുക്ക് അനുകൂലമായ സ്വഭാവമായി മാറുന്നത് നിശ്ചിത സന്ദർഭത്തിൽ മാത്രമാണ്.

ആനന്ദം, നിർവ്വികാരത, രോഷം (ദേഷ്യം) എന്നീ മാനസികാവസ്ഥകളെ പ്രതിഫലിപ്പിക്കുന്നഫോട്ടോകൾ കാണിച്ച് നടത്തിയ പരീക്ഷണത്തിൽ ഭൂരിഭാഗം ആളുകളും ശ്രദ്ധിച്ചുകണ്ടത് ദേഷ്യം നിറഞ്ഞ മുഖഭാവമായിരുന്നു.

നമുക്ക് ഭീഷണിയുണ്ടെന്ന ഒരു ചെറിയ തോന്നൽപോലും നമ്മുടെ ശ്രദ്ധയെ തീവ്രമാക്കുന്നുണ്ട് എന്നാണ് ഇത്തരം പരീക്ഷണങ്ങൾ വഴി വെളിവാകുന്നത്. നല്ല മനോനിലകളാവട്ടെ (good mood) ശ്രദ്ധയുടെ പരിധി വർദ്ധിപ്പിക്കുകയും കൂടുതൽ പുതുമയാർന്ന വിവരങ്ങളിലേക്ക് ശ്രദ്ധചെലുത്താൻ പ്രേരിപ്പിക്കുകയും ചെയ്യുകയാണ് പതിവ്.

നിഷേധാത്മകമല്ലാത്ത മനോനിലകളുടെ സമ്മർദ്ദത്തിൽ ആരോഗ്യദായകമായ ഭക്ഷണസാധനങ്ങളോട് പ്രതിപത്തി കൂടിയേക്കാം. ഭക്ഷണത്തോടുള്ള അഭിരുചികളെ തീരുമാനിക്കുന്നതിൽ മനോനിലകൾക്കുള്ള സ്വാധീനത്തെക്കുറിച്ച് ഒട്ടേറെ പഠനങ്ങൾ സാക്ഷ്യപ്പെടുത്തുന്നതും ഇതു തന്നെയാണ്.

എന്ത് കാണണം, എത്രയേറെ ഊർജ്ജസ്വലതയും ജാഗ്രതയും പുലർത്തണം, ഏത് ലക്ഷ്യത്തിന് മുൻതൂക്കം കൊടുക്കണം എന്നൊക്കെ തീരുമാനിക്കുന്നതിൽ മനോനിലകളുടെ (Moods) പങ്ക് അനിഷേധ്യമാണ്. മനുഷ്യർ ബോധപൂർവ്വം സൃഷ്ടിച്ചെടുത്ത ഭാഷ, സംസ്കാരം എന്നിവയൊക്കെ ഉണ്ടാകുന്നതിന് എത്രയോ മുമ്പ് തന്നെ ആവിർഭവിച്ചവയാണ് Mood കൾ.

ഭാഷാകേന്ദ്രീകൃതമായ കാഴ്ചപ്പാടുകളുടെ ഭാരം നിമിത്തം പല മനോനിലകളും (Mood sings) നമുക്ക് അനുഭവിക്കാൻ കഴിയാതെ പോകുന്നുണ്ട്. ചിത്രകല, സംഗീതം, നൃത്തം പോലുള്ള കലാമാധ്യമങ്ങൾ വഴിയാണ് പല Mood കളും സൂക്ഷ്മമായി അനുഭവിക്കാനാവുന്നത്.

ഭാഷ ഉറച്ച് വന്നിട്ടില്ലാത്ത ശിശുക്കൾ, ചിമ്പാൻസികൾപോലുള്ള മറ്റ് ആൾക്കുരങ്ങ് വിഭാഗത്തിലുള്ളവർ എന്നിവരുടെയും മറ്റും Mood കളെക്കുറിച്ച് അപൂർവ്വമായി മാത്രമേ ചർച്ചക്കെടുക്കാറുള്ളൂ. എന്നാൽ ഇവരൊക്കെയും തങ്ങളുടെ അതിജീവനാവശ്യങ്ങൾ നേരിടുന്നതിന്റെ ഭാഗമായി പല തരത്തിലുള്ള മൂഡു(Mood)കളിലൂടെ കടന്നു പോകുന്നുണ്ട്. വേദനകൾ, ആനന്ദം എന്നിവ അനുഭവിക്കാനുള്ള കഴിവും ബോധപൂർവ്വമായ പ്രവർത്തനങ്ങളും നടക്കുന്നുണ്ടെങ്കിൽ Mood. കൾ സ്വാഭാവികമായും ഉണ്ടാകുന്നതാണ്. എല്ലാ സസ്തനികൾക്കും ഇതിനുള്ള പ്രാപ്തിയുണ്ട്.

വിഷാദം പോലുള്ള മാനസികാവസ്ഥകൾ മനുഷ്യരിൽമാത്രമാണെന്നായിരുന്നു കാലങ്ങളായി നാം വിശ്വസിച്ചു പോന്നത്. പക്ഷെ സമീപകാലപഠനങ്ങൾ നമ്മുടെ കാഴ്ചപ്പാടുകൾ തിരുത്തിക്കഴിഞ്ഞിരിക്കുന്നു.

വിഷാദം പിടികൂടുമ്പോൾ കാണിക്കുന്ന മുഖഭാവങ്ങൾ, ശരീരഭാഷകൾ, എന്നിവ പൂച്ച, പട്ടി പോലുള്ള ജീവികളിൽ നമ്മുടേതിന് സമാനമായ രീതിയിലാണ് പ്രകടമാവുന്നത്.

ഇത്തരം മാനസികാവസ്ഥകളിൽ ഇര തേടുന്നതിനോ ഇണയെ തേടുന്നതിനോ പോലും പുറത്തേക്ക് സഞ്ചരിക്കാതിരിക്കുക, കട്ടിലിനടിയിലോ മറ്റോ നീണ്ട സമയം ഒളിച്ചുകിടക്കുക, സ്വയം രക്ഷയോട് കാണിക്കുന്ന അലംഭാവം, ശരീരശുചിത്വം പാലിക്കാതിരിക്കുക എന്നിങ്ങനെ എന്തോ പ്രസക്തമായത് നഷ്ടപ്പെട്ടതിന്റെ എല്ലാ അടയാളങ്ങളും ഈ ജീവികളിലൊക്കെ കാണാവുന്നതാണ്.

സ്റ്റിറോയ്ഡ് ഹോർമോണുകൾ അമിതമായി രക്തത്തിലേക്ക് പുറംതള്ളുകയും പ്രതിരോധ വ്യവസ്ഥ ദുർബ്ബലമാവുകയും ചെയ്യുക തുടങ്ങിയ ജീവശാസ്ത്രപരമായ മാറ്റങ്ങൾ തന്നെയാണ് പൂച്ച, പട്ടി എന്നീ മൃഗങ്ങളിലും ഇത്തരം അവസരങ്ങളിൽ കാണാറുള്ളത്.

നമുക്കുള്ള അതേ ജൈവരാസ വാഹിനികളായി പ്രവർത്തിക്കുന്ന രാസഘടകങ്ങൾ (Neuro transmitters) തന്നെയാണ് മറ്റു സസ്തനികളും പങ്കുവെക്കുന്നത്. സ്വന്തം നിലനിൽപിനെ അപകടപ്പെടുത്താനിടയുള്ള ഏതു നഷ്ടവും അവരിലും വിഷാദം ജനിപ്പിക്കുന്നുണ്ട്.

ഗിനിയയിൽ വെച്ച് ഒരു ചിമ്പാൻസി അമ്മ തന്റെ മരണപ്പെട്ട കുട്ടിയുടെ ശരീരത്തിനരികെ ദിവസങ്ങളോളം നിൽക്കുന്നതിന്റെ Video ഷൂട്ട് ചെയ്യപ്പെട്ടിട്ടുണ്ട്.

ഇതിന് സമാനമായ അനുഭവം ഗാനയിലെ മൺസ്റ്റർ മൃഗവളർത്തുകേന്ദ്രത്തിലും (Munster Zoo) കണ്ടിട്ടുണ്ട്. ഗോറില്ല തന്റെ ജീവൻ നഷ്ടപെട്ട കുഞ്ഞിനെ ദിവസങ്ങളോളം പുറത്തിട്ട് നടക്കുന്നതായുള്ള വീഡിയോകൾ പുറത്ത് വന്നിട്ടുണ്ട്. ആഹാരം വെടിഞ്ഞ് ഉറക്കമില്ലാതെ പുറത്തേക്ക് സഞ്ചരിക്കാതെ തനിക്ക് നഷ്ടപ്പെട്ടതിനെമാത്രം ആലോചിച്ച് ഇരിക്കുക എന്ന ലക്ഷണങ്ങളാണ് ഗോറില്ലകളിലും കണ്ടുവരുന്നത്. എലിസബത്ത് റാണി II പറഞ്ഞ പോലെ സ്നേഹത്തിനായി നമ്മൾ കൊടുക്കേണ്ടി വരുന്ന കടുത്ത വിലയാണ് ദുഃഖം എന്ന് മനസ്സിലാക്കിത്തരുന്ന അവസരങ്ങളാണ് ഇതത്രയും.

നിത്യേന ലഭിക്കേണ്ടുന്ന സൂര്യവെളിച്ചത്തിനും നമ്മുടെ മനോനിലകളെ സ്വാധീനിക്കാൻ കഴിയും (Melatonin & circardian rhythm) മെലറ്റോണിൻ ഉറങ്ങാൻ പ്രേരിപ്പിക്കുന്ന രാസഘടകമാണ്. മേഘാവൃതമായ ആകാശമുള്ള ദിവസങ്ങളിൽ നേരിയ ദുഃഖം അനുഭവപ്പെടാനുള്ള കാരണവും മറ്റൊന്നല്ല. സൂര്യവെളിച്ചം മതിയായ തോതിൽ ലഭിക്കുമ്പോളാകട്ടെ മെലറ്റോണിൻ നിയന്ത്രണവിധേയമാവുന്നുണ്ട്. കൂടാതെ വൈറ്റമിൻ D യുടെ അഭാവം കാരണവും ദുഃഖ സമാനമായ അവസ്ഥ ഉണ്ടാവാറുണ്ട്.

നമ്മുടെ (Mood cycle) മനോനിലകളുടെ ആവർത്തന ചക്രം ഭൂമിയുടെ പരിക്രമണവുമായി ബന്ധപ്പെട്ട് ആവിർഭവിച്ചതാണ്. 24 മണിക്കൂറിൽ പകുതി വെളിച്ചം പകുതി ഇരുട്ട് എന്ന നിലയിലാണ് ഈ ചക്രം പൂർത്തീകരിക്കുന്നത്.

മനുഷ്യവർഗം പകൽജീവിതം വഴി നിലനിൽപുറപ്പിക്കാൻ കഴിയുന്ന ജീവിവർഗമായതിനാൽ പകൽസമയം നമ്മൾ ഏറെ ജാഗ്രതയുള്ള വരാകുന്നുണ്ട്. കടുത്ത ശൈത്യമുള്ള പ്രദേശങ്ങളിൽ വൈകാരിക താറുമാറുകളുള്ളവരുടെ എണ്ണം കൂടുതലാണെന്നാണ് പറയപ്പെടുന്നത്.

വെളിച്ചം കണ്ടെത്താൻ കഴിഞ്ഞതോടെയാണ് മനുഷ്യർ കൃത്രിമ ഗുഹാജീവികളായി മാറിയത്. കൃത്രിമപ്രകാശം താരതമ്യേന മങ്ങിയ തായതിനാൽ തന്നെ സൂര്യവെളിച്ചം നൽകുന്ന നേട്ടങ്ങൾ ഇതുമൂലം ലഭിക്കാനിടയില്ല. കൃത്രിമ പ്രകാശം വഴി പ്രകൃത്യാ ലഭ്യമായ ഇരുട്ടും വെളിച്ചവും ഇല്ലാത്ത രാത്രികാല ജോലികളിലേക്ക് മാറാൻ കഴി ഞ്ഞിട്ടുണ്ടെങ്കിലും ഇതുമൂലം ശരീരത്തിലെ ജൈവതാളം (circardian rhythm) മാറി മറഞ്ഞിട്ടുണ്ടെന്ന് സമ്മതിക്കാതെ വയ്യ.

30 മില്യനോളം അമേരിക്കക്കാർക്കിടയിൽ ഉറക്കക്കുറവുള്ളതായി സർവ്വെകൾ വെളിവാക്കുന്നുണ്ട്. ഇങ്ങനെ ഉറക്കമില്ലാത്ത നീണ്ടകാല ത്തെ അനുഭവങ്ങൾ നിമിത്തവും വിഷാദ രോഗങ്ങൾക്ക് അടിപ്പെടാവു ന്നതാണ്.

ആനന്ദം പരമാനന്ദം

നമ്മുടെ വംശചരിത്രത്തിന്റെ നീണ്ട കാലയളവിനകത്ത് ഒട്ടനേകം വൈകാരിക പെരുമാറ്റ രീതികളെപോലെതന്നെ അറിവിനെ അടിസ്ഥാനപ്പെടുത്തിയുള്ള (cognitive) പെരുമാറ്റങ്ങളും ആർജ്ജിച്ചെടുത്തുകൊണ്ടാണ് മനുഷ്യനെന്ന നിലയിൽ അതിജീവിക്കാനുതകുന്ന കാര്യക്ഷമത കൈവരിച്ചിട്ടുള്ളത്. അത്തരം പെരുമാറ്റങ്ങളിൽ ചിലതിന് മറ്റുള്ളവയെ അപേക്ഷിച്ച് നമുക്ക് കൂടുതൽ നേട്ടങ്ങൾ കൊണ്ടുവരാൻ കഴിഞ്ഞിട്ടുണ്ട്.

ഏത് വ്യക്തികൾക്കാണോ ഇപ്രകാരം അറിവിന്റെ ബലത്തിലും, വൈകാരികമായ പെരുമാറ്റ രീതികൾ മുഖേനയും വിജയിക്കാൻ കഴിഞ്ഞിട്ടുള്ളത് അവർക്ക് മാത്രമാണ് പ്രത്യുല്പാദനശേഷി ആർജ്ജിച്ചുകൊണ്ട് ഇത്തരത്തിലുള്ള പെരുമാറ്റശേഷി തലമുറകളിലൂടെ പ്രബലപ്പെടുത്തി എടുക്കാൻ സാധിച്ചിട്ടുള്ളത്. പിന്നീട്, ഇത്തരം പെരുമാറ്റങ്ങൾ കാലക്രമത്തിൽ നിർദ്ദിഷ്ട വംശാവലിയിൽപ്പെട്ടവരുടെ സ്വഭാവവിശേഷമായി രൂപം പ്രാപിക്കുകയാണുണ്ടായത്. (Traits)

ആനന്ദകരമായ ജീവിതത്തെ സ്വപ്നം കാണാത്തവരായി ആരും ഉണ്ടാവാനിടയില്ല. സമ്പത്ത്, പദവികൾ, കുടുംബ മഹത്വം എന്നിവയൊക്കെ ആനന്ദത്തിന്റെ അളവ് കോലുകളായി മാറാറുണ്ട്. എന്താണ് ആനന്ദം എന്ന് ചോദിച്ചാൽ ഒറ്റ വാക്കിൽ ഉത്തരം പറയുക അസാധ്യമാണ്. വ്യക്തികൾക്കും, സംസ്കാരങ്ങൾക്കും, വിശ്വാസങ്ങൾക്കും എല്ലാം അനുസരിച്ച് ആനന്ദത്തെ കുറിച്ചുള്ള കാഴ്ചപ്പാടുകൾക്കും അന്തരമുണ്ടാകാം. എങ്കിലും മനുഷ്യർക്കിടയിൽ ആനന്ദം എന്ന മനസികാവസ്ഥ രൂപപ്പെട്ടു വന്നതിന് ചില അടിസ്ഥാന നിയമങ്ങൾ അടിത്തറയായി

വർത്തിക്കുന്നുണ്ട്. മനുഷ്യ പ്രകൃതിയെയും സംസ്കാരത്തെയും പരസ്പരം ബന്ധപ്പെടുത്തി മാത്രമേ ഇതിനെക്കുറിച്ചുള്ള അന്വേഷണം പൂർത്തിയാവുകയുള്ളൂ.

ചില വ്യക്തികൾ ദീർഘകാലത്തേക്ക് ഒരു പ്രത്യേക പ്രവൃത്തിയിലേർപ്പെട്ടുകൊണ്ടു മാത്രം ഉറപ്പിക്കാൻ കഴിയുന്ന ആനന്ദത്തിന് കൊടുക്കുന്ന മൂല്യത്തെക്കാൾ താത്കാലികമായി ലഭിക്കുന്ന ആനന്ദത്തിന് കൂടുതൽ പ്രാധാന്യം നൽകാറുണ്ട്. ചില സമൂഹങ്ങളിൽ സാമ്പത്തികമായി നേരിടുന്ന വിജയത്തെയായിരിക്കും ആനന്ദമായും ക്ഷേമമായും പരിഗണിക്കുന്നത്.

ഡേവിഡ് ലൈക്കൻ, ടെലിജൻ (David Lykken — Tellegen) എന്നിവർ ഇരട്ടകുട്ടികളിൽ നടത്തിയ പഠനങ്ങളുടെ അടിസ്ഥാനത്തിൽ ക്ഷേമാനുഭവത്തെ (wellbeing) കുറിച്ച് നിരീക്ഷിക്കുകയുണ്ടായി. ഇവരുടെ അഭിപ്രായത്തിൽ 80% വ്യക്തികളും ക്ഷേമം, ആനന്ദം എന്നിവ അനുഭവിക്കാൻ ശേഷിയാർജ്ജിക്കുന്നത് ജനിതകമായ ഘടകങ്ങളുടെ സ്വാധീനത്തിൽപ്പെട്ടുകൊണ്ടാണ്.

ജീവിതം സന്തോഷകരമാക്കി തീർക്കുന്നതിന് ഒട്ടനവധി സാധ്യതകൾ ഇന്ന് ലോകത്ത് ലഭ്യമാണ്. നമുക്ക് ഗുണകരമായ ഏത് അനുഭൂതിയെയും അല്ലെങ്കിൽ അഭിലഷണീയമെന്ന് തോന്നുന്ന മാനസികാവസ്ഥകളെയും ആനന്ദകരം എന്ന് വിശേഷിപ്പിക്കാവുന്നതാണ്. അത്തരം അവസ്ഥകളെയാണ് നമ്മളെല്ലാവരും അറിഞ്ഞോ അറിയാതെയോ ലക്ഷ്യം വെക്കുന്നത്. ഇതിൽഓരോ അനുഭൂതിയും ഉണ്ടാവുന്നതിന് കാരണമായി മാറുന്നത് പലതാവാം. നല്ല ഭക്ഷണം ലഭിക്കുമ്പോഴും, ഇഷ്ടപ്പെട്ട സുഹൃത്തുക്കളെ കിട്ടുമ്പോൾ, യോജിച്ച ഇണയെ ലഭിച്ചാൽ, ക്രിയാത്മകമായ പ്രവർത്തനങ്ങളിലേർപ്പെടുമ്പോഴും, തൃപ്തികരമായ ലൈംഗികാനുഭൂതി വഴിയും എല്ലാം ആനന്ദാനുഭവം ഉണ്ടാവാം.

ഒരു കലാകാരന് കലാസൃഷ്ടി നടത്തുമ്പോഴും, ശാസ്ത്രകാരന് ഒരു കണ്ടെത്തൽ നടത്താൻ കഴിയുന്നതും ഇത്തരത്തിൽ ആനന്ദാനുഭൂതിക്ക് ഇട നൽകുന്നവയാണ്. ദുഃഖത്തിന് വിപരീതമായ മാനസികാവസ്ഥയായാലും, നമുക്ക് ഇഷ്ടമുള്ള ഒരു പ്രവൃത്തിയിലേർപ്പെടുമ്പോഴുള്ള മാനസികാവസ്ഥയായും ആനന്ദാനുഭവത്തെ പരിഗണിക്കാവുന്നതാണ്.

കൊച്ചുകുട്ടികൾ കൂട്ടുകാരുമൊത്ത് കളിച്ചുല്ലസിക്കുമ്പോൾ അവർ ആനന്ദിക്കുന്നത് കാരണമാണ് അവർക്ക് കളികളിൽ പൂർണമായും ലയിച്ചുചേരാൻ കഴിയുന്നത്. അതിലേതെങ്കിലും ഒരു കുട്ടിക്ക് തന്റെ ആനന്ദത്തിന് ഭംഗം വരുന്നു എന്ന തോന്നുന്നതോടെ ആ കുട്ടി കളിയിൽ നിന്ന് വിട്ടു നിൽക്കുന്നതായി കാണാം.

ചില വ്യക്തികൾ ദീർഘകാലത്തേക്ക് ഒരു പ്രത്യേക പ്രവൃത്തിയിലേർപ്പെട്ടുകൊണ്ട് മാത്രം ഉറപ്പിക്കാൻ കഴിയുന്ന ആനന്ദത്തിന് കൊടുക്കുന്ന മൂല്യത്തേക്കാൾ താത്കാലികമായി ലഭിക്കുന്ന ആനന്ദത്തിന് കൂടുതൽ പ്രാധാന്യം നൽകാറുണ്ട്.

ചില സമൂഹങ്ങളിൽ സാമ്പത്തികമായി നേടുന്ന വിജയത്തെയായിരിക്കും ആനന്ദമായും ക്ഷേമമായും പരിഗണിക്കുന്നത്.

ദുഃഖംപോലുള്ള വികാരങ്ങൾ എപ്പോഴും അപകടസാഹചര്യങ്ങളെ തിരിച്ചറിഞ്ഞ് പിൻവാങ്ങാനുള്ള പെരുമാറ്റത്തെയാണ് പിന്തുണയ്ക്കുന്നത്. മനസിന്റെ ലോകം സ്വയംതന്നെ ചില അറ്റകുറ്റപ്പണികൾക്കായി താത്ക്കാലികമായി പിൻവാങ്ങുന്നതിന്റെ സൂചനകൂടിയായിവേണം ഇതിനെ കാണേണ്ടത്.

ഇപ്രകാരം പ്രതികൂലമായ സാഹചര്യങ്ങളിൽനിന്ന് താത്കാലികമായി പിൻവാങ്ങുകവഴി കൂടുതൽ അപകടങ്ങളിൽ ചെന്നുചാടാതിരിക്കാൻ അതു നമ്മെ പ്രേരിപ്പിക്കുന്നു. ഇങ്ങനെ നഷ്ടങ്ങൾ പരമാവധി കുറച്ചുകൊണ്ട് നമുക്ക് ഇതിനകംതന്നെ നേരിടേണ്ടിവന്ന പരാജയത്തെക്കുറിച്ച് പ്രത്യവലോകനം (reflect) ചെയ്തുകൊണ്ട് ഭാവിയിൽ ഇതുപോലുള്ള അബദ്ധങ്ങൾ തിരുത്താനുള്ള സമയം ലഭിക്കുന്നു എന്നതുകൂടിയാണ് ഇങ്ങനെ ദുഃഖത്തിനടിപ്പെടുന്നതിന്റെ ഒരു നേട്ടം.

ഇതു കൂടാതെ നമ്മുടെ ദുഃഖം മറ്റുള്ളവർക്കുള്ള ഒരു സന്ദേശംകൂടിയായി പ്രവർത്തിക്കാനിടവരുന്നുണ്ട്. സമാനമായ സാഹചര്യങ്ങളെ നേരിടേണ്ടിവരുന്ന സന്ദർഭങ്ങളിൽ കൂടുതൽ കരുതലോടെ ഇടപെടുന്നതിനും നമ്മളനുഭവിക്കേണ്ടിവരുന്ന ദുഃഖം പ്രേരണയാകുന്നു.

നമ്മുടെ മസ്തിഷ്കത്തിന്റെ പ്രാരംഭ പ്രവർത്തനതത്വംതന്നെ ചില നിഷേധാത്മക/പ്രതികൂല സാഹചര്യങ്ങളോട് അറപ്പും അകൽച്ചയും ഉളവാക്കുന്നതിനായി രൂപപ്പെട്ടിട്ടുള്ളതാണ്. ഉദാ: ഇഷ്ടമല്ലാത്ത ഗന്ധം, ശബ്ദം, കാഴ്ച എന്നിവയൊക്കെ തള്ളിക്കളയുക എന്നത് ഇത്തരത്തിലുള്ള പ്രതികരണ രീതികളാണ്.

ചിലപ്പോൾ മറ്റൊരാളുടെ മോശം പെരുമാറ്റരീതിയും സംസാരവും ഒക്കെ ഇതിലുൾപ്പെടുന്നു. വികർഷണമായ പ്രതികരണ രീതികൾ ഇത്തരം മോശപ്പെട്ട പെരുമാറ്റ സാഹചര്യങ്ങളെ തടയിടാനുംകൂടി ലക്ഷ്യംവെച്ചുകൊണ്ടുള്ളതാണ്.

എന്നാൽ ഇതോടൊപ്പം നമ്മുടെ നിലനില്പിന് ഗുണകരമായ ഒട്ടനേകം വൈകാരിക നിലകൾകൂടി മസ്തിഷ്കത്തിന്റെ നിർമ്മാണതത്വമായി പ്രവർത്തിച്ചിട്ടുണ്ട്. ഈ തത്വത്തെ അവലംബിച്ചുകൊണ്ടാണ്

എപ്പോഴും പുതിയ സാഹചര്യങ്ങൾ തേടിപോകാൻ നമ്മൾ പ്രേരിപ്പിക്കപ്പെടുന്നത് (Bergsma 2000) (Seligman 2000). ഒരു പ്രത്യേകസാഹചര്യത്തിലേക്ക് നമ്മൾ അടുക്കാൻ ശ്രമിക്കുന്നത് ഇതിന്റെ ഭാഗമായാണ്. നമുക്ക് ഇഷ്ടമുള്ള സുഹൃത്തിലേക്കോ അല്ലെങ്കിൽ കാമുകിയിലേക്കോ, കാമുകനിലേക്കോ അതുമല്ലെങ്കിൽ നമ്മെളെ വല്ലാതെ കൊതിപ്പിക്കുന്ന ആഹാരത്തിലേക്കും മറ്റും അടുപ്പിക്കുന്നതിന് കാരണമായി വർത്തിക്കുന്നതും ഇതേ പ്രേരണതന്നെയാണ്.

മോഹവും ആനന്ദവും വർധിപ്പിച്ചുകൊണ്ട് പുതിയ ലക്ഷ്യസ്ഥാനങ്ങൾ കണ്ടെത്തുന്നതും അത് സ്വായത്തമാക്കാനാവശ്യമായ പെരുമാറ്റങ്ങൾ വികസിപ്പിക്കുന്നതും ഇതേ ആനന്ദതത്വത്തെ മുൻനിർത്തിത്തന്നെയാണ്.

ഇത്തരം നിഷേധാത്മകമായ സാഹചര്യങ്ങളിൽ ശക്തമായി പ്രതികരിക്കുകയും അനുകൂല സാഹചര്യം വരുമ്പോൾ മിതമായ തോതിൽ പ്രതികരിക്കുകയും ചെയ്യുക എന്നത് സ്വാഭാവികമാണ്. പ്രതികൂലമായ വൈകാരികതകൾ ഏറെ ചെറിയ കാലയളവിലാണെങ്കിലും നമ്മുടെ പെരുമാറ്റത്തെ പരിഷ്കരിക്കാൻ പ്രേരണയായി തീരാറുണ്ട്. (Negative emotions)

ചില ഘട്ടങ്ങളിൽ ഗുണകരമായ വൈകാരികാവസ്ഥകൾ ഏറുന്ന സാഹചര്യങ്ങളിൽ നിഷ്ക്രിയത്വത്തിലേക്കെത്തിക്കുവാനും അല്ലാത്ത പക്ഷം തുടർന്നുവരുന്ന ഒരു പ്രവൃത്തിയിലോ/ലക്ഷ്യത്തിലോമാത്രം ഒതുങ്ങി നിൽക്കാനും ഇത് കാരണമായേക്കാം. ഇത് ചിലപ്പോഴൊക്കെ മാനസികമായ താളക്കേടിലേക്കെത്തിക്കാനും സാധ്യതകൾ ഏറെയാണ്. (Sloman 2005)

ചുറ്റുപാടിനകത്ത് പൊരുത്തക്കേടുകൾ ഉണ്ടാകുമ്പോഴാണ് പ്രതികൂല വൈകാരികാവസ്ഥകൾ ഉയർന്നുവരുന്നത്.

പ്രത്യുത്പാദനക്ഷമതയും ആഹാരസമ്പാദനശേഷിയും വർധിപ്പിച്ചുകൊണ്ട് അതിജീവനത്തെ പിന്തുണക്കുന്ന തരത്തിൽ നമ്മുടെ മാനസികാവസ്ഥ ചിട്ടപ്പെടുത്തുക എന്നത് മാത്രമാണ് ജീവശാസ്ത്രത്തിന്റെ കാഴ്ചപ്പാടിൽ വിജയം ഉറപ്പിക്കുക എന്നതുകൊണ്ട് അർത്ഥമാക്കുന്നത്. ഉദാഹരണത്തിന്, നമ്മുടെ ചുറ്റുപാട് യാദൃശ്ചികമായി ഒരുക്കുന്ന അനുകൂല സന്ദർഭങ്ങൾ മൂലം ലഭിക്കുന്ന ആനന്ദം എന്നത് അധിക അനുഭവം മാത്രമായാണ് പലപ്പോഴും അനുഭവപ്പെടാറുള്ളത്.

സന്തോഷംപോലുള്ള അനുകൂല വൈകാരികാവസ്ഥകൾ നമ്മളെ നിർദ്ദിഷ്ട ലക്ഷ്യങ്ങളിലേക്ക് കൂടുതൽ അടുപ്പിക്കാൻ പ്രേരിപ്പിക്കുകയാണ് ചെയ്യുന്നത്.

ഉദാ: ചെറിയതോതിലുള്ള ഒരു ഭയം പോലും ഒരു പക്ഷേ രുചികരമായ പോഷകാഹാരത്തെ നഷ്ടപ്പെടുത്തുന്നതിന് തുല്യമായ അവസ്ഥ സൃഷ്ടിച്ചേക്കാം. എന്നാൽ ഇതിനേക്കാളേറെ അപകടമാണ് അതിരുകവിഞ്ഞ ആനന്ദം നിമിത്തം ചുറ്റുപാടിലുള്ള അപകടത്തെക്കുറിച്ചുള്ള അജ്ഞതകാരണം സംഭവിക്കാനിടയുള്ള ദുരന്തം എന്നതാണ് ആനന്ദത്തെ സംബന്ധിച്ച മറ്റൊരു വിചിത്രമായ പ്രത്യേകത. Barbara, Fredrickson (1998)

Broaden & Build Theory അനുസരിച്ച് ഗുണകരമായ വൈകാരികാവസ്ഥകൾവഴി വ്യക്തികളിലെ നൈമിഷികമായ (താത്കാലികമായ) ചിന്തയുടെയും പ്രവൃത്തികളുടെയും പ്രതിനിധാനങ്ങളുടെ വ്യാപ്തി കൂട്ടാൻ കഴിയും. ഇപ്രകാരം ആളുകൾക്ക് അവരുടെ വ്യക്തിപരമായ വിഭവങ്ങൾവർദ്ധിപ്പിക്കുന്നതിനും കഴിയും.

പൊതുവിൽ നമ്മുടെ നിലനില്പിന് അനുകൂലമായിവരുന്ന നല്ല വൈകാരികാവസ്ഥയും ഒട്ടനവധി സാധ്യതകൾ തുറന്നിടുന്നുണ്ട്. സാമൂഹ്യബന്ധങ്ങൾ ഉറപ്പിക്കുന്നതിനും ധൈഷണികശേഷി വർധിപ്പിക്കുന്നതിനും എല്ലാം ഉപകരിക്കുന്ന രീതിയിൽ വികസിച്ചു വന്നിട്ടുള്ള മാനസികനില തന്നെയാണ് ആനന്ദത്തിനും കാരണമായിട്ടുള്ളത്. ഇതുകൂടാതെ ഏതൊരു വ്യക്തിയുടെയും ജ്ഞാനോത്പാദനശേഷിയെ വരർധിപ്പിച്ചുകൊണ്ട് കൂടുതൽ മെച്ചപ്പെട്ട സാമൂഹ്യസഹകരണവും കുടുംബജീവിതവും ഉറപ്പിക്കുന്നതിൽ ആനന്ദാനുഭവത്തിന് സുപ്രധാനമായ പങ്ക് നിറവേറ്റാൻ കഴിയും.

പരസ്പരമുള്ള വിശ്വാസവും സൗഹൃദവും സൃഷ്ടിച്ചുകൊണ്ട് ജീവിതനിലവാരം തന്നെ മെച്ചപ്പെടുത്താനുള്ള സാഹചര്യവും ഇതുമൂലം സാധ്യമാകുന്നുണ്ട്.

ഒരു വ്യക്തിയുടേതിന് സമാനമായ ജനിതകഘടനയും പ്രവർത്തനവുമുള്ള മറ്റൊരു വ്യക്തിയിൽ വിശ്വാസമർപ്പിക്കാനുള്ള ഉൾപ്രേരണയുണ്ടാകാം. എങ്കിലും ഇത്തരം ജൈവസമ്മർദ്ദങ്ങളെ അതിജീവിച്ചുകൊണ്ട് തീരുമാനം കൈക്കൊള്ളാനായത് പ്രകൃതിനിർധാരണം മുഖേന ജനിതക ഉള്ളടക്കത്തിൽ കൈവന്ന പെരുമാറ്റപരമായ വ്യാപ്തി കാരണമാണ്. ഇതിനെയാണ് ഉപരിപ്രതിഭാസപരമായ മാറ്റങ്ങൾ (epigenetic changes) എന്നു വിളിക്കുന്നത്. Grinder (Fitness in del of SWB) ജനിതക ഉള്ളടക്കത്തിൽ തന്നെ ഗുണകരമായ മാറ്റങ്ങൾ നിർമ്മിച്ചുകൊണ്ടുള്ള സവിശേഷതകൾക്ക് ഇങ്ങനെയും തുടക്കമിടാവുന്നതാണ്.

മനുഷ്യർ സാമാന്യബുദ്ധി (General intelligence) എന്നറിയപ്പെടുന്ന ശേഷിയുടെ ബലത്തിലാണ് താരതമ്യേന പുതുമയാർന്ന പ്രശ്നങ്ങളെ നിർധരിക്കുന്നതിനും അവയ്ക്ക് പരിഹാരം തേടാൻകഴിയുന്നതിനുമുള്ള പ്രാപ്തി കൈവരിച്ചിട്ടുള്ളത് എന്നാണ് കനസാവ (Kanazawa) അഭിപ്രായപ്പെടുന്നത്. ഇത്തരത്തിലുള്ള പുതിയ പ്രശ്നങ്ങളെ നിർധരിക്കുന്നതിന് സഹായകരമായ (modules) പ്രവർത്തന പദ്ധതികൾ മസ്തിഷ്കത്തിൽ പ്രവർത്തനസജ്ജമല്ലാത്തതിനാലാണ് സാമാന്യ ബുദ്ധിശേഷി ആവിർഭവിച്ചിട്ടുള്ളത് എന്നും കാണാം. (General Intelligence)

മറ്റ് ജ്ഞാനശേഷികളിൽനിന്നും സ്വയമേവ ആവിർഭവിച്ച ഒരു പ്രത്യേകതയായി വേണം സാമാന്യ ധിഷണാശേഷിയെയും കാണേണ്ടത്.

ഒരു പ്രത്യേക സാഹചര്യത്തിലെ വെല്ലുവിളിയെ നേരിടുന്നതിനായി നാനാവിധത്തിലുള്ള മസ്തിഷ്ക പദ്ധതികൾ (Modules) കൂട്ടുചേർന്ന് പ്രവർത്തിക്കുന്നതിലൂടെയാണ് ഇത്തരത്തിലുള്ള മനോശേഷി നേടിയെടുക്കാൻ കഴിഞ്ഞത്. ഇപ്രകാരം പുതിയ സന്ദർഭങ്ങളിൽ ഉയർന്നുവരുന്ന അതിജീവന പ്രശ്നങ്ങളെ നിർദ്ധരിക്കുന്നതുമായി ബന്ധപ്പെട്ടുകൊണ്ടാണ് സാമാന്യ ബുദ്ധിശക്തി കാലക്രമത്തിൽ ശക്തിപ്പെട്ടുവന്നത്.

ജനിതകമായ പരിണാമനേട്ടങ്ങളേക്കാളേറെ സാമൂഹ്യജീവിതവുമായി ബന്ധപ്പെട്ട വെല്ലുവിളികളെ നേരിടുന്നതിനാണ് ഇത് ഏറെയും ഉപകരിക്കുന്നത്.

നാം ജീവിക്കുന്ന സാമൂഹ്യച്ചുറ്റുപാടുകൾ എത്രമാത്രം വാസയോഗ്യമാണ് എന്ന് തിരിച്ചറിയുന്നതാണ് പ്രാധാന്യമർഹിക്കുന്ന പ്രശ്നം. സ്വന്തം ആരോഗ്യത്തെപോലെത്തന്നെ ബന്ധുമിത്രാദികളുടെ ആരോഗ്യകരമായ ജീവിതവും സന്തോഷവും ഉറപ്പിക്കുന്നതിന് സഹായകരമായ ഘടകങ്ങളാണ് എപ്പോഴും മുമ്പന്തിയിൽ വരുന്നത്.

ഓരോ വ്യക്തിയുടെയും ആരോഗ്യം മറ്റൊരു വ്യക്തിയുടെ ആരോഗ്യത്തിന്റെ കൂടി തുടർച്ചയാണെന്ന് പകൽവെട്ടംപോലെ വ്യക്തമായ കാലഘട്ടത്തിലാണ് നമ്മൾ ഇന്ന് ജീവിച്ചുകൊണ്ടിരിക്കുന്നത്. അതുകൊണ്ടു തന്നെ സന്തോഷമെന്നത് ഒരു സഹജസ്വഭാവം എന്നതിനേക്കാളേറെ മനുഷ്യപ്രകൃതത്തിന്റെ പ്രതിഫലനംകൂടിയായി കാണാവുന്നതാണ്.

പല സംസ്കാരങ്ങളിലും ആനന്ദത്തെ മുഖ്യലക്ഷ്യമായോ വിജയത്തിന്റെ അടയാളമായോപോലും കാണുന്നില്ല. ഉദാ: സംഘജീവിതത്തിന് മുൻഗണന കൊടുക്കുന്ന ഇന്ത്യപോലുള്ള ഏഷ്യൻസമൂഹങ്ങളിൽ സാമൂഹ്യചട്ടങ്ങൾക്കും പൊതു പ്രമാണങ്ങൾക്കുമാണ് കേന്ദ്രപ്രാധാന്യം നൽകിപോരുന്നത്. ഇക്കാരണം കൊണ്ടുകൂടിയാണ് ഭക്ഷണത്തിന്റെയും

ആചാരങ്ങളുടെയും മറ്റും അടിസ്ഥാനത്തിൽ വ്യക്തികളുടെ ആനന്ദത്തിനെതിരായ നിലപാടുകൾ കൈക്കൊള്ളാൻ ഭരണാധികാരികളെപോലും പ്രേരിപ്പിക്കുന്നത്.

വ്യക്തികളുടെ ഉന്മേഷകരമായ മാനസികാവസ്ഥ അയാൾ/അവൾ നേടിയ വിജയത്തിന്റെ ഫലമായിട്ടാണോ അതോ ആനന്ദത്തിനായുള്ള ബോധപൂർവ്വമുള്ള സമീപനത്തിന്റെ ഭാഗമാണോ എന്നത് ഇവിടെ പ്രശ്നമാകുന്നതുപോലുമില്ല.

മനുഷ്യമസ്തിഷ്കം മുഖ്യമായും രണ്ടു തരത്തിലുള്ള മാനങ്ങളിലാണ് പ്രവർത്തിക്കുന്നത്. ഇന്നത്തെ ജീവിതരീതികളും അത് വികസിച്ചുവന്ന കാലഘട്ടത്തിലെ അനുകൂലന സാഹചര്യങ്ങളും തമ്മിലുള്ള പൊരുത്തക്കേടിന്റെ ഫലമായിട്ടാണ് മസ്തിഷ്കത്തിന് പ്രവർത്തിക്കേണ്ടിവരുന്നത്.

രണ്ടാമതായി നമ്മുടെ പെരുമാറ്റങ്ങളെ തീരുമാനിക്കാനായി പ്രവർത്തിക്കുന്ന ചില അനുഭൂതികൾ വഴിയാണ് മസ്തിഷ്കത്തിന്റെ പ്രവർത്തനം ക്രമീകരിക്കപ്പെട്ടിരിക്കുന്നത്.

ആനന്ദം എപ്പോഴും ആത്മനിഷ്ഠമായ അനുഭവം തന്നെയാണ്. എങ്കിലും ജീവിതത്തെ ആസ്വദിച്ചുകൊണ്ട് ജീവിക്കാനായി നിർബ്ബന്ധിക്കുന്നതിനെയും ആനന്ദമെന്ന് പറയാം. മനുഷ്യവംശത്തിന്റെ ജനിതക പദ്ധതി ചില നിശ്ചിത സാഹചര്യത്തിനനുസരിച്ച് പ്രവർത്തിക്കത്തക്ക വിധത്തിൽ നിർമ്മിക്കപ്പെട്ടതാണ്. ആനന്ദത്തിന്റെ കാര്യത്തിലും സ്ഥിതി മറിച്ചല്ല.

പുരാതനശിലായുഗത്തിനും നവീനശിലായുഗത്തിനും ഇടക്ക് ഏതാണ്ട് രണ്ട് ലക്ഷത്തോളം വർഷങ്ങളുടെ അന്തരവും പഴക്കവുമുള്ളതായി കണക്കാക്കപ്പെടുന്നുണ്ട്. ഈ സാഹചര്യത്തിനിണങ്ങുന്നതരത്തിൽ തന്നെയാണ് നമ്മുടെ അടിസ്ഥാന ജനിതക പ്രവർത്തന തത്വങ്ങൾപോലും ആവിർഭവിച്ചത്. ഇതിൽനിന്ന് വേറിട്ട ഒരു സാഹചര്യം ഉണ്ടാകുന്നത് ഏകദേശം പതിനയ്യായിരം വർഷങ്ങൾക്കുള്ളിൽ മാത്രമാണ്.

നമ്മുടെ ജീനുകളുടെ പ്രവർത്തന മാതൃകകൾ ഒരു പ്രത്യേക ചുറ്റുപാടിനുവേണ്ടി തയ്യാറാക്കപ്പെട്ടതല്ല, മറിച്ച് ലക്ഷക്കണക്കിന് വർഷങ്ങൾക്കകത്ത് വ്യത്യസ്ത സാഹചര്യങ്ങളുമായി പ്രതിപ്രവർത്തിച്ചതിന്റെ ഫലമായിക്കൂടി രൂപം കൊണ്ടതാണ്.

നമ്മളിൽ ഇന്ന് കാണുന്ന അടിസ്ഥാന വികാരങ്ങളിലേറെയും 100 മില്യൺ വർഷങ്ങൾക്ക് മുമ്പ്തന്നെ മറ്റ് മൃഗങ്ങളിൽ പ്രവർത്തിച്ചുതുടങ്ങിയിട്ടുണ്ട്. എന്നാൽ ശിലായുഗത്തിൽ എത്തിയിട്ടുപോലും അതിന്റെ

ഏറിയപങ്കും നമ്മളിലേക്ക് എത്തിയിട്ടുണ്ടായിരുന്നില്ല. തുടർന്നുവന്ന പരിണാമ പ്രക്രിയകളിലൂടെ ആധുനികമനുഷ്യനിലേക്കെത്തുമ്പോഴേക്കും ഒട്ടുമിക്ക വൈകാരിക പദ്ധതികളും (emotional dispositions) ഒട്ടേറെ പരിഷ്കരണങ്ങൾക്ക് വിധേയമാവുകയുണ്ടായി. അത്തരം പരിഷ്കരണങ്ങളെല്ലാം നടന്നത് പരിണാമപ്രക്രിയകളെ നിയന്ത്രിക്കുന്ന നിയമങ്ങൾക്കകത്ത് വെച്ചായിരുന്നു എന്നാൽ ഇത്തരത്തിൽ രൂപപ്പെട്ടുവന്ന വൈകാരിക പദ്ധതികളിലേറെയും പുരാതനശിലായുഗമനുഷ്യരുടെ ജീവിതത്തിന് പൂർണമായ തോതിൽ ഇണങ്ങുന്നതായിരുന്നില്ല എന്ന് മാത്രം.

ഉദാഹരണത്തിന്, ഗ്രീൻലാൻഡിലെ നാല് ഇന്യൂട്ട്കൾ (Inuits) എന്നറിയപ്പെടുന്ന ആദിമവംശക്കാർ വ്യത്യസ്ത കാലാവസ്ഥാഭേദങ്ങൾക്ക് അനുസരിച്ച് ജീവിക്കാൻ കെല്പ് നേടിയപ്പോൾ ആഫ്രിക്കൻ വംശജരായ ബെന്റുസിന് സമാനമായ ശേഷി കൈവരിക്കാൻ കഴിഞ്ഞില്ല.

നമ്മുടെ കൺപോളകളുടെയും കണ്ണിലെ ലെൻസിന്റെ വളർച്ച പോലും ചുറ്റുപാടുമായി നടക്കുന്ന പ്രതിപ്രവർത്തനങ്ങളാൽ നിർണയിക്കപ്പെടുന്നുണ്ട്. വെളിച്ചത്തിന്റെ തീവ്രത അത് ലഭിക്കുന്ന സമയം കൂടാതെ ഒരു പ്രത്യേക വസ്തുവിൽ ശ്രദ്ധചെലുത്തുമ്പോൾ കണ്ണിലെ മാംസപേശികൾ എപ്രകാരം ഉപയോഗിക്കപ്പെടുന്നു എന്നതിനെയെല്ലാം ആശ്രയിച്ചുകൊണ്ടാണ് ഇത്തരം മാറ്റങ്ങൾ കാഴ്ചയെന്ന അനുഭവത്തെ ക്രമീകരിച്ചിട്ടുള്ളത്.

പുസ്തകങ്ങളിലേക്ക് ശ്രദ്ധയൂന്നുന്നതിനോ വൈദ്യുതവെളിച്ചത്തിൽ വായിക്കുന്നതിനോ ഒന്നും തന്നെ ഇണങ്ങുന്ന തരത്തിലല്ല ജനിതകപദ്ധതികളിൽ കാഴ്ചയെന്ന അനുഭവത്തെ ചിട്ടപ്പെടുത്തിയിട്ടുള്ളത്. അതുകൊണ്ട്കൂടിയാണ് കൺപോളകളുടെ വികാസം ലെൻസുകളുടെ ആകൃതിയുമായി പൊരുത്തപ്പെടാതെ വരുന്നത്.

കണ്ണുകൾപോലുള്ള ശാരീരിക പ്രത്യേകതകളും വൈകാരികാവസ്ഥകളുടെ രൂപത്തിലുള്ള മാനസിക പ്രവർത്തനങ്ങളും പ്രായത്തിനൊത്ത്/ വളർച്ചക്കൊത്ത് പക്വതയാർജ്ജിക്കുന്ന തരത്തിലാണ് ജീനുകൾ അവയുടെ പ്രവർത്തനത്തെ ചിട്ടപ്പെടുത്തിയിട്ടുള്ളത് എന്നു മാത്രം.

ശരിയാംവണ്ണം നടക്കുന്ന ഏതൊരു വളർച്ചാപ്രക്രിയയും ബാഹ്യ ഉത്തേജനങ്ങളെ ആശ്രയിച്ചുകൊണ്ട് തന്നെയാണ് പുരോഗമിക്കുന്നത്.

കണ്ണുകൾക്ക് മയോപിയ ബാധിക്കുന്നപോലെതന്നെയാണ് ഏതൊരു മനസിനെ ബാധിക്കുന്ന രോഗവും ഉണ്ടാവുന്നത്. മാനസിക

പ്രവർത്തനങ്ങളും സമാനരീതിയിലുള്ള പൊരുത്തമില്ലാത്ത സാഹചര്യങ്ങളുമായി ഇണങ്ങിചേരേണ്ടി വരുമ്പോൾ പ്രതികൂലമായ മാറ്റങ്ങൾക്ക് വിധേയമാവുക സ്വാഭാവികമാണ്.

നമ്മുടെ മസ്തിഷ്കത്തിലെ ചില പ്രവർത്തന പദ്ധതികൾ (modules) ഒട്ടേറെ ദുർബ്ബലതകൾകൂടി ഉള്ളടങ്ങിയിട്ടുള്ളവയാണ്. ഒട്ടുമിക്ക സസ്തനി വിഭാഗത്തിൽപെട്ട മൃഗങ്ങളും ഇരപിടിയന്മാർ/പ്രതികൂല ചുറ്റപാടുകൾ എന്നിവ സൃഷ്ടിക്കുന്ന മാനസിക സമ്മർദ്ദമുണ്ടാക്കുന്ന സാഹചര്യങ്ങളോട് ചില നിശ്ചിതരീതിയിൽ പ്രതികരിക്കുന്നവരാണ്.

എന്നാൽ ആധുനിക മനുഷ്യർ നേടിയെടുത്ത വൈജ്ഞാനികമായ മേഖലയിലും മറ്റും കൈവരിച്ച ശേഷികൾ നിമിത്തം യഥാർത്ഥത്തിൽ ഉണ്ടോ ഇല്ലയോ എന്നുപോലും ഉറപ്പില്ലാത്ത ചുറ്റപാടുകളിൽപോലും മാനസികസംഘർഷത്തിൽപെട്ടുപോകുന്ന എന്നതാണ് ആധുനിക സമൂഹം നേരിടുന്ന വലിയ വെല്ലുവിളി. ഇതാവട്ടെ സമീപകാലത്ത് രൂപപ്പെട്ടുവന്ന ജ്ഞാനശേഷിയാണുതാനും (Sapolsky).

നമുക്ക് ലഭിക്കുന്ന ഉപഹാരങ്ങളുടെയും ശിക്ഷയുടെയും (തിരിച്ചടിയുടെയും) അടിസ്ഥാനത്തിൽത്തന്നെയാണ് ഓരോ പെരുമാറ്റവും ബലപ്പെട്ടുവരുന്നത്.

ആനന്ദത്തെക്കുറിച്ചുള്ള അനുഭൂതി ആവിർഭവിച്ചത് തവളപോലുള്ള ഉഭയജീവികൾക്കും ഇഴജന്തുക്കൾക്കും ഇടയിലുള്ള പരിണാമഘട്ടത്തിലാണെന്ന് മാത്രം. ഉദാഹരണത്തിന് മസ്തിഷ്കത്തിലെ ഉപഹാരകേന്ദ്രങ്ങൾ പുറപ്പെടുവിക്കുന്ന opioids, dopamine എന്നിവയുടെ തോതിനനുസരിച്ച് ഏറെക്കുറെ എല്ലാ നട്ടെല്ലുള്ള ജീവികളിലും ആനന്ദാനുഭൂതിക്ക് സമാനമായ അവസ്ഥകൾ സൃഷ്ടിക്കപ്പെടുന്നുണ്ട്. എന്നാൽ ചിലയിനം ചെറിയതരം നട്ടെല്ലുള്ള ജീവികളിൽ ആനന്ദത്തെക്കുറിച്ചുള്ള അറിവ് പ്രവർത്തിക്കുന്നില്ലെന്ന് മാത്രം. (Awarness of happiness)

മനുഷ്യർ സൂര്യസ്നാനം (Sun bath) ചെയ്യുന്നതിനായി കടൽത്തീരങ്ങളൽ അലസമായി കിടന്നുകൊണ്ട് ആനന്ദം കണ്ടെത്തുന്നപോലെ തന്നെ ചിലയിനത്തിൽപ്പെട്ട ചീങ്കണ്ണികൾ പോലും കടൽത്തീരങ്ങളിൽ അലസമായി കിടന്ന് ആനന്ദം കണ്ടെത്തുന്നതായി ബാൽകോമ്പി എന്ന ശാസ്ത്രകാരൻ തന്റെ പഠനങ്ങളിൽ വെളിവാക്കുന്നുണ്ട്. അനുഭൂതിക്ക് കാരണമാകുന്ന രാസഘടകമായ ഡോപമിൻ എന്ന രാസഘടകം മനുഷ്യമസ്തിഷ്കത്തിലെന്നപോലെ ഇത്തരം ചീങ്കണ്ണികളുടെ മസ്തിഷ്കത്തിലും കാണാൻ കഴിയുമെന്നും ബാൽകോമ്പിയെപ്പോലെ തന്നെ കാബനക് എന്ന ശാസ്ത്രകാരനും സ്ഥിരീകരിക്കുന്നുണ്ട്.

ആത്മാവബോധം ആർജ്ജിക്കാൻ കഴിഞ്ഞതിനെ തുടർന്ന് മാത്രമാണ് അനുഭൂതിയുടെമണ്ഡലം ഏറെ വികാസം പ്രാപിച്ചത്. ഇങ്ങനെ ആത്മാവബോധം ആർജ്ജിക്കാൻ കഴിഞ്ഞിട്ടുള്ളത് മനുഷ്യരെ കൂടാതെ ചിമ്പാൻസി പോലുള്ള ആൾക്കുരങ്ങ് വിഭാഗങ്ങളിലും ഡോൾ ഫിനുകളെപോലുള്ള ജലജീവികളിലും മാത്രമാണ്. കണ്ണാടികളുപയോഗിച്ചുള്ള പരീക്ഷണങ്ങളിലൂടെ ഡോൾഫിനുകളിലും ആത്മാവബോധം (self consciousness) ഉണ്ടെന്ന് നിരീക്ഷിക്കപ്പെട്ടിട്ടുണ്ട്.

വൈയക്തികമായി ഉണ്ടാകുന്ന അനുഭവങ്ങളെക്കുറിച്ച് പ്രത്യവലോകനം ചെയ്യാനുള്ള കഴിവ് മനുഷ്യന് നേടിയെടുക്കാനായതും ഇത്തരത്തിലുള്ള ആത്മാവബോധത്തിന്റെ ബലത്തിലാണ്.

അനുകൂലവും പ്രതികൂലവുമായ അനുഭവ (sensations) ങ്ങളുടെ വെളിച്ചത്തിലാണ് മനുഷ്യർക്ക് നാനാവിധത്തിൽ ചുറ്റുപാടുകളുമായി പൊരുത്തപ്പെട്ട് പോകാനാവശ്യമായ മാറ്റങ്ങൾ ഉണ്ടായിട്ടുള്ളത്.

ഇപ്രകാരം സ്വത്വാവബോധം /ആത്മാവബോധം ആർജ്ജിച്ചെടുക്കാനായതിന്റെ ഫലമായാണ് നമ്മൾ എങ്ങനെയാണ് ജീവിച്ചുകൊണ്ടിരിക്കുന്നത് എന്ന് അറിയാനുള്ള സാഹചര്യം നമുക്ക് കൈവന്നത്. സ്വന്തം വിധിയെ സ്വയം തീരുമാനിക്കാൻ കഴിഞ്ഞു എന്നതും ഇത്തരത്തിലുള്ള നേട്ടം തന്നെയാണ്. എന്നാൽ ഈ നേട്ടത്തിന് പിറകിൽ മറ്റ് പലതിനുമുള്ളപോലെ തന്നെ ചില കോട്ടങ്ങളും ഉണ്ട്. ഉദാ:ഒരു ഉറുമ്പിന് അതിന്റെ ജനിതക പദ്ധതിക്കൊത്ത് അതിന്റെ അഭിവൃദ്ധി മാത്രം ലക്ഷ്യംവെച്ച് നീങ്ങിയാൽ മാത്രം മതി. മനുഷ്യർക്കാവട്ടെ പലപ്പോഴും നമ്മളിലെ ജീനിന്റെ താത്പര്യത്തിനെതിരായി പോലും പ്രവർത്തിക്കേണ്ട സാഹചര്യം വന്നുചേരുന്നുണ്ട്.

സന്തോഷം ജനിപ്പിക്കുന്ന അനുഭവങ്ങളെയും അങ്ങനെ അല്ലാത്തവയെയും ഒരുപോലെ പെരുപ്പിച്ച് കാണിക്കാനാണ് പരിണാമനിയമങ്ങൾ മനുഷ്യരെ പ്രേരിപ്പിച്ചുകൊണ്ടിരിക്കുന്നത്. മലയാളികൾക്കിടയിൽ പ്രചാരത്തിലുള്ള ചില നാട്ടുമൊഴികളിൽപോലും ഇത് തെളിഞ്ഞുകാണാം. ഉദാഹരണത്തിന്, ഇന്ന് ചിരിച്ചാൽ നാളെ കരയേണ്ടിവരും.

നമുക്കുണ്ടാവുന്ന അനുഭവങ്ങൾ എത്രയേറെ സന്തോഷകരമാണോ എന്നതിനേക്കാൾ അവ എത്രമാത്രം ദോഷകരമാണ് എന്നതാണ് പലപ്പോഴും പരിശോധിക്കപ്പെടാറുള്ളത്.

എങ്കിലും എന്തെങ്കിലും തരത്തിലുള്ള നേട്ടം (reward) നിശ്ചിതപ്രവൃത്തി തുടരാൻ പ്രേരിപ്പിക്കുമ്പോൾ അല്ലാത്തവ നമ്മളെ അതിൽനിന്ന് പിന്തിരിപ്പിക്കാൻ ശ്രമിക്കുന്നു. ഭക്ഷണം, രതി എന്നിവ എത്ര കിട്ടിയാലും

അതിനുവേണ്ടി നമ്മൾ ശ്രമിച്ചുകൊണ്ടേ ഇരിക്കും. അതേസമയം നമ്മുടെ കൈ പൊള്ളാനിടവരുമ്പോൾ സംഭവിക്കുന്നത് അങ്ങനെയല്ല. തിളച്ച വെള്ളത്തിൽ വീണ പൂച്ച തണുത്ത വെള്ളം കണ്ടാലും ഭയക്കും എന്ന പഴമൊഴി പോലെയാണിത്.

ആനന്ദം ഉറപ്പാക്കുക എന്നതിനേക്കാൾ അതിജീവനം ഉറപ്പാക്കുക എന്നതാണ് ജൈവലോകത്തിന്റെ അടിസ്ഥാനതത്വം. പലപ്പോഴും നമുക്ക് ഇഷ്ടമില്ലാത്ത ഭക്ഷണംപോലും കഴിച്ച് വിശപ്പടക്കാൻ നമ്മൾ ശ്രമിക്കാറുണ്ട്. അതുപോലെതന്നെ നമുക്ക് അത്രയൊന്നും സന്തോഷം തരുന്നില്ലെങ്കിൽപോലും സ്വന്തം പങ്കാളിയെ നിലനിർത്തിക്കൊണ്ട് ജീവിതം മുന്നോട്ട് പോകാൻ നമ്മൾ പരിശ്രമിക്കുകയും ചെയ്യാറുണ്ട്.

നമ്മുടെ മനസ്സ് എപ്പോഴും ഒന്നിലധികം സാധ്യതകൾ ഒരേപോലെ തിരക്കാൻപ്രേരിപ്പിച്ചുകൊണ്ടേയിരിക്കും. പക്ഷെ നമുക്ക് അപകടം നേരിടും എന്ന സന്ദർഭം വന്നാൽ അതിൽനിന്ന് അകന്ന് നിൽക്കുന്ന തിന് സഹായകരമായ ഉത്ക്കണ്ഠയും ഭയവും ഉണ്ടായിക്കൊണ്ടേയി രിക്കും.

അതുപോലെയാണ് നേരിയ വിശപ്പ് ചില വേളകളിൽ സന്തോഷക രമായിരിക്കും. അതുവഴി ഭക്ഷണവുമായി ബന്ധപ്പെട്ട് ഉണ്ടാവാനിടയുള്ള സന്തോഷം അത് ഓർമ്മിപ്പിക്കാം. അതുകൊണ്ട്തന്നെ ആഹാരം കിട്ടുമ്പോൾ അതിന്റെ ആനന്ദം വർധിപ്പിക്കാൻ ഇത് സഹായകരമാവും.

ഇങ്ങനെയാണെങ്കിലും അമിതമായ വിശപ്പ് അത്രസന്തോഷകരവുമ ല്ല. വിശേഷിച്ച് ഭക്ഷണലഭ്യത ഇല്ലാത്ത സാഹചര്യങ്ങളിൽ. അത്യധികം ഉണ്ടാവുന്ന ഇത്തരം വിശപ്പ് കാരണം അടുത്തു കാണുന്ന ഹോട്ടലിൽ നിന്ന് രുചിയില്ലാത്തതും നമ്മുടെ ആഹാരശീലത്തിനിണങ്ങാത്തതുമായ വല്ലതും കഴിച്ചുകൊണ്ട് വിശപ്പ് മാറ്റേണ്ട സാഹചര്യവും വന്നേക്കാം. ഇത് ഒരുവേള വയറ് അസ്വസ്ഥമാവാനും ചിലപ്പോൾ ആരോഗ്യത്തെതന്നെ അപകടപ്പെടുത്താനും കാരണമാവാനിടയുണ്ട്.

എന്നാൽ, ചില സന്ദർഭങ്ങളിൽ ഉണ്ടാകുന്ന അനുഭവങ്ങളെ സന്തോഷകരമെന്നോ ദുഃഖകരമെന്നോ വേർതിരിക്കാനാവാതെ വരാറുണ്ട്. ഉദാഹരണത്തിന് വിധവകൾക്ക് വിവാഹം ചെയ്യാനുള്ള ഒരു സാഹചര്യം വന്നതോടെ വിയോഗ ദുഃഖം പോലും ഒരു അനുകൂല ഘടകമായി മാറുകയാണുണ്ടായത്.

കലാസ്വാദനത്തിലും മറ്റും സംഭവിക്കുന്ന അനുഭൂതികളെ വിശകലനം ചെയ്താൽ ഇത് ഏറെ വ്യക്തമാകുന്നതേ ഉള്ളൂ. അരിസ്റ്റോട്ടിൽ തന്റെ മനോവിരേചനം (Purgation theory) സിദ്ധാന്തത്തിലൂടെ ദുഃഖക രമായ സാഹചര്യങ്ങൾ സൃഷ്ടിച്ചുകൊണ്ട് കലാസൃഷ്ടികൾ നമ്മുടെ

ഉള്ളിലുള്ള പ്രതികൂലവികാരങ്ങളെ കഴുകിക്കളയുകയാണ് എന്നാണ് പറയാൻ ശ്രമിച്ചത്. ഇതുപോലെ തന്നെയാണ് സിനിമയിലെ കഥാപാത്രങ്ങളുമായി പ്രേക്ഷകർ അനുതാപം പുലർത്തിക്കൊണ്ട് അവരുടെ ദുഃഖത്തിൽ മനസ്സ് നിറയുകയും ഒരു തരത്തിലുള്ള പൂർത്തീകരണം (aesthetic accumplishment) നേടുകയും ചെയ്യുന്നത്. എന്നാൽ ആ ദുഃഖത്തിന്റെ പ്രത്യാഘാതം പ്രേക്ഷകൻ ഏറ്റെടുക്കുന്നില്ല.

പ്രകൃത്യാ ലഭ്യമാകുന്ന സന്തോഷങ്ങളോടൊപ്പം കൃത്രിമമായുണ്ടാക്കുന്ന സന്തോഷവും അനുഭവിക്കാൻ നമുക്ക് കഴിയുന്നുണ്ട്. മധുരം, കൊഴുപ്പ്, മയക്കുമരുന്നുകൾ എന്നിവയുടെ അമിതമായ ഉപയോഗത്തിലൂടെ നമുക്ക് ലഭിച്ച എന്നു വരാം. പക്ഷേ ഇവയുടെ അമിതോപയോഗത്തിലൂടെ കിട്ടുന്ന ആനന്ദത്തിന് ദീർഘകാലത്തേക്ക് നിലനിൽക്കാവുന്ന പ്രത്യാഘാതങ്ങളുണ്ടാക്കാൻ കഴിഞ്ഞേക്കും. ഇത്തരത്തിലുള്ള വസ്തുക്കളുടെ അമിതമായ ഉപയോഗം നിമിത്തം ഇവ തരുന്ന ആനന്ദാനുഭവം തന്നെ കുറഞ്ഞുവരുകയാണുണ്ടാവുക.

കുറഞ്ഞ കാലത്തേക്കുള്ള കൃത്രിമ ഉത്തേജനംപോലും ചിലപ്പോൾ അതുവഴി ലഭിക്കാനിടയുള്ള ആനന്ദവുമായി പൊരുത്തപ്പെട്ടുകൊണ്ട് ഒത്തുതീർപ്പിന് വിധേയമാകാവുന്നതാണ്. (Hedonic adaptation) Frederick & Loewenstein

മനുഷ്യരൊഴികെയുള്ള മറ്റു മൃഗങ്ങളിൽ ഉള്ള ഉപഹാര കേന്ദ്രങ്ങൾ (Reward centres) പ്രവർത്തിക്കുന്നത് അവയുടെ സ്വതസിദ്ധമായ ഉദ്ദേശ്യങ്ങൾ നിറവേറ്റുന്നതിന് വേണ്ടി മാത്രമാണ്.

ഏതൊരു ആനന്ദാനുഭൂതിയും രണ്ട് തത്വങ്ങളെ ആശ്രയിച്ചാണ് നിലനിൽക്കുന്നത്. പൊരുത്തക്കേടുകൾ പരമാവധി ഒഴിവാക്കിക്കൊണ്ട് അതുമൂലമുണ്ടാവാനിടയുള്ള സമ്മർദ്ദങ്ങൾ ഒഴിവാക്കുക എന്നതാണ് ഇതിൽ ആദ്യതത്വം. ഇതാവട്ടെ സഹജമായ ചില സ്വഭാവവിശേഷങ്ങൾക്ക് ഇണങ്ങുന്ന തരത്തിൽ ജീവിത സാഹചര്യത്തെ പൊരുത്തപ്പെടുത്തിക്കൊണ്ടായിരിക്കണം.

സന്തോഷകരമായ അനുഭൂതികളെ അനുഭവവേദ്യമാക്കിത്തരാനുള്ള മസ്തിഷ്കത്തിന്റെ സാധ്യതകളെ ഇതുവഴി പരമാവധി പ്രയോജനപ്പെടുത്തുക എന്നതാണ് രണ്ടാമത്തെ തത്വമായി പ്രവർത്തിക്കുന്നത്.

ഈ രണ്ടു തത്വങ്ങൾക്കനുസരിച്ച് എത്രമാത്രം ഒരു വ്യക്തി ജീവിക്കാൻ ശ്രമിക്കുന്നു എന്നതിനെ അടിസ്ഥാനപ്പെടുത്തിയാണ് നിർദ്ദിഷ്ട വ്യക്തി എത്രമാത്രം സന്തോഷവതി/ സന്തോഷവാൻആയിരിക്കുമെന്ന് തീരുമാനിക്കപ്പെടുന്നത്.

മനുഷ്യരിലെ ഏതൊരു പെരുമാറ്റത്തെക്കുറിച്ച് ആലോചിക്കുമ്പോഴും അതിലുള്ളടങ്ങിയ വൈവിധ്യങ്ങളെക്കുറിച്ചുകൂടി പരിഗണിക്കേണ്ടതാണ്.

എല്ലാവർക്കും ഓരേ നിറവും ഓരേ ഉയരവും ഓരേ ബുദ്ധിയും അല്ല എന്നപോലെ തന്നെ ഓരോരുത്തർക്കും ആനന്ദത്തെക്കുറിച്ചുള്ള മനോഭാവവും സമീപനവും വേറിട്ടതായിരിക്കും. ചില വ്യക്തികൾ അവരുടെ സ്വന്തം ആനന്ദത്തെ മാത്രം ലക്ഷ്യംവെച്ച് പെരുമാറുമ്പോൾ അയാളുടെ പ്രവൃത്തിവഴി മറ്റുള്ളവരുടെ ക്ഷേമം/സുഖം അപകടപ്പെട്ടേക്കാം. ചില വ്യക്തികൾ ഇതിന് വിപരീതമായി തന്റെ തീരുമാനങ്ങൾ മറ്റുള്ളവരുടെ ക്ഷേമത്തെ എങ്ങനെ ബാധിക്കും എന്നുകൂടി പരിഗണിച്ചുകൊണ്ട് പ്രവൃത്തിക്കും

മനഃശാസ്ത്രംപോലുള്ള വിജ്ഞാന മേഖലയിൽ പോലും ഗൗരവമായെടുക്കാത്ത വിഷയങ്ങളായിരുന്നു സ്നേഹം, വിശ്വാസം, ആനന്ദം എന്നീ പ്രതിഭാസങ്ങൾ. ഇതത്രയും നാട്ടുപ്രയോഗങ്ങൾ മാത്രമായി തള്ളിക്കളയണമെന്നാണ് പ്രഗത്ഭ ചിന്തകനായ William James പോലും കരുതിയത്.

ഇതിനൊരു മാറ്റം വന്നു തുടങ്ങിയത് Paul Ekman - പോലുള്ള ചിന്തകർ ഇതിനെ നരവംശ ശാസ്ത്രത്തിന്റെ പരിധിയിലേക്ക് കൊണ്ടുവന്നതോടെയാണ്. വൈകാരികതകളെ ഗൗരവമായെടുത്തുകൊണ്ട് പപ്പുവ (Pupua New Guinea) ന്യൂഗിനിയയിലെ വ്യത്യസ്ത മനുഷ്യരിൽ വൈകാരികഭാവം പ്രകടിപ്പിക്കുന്ന പലതരം ചിത്രങ്ങൾ വച്ച് നടത്തിയ പഠനത്തിലൂടെ ഇദ്ദേഹം ദേഷ്യം, ഭയം, അതിശയം, ആനന്ദം എന്നീ വൈകാരിക ഭാവങ്ങളെക്കുറിച്ച് പഠിക്കാൻ തുടങ്ങി. ഇവയെയാണ് അടിസ്ഥാന വൈകാരിക ഭാവങ്ങളായി കണ്ടെത്തിയത്. ഈ പഠനത്തിലൂടെ എല്ലാ സംസ്കാരങ്ങളിലും നിലനിൽക്കുന്ന അടിസ്ഥാന വികാരങ്ങളെ അദ്ദേഹത്തിന് തിരിച്ചറിയാൻ കഴിഞ്ഞു.

ഭയത്തോടും ആനന്ദത്തോടും എല്ലാം വ്യത്യസ്തമായി പ്രതികരിക്കത്തക്ക രീതിയിലുള്ള മാനസിക പ്രവർത്തനങ്ങൾ എല്ലാ സമൂഹങ്ങളിലെ മനുഷ്യരിലും ദൃഢമൂലമാണെന്ന് ഇതുവഴി സ്ഥിരീകരിക്കപ്പെട്ടു.

എന്നാൽ ആനന്ദം എന്ന ഒരു പൊതു വൈകാരികാവസ്ഥക്കിണങ്ങുന്നതിനപ്പുറം നമുക്ക് അത്തരം മാനസികാവസ്ഥ ജനിപ്പിക്കാൻ കഴിയുന്ന ഏതാനും വസ്തുക്കളിലേക്കോ ഉത്തേജനങ്ങളിലേക്കോ ശ്രദ്ധതിരിക്കാനും അവ നേടിയെടുക്കാൻ ശ്രമിക്കുന്നതിനുമിണങ്ങുന്ന മനോനിലയാണ് നമ്മളിൽ സൃഷ്ടിക്കപ്പെട്ടത്.

ഏതെങ്കിലും നിർദ്ദിഷ്ട വസ്തു, വ്യക്തി, അനുഭവം എന്നിവയുമായി ബന്ധപ്പെടുത്തിയല്ലാതെ ആനന്ദമെന്ന അനുഭവത്തെ നമുക്ക് വിഭാവനം ചെയ്യാനാവില്ല.

ഇക്കാരണത്താൽ തന്നെയാവണം ഏറിയ പങ്ക് ആളുകളും ഇന്നത്തേതിനെ അപേക്ഷിച്ച് നാളെ ഇതിലേറെ സന്തോഷമുണ്ടാവും എന്ന് പ്രതീക്ഷിച്ച് ജീവിക്കാൻ പ്രേരിപ്പിക്കപ്പെടുന്നത്.

എന്നാൽ കേവലം സമ്പന്നത നേടിയതുകൊണ്ട് മാത്രം ഒരു സമൂഹവും സന്തോഷം കൈവരിക്കുന്നില്ല എന്നതിന് തെളിവാണ് അമേരിക്കപോലുള്ള വൻകിട രാഷ്ട്രങ്ങൾ.

അന്താരാഷ്ട്രതലത്തിൽതന്നെ ആനന്ദകരമായ ജീവിതത്തിന്റെ ഗുണനിലവാര സൂചികയിൽ പ്രഥമസ്ഥാനത്ത് ഇടംപിടിച്ച സ്കാൻഡിനേവിയൻ രാജ്യങ്ങളിലെ ചുറ്റുപാടുകൾ വളരെ വലിയ തോതിൽ മനുഷ്യപ്രകൃതിക്കിണങ്ങുന്ന രീതിയിലാണ് നിലനിൽക്കുന്നത് എന്നറിയുന്നത് നന്നായിരിക്കും.

അവിടങ്ങളിലുള്ളവർക്ക് ലഭിക്കുന്ന സാമൂഹ്യസുരക്ഷാ സംവിധാനങ്ങൾ ഏറെ മികച്ചതായതിനാലാണ് ഓരോ വ്യക്തിക്കും സ്വന്തം ജീവിതത്തെ കരുപ്പിടിപ്പിക്കാൻ കഴിയുന്നത്. John Helliwell ഒരു പ്രഭാഷണത്തിനിടെ സൂചിപ്പിച്ചപോലെ വഴിയിൽ ഒരു പഴ്സ് വീണുകിട്ടിയാൽപോലും ഉടമസ്ഥനെ അത് തിരികെ ഏല്പിക്കുന്നതിൽ അവിടുത്തെ ജനങ്ങൾ കാണിക്കുന്ന നീതിബോധം തികച്ചും സാധാരണമായാണ് അവർ പരിഗണിക്കുന്നത്. “ഞങ്ങൾ ഉത്പാദനക്ഷമത വർദ്ധിപ്പിക്കുന്നതിൽ ഏറെ ശ്രദ്ധാലുക്കളാണ്. എന്നാൽ അതുപോലെതന്നെ കുടുംബത്തിന്റെ സന്തോഷത്തിനുവേണ്ടി നീക്കിവെക്കേണ്ടുന്ന സമയത്തെക്കുറിച്ച് അതിലേറെ ജാഗരൂകരാണ്” എന്നാണ് Newyork ലെ Denmark സ്ഥാനപതി Dorte Riggelsen അഭിപ്രായപ്പെടുന്നത്.

ജോലിയിൽ നിന്ന് അവധി എടുത്തുകൊണ്ട് സന്തോഷകരമായ നാളുകൾ ചെലവിടാനുള്ള സാഹചര്യവും ഇവിടങ്ങളിൽ ഉറപ്പാക്കപ്പെടുന്നുണ്ട്.

അമേരിക്കയിലാവട്ടെ 15% ത്തിലധികം തൊഴിലാളികൾ അവധി എടുക്കുകപോലും ചെയ്യാതെ ജോലി ചെയ്തുകൊണ്ടിരിക്കുകയാണ്.

മറ്റുള്ള രാജ്യങ്ങളിൽ നിന്ന് കുടിയേറി പാർത്തിട്ടുള്ള രക്ഷിതാക്കൾക്ക്പോലും 480 ദിവസത്തെ ശമ്പളത്തോടുകൂടിയ അവധി ലഭ്യമാക്കുന്ന (ശമ്പളത്തിന്റെ 80%ത്തോളം ലഭിക്കുന്നു) തരത്തിലുള്ള സാമൂഹ്യനീതിയിലധിഷ്ഠിതമായാണ് സ്വീഡൻപോലുള്ള രാജ്യങ്ങളിലെ സാമൂഹ്യസുരക്ഷാസംവിധാനം പ്രവർത്തിക്കുന്നത്.

ഗർഭിണികളായ സ്ത്രീകൾക്ക് പ്രസവവുമായി ബന്ധപ്പെട്ട വിഷയത്തിൽ അറിവ് പകർന്നുകൊടുക്കുന്നതിനായി യാതൊരു ഫീസും ഈടാക്കാതെയുള്ള 60 ദിവസം നീളുന്ന കോച്ചിംഗ് ക്ലാസുകൾ പോലും ഉറപ്പാക്കപ്പെടുന്നുണ്ട്. ജോലിക്കാരികളായ ഗർഭിണികളായ സ്ത്രീകളുടെ പ്രവൃത്തിസമയം ഇരുപത്തഞ്ച് ശതമാനം ആയി കുറച്ചിട്ടുണ്ട്. ഇതോടൊപ്പം കുട്ടിക്ക് എട്ട് വയസ്സാകുന്നവരെ പോലും ഈ സൗകര്യം നീട്ടിക്കൊടുക്കുന്നുണ്ട് എന്നതാണ് ഇതിൽ ഏറെ കൗതുകകരമായിട്ടുള്ളത്. മനുഷ്യർക്ക് മുഖത്തോടുമുഖം കണ്ടുകൊണ്ട് സാമൂഹ്യബന്ധങ്ങൾ ഉറപ്പിക്കാവുന്ന പൊതു ഇടങ്ങളും അവിടങ്ങളിലെ പ്രത്യേകതയാണ്.

എപ്പോൾ വേണമെങ്കിലും തൊഴിലാളികളെ വിലക്കെടുക്കാനും പുറത്താക്കാനും പറ്റുന്ന തീർത്തും അനിശ്ചിതത്വം നിറഞ്ഞ അമേരിക്കൻ സാഹചര്യത്തിൽനിന്ന് തീർത്തും ഭിന്നമാണ് സ്കാൻഡിനേവിയൻ രാജ്യങ്ങൾ എന്നതാണ് ഇതിൽ നിന്ന് മനസ്സിലാക്കാൻ കഴിയുന്നത്.

അമേരിക്കക്ക് ആനന്ദസൂചികയിൽ ഉയരണമെങ്കിൽ സമഗ്രമായ തൊഴിലുറപ്പ് സംരംഭങ്ങൾ തുടങ്ങാൻ കഴിയണം എന്നാണ് Hewil അഭിപ്രായപ്പെടുന്നത്.

കഠിനമായ കാലാവസ്ഥയെയും മറ്റും നേരിടേണ്ടി വരുന്ന സമൂഹങ്ങളിലാണ് മനുഷ്യർ പരസ്പരം ഒരുമിച്ച് സാമൂഹ്യപ്രവർത്തനങ്ങൾ നടത്തുന്നത് എന്ന് പറയുമെങ്കിലും സ്കാൻഡിനേവിയൻ സാഹചര്യം ഇതിന് വിപരീതമാണ്. ഇവിടെ പൊതുവിൽ കണ്ടുവരുന്ന സാമൂഹ്യ പ്രവർത്തനങ്ങളിൽ ഉള്ള വലിയ തോതിലുള്ള കൂട്ടായ്മകൾ ആരെയും അതിശയിപ്പിക്കുന്നത് തന്നെയാണ്.

സാമൂഹ്യ സുരക്ഷയിലും മറ്റും സംഭവിച്ച കടുത്ത പോരായ്മകൾ നിമിത്തം അമേരിക്ക 10 വർഷത്തിനുള്ളിൽതന്നെ ആനന്ദസൂചികയിൽ നിന്ന് കുത്തനെ താഴേക്ക് പോകുകയാണ് ചെയ്തത്. ആനന്ദസൂചികയിൽ 16-ാമത്തെ സ്ഥാനം മാത്രമാണ് അമേരിക്കക്ക് നില നിർത്താൻ കഴിഞ്ഞിട്ടുള്ളത്. (10th Annual World Happiness Report)

ഇത് കൂടാതെ ഒട്ടുമിക്ക സ്കാൻഡിനേവിയൻ രാജ്യങ്ങളിലും കുട്ടികൾക്ക് 18 വയസ്സാകുന്നതുവരെ അവരുടെ ക്ഷേമപ്രവർത്തനങ്ങൾക്കായി ഒരു തുക രക്ഷിതാക്കൾക്ക് ലഭ്യമാക്കപ്പെടുന്നുണ്ട്. തൊഴിലില്ലാത്തവർക്കും ഇത്തരത്തിലുള്ള ഒട്ടേറെ സൗകര്യങ്ങൾ ഉറപ്പാക്കിയിട്ടുണ്ട് എന്നതൊക്കെ തന്നെയാണ് സ്കാൻഡിനേവിയൻ രാജ്യങ്ങളെ ആനന്ദ സൂചികയിൽ മുൻനിരയിലെത്തിച്ചിട്ടുള്ളത്.

ഏതൊരു സ്കാൻഡിനേവിയൻ രാജ്യത്തും സ്വീഡനിലും മറ്റും ആരോഗ്യരക്ഷ, വിദ്യാഭ്യാസം എന്നിവ ഫീസ് ഈടാക്കാതെയാണെന്നതാണ് ഏറെ ശ്രദ്ധാർഹമായത്. ആരോഗ്യരക്ഷക്കുവേണ്ടി വലിയ തുകതന്നെയാണ് ഓരോ അമേരിക്കൻ പൗരനും ചെലവിടേണ്ടി വരുന്നത്. കോവിഡിന്റെ തുടക്കത്തിൽ അമേരിക്കൻ സമൂഹം അനുഭവിച്ച കടുത്ത പ്രയാസങ്ങൾ ഇതിന്റെ പരിണതി കൂടിയാണ്.

ഭീഷണമല്ലാത്ത സാമൂഹ്യസാഹചര്യവും ഉത്പാദന സേവനമേഖലയിലുള്ള ഫലവത്തായ സർക്കാർ സംവിധാനങ്ങളും കാരണമാണ് സ്കാൻഡിനേവിയൻ രാജ്യങ്ങൾ അന്താരാഷ്ട്ര ആനന്ദസൂചികയിൽ ഇടം പിടിച്ചിട്ടുള്ളത്. സമൂഹത്തിന്റെ ആനന്ദം വ്യക്തിയുടെ ആനന്ദത്തെയും വ്യക്തിക്ക് ലഭിക്കുന്ന ആനന്ദകരമായ ജീവിത സാഹചര്യങ്ങൾ സമൂഹത്തിന്റെ പൊതു അഭിവൃദ്ധിയെയും മെച്ചപ്പെടുത്തുന്നുണ്ട്.

വികാരങ്ങൾക്ക് എന്താണ് കുഴപ്പം

വികാരഭരിതമായി സംസാരിക്കുകയോ പെരുമാറുകയോ ചെയ്യുന്നതിനെ അല്പം സംശയത്തോടെ കാണാനാണ് നമ്മൾ ശീലിച്ചിട്ടുള്ളത്. നീ എന്തിനാണ് ഇത്രയേറെ വികാരത്തിനടിപ്പെടുന്നത് എന്ന ചോദ്യത്തിന് മുമ്പിൽ പലപ്പോഴും നമ്മൾ ചൂളിപ്പോവുക പതിവാണ്. വികാരങ്ങളെ ഇത്രയേറെ ഭയപ്പെടുന്നതെന്തുകൊണ്ടാവാം?

എന്നാൽ, വികാരാധിക്യത്തിൽ പെരുമാറുന്ന മനുഷ്യർ ഒട്ടനവധി അപകടങ്ങളിൽ ചെന്നുചാടുന്നില്ലേ എന്ന വസ്തുതക്ക് നേരെ കണ്ണടക്കാൻ കഴിയില്ല. ഏത് വികാരവും നിശ്ചിത സന്ദർഭങ്ങളിൽ മാത്രം അർത്ഥവത്താകുന്നവയാണ്. ശൈശവത്തിൽ അമ്മയുൾപ്പെടെയുള്ള മറ്റുപലരുമായുള്ള ബന്ധം നിലനിർത്തുന്നത് വികാരങ്ങൾ പ്രകടിപ്പിച്ചുകൊണ്ട് തന്നെയാണ്.

ഒരു വ്യക്തിയുടെ ഉള്ളിൽ നടക്കുന്ന അനുഭവമണ്ഡലം എന്നതിലപ്പുറം ഓരോ വ്യക്തിയും അവളുടെ/ അവന്റെ ചുറ്റുവട്ടത്തുള്ള മറ്റുള്ളവരുമായി സ്ഥാപിക്കുന്ന ബന്ധങ്ങൾക്കുള്ളിലാണ് വികാരങ്ങൾ പ്രകടമാകാറുള്ളത്. ദേഷ്യം എന്ന വികാരം മൂലം ചുറ്റുവട്ടത്തുള്ള ആളുകളുമായുള്ള ബന്ധത്തെ മാറ്റിത്തീർക്കാൻ കഴിയുന്നു. അതല്ലെങ്കിൽ താൻ ലക്ഷ്യം വെക്കുന്ന കാര്യത്തിലേക്കെത്തുന്നതിന് മാർഗ്ഗതടസ്സം സൃഷ്ടിക്കുന്നവരെ ഒഴിവാക്കുന്നതിന് അത് ഉപകരിക്കുന്നുണ്ട്. ആനന്ദമാണെങ്കിൽ അത് അവനവന്റെ ക്ഷേമത്തെ മുൻനിർത്തി ചുറ്റുപാടുമായുള്ള ബന്ധം നിലനിർത്താൻ സഹായിക്കുന്നു.

നമ്മുടെ ക്ഷേമത്തിനും സമാധാനത്തിനും വിലങ്ങുതടിയാവാനിടയുള്ള ചുറ്റുപാടിനെ ഒന്നുകിൽ തനിക്ക് അനുകൂലമായി മാറ്റിയെടുക്കാനോ അതല്ലെങ്കിൽ നിശ്ചിതസാഹചര്യം ഉപേക്ഷിക്കാനോ ഉതകുന്ന വികാരമായാണ് ഭയം ഉടലെടുക്കുന്നത്. നമ്മുടെ ലക്ഷ്യസാധ്യത്തിനായി നടത്തുന്ന ശ്രമങ്ങൾ താത്കാലികമായെങ്കിലും നിർത്തിവെക്കുന്നതിന് സഹായിക്കുന്ന തരത്തിലാണ് ദുഃഖം എന്ന വികാരം പ്രകടമാവാറുള്ളത്.

നമ്മൾ ഒട്ടുമിക്ക നേരങ്ങളിലും വൈകാരികമായി തന്നെയാണ് മുന്നോട്ട് പോകുന്നത്. എന്നാൽ വളരെ കുറച്ചവസരങ്ങളിൽ മാത്രമാണ് നമുക്കും നമ്മുടെ ചുറ്റിലുമുള്ളവർക്കും നമ്മുടെ ഉള്ളിലുള്ള വികാരങ്ങളെ തൊട്ടറിയാൻ കഴിയാറുള്ളത്.

സാധാരണ രീതിയിൽ വളർന്നു വികസിക്കുന്ന ഏതൊരു കുഞ്ഞിനും തന്റെ സുഖകരമായതും, അസുഖകരമായതുമായ അവസ്ഥകളെക്കുറിച്ച് തന്നെ പരിചരിക്കുന്ന രക്ഷിതാക്കളോട് വിനിമയം നടത്താൻ കഴിയും. വികാരങ്ങൾ നിത്യ ചലനാത്മകവും സ്വയം ആവിർഭവിക്കുന്നതുമായ പ്രക്രിയ കൂടിയാണ്. ഒരു കുഞ്ഞ് അവളുടെ വളർച്ച പൂരത്തീകരിക്കുന്ന ഓരോ ഘട്ടത്തിലുമുള്ള വൈകാരിക നിലകൾ മാറിമറിഞ്ഞുകൊണ്ടിരിക്കും. തത്ഫലമായി അവളുടെ പെരുമാറ്റത്തിലും അതിന്റെ ആവിഷ്കാരങ്ങളിലുമെല്ലാം അതിനൊത്ത മാറ്റങ്ങൾ സംഭവിക്കാറുണ്ട്.

മനുഷ്യരിൽ മാത്രമല്ല, നായ, പൂച്ച പോലുള്ള മറ്റു മൃഗങ്ങളിലും ഇതിന് സമാനമായ പെരുമാറ്റരീതികൾ കാണാൻ കഴിയും. വൈകാരിക പ്രകടനങ്ങൾ ഉള്ള മറ്റ് സസ്തനി വിഭാഗത്തിലുള്ള മൃഗങ്ങളിലും ഇത്തരത്തിലുള്ള വൈകാരികമായ പെരുമാറ്റ രീതികൾ സർവസാധാരണമാണ്. തങ്ങളുടെ ഏതെങ്കിലും തരത്തിലുള്ള മാനസിക നിലകളെ വെളിപ്പെടുത്താൻ തക്കവണ്ണം ഫലപ്രദമായ ശരീര ഭാഷകളിലൂടെയായിരിക്കും ഇത്തരം അവസ്ഥകൾ പ്രകടമാകുന്നത്. യജമാനന്റെ വീടിന്റെ രണ്ട് വീടുകൾക്കപ്പുറത്തു വരെയുള്ള അപരിചിതരോട് പുറം തിരിഞ്ഞ് നിൽക്കുന്ന നായ തന്റെ വീടിനരികിലേക്ക് ആ വ്യക്തി നടന്നടുക്കുമ്പോൾ കുരച്ചു ചാടുന്നത് ഇതുകൊണ്ടുതന്നെയാണ്.

എന്നാൽ മനുഷ്യരിലാവട്ടെ ഇത് വാമൊഴി ഭാഷയുടെ ബലത്തിൽ കൂടിയായിരിക്കും പ്രകാശിക്കപ്പെടുന്നത് എന്ന് മാത്രം. നമുക്ക് നേരിടാനിടയുള്ള നേട്ടങ്ങളെയും (reward) തിരിച്ചടികളെയും നേരത്തെ തന്നെ മനസ്സിലാക്കിക്കൊണ്ട് നിലപാടുകളെടുക്കാനായി മസ്തിഷ്കത്തിൽ പ്രവർത്തിക്കുന്ന നിശ്ചിത നാഡീകോശങ്ങളുടെ പ്രവർത്തനഫലമായാണ് ഓരോ വൈകാരികതയും പ്രകാശിപ്പിക്കപ്പെടുന്നത്. നമ്മുടെ

ശരീരമാസകലം പടർന്നു നിൽക്കുന്ന ഉത്തേജനങ്ങൾ മൂലമാണ് ഏതു വികാരത്തിനും അതിന്റെ ലക്ഷ്യം നിറവേറ്റാനാവുന്നത്.

അതുകൊണ്ടുതന്നെ ഓരോ വികാരത്തിനും ശാരീരികവും മാനസികവുമായ ആരോഗ്യത്തെ അനുകൂലമായോ പ്രതികൂലമായോ ബാധിക്കാൻ കഴിയും. ഭയം പോലെയുള്ള വികാരങ്ങൾ അനുഭവപ്പെടാതിരുന്നാൽ ചില ഘട്ടങ്ങളിൽ ജീവാപായം വരെ സംഭവിക്കാവുന്നതാണ്. അതുപോലെ പ്രണയം/സ്നേഹം ഇല്ലാതിരുന്നാൽ നമ്മുടെ തലമുറകൾ നശിച്ചുപോകാൻതന്നെ അത് ഇടയാക്കിയേക്കാം.

എന്നാൽ ഏത് വികാരവും അധികമായാൽ പ്രതികൂലമായി മാറുക എന്നത് സ്വാഭാവികമാണ്. 'അധികമായാൽ അമൃതും വിഷം എന്ന പഴമൊഴിയെ ശരിവെക്കുന്ന സാഹചര്യങ്ങളാണ് പലപ്പോഴും വികാരങ്ങളുടെ കാര്യത്തിൽ സംഭവിക്കാറുള്ളത്. ദുഃഖം, ഉത്ക്കണ്ഠ, ഭയം, സ്നേഹം എന്നിവയൊക്കെ അതിര് വിട്ട് അനുഭവപ്പെട്ടാൽ അത് ഗുണത്തേക്കാളേറെ ദോഷകരമായി മാറാനിടയുണ്ട്.

French ഗണിതജ്ഞനായ ബ്ലൈസ് പാസ്കൽ പറയുന്നത്, "വൈകാരികാനുഭൂതികൾ ഹൃദയത്തിന്റെ യുക്തിയാണെന്നും ആയതിനാൽ അതിനെ ബുദ്ധിശക്തികൊണ്ട് അളക്കാനാവില്ല" എന്നുമാണ്. പ്രസിദ്ധ സ്ത്രീവാദ ചിന്തകനായ Wollstone Craft ന്റെ അഭിപ്രായത്തിൽ വൈകാരികാനുഭൂതികളൊക്കെയും വ്യത്യസ്ത രീതിയിലുള്ള യുക്തിയായി തന്നെ കാണാവുന്നതാണ്. (Feeling is a different kind of reasoning)

മസ്തിഷ്കത്തിലെ ചില നാഡീകോശ കേന്ദ്രങ്ങൾക്ക് മറ്റുള്ളവയെ അപേക്ഷിച്ച് ചെറിയ തോതിലുള്ള സ്വച്ഛന്ദ്യം (autonomy) നിലനിർത്താൻ കഴിയും. അക്കാരണത്താൽ ചില വൈകാരികാനുഭൂതികളെ ബോധപൂർവ്വം പൂർണ്ണമായും അറിയാൻ കഴിയണമെന്നില്ല. ചില മാനസിക അനുഭൂതികൾ എന്തുകൊണ്ട് സംഭവിക്കുന്നു എന്ന് തീർത്ത് പറയാൻ പറ്റാത്ത സന്ദർഭങ്ങളും ഉണ്ടായേക്കാം. എങ്കിലും വൈകാരികാനുഭൂതികളെ യുക്തിയുടെ മണ്ഡലത്തിലേക്ക് കൊണ്ടുവരുന്നതിനുള്ള ശ്രമങ്ങൾ വലിയതോതിൽ നടക്കുന്നുണ്ട്.

ശക്തനായ പ്രതിയോഗിയെ കാണുമ്പോൾ ഭയചകിതനാവുക എന്നത്പോലുള്ള വൈകാരികപ്രതികരണങ്ങൾ സഹജപ്രേരണകൾ എന്ന നിലയിൽ പുറത്ത് വരുന്ന വികാരങ്ങളാണ്. പാമ്പുകളെക്കാണുമ്പോൾ ഭയക്കുക എന്നതും സമാനമായ രീതിയിൽ നിലനിൽക്കുന്ന പ്രതികരണം തന്നെയാണ്. ഡാർവിൻ നടത്തിയ സ്വാനുഭവത്തിലൂന്നിയ പഠനക്കുറിപ്പ്തന്നെ ഇതിന് തെളിവായി കാണാവുന്നതാണ്.

കണ്ണാടിക്കൂടിനപ്പുറമുള്ള മൂഗത്തിന്റെ മുന്നോട്ടുള്ള കുതിപ്പിൽ മുഖം പിൻവലിക്കാനിടവന്ന അനുഭവത്തെക്കുറിച്ചാണ് ഡാർവിൻ പരാമർശിക്കുന്നത്.

വൈകാരികമായി ഉചിതമായ രീതിയിൽ പെരുമാറിക്കൊണ്ട് ഒരു കമ്പനിയിൽ ജോലി നോക്കിയിരുന്ന പീറ്റർ ഗേജിനു യാദൃശ്ചികമായി സംഭവിച്ച ഒരപകടത്തിന്ശേഷം ജീവിതത്തിൽ നേരിട്ട പ്രയാസങ്ങൾ വികാരങ്ങളെ നിയന്ത്രണപരിധിയിൽ കൊണ്ടുവരുന്നതിന് സഹായകമായ ഉത്തേജന കേന്ദ്രങ്ങൾക്ക് സംഭവിക്കുന്ന ഏതൊരു പ്രവർത്തനപരമായ തകരാറിനും ജീവിതത്തെ എത്രമേൽ താറുമാറാക്കാം എന്നതിന്റെ ദൃഷ്ടാന്തമാണ്. സ്വന്തം ശരീരത്തോടുള്ള അമിതമായ പ്രേമം കലശലായി ജീവൻ വരെ നഷ്ടപെടുത്തേണ്ടി വന്ന ഗ്രീക്ക് കഥാപാത്രമായ നരിസിസ്സ്സ് ഉൾപ്പടെ വൈകാരികമായ മാനസിക അവസ്ഥകളുടെ ഇരകളാണ്.

നമ്മളിലെ വൈകാരിക മേഖലകളും യുക്തിയെ തീരുമാനിക്കുന്ന മസ്തിഷ്കഭാഗങ്ങളും താരതമ്യേന വേറിട്ട വഴികളിലൂടെയാണ് സഞ്ചരിക്കുന്നത്. എന്നാൽ വികാരവും യുക്തിയും കൂട്ടുചേർന്ന് പ്രവർത്തിക്കുന്ന സന്ദർഭങ്ങളിൽ കിട്ടുന്നത് മെച്ചപ്പെട്ട ഫലങ്ങളായിരിക്കുകയും ചെയ്യും. ഇത് രണ്ടും പരസ്പരം വേർപിരിഞ്ഞ് പ്രവർത്തിക്കുന്ന പക്ഷം തീർത്തും പ്രത്യാഘാതങ്ങളായിരിക്കും ഉണ്ടാകുന്നത്.

നിങ്ങളുടെ സഹപാഠികളായവർക്കിടയിൽ അതീവ കാര്യക്ഷമതയും ബുദ്ധിശക്തിയുമുള്ള പലരും ഉയർന്ന നിലകളിൽ കയറിച്ചെല്ലുമെന്ന് ഉറപ്പുണ്ടായിരുന്നെങ്കിലും ഒരു പക്ഷെ അത്തരം ഉയർച്ചകളിലെത്തിയവർ അത്രയുമൊന്നും ബുദ്ധിശക്തിയോ മറ്റ് കഴിവുകളില്ലാത്തവരോ ആയ ചിലരാണെന്നത് നിങ്ങളെ ഒരു വേള അതിശയിപ്പിച്ചിരിക്കാം. എന്തുകൊണ്ടാണ് ഇങ്ങനെ ചിലർ മികവുള്ളവരായിത്തീരുന്നത് എന്ന് നിങ്ങൾ ചിന്തിച്ചിട്ടുണ്ടോ?

Howard Gardner നെപ്പോലുള്ള മനഃശാസ്ത്രകാരന്മാർപോലും ബുദ്ധിശക്തിയെകുറിച്ച് പ്രാരംഭഘട്ടത്തിൽ ഭാഷാധിഷ്ഠിതവും, ഭാഷാബാഹ്യവുമായി നിലനിൽക്കുന്ന രണ്ട് തരം ശേഷികൾ എന്ന രീതിയിലാണ് വിവരിക്കാൻ ശ്രമിച്ചത്.

Yale സർവകലാശാലയിലെ മനഃശാസ്ത്രകാരന്മാരായ John Denayer ഉം Salovey യുമാണ് ആദ്യമായി IQ എന്ന സങ്കല്പത്തിന് വിരുദ്ധമായി വൈകാരികമായ ബുദ്ധിശക്തിയെക്കുറിച്ച് വിശദീകരിക്കാൻ ശ്രമിച്ചിട്ടുള്ളത്.

ഒരു വ്യക്തിയുടെ ശാരീരികവും മാനസികവുമായ അവസ്ഥകളിൽ വൈകാരികതയുടെ ഘടകങ്ങളെ തിരിച്ചറിയാനുള്ള ശേഷിയോടൊപ്പം, മറ്റുള്ള വ്യക്തികളിലും, ചില വസ്തുക്കളിലും എല്ലാം വൈകാരിക ഭാവങ്ങൾ കണ്ടെത്താനും അവ പ്രകടിപ്പിക്കാനുമുള്ള ശേഷിയും കൂടി അടങ്ങിയതാണ് വൈകാരിക ബുദ്ധിശക്തി എന്ന മട്ടിലാണ് ഇദ്ദേഹം ബുദ്ധിശക്തിയെ വിശദീകരിക്കാൻ ശ്രമിക്കുന്നത്. ഇപ്രകാരം വൈകാരികതകളെ തിരിച്ചറിയാനും, വിലയിരുത്താനും, വികാരങ്ങൾ പ്രകടിപ്പിക്കാനുമൊക്കെയുള്ള കഴിവുകൂടിയാണ് ബുദ്ധിശക്തിയുടെ പരിധിയിൽ വരേണ്ടത്.

വൈകാരിക സാക്ഷരതയിലൂടെ ആർജ്ജിച്ചെടുക്കുന്ന അറിവുകൾ മറ്റുള്ളവരുമായി പങ്കുവെക്കാനും അത് കൂടാതെ നമുക്കുള്ളിലുണ്ടാകുന്ന വികാരങ്ങളെ ആവശ്യമായ സന്ദർഭങ്ങളിൽ യുക്തിപൂർവ്വം നിയന്ത്രണ വിധേയമാക്കുന്നതിനുള്ള പ്രാപ്തിയും ജീവിതത്തിൽ പലപ്പോഴും അത്യന്താപേക്ഷിതമായി തീരുന്നുണ്ട്.

നമ്മുടെ വികാരങ്ങൾക്ക് മുകളിൽ യുക്തിപൂർവ്വമുള്ള നിയന്ത്രണം സാധിക്കാതെ വരുമ്പോഴാണ് ജീവിതത്തിൽ പരാജയപ്പെടാനുള്ള സാഹചര്യങ്ങളൊരുങ്ങുന്നത്. നമ്മളനുഭവിക്കുന്ന വൈകാരികാനുഭവങ്ങളിൽ ചിലതൊക്കെ മനുഷ്യവംശത്തിന്റെ ചരിത്രത്തിലും, മറ്റു ചിലത് പ്രൈമേറ്റ് വിഭാഗങ്ങളുടെ മൊത്തം ചരിത്രത്തിലും വേറെ ചിലത് സസ്തനി വിഭാഗത്തിലുള്ളവരുമായി പോലും പങ്കുവെക്കാവുന്ന തരത്തിലും ഉള്ളവയാണെന്നു മാത്രം.

അനുകമ്പ, പ്രണയം എന്നിവ ഏറിയ തോതിൽ മനുഷ്യരിലാണ് നിലനില്ക്കുന്നതെങ്കിൽ ദേഷ്യം, സ്നേഹം എന്നിവ ചിമ്പാൻസിയെയും ബബൂണിനെയും പോലെയുള്ള പ്രൈമേറ്റ് ഗണത്തിൽ പെട്ടവരിലും ഏറിയോ കുറഞ്ഞോ ഉണ്ട് എന്നേ ഉള്ളൂ. എന്നാൽ, മാതൃസ്നേഹം പോലുള്ള വൈകാരികതകൾ ആട്, പശു, പട്ടി, പൂച്ച എന്നീ സസ്തനി വിഭാങ്ങൾക്കിടയിലും ശക്തമായി നിലനിൽക്കുന്നുണ്ട്. ചില സംസ്കാരങ്ങളിൽ അശ്ലീലമായി തോന്നുന്നത് വേറെ ചില സംസ്കാരങ്ങളിൽ സ്വീകാര്യമായി തോന്നുന്നപോലെ തന്നെയാണ് വികാരങ്ങളുടെ സ്വീകാര്യതയും അസ്വീകാര്യതയും നിശ്ചയിക്കപ്പെടുന്നത്.

ഏത് വൈകാരികാവസ്ഥകൾക്കും നിശ്ചിതമായ ഭൗതിക അടിത്തറ തന്നെ ഉണ്ടായിരിക്കും. അതുകൊണ്ടാണ് മലയാള ഭാഷയിലെ അസഭ്യ വാക്കുകൾ ഒരു ഇംഗ്ലീഷുകാരനിൽ യാതൊരു തരത്തിലുള്ള പകയോ, ദേഷ്യമോപോലുള്ള വികാരങ്ങൾ ഉണർത്താൻ കഴിയാത്തത്. ഓരോ വികാര പ്രകടനത്തിനും നിശ്ചിതമായ സവിശേഷതകളുണ്ടായിരിക്കും.

മുഖഭാവം, കണ്ണുകളുടെ ചലനം, ചുണ്ടിന്റെ സ്ഥാനചലനം ഇവയെല്ലാം ഓരോരോ വൈകാരിക നിലകളെയും അടയാളപ്പെടുത്തുന്നുണ്ട്.

ഏതൊരു വികാരവും അടിസ്ഥാനപരമായി അനിച്ഛാപൂർവ്വമായ (Automatic) അനുഭവമാണ്. കാരണം മസ്തിഷ്കത്തിലെ ഉയർന്ന ചിന്തകളെയും മറ്റും തീരുമാനിക്കുന്നതിൽ മുഖ്യ പങ്കുള്ള മുൻമസ്തിഷ്കഭാഗം (Frontal Lobe) പോലുള്ള ഇടങ്ങൾ വളരെ ചെറിയ തോതിൽ മാത്രമേ വികാരപ്രകടനങ്ങളിൽ ഇടപെടുന്നുള്ളൂ.

ഇങ്ങനെ അനിച്ഛാപൂർവ്വം വികാരോത്തേജനം ഉണ്ടാകുന്നത് മൂലം ജീവിതത്തിന് അനുകൂലമായ പല നേട്ടങ്ങളും കൈവരിക്കാൻ കഴിയുന്നുണ്ട്. പോൾ എക്മാൻ, ഇസഡ് എന്നീ മനഃശാസ്ത്ര ചിന്തകർ (Paul Ekman, Izard) നടത്തിയ പഠനങ്ങളിൽ ആറ് തരത്തിലുള്ള അടിസ്ഥാന വികാരങ്ങളെക്കുറിച്ച് പ്രതിപാദിക്കുന്നുണ്ട്. ആനന്ദം, ദേഷ്യം, ഭീതി, വിസ്മയം, ദുഃഖം, ജുഗുപ്സ എന്നീ വൈകാരികതകളാണ് ഇവർ പഠനവിധേയമാക്കിയത്. ഇവക്കെല്ലാം അടിസ്ഥാന വികാരങ്ങളായി പ്രവർത്തിക്കാൻ കഴിയുന്നതുകൊണ്ടാണ് ഇവയത്രയും സാർവ്വലൗകികമായ വികാരങ്ങളായി അംഗീകരിക്കപ്പെടുന്നത്.

മുഖത്തെ മാംസപേശികളുടെ ചലനത്തെ സൂക്ഷ്മമായി പഠിച്ചുകൊണ്ടാണ് എക്മാൻ തന്റെ പഠനങ്ങൾ പൂർത്തീകരിച്ചത്. മുഖത്തെ മാംസപേശികളുടെ വലിഞ്ഞുമുറുകലും അയഞ്ഞ്പോക്കും എല്ലാം വിശകലനം ചെയ്തുകൊണ്ടായിരുന്നു ഇദ്ദേഹത്തിന്റെ പഠനങ്ങൾ. വ്യത്യസ്തമായ രണ്ട് സംസ്കാരങ്ങൾക്കിടയിലാണ് ഇവരുടെ പഠനങ്ങൾ കേന്ദ്രീകരിച്ചത്. (Ekman & Freison 1971)

നേരത്തെ സൂചിപ്പിച്ച 6 തരം വികാരങ്ങളും പ്രകടിപ്പിക്കുന്നതിലുള്ള വ്യത്യാസങ്ങളെക്കുറിച്ചും ഇവർ പ്രതിപാദിച്ചിട്ടുണ്ട്. ഏതാനും ചില വികാരപ്രകടനരീതികൾ സ്വമേധയാതന്നെ രൂപം കൊള്ളുകയും മറ്റ് ചിലത് സാംസ്കാരികമായ മൂല്യങ്ങൾ വഴി ശാശ്വതീകരിക്കപ്പെടുകയുമാണ് പതിവ്.

സങ്കടം വരുമ്പോൾ കരയുക എന്നത് സ്വാഭാവിക പ്രതികരണമാണെങ്കിലും പുരുഷാധിപത്യ മൂല്യം മേൽകൈ നേടിയ സമൂഹങ്ങളിൽ ആണുങ്ങൾ കരയാറില്ല. നമ്മുടെ കേരളീയ സന്ദർഭങ്ങളിൽപോലും കരയുന്ന പുരുഷന്മാരെ നമ്മൾ പരിഹസിക്കുന്നത്, “നീയെന്താ പെണ്ണുങ്ങളെപോലെ കരയുന്നത്?” എന്ന് പറഞ്ഞുകൊണ്ടാണ്!

മുഖത്ത് മാത്രമല്ല വികാരം പ്രതിഫലിക്കുന്നത് ചില സന്ദർഭങ്ങളിൽ ഇത് ശബ്ദത്തിലൂടെയായിരിക്കും പ്രകടമാക്കപ്പെടുന്നത്. നമ്മളെ

പ്രവർത്തനസന്നദ്ധരാക്കുക എന്നതാണ് ഏതൊരു വികാരത്തിന്റെയും പ്രാഥമിക ധർമ്മം. എല്ലാ വികാരപ്രകടനങ്ങളും നാം ബന്ധപ്പെടുന്ന ആളുകൾക്കുള്ള വ്യത്യസ്ത തരത്തിലുള്ള സന്ദേശങ്ങളായിട്ടാണ് പ്രവർത്തിക്കുന്നത്.

മറ്റുള്ളവരോട് അടുക്കണോ വേണ്ടയോ എന്നു തീരുമാനിക്കുന്നതിന് വികാരപ്രകടനങ്ങൾ സഹായകരമായി മാറുന്നുണ്ട്. സാമൂഹ്യ സ്വഭാവമാണ് വികാരങ്ങളുടെ പൊതു പ്രത്യേകതയായി പരിഗണിക്കപ്പെടുന്നത്. ഏതൊരു വികാരവും സാമൂഹ്യജീവിതത്തിന്റെ സങ്കീർണ്ണതകളിലൂടെയാണ് അതിന്റെ പ്രകാശനം തേടുന്നത്.

വികാരപ്രകടനങ്ങളെക്കുറിച്ച് നിലനിൽക്കുന്ന ചില ലഘുവായ സമീകരണതത്വങ്ങളെ മറികടക്കുന്നതിന് സഹായകരമായിരുന്നു Ekman ന്റെ കണ്ടെത്തലുകൾ. ഉദാഹരണത്തിന്, ചിരിയെ സന്തോഷത്തിന്റെ അടയാളമായി കാണുന്നത് എപ്പോഴും ശരിയാവണമെന്നില്ല. ഓരോരോ സന്ദർഭത്തിലും വെവ്വേറെ വിവരങ്ങളാണ് ഓരോ വികാരപ്രകടനവും വഴി ഉത്പാദിപ്പിക്കപ്പെടുന്നത്. നമ്മുടെ മുഖത്തേക്ക് നേർത്ത ചിരിപോലുമില്ലാതെ നോക്കുന്ന ഒരാളിനോട് ചെറുപുഞ്ചിരി തൂകുന്നത് 'ഞാൻ നിങ്ങൾക്ക് ഭീഷണിയല്ല എന്നും നിങ്ങളുടെ മിത്രമാവാൻ ഞാൻ ഒരുക്കമാണ്' എന്നുമുള്ള സന്ദേശം കൂടി ഉള്ളടങ്ങുന്നതാണ്.

കുഞ്ഞുങ്ങളിലും മുതിർന്നവരിലും മാറിമാറി നടത്തിയ പഠനങ്ങളിലൂടെ വികാരങ്ങളുടെ ഉത്പത്തിയെയും പ്രകടനമാതൃകകളെയും കുറിച്ച് വിശദമാക്കുന്നതിൽ ഇസഡ് എന്ന മനഃശ്ശാസ്ത്രകാരന് കഴിഞ്ഞിട്ടുണ്ട്. കുഞ്ഞുങ്ങളിൽ ഏതാനും അടിസ്ഥാന വികാരങ്ങൾ ത്രുഢമൂലമായിരിക്കുമെങ്കിലും അവയെല്ലാം കാലം ചെല്ലുമ്പോൾ അവരുടെ വികാസഘട്ടങ്ങളിലൂടെ സ്വായത്തമാക്കുന്ന അറിവിന്റെയും, അനുഭവങ്ങളുടെയും അടിസ്ഥാനത്തിൽ പല വിധത്തിലുള്ള മാറ്റങ്ങൾക്കും വിധേയമാകാം.

ഓരോ ജൈവവ്യവസ്ഥയുടെയും സ്വപ്രേരിതമായ വികാരോത്പാദന ശേഷിയിൽ ഊന്നുന്നതോടൊപ്പം വ്യത്യസ്ത ചുറ്റുപാടുകൾക്കനുസരിച്ച് അത്തരം വ്യവസ്ഥകൾക്ക് സംഭവിക്കുന്ന മാറ്റങ്ങളെക്കുറിച്ചും ഇദ്ദേഹം പ്രതിപാദിക്കുന്നുണ്ട്. (ബാഹ്യച്ചുറ്റുപാടുകളും ആന്തരിക സാഹചര്യങ്ങളും.)

ജീവിതത്തിന്റെ ഓരോ സന്ദർഭത്തിനും യോജിച്ച രീതിയിലുള്ള വികാരപ്രകടനങ്ങളിലൂടെയാണ് ഓരോ വ്യക്തിയും താന്താങ്ങളുടെ ലക്ഷ്യങ്ങൾ നേടിയെടുക്കുന്നത്. ശാഠ്യം പിടിച്ച് കരയുന്ന കുഞ്ഞ് മുതൽ ദേഷ്യത്തോടെ തന്റെ കീഴിലുള്ള ജോലിക്കാരനെ ശകാരിക്കുന്ന മേലുദ്യോഗസ്ഥൻ വരെ നീളുന്നതാണ് ഇത്തരക്കാരുടെ പട്ടിക.

സ്വതന്ത്രമായും, അനിച്ഛാപൂർവ്വമായും പ്രകടമാകുന്ന വികാരങ്ങളെപ്പോലെ തന്നെ ചുറ്റുപാടുകളുടെ സമ്മർദ്ദത്തിലുണ്ടാവുന്ന വികാരങ്ങളും നമ്മളിലെല്ലാം നിലനിൽക്കുന്നുണ്ട്. ഇവ രണ്ടിന്റെയും വികാസവും ഭിന്ന രീതികളിലാണ് എന്നുമാത്രം. അടിസ്ഥാന വികാരങ്ങളൊന്നും നമ്മുടെ അറിവിനെ ആശ്രയിക്കാതെതന്നെ ഉണ്ടാകുന്നതും പ്രകടിപ്പിക്കപ്പെടുന്നതുമാണ്.

എന്നാൽ വേറെ ചില സാഹചര്യങ്ങളിൽ നമ്മളിൽ സ്വമേധയാ പ്രവർത്തനക്ഷമമല്ലാത്ത വികാരമാണെങ്കിലും മറ്റാളുകളുടെയോ കൂട്ടായ്മയുടെയോ ഒക്കെ ഭാഗമായി നമ്മളിൽ പ്രകടമാവാനിടയുള്ള പല വികാരങ്ങളെയും കാണാൻ കഴിയും. അനുകമ്പ ഇത്തരമൊരു വികാരമായി പരിഗണിക്കാവുന്നതാണ്.

നിങ്ങൾ ഒറ്റക്ക് നിൽക്കുമ്പോൾ ഒരു പക്ഷെ അനുകമ്പയോടെ പെരുമാറാൻ മടിച്ചാലും നിങ്ങളുടെ പാർട്ടിയുടെയോ, മതവിഭാഗത്തിന്റെയോ മറ്റോ കാരുണ്യപ്രവർത്തനങ്ങളുടെ ഭാഗമായി അലിവോടെ പെരുമാറി എന്നു വരാം.

കുറ്റബോധം, ലജ്ജ എന്നീ ദ്വിതീയപ്രാധാന്യമുള്ള (secondary emotions) വികാരങ്ങൾ ഏറിയ പങ്കും ബാഹ്യഘടകങ്ങളെ ആശ്രയിച്ച് മാത്രം പ്രകടമാവുന്നവയാണ്. ഇത്തരം വികാരങ്ങൾ വൈകാരിക ലോകത്തിനും ഇതിനകം സംഭരിച്ച ഒട്ടേറെ അറിവുകളുടെ മേഖലക്കിടക്കും നടക്കുന്ന വിലയിരുത്തലുകളുടെ അടിസ്ഥാനത്തിലായതിനാൽ അന്യമനസ്സ് വായിച്ചെടുക്കാനുള്ള ശേഷികൾ പോലുള്ള കഴിവുകൾകൂടി ഇതിന്റെ മുന്നുപാധിയാണ്.

ഒരു കുഞ്ഞിന്റെ വളർച്ചയുടെ വിവിധ ഘട്ടങ്ങളിലൂടെ ആർജ്ജിക്കുന്ന പഠനാനുഭവങ്ങൾ, മറ്റ് സാംസ്കാരിക മൂല്യങ്ങൾ എന്നിവയോടൊപ്പം വ്യക്തിപരമായി ഉണ്ടാകുന്ന അനുഭവങ്ങൾ പോലും ഇങ്ങനെ ദ്വിതീയപ്രാധാന്യമുള്ള വികാരങ്ങളെ നിർമിക്കുന്നതിൽ സുപ്രധാനമാണ്. ചില ചിന്തകരുടെ അഭിപ്രായത്തിൽ വികാരങ്ങൾ മസ്തിഷ്കത്തിലെ പ്രാചീനഘടകങ്ങളിൽ സ്വതസിദ്ധമായുണ്ടാകുന്ന അവസ്ഥകൾ/ പ്രതികരണങ്ങൾ മാത്രമാണ്.

ഓരോ സാഹചര്യത്തെയും നമ്മൾ എപ്രകാരം വിലയിരുത്തുന്നു എന്നതിനനുസരിച്ച് കൂടിയാണ് ഓരോ വികാരവും ഉണ്ടാകുന്നത് എന്നും, അതുകൊണ്ട്തന്നെ നമ്മൾ ഓരോ സന്ദർഭത്തെയും എങ്ങനെ വ്യാഖ്യാനിക്കുന്നു എന്നത് പ്രധാനമാണെന്നും വാദിക്കുന്നവരുണ്ട്. ഈ വാദഗതിയെയാണ് മനഃശാസ്ത്ര നിർമ്മിതിവാദം (psychological constructivism) എന്നു പറയുന്നത്. (Burret 2006 Lindgist 2012)

സാമൂഹ്യനിർമ്മിതി വാദമാവട്ടെ (Social constructivism) വികാരങ്ങളെ സാംസ്കാരിക ഉത്പന്നങ്ങൾ എന്ന നിലയിൽ മാത്രമായി കാണാനാണ് (സാംസ്കാരിക നിർമ്മിതിവാദം) ശ്രമിക്കുന്നത്. ഓരോ സംസ്കാരവും അതിന്റെ മൂല്യങ്ങൾക്കും, സമ്പ്രദായങ്ങൾക്കുമൊത്ത് പ്രവർത്തിക്കുന്ന വികാരങ്ങളെയും നിർമ്മിക്കുന്നുണ്ടെന്നാണ് ഈ സമീപനം ഉറപ്പിച്ച് പറയുന്നത്. (Gordon 1987 Harrl 1986 MC earthy 1989 Boigery Messquita) Gorden ന്റെ അഭിപ്രായത്തിൽ സഹതാപം ഉൾപ്പെടെയുള്ള മാനസിക ഭാവങ്ങളെല്ലാം (sentiments) സാമൂഹ്യവും, വികാരങ്ങളത്രയും (emotions) മനഃശാസ്ത്രപരവുമാണ്.

ചില മനോഭാവങ്ങളും, വൈകാരികതകളും സാമൂഹ്യസാംസ്കാരിക അനുഭവങ്ങളിൽ വേരുപിടിക്കാറുണ്ടെങ്കിലും ഇതിന് തനതായ ജീവശാസ്ത്രപരമായ അടിത്തറയും ഉണ്ടായിരിക്കും. മനുഷ്യർ ഒരു ജീവിവർഗം എന്ന നിലയിൽ ആർജ്ജിച്ച തനത് സവിശേഷതകൾക്കകത്തായതു കൊണ്ട് തന്നെ ഒരു വശത്ത് ജീവശാസ്ത്രപരമായും മറുവശത്ത് സാംസ്കാരികവുമായി നിർമ്മിച്ച വികാരങ്ങൾതന്നെയാണ് മനുഷ്യരെന്ന നിലയിൽ നിലനിൽക്കാൻ നമ്മളെ പ്രാപ്തരാക്കിയത്.

മനുഷ്യർ പരസ്പരം സഹകരിച്ചുകൊണ്ട് ഉത്പാദനപ്രക്രിയക്ക് വേണ്ടിയും, സിവിൽസമൂഹത്തിലെ മൂല്യങ്ങൾക്ക് വേണ്ടിയും ജീവിക്കാൻ തുടങ്ങിയതിനോടനുബന്ധിച്ച് തന്നെയാണ് ജീവശാസ്ത്രപരമായി നമ്മൾ നേരിട്ട ഒട്ടേറെ പരിമിതികളെ നമുക്ക് മറികടക്കാൻ കഴിഞ്ഞിട്ടുള്ളത് എന്ന യാഥാർത്ഥ്യവും വിസ്മരിക്കാനാവില്ല.

നമ്മളിലുള്ള അടിസ്ഥാന വികാരങ്ങൾ പോലും മറ്റുള്ളവർക്ക് തടസ്സമില്ലാത്ത രീതിയിൽ എങ്ങനെ പ്രകടിപ്പിക്കണം എന്നൊക്കെ പഠിക്കാനും, ആത്മനിയന്ത്രണശേഷി നേടിയെടുക്കാൻ കഴിഞ്ഞതിലുമൊക്കെ കുടുംബജീവിതം മുതൽ നീളുന്ന ഒട്ടേറെ സാമൂഹ്യപ്രക്രിയകൾ സഹായിച്ചിട്ടുണ്ട്. പരസ്പരം ബഹുമാനിച്ചുകൊണ്ട് ജീവിക്കുന്ന സമൂഹങ്ങൾക്കിടയിൽ ഇത്തരത്തിലുള്ള അഭിലഷണീയമായ വികാരങ്ങൾ സാധാരണമാണ്. ആത്യന്തികമായി നോക്കിയാൽ ഏതാനും വികാരങ്ങൾ സഹജശേഷികളായി (innate capacity) തന്നെ കാലങ്ങളായി മനുഷ്യ സമൂഹത്തിൽ രൂഢമൂലമാണ്.

അടിസ്ഥാന വികാരങ്ങളത്രയും ശൈശവത്തിൽതന്നെ പ്രകടമാവുന്നുണ്ട്. ഈ ഘട്ടത്തിൽ കുഞ്ഞുങ്ങൾ (subcortex) ഉപമസ്തിഷ്ക പ്രവർത്തനങ്ങളുടെ ബലത്തിലാണ് അവരുടെ അതിജീവനപ്രശ്നങ്ങളെ നേരിടുന്നത്. ഭാഷ ഉറച്ച് വരുന്ന ഘട്ടംവരെയുള്ള ഒട്ടുമിക്ക പെരുമാറ്റങ്ങളെയും നിയന്ത്രിക്കുന്നത് ഈ അടിസ്ഥാന വികാരങ്ങൾ തന്നെയാണ്.

ഉയർന്ന ചിന്തകളും മറ്റും സാധ്യമാകുന്ന മസ്തിഷ്കഭാഗങ്ങൾ ഇല്ലാതെ ജനിക്കുന്ന കുട്ടികൾക്ക് വരെ ഒരു വലിയ പരിധിയോളം അവരുടെ ജീവിതാവശ്യങ്ങൾ ഒരു ഘട്ടം വരെയെങ്കിലും പരിഹരിച്ചുപോവാൻ കഴിയാറുണ്ട്. (Annencaphatic)

ഏതൊരു കുഞ്ഞിന്റെയും അടിസ്ഥാനപരമായ സഹജമായ കഴിവുകൾ പല തരത്തിലുള്ള ജനിതകവും, പെരുമാറ്റപരവുമായ ഘടകങ്ങൾക്കിടക്ക് നടക്കുന്ന പരസ്പരപ്രവർത്തനങ്ങൾവഴി വികസിച്ചു വരുന്ന പെരുമാറ്റ പദ്ധതികളാണ്. ഇതാവട്ടെ സർവലൗകികമായ ഒരു മാതൃകയ്ക്കകത്താണ് വികസിച്ചു വരുന്നത്. മനുഷ്യരുടെ വംശപരമായ സവിശേഷതകൾക്കകത്താണ് ഈ മാതൃക രൂപപ്പെട്ടു വന്നിട്ടുള്ളത്.

ഒട്ടനേകം മൃഗങ്ങൾക്കിടയിൽ അടിസ്ഥാന വികാരങ്ങളൊക്കെ പ്രകൃതി നിർദ്ധാരണത്തിനൊത്ത് വികസിച്ചുവരുന്നവയാണ്. ഏതെങ്കിലും തരത്തിലുള്ള അപകടസാഹചര്യങ്ങളോട് പൊടുന്നനെ ഉണ്ടാകുന്ന പ്രതികരണങ്ങളായാണ് നൈസർഗിക വികാരങ്ങൾ പ്രകടമാകാറുള്ളത്.

അടിസ്ഥാന വികാരങ്ങളെ പോലും ആർജ്ജിച്ചെടുത്ത അറിവുകളുടെ സഹായത്തോടെ പരിഷ്കരിക്കാനും, മെച്ചപ്പെട്ട പെരുമാറ്റങ്ങളിലൂടെ സഹജീവികളുമായി ഇത്തരം വികാരങ്ങൾ പങ്കുവെക്കാനും ഒക്കെ കഴിയുന്നത് മനുഷ്യർക്ക് മാത്രമാണ്. ഒരു പ്രത്യേക സന്ദർഭത്തിൽ ദേഷ്യം എന്ന വികാരത്തിന് അടിപ്പെട്ടാൽപോലും സ്വയം ആത്മനിയന്ത്രണത്തിലൂടെ അതിനെ വരുതിയിലാക്കി മറ്റുള്ളവർക്ക് ഉപദ്രവമുണ്ടാക്കാത്ത തരത്തിൽ പ്രകടിപ്പിക്കാൻ കഴിയുന്നതും അതുകൊണ്ട് മാത്രമാണ്. (Paksepp, Biven 2012 MacLean 1990) ഇതുകൊണ്ട്കൂടിയാണ് മനുഷ്യർക്ക് അവരുടെ ജീവിതത്തിനാവശ്യമായ പലതും നേടിയെടുക്കാനും സ്വയം വളരാനും എല്ലാം കഴിയുന്നത്.

ഏതൊക്കെയാണ് പ്രാഥമിക വികാരങ്ങളായി മാറുന്നത് എന്നത് അവയുടെ ലക്ഷണങ്ങൾ നോക്കിയാൽ തന്നെ മനസ്സിലാക്കാവുന്നതേ ഉള്ളൂ. സഹജീവികളുമായുള്ള പരസ്പര വിനിമയം നടത്തുന്നതിന് സഹായകരമായിരിക്കണം എന്നതാണ് അതിൽ ഒന്നാമത്തെ ലക്ഷണം.

നമുക്കിടയിലെന്നപോലെ മറ്റ് മൃഗങ്ങൾക്കിടക്കും വികസിച്ചു വന്നിട്ടുള്ള കാഴ്ച, ശബ്ദം എന്നിവയിലൂടെ പ്രകടിപ്പിക്കാവുന്ന വികാരങ്ങളായിരിക്കും ഇതിൽ വിജയിക്കുന്നത്. അതുകൊണ്ട്തന്നെ ഏത് സംസ്കാരത്തിൽപ്പെട്ടവർക്കും തിരിച്ചറിയാനാവുന്നതും ആയിരിക്കേണ്ടതുണ്ട്. നൃത്തത്തിലും മറ്റും കാണുന്ന ചില അടിസ്ഥാന വികാരപ്രകടനങ്ങൾ ഇത് കൊണ്ടാണ് സംസ്കാര ഭേദമില്ലാതെ അർത്ഥവത്തായി തീരുന്നത്.

മറ്റ് പ്രാഥമിക വികാരങ്ങളുമായി ചേർന്നുകൊണ്ട് ദ്വിതീയ പ്രാധാന്യമുള്ള വികാരങ്ങളായി മാറാനും ഇവക്ക് കഴിയും. ഏത് സംസ്കാരത്തിൽ നോക്കിയാലും ഇത്തരം പ്രാഥമിക വികാരങ്ങളെ കണ്ടെത്താനും കഴിയും.

സന്തോഷം, പ്രതീക്ഷ എന്നീ വികാരങ്ങളുണ്ടാവുമ്പോൾ മസ്തിഷ്കത്തിലെ പരിണാമപരമായി പ്രാചീന ചരിത്രമുള്ള നാഡീകോശഘടനകൾ മുതൽ ഉയർന്ന മസ്തിഷ്ക പ്രവർത്തനത്തിന് കാരണമാകുന്ന നാഡീകോശങ്ങൾവരെ ഉത്തേജിതമാകുന്നുണ്ട്. (കീഴ്മസ്തിഷ്കഭാഗം, ലിംബിക് ഘടനകൾ, നിയോകോർടക്സ് എന്നിവ - Brainstem, Limbic structure, Neocortex)

അഭിമാനബോധം (Pride), നാണം എന്നീ വികാരങ്ങൾ മനുഷ്യനല്ലാത്ത മൃഗങ്ങളിലും കാണാവുന്നതാണെന്ന് മനശാസ്ത്രകാരന്മാരും പെരുമാറ്റ ശാസ്ത്രകാരന്മാരും നിരീക്ഷിച്ചിട്ടുണ്ട്. എന്നാൽ ഇങ്ങനെയുള്ള അഭിമാനബോധവും, നാണവും നമ്മുടെ ഇടയിൽ കാണുന്നത് അത്തരം മൃഗങ്ങളിൽ കാണുന്നതിന് സമാനമായ രീതിയിലല്ല എന്നുമാത്രം. അഭിമാനബോധം, നാണം എന്നീ വികാരങ്ങളുടെ പ്രാക് രൂപങ്ങളാണ് ചിമ്പാൻസികളിലും ബാബൂണുകളിലും എല്ലാം കാണുന്നത്. (Proto pride) ആധിപത്യമുറപ്പിക്കാനുള്ള പ്രേരണയുടെ ഭാഗമായി കൂടിയാണ് ചിമ്പാൻസികളിൽ കണ്ടുവരുന്ന അഭിമാനബോധം പ്രകടമാകുന്നത്. (Wrangam & Peterson 1996)

അതുപോലെതന്നെ നാണത്തിന്റെ പ്രാക് രൂപങ്ങൾ അനിച്ഛാപൂർവ്വമായി മനുഷ്യനല്ലാത്ത പ്രൈമേറ്റുകളിൽ പ്രകടമാവുന്നത് കൂട്ടത്തിലുള്ള ചിലരെ അനുനയിപ്പിക്കാനുള്ള തന്ത്രത്തിന്റെ കൂടി ഭാഗമായിട്ടാണ്. Gilbert 1942 Fessler അതായത് അഭിമാനത്തിന്റെയും, നാണത്തിന്റെയും പെരുമാറ്റ മാതൃകകൾ ഏറെക്കുറെ എല്ലാ ആൾക്കുരങ്ങു വിഭാഗത്തിലുള്ളവരിലും കാണാനാവും. പ്രൈമേറ്റുകൾക്ക് പുറമെയുള്ള മറ്റ് മൃഗങ്ങളിലും ഇത്തരം വികാരങ്ങളുടെ സൂക്ഷ്മമാതൃകകൾ നിലനിൽക്കുന്നതായി പഠനങ്ങൾ തെളിയിക്കുന്നുണ്ട്.

ഓരോരോ വികാരവും അതിനെ വെളിവാക്കുന്ന ശരീരഭാഷയിൽ തെളിഞ്ഞ് കാണാൻ കഴിയും. ഏതൊരാളും അതിശയം കൂറി നിൽക്കുന്ന വേളകളിൽ കണ്ണുകൾ തുറന്ന്, വായ തുറന്ന് പിടിച്ച്, പുരികക്കൊടികൾ ഉയർത്തി, കൈത്തലങ്ങൾ വായമേൽ അമർത്തി നിൽക്കുക പതിവാണ്. ഭക്തി (ഉപാസന) (Devotion) എന്ന വികാരത്തിൽ മുഖം മേലോട്ടുയർത്തി, കൺപോളകൾ മേലോട്ട് ഉയർത്തി മയങ്ങി വീഴുന്ന ശരീരചേഷ്ടകൾ സർവ സാധാരണമാണ്. കൃഷ്ണമണി മേലോട്ടും

ഉള്ളിലോട്ടും ഉയർത്തിയും താഴ്ത്തിയും, എളിമയോടെ മുട്ടുകുത്തി അടിയറവ് പറയുന്ന ശരീരഭാഷയാണ് അമ്പലങ്ങളിലോ പള്ളികളിലോ ചെന്ന് പ്രാർത്ഥനയിൽ മുഴുകുന്നവർക്കിടയിൽ കണ്ടു വരുന്നത്.

പ്രണയം ഉള്ളിലുള്ളവരിലാവട്ടെ തിളക്കമുള്ള കണ്ണുകളും, തിളക്കമാർന്ന കവിളുകളുമാണ് പ്രകടമാകാറുള്ളത്. ഇതോടൊപ്പം പരസ്പരമുള്ള ചിരിയും, ഉടക്കുന്ന നോട്ടവും, അടുപ്പം കാണിക്കുന്ന കരചലനങ്ങളും, തുറന്നതും മുന്നോട്ട് ആഞ്ഞതുമായ ശരീരഭാഷകളും സാധാരണമാണ്. ആഗ്രഹം പൂണ്ട വികാരമാണെങ്കിൽ ചുണ്ടു നനയുക, ചുണ്ട് കടിക്കുക, എന്നീ സ്വഭാവങ്ങളും കാണാം.

നമ്മുടെ ചിരി നേരത്തെ സൂചിപ്പിച്ചപോലെ വിവിധ അർത്ഥങ്ങൾ ഉല്പാദിപ്പിക്കുന്ന ശരീരഭാഷയാണ്. എങ്കിലും സാമാന്യമായി പറഞ്ഞാൽ ഒരു നേർത്ത പുഞ്ചിരി നമുക്ക് തരുന്ന വിവരം ചിരിക്കുന്നയാൾ നമുക്ക് വെല്ലുവിളിയല്ല എന്ന സന്ദേശം തന്നെയാണ്.

ഉല്ലാസം, സന്തോഷം, പ്രണയം/സ്നേഹം നന്ദി, തൃപ്തി എന്നീ വികാരങ്ങളെക്കുറിച്ച് പഠിക്കുന്നതിനായി FAC (Facial Action Coding system) എന്ന മാതൃക ഉണ്ടാക്കിക്കൊണ്ടാണ്. എക്മാന്റെയും ഫെയ്സണിന്റെയും പഠനം നടന്നിട്ടുള്ളത്.

ഏത് വികാരപ്രകടനവും ബഹുമുഖമായ മാർഗങ്ങൾ വഴിയാണ് വെളിവാക്കപ്പെടുന്നത്. മുഖത്തു തെളിഞ്ഞു കാണുന്ന ഭാവ പ്രകടനങ്ങൾ, ശബ്ദത്തിന്റെ ഏറ്റിറക്കങ്ങൾ, എന്നിവയൊക്കെയാണ് ഇതിൽ പ്രധാനമായി വരുന്നത്.

മനുഷ്യർ സംഗീതം, നൃത്തം എന്നിവയിലൂടെ ഇങ്ങനെയുള്ള ഒട്ടനവധി സൂക്ഷ്മ വികാരങ്ങൾ പ്രകടമാക്കുന്നുണ്ട്. ഇങ്ങനെയുള്ള കലാരൂപങ്ങൾ ആസ്വദിക്കുന്ന ശരീരഭാഷയിലും ഇത് പ്രകടമാവാറുണ്ട്. ചില സംഗീത വിദഗ്ദർപോലും റിയാലിറ്റി ഷോകളിൽ എഴുന്നേറ്റ് നിൽക്കുന്നതും, കൈകൾ ചലിപ്പിക്കുന്നതും തുടങ്ങി പല വിധത്തിലുള്ള ശരീരഭാഷകളിൽ അവരുടെ വികാരങ്ങൾ പ്രകടിപ്പിക്കുന്നത് നാം പതിവായി കാണാറുണ്ട്.

വ്യവസായപൂർവ്വ സമൂഹങ്ങളിലെ വികാരപ്രകടന രീതികളെക്കുറിച്ച് പഠിച്ച Eibl Eihensfeldt ന്റെ അഭിപ്രായത്തിൽ വികാരപ്രകടനങ്ങളിലൂടെ സാമൂഹ്യ ബന്ധങ്ങളുടെ വ്യാകരണം നിർമ്മിക്കുകയാണ് ചെയ്യുന്നത്. സങ്കടപ്പെടുന്ന കുട്ടികളെ ചിരിപ്പിക്കുന്നതിനും, കാമുകീകാമുകന്മാർക്കിടയിലുള്ള സല്ലാപങ്ങൾക്കും, ലൈംഗിക വിനിമയങ്ങൾക്കും എല്ലാം പിന്നാമ്പുറ തത്വമാകുന്നത് അതത് സന്ദർഭങ്ങളിലുള്ള വികാര പ്രകടനങ്ങൾ തന്നെയാണ്.

നമ്മൾ പ്രകടിപ്പിക്കുന്ന വികാരങ്ങൾ സുതാര്യമായി പ്രകാശിപ്പിക്കാൻ കഴിഞ്ഞാൽ മറ്റുള്ളവരെക്കുറിച്ചുള്ള കൃത്യമായ അനുമാനം ഉണ്ടാക്കാനും, മറ്റുള്ളവരിൽ നമ്മൾ പ്രതീക്ഷിച്ച തരത്തിലുള്ള പെരുമാറ്റങ്ങൾ ഉണ്ടാകുന്നതിനും സഹായകരമാവും.

ഏതാനും മില്ലിസെക്കന്റുകൾക്കുള്ളിൽതന്നെ നമ്മുടെ നേരെ പുഞ്ചിരിക്കുന്ന ആളുമായി കണ്ണുകൾവഴി ഗുണകരമായ സമ്പർക്കം പുലർത്താൻ കഴിയും. പുഞ്ചിരി ചില സന്ദർഭങ്ങളിൽ അധീശത്വം/ ആഭിജാത്യം പ്രകടിപ്പിക്കുന്നതാണെങ്കിൽ ചിരിയുടെ ഉടമയിൽനിന്ന് നോട്ടം പിൻവലിച്ച് പിൻവാങ്ങാനാണ് ഏതൊരാളും ശ്രമിക്കുക.

നിർവ്വികാരതയോടെ പെരുമാറുന്നവരിൽനിന്ന് അകലാനാണ് ഏതൊരാളും ശ്രമിക്കുന്നത്. നിർവ്വികാരത അനിശ്ചിതത്വവും, ദുരൂഹതയും വർദ്ധിപ്പിക്കുന്നു. നല്ല പോലെ പുഞ്ചിരിക്കാനറിയുന്നവർക്ക് കുടുംബജീവിതത്തിലും സാമൂഹ്യജീവിതത്തിലും നേട്ടങ്ങളുണ്ടാക്കാൻ കഴിയും.

പല രക്ഷിതാക്കളും തങ്ങളുടെ കുട്ടികളോട് യോജിപ്പിന്റെയും, അനിഷ്ടത്തിന്റെയും വികാരങ്ങൾ പ്രകടിപ്പിക്കുക പതിവാണ്. ഉദാഹരണത്തിന്, വീട്ടിൽ വന്ന അതിഥി ആഹാരം കഴിക്കുമ്പോൾ മധുരപദാർത്ഥങ്ങളോ മറ്റോ വാരിയെടുക്കാനും മറ്റും ശ്രമിക്കുകയാണെങ്കിൽ അവരെ അതിൽ നിന്ന് വിലക്കുന്നത് ചില ശരീരഭാഷകളിലൂടെയാവും.

ഓരോ വികാരപ്രകടനവും അതിന്റെ പ്രകാശനരീതികളിൽ വേറിട്ടു നിൽക്കുന്നത് അതത് സന്ദർഭങ്ങൾക്ക് ഇണങ്ങുന്ന തരത്തിലായിരിക്കും. ഉദാ: 'ചിരി'കൊണ്ട് പരിഹാസവും അടുപ്പവും കാണിക്കാവുന്നതാണ്. അതുപോലെ, നാണച്ചുവയുള്ള പുഞ്ചിരി ആത്മബോധം കൂടുന്നത് മൂലം പെരുമാറ്റത്തിൽ വരുത്തുന്ന ചില നിയന്ത്രണങ്ങൾ കൂടിയാവാം, (inhibition) അതുമല്ലെങ്കിൽ ശൃംഖാരഭാവത്തിന്റെ പ്രകാശനവുമാവാം. കമ്പ്യൂട്ടറിലുള്ള software പോലെയാണ് വികാരങ്ങൾ എന്നുപറയാം. കുടുംബത്തിനകത്തുള്ളവരോടുള്ള അടുപ്പം ജനിതകപ്രേരണയുടെകൂടി ഭാഗമാണെങ്കിൽ സുഹൃത്തുക്കളോടും അയൽക്കാരോടുമുള്ള അടുപ്പം പരസഹായബോധത്തിന്റെ പ്രേരണ നിമിത്തമാണെന്ന് മാത്രം.

സ്കിസോഫ്രീനിയ രോഗികൾക്ക് പോലും ശക്തമായ വികാരങ്ങൾ ഉണ്ടെങ്കിലും അത് പ്രകാശിപ്പിക്കാനുള്ള ഭാഷ വഴക്കം കിട്ടുന്നില്ലെന്ന് മാത്രം. ബാഹ്യവസ്തുക്കൾ/സംഭവങ്ങൾ എന്നിവ വ്യത്യസ്തമായ സാമൂഹ്യ സാഹചര്യങ്ങളിൽ ഭിന്നമായ വൈകാരികാവസ്ഥകളാണ് സൃഷ്ടിക്കുന്നത്.

അമേരിക്കക്കാരന് അമേരിക്കൻ പതാക അഭിമാനബോധമുണർത്തുന്നുവെങ്കിൽ ഒരു ശരാശരി ഇറാഖിക്കാരനിൽ ഇത് വെറുപ്പിന് കാരണമാവാം. ഇവിടെ ഇറാഖിയുടെ ജീവിതത്തിന് അമേരിക്ക ഭീഷണിയാവുമോ എന്ന ആശങ്ക കാരണമാണ് അയാളിൽ വെറുപ്പുളവാകുന്നത്.

വിചാരങ്ങളുടെ ചരിത്രത്തേക്കാൾ ഏറെ പഴക്കം ചെന്നതാണ് വികാരങ്ങൾക്കുള്ളത് എന്ന യാഥാർത്ഥ്യത്തെ അംഗീകരിക്കാതെ നിർവാഹമില്ല. ഏതൊരു ജീവിയുടെയും അടിസ്ഥാന ജീവിതാവശ്യങ്ങൾ നിറവേറ്റുന്നതിന് വികാരങ്ങൾ മുഖ്യ ഇന്ധനമായി പ്രവർത്തിക്കുന്നുണ്ട്.

ആഹാരയോഗ്യമല്ലാത്ത ഭക്ഷണസാധനങ്ങൾ ഒഴിവാക്കുന്നതിനും, ജീവന് അപകടം വരുത്തുന്ന സാഹചര്യങ്ങളിൽനിന്ന് വിട്ടുനിൽക്കുന്നതിനും ഉപകരിക്കുന്ന വൈകാരികാവസ്ഥകളായാണ് ഭീതി, വെറുപ്പ്/ജുഗുപ്സ (disgust) എന്നിവ രൂപപ്പെട്ടു വന്നിട്ടുള്ളത്.

സ്നേഹം പോലുള്ള സാമൂഹ്യപ്രസക്തമായ വികാരങ്ങളാവട്ടെ മനുഷ്യർക്കിടയിൽ പരസ്പരമുള്ള ബന്ധങ്ങൾ സുസ്ഥിരമാക്കുന്നതിനും പ്രത്യുത്പാദനവുമായി ബന്ധപ്പെട്ട ഇടപെടലുകൾ സാധ്യമാക്കുന്നതിനും കുട്ടികളെ പരിചരിക്കുന്നതിനും മറ്റുമായി വളർന്നുവന്നിട്ടുള്ളതാണ്. മറ്റു ജീവികളുടെ മസ്തിഷ്കത്തെ അപേക്ഷിച്ച് നമ്മുടെ മസ്തിഷ്കത്തിന് ചുറ്റുപാടിൽ നിന്ന് ലഭിക്കുന്ന അനുഭവങ്ങൾക്കും അറിവിനും അനുസരിച്ച് സ്വയം മെച്ചപ്പെടാൻ പ്രാപ്തിയുള്ളതിനാലാണ് വ്യത്യസ്തമായ വികാരങ്ങളുടെ പിൻബലത്തിൽ വൈവിധ്യമാർന്ന ധൈഷണിക പ്രവൃത്തികളിലും സാമൂഹ്യസംരംഭങ്ങളിലും ഏർപ്പെടാൻ കഴിയുന്നത്.

ഓരോ പുതിയ സ്ഥലങ്ങളിലേക്കും ആഹാരത്തെയും, ഇണയെയും തേടിപോകുമ്പോൾ ഉള്ള ജിജ്ഞാസയുടെ തന്നെ അനുബന്ധമായി തന്നെയാണ് ചൊവ്വയിൽ താമസമുറപ്പിക്കാനുള്ള അന്വേഷണം നടത്തുന്നതിനും പ്രപഞ്ചത്തിന്റെ തുടക്ക കാലത്തേക്ക് വെബ്ബ് ക്യാമറയുപയോഗിച്ച് സഞ്ചരിക്കാനും നമ്മളെ പ്രേരിപ്പിക്കുന്നത്.

സാമൂഹ്യജീവിതത്തിൽ ഇടം കണ്ടെത്തുന്നതിന്റെ ഭാഗമായി നമുക്ക് മാതൃകാമനുഷ്യരെന്ന് (examplary figures) തോന്നുന്നവരെ അനുകരിച്ച് ജീവിക്കാനും കൂടാതെ ചിലരോട് ചിലപ്പോൾ സഹതാപവും, മറ്റവസരങ്ങളിൽ വെറുപ്പും തോന്നാൻ പ്രേരിപ്പിക്കുന്നതും വികാരങ്ങളുടെ ആവിഷ്കാരഭേദങ്ങൾ തന്നെയാണ്.

ഇത്തരത്തിൽ സങ്കീർണ്ണമായ ബുദ്ധിപരവും, സാമൂഹ്യവുമായ വികാരങ്ങളത്രയും നമ്മുടെ ആത്മനിഷ്ഠ പ്രതികരണങ്ങളാണ്. (subjective reactions) ഇതുപോലെതന്നെ ചില സന്ദർഭങ്ങളിൽ നമുക്ക് സ്വീകാര്യമാവാത്ത ധാരണകളോടും, പ്രത്യയശാസ്ത്രങ്ങളോടും,

രാഷ്ട്രീയധാരണകളോടും, സദാചാരമൂല്യങ്ങളോടുമൊക്കെ ഇപ്രകാരമുള്ള വൈകാരിക പ്രതികരണങ്ങൾ നിത്യസാധാരണങ്ങളാണ്. നമുക്കിടയിൽ നിറഞ്ഞ് നിൽക്കുന്ന ചാനൽചർച്ചകൾ, സംവാദങ്ങൾ മുതലായവയിലും വികാരപ്രകടനങ്ങൾ മികച്ചുനിൽക്കുന്നത് കാണാൻ പ്രയാസമില്ല.

ഇത്തരത്തിൽ നമ്മളിൽ വേര് പൊട്ടുന്ന വികാരങ്ങളത്രയും നമ്മുടെ ശരീരമാസകലം അതിന്റെ കൈയ്യൊപ്പുകൾ പതിപ്പിക്കാറുണ്ട്. ഹൃദയമിടിപ്പ് കൂടുക, കിതക്കുക, കണ്ണുകൾവഴി ദ്രുതഗതിയിൽ ചുറ്റുപാടിനെ സൂക്ഷ്മപരിശോധന നടത്തുക, കൈകളും കാലും ചലിപ്പിക്കുക എന്നിവയൊക്കെ വികാരങ്ങൾ നിർമ്മിക്കുന്ന ഓളക്കുത്തുകളാണ്.

മാനസിക ലോകത്തും ഇതിന് സമാനമായ പ്രതികരണങ്ങളും മാറ്റങ്ങളും കാണാൻ കഴിയും. ഭീതിയുള്ളപ്പോൾ സുരക്ഷിതമായ ഇടങ്ങളിലേക്ക് രക്ഷ നേടാൻ ശ്രമിക്കുക, സഹതാപം കലർന്ന വികാരത്തള്ളിച്ചയിൽ അപകടത്തിൽ/പ്രതിസന്ധിയിൽ പെടുന്നവരെ സഹായിക്കാൻ മുതിരുക, അതല്ലെങ്കിൽ താത്പര്യം ജനിപ്പിക്കുന്ന വല്ലതും കാണാനിടയായാൽ ശ്രദ്ധമുഴുവൻ അതിൽ പതിപ്പിക്കുക എന്നിവയാണ് പൊതുവിൽ കണ്ടുവരുന്ന പ്രതികരണ രീതികൾ. ഇതുപോലെതന്നെ നമ്മുടെ ധാമ്മിക ബോധത്തെയും, സാമൂഹ്യബോധത്തെയുമെല്ലാം ചിട്ടപ്പെടുത്തുന്നതും വികാരങ്ങൾ വഴിയാണ്. സർഗാത്മക സൃഷ്ടികളിലേർപ്പെടുന്നതിനും, ശാസ്ത്രീയമായ കണ്ടെത്തലുകൾക്കും, ഭാവിയെ ലക്ഷ്യം വെച്ച് പ്രവർത്തിക്കുന്നതിനും അക്കാദമിക് രംഗത്ത് വിജയം കൈവരിക്കുന്നതിനും സഹായിക്കുന്നതും വികാരം കൊള്ളാനുള്ള ശേഷിയാണ്. സങ്കീർണ്ണത കൈവരിച്ചിട്ടുള്ള എല്ലാ ജീവികളിലും ഏറിയോ കുറഞ്ഞോ അളവിൽ വികാരങ്ങൾ നിലനിൽക്കുന്നുണ്ട്.

നമ്മുടെ ഉദരത്തെയും മറ്റ് ശാരീരിക ഭാഗങ്ങളിലെയും പ്രവർത്തനങ്ങളെ നിയന്ത്രിക്കുന്ന മസ്തിഷ്കഭാഗങ്ങൾ വഴിയാണ് വികാരങ്ങളും പ്രവർത്തനക്ഷമമാകുന്നത്. (രക്തത്തിലെ രാസപ്രവർത്തനങ്ങളും, ഹോർമോണുകളുടെ പ്രവർത്തനങ്ങളും ബോധമണ്ഡലത്തിന്റെ പ്രവർത്തനങ്ങളും ഇത്തരത്തിലുള്ള നിയന്ത്രണങ്ങൾക്ക് കീഴ്പ്പെട്ടിരിക്കുന്നു.

പൊതുവിൽ വികാരങ്ങൾക്ക് ഇടമില്ലാത്ത മേഖലകൾ എന്ന് നമ്മൾ വിശ്വസിച്ചുപോരുന്ന ഭൗതികശാസ്ത്രം (Physics) ഗണിതശാസ്ത്രം, എൻജിനീയറിംങ് എന്നിവയിൽപോലും വികാരങ്ങളെ ഒഴിച്ചുനിർത്താൻ കഴിയില്ല. ഇങ്ങനെയുള്ള വിഷയങ്ങളിൽ കാണുന്ന സങ്കല്പനങ്ങൾക്കിടയിലുള്ള (Conceptual relations) ബന്ധങ്ങൾ സ്ഥാപിക്കുന്നതിൽ ഉള്ളടങ്ങിയ വികാരങ്ങൾ ഏറെ പ്രസക്തമാണ്.

ഗണിതശാസ്ത്രജ്ഞർ സൗന്ദര്യവത്തായ സമവാക്യങ്ങൾ (beautiful equations) എന്ന രീതിയിൽ വിലയിരുത്തുന്ന പ്രക്രിയയെ FMRI സങ്കേതങ്ങൾവഴി പഠിച്ചതിന്റെ വെളിച്ചത്തിൽ സുന്ദരമെന്ന് വിലയിരുത്തപ്പെടുന്ന ഒരു കലാസൃഷ്ടിയെ നിരീക്ഷിക്കുകയും, വിലയിരുത്തുകയും ചെയ്യുമ്പോൾ പ്രവർത്തനനിരതമാകുന്ന മസ്തിഷ്ക കേന്ദ്രങ്ങൾ ഒന്നുതന്നെയാണെന്ന് കണ്ടെത്തപ്പെട്ടിട്ടുണ്ട്.

അർത്ഥവത്തായ ഏതൊരു പഠനവും ലക്ഷ്യം വെക്കേണ്ടത് പഠിക്കാനുദ്ദേശിക്കുന്ന വിഷയവുമായി ബന്ധപ്പെട്ട സങ്കല്പനങ്ങളിലുള്ളടങ്ങിയ വൈകാരിക ഉള്ളടക്കത്തെക്കൂടി പരിഗണിച്ചുകൊണ്ടാവേണ്ടതുണ്ട്. വേറിട്ട അൽഗോരിതങ്ങൾ സ്വായത്തമാക്കാനുള്ള ശേഷികൾ മുതൽ അമൂർത്തമായ ആശയങ്ങൾക്കിടയിൽപോലുമുള്ള പരസ്പരബന്ധങ്ങളെക്കൂടി ഉൾക്കൊള്ളാൻ കഴിഞ്ഞാൽ മാത്രമേ നിർദ്ദിഷ്ട വിഷയങ്ങൾ എളുപ്പത്തിൽ ഗ്രഹിച്ചെടുക്കാൻ കഴിയുകയുള്ളൂ.

വളർച്ചയുടെ ഓരോരോ ഘട്ടത്തിലും അനുഭവപ്പെടുന്ന വികാരങ്ങളിലും അവയുടെ തീവ്രതയിലും ഏറ്റക്കുറച്ചിലുകൾ സാധാരണമാണ്. ഒരു നഴ്സറിവിദ്യാർത്ഥിനിയുടെ വൈകാരിക നിലകളും ഒരു 5ാം ക്ലാസ്സുകാരിയുടെ വൈകാരിക തീവ്രതയും വേറിട്ടുനിൽക്കും.

ഒരു നഴ്സറികുട്ടി നേരിടുന്ന ശാരീരികവും മാനസികവുമായ ആവശ്യങ്ങൾ എങ്ങനെയാണ് അവളുടെ സുരക്ഷിതത്വവും, അതിജീവനവും ഉറപ്പിക്കുന്നത് എന്നതിനനുസരിച്ചായിരിക്കും ആ കുട്ടിയുടെ സ്നേഹം, ശാഠ്യം, ദേഷ്യം, സഹതാപം എന്നീ വൈകാരിക നിലകൾ പ്രകടമാകുന്നത്.

നമ്മൾ ജീവിക്കുന്ന സാമൂഹ്യ സാംസ്കാരിക സാഹചര്യങ്ങൾ പിന്തുടരുന്ന സദാചാര മൂല്യങ്ങൾ, നമുക്ക് ലഭ്യമായ സാമ്പത്തികവും അല്ലാത്തതുമായ വിഭവങ്ങളുടെ തോത് എന്നിവയൊക്കെ വികാരങ്ങളുടെ തീവ്രതയെയും ആവിഷ്കാരത്തെയുമെല്ലാം സ്വാധീനിക്കുന്ന നിർണ്ണായക ഘട്ടങ്ങളാണ്. ഇതുകൂടാതെ ഓരോ വ്യക്തിയും പിന്നിട്ട വളർച്ചയുടെയും വികാസത്തിന്റെയും (growth and development) ചരിത്രത്തിൽ വെച്ച് കൂടിയാണ് വൈകാരികാവസ്ഥകളും അവയുടെ ഏറ്റക്കുറച്ചിലുകളും നിശ്ചയിക്കപ്പെടുന്നത്.

ഒരു അപകടസാഹചര്യം വന്നാൽ പെട്ടെന്ന് ഭയചകിതരായി വെപ്രാളപ്പെടുന്നവരും അതല്ലെങ്കിൽ ഏറെ മനസംയമനത്തോടെ പ്രതികരിച്ചുകൊണ്ട് അത്തരം സാഹചര്യത്തിൽനിന്ന് സുരക്ഷിതരാവാനാവശ്യമായ പ്രവൃത്തികളിലേർപ്പെടുന്നവരും ഉണ്ടാവാം. ഈ രണ്ടു

തരത്തിലുള്ള പ്രകൃതങ്ങളും വ്യത്യസ്ത ജീവിത ചരിത്രങ്ങളുടെ അനന്തര ഫലമാണ്.

സുരക്ഷിതമായ സ്നേഹബന്ധവും അടുപ്പവും ഉള്ള പരിചരണങ്ങൾക്ക് വിധേയനായി വളർന്നു വന്ന ഒരു വ്യക്തി മേൽസൂചിപ്പിച്ച തരത്തിലുള്ള പ്രതിസന്ധി ഘട്ടങ്ങളിൽ സമചിത്തതയോടെ പെരുമാറുമ്പോൾ, അരക്ഷിതമായ പരിചരണാനുഭവത്തിലൂടെ (insecure attachment experiences) കടന്നുവന്ന മറ്റൊരാൾ കനത്ത ഉത്ക്കണ്ഠകൾക്കും ഭീതിക്കും അടിപ്പെട്ടുകൊണ്ടായിരിക്കും പെരുമാറുന്നത്. ഒട്ടുമിക്ക ഏഷ്യൻരാജ്യങ്ങളിലെയും ജനങ്ങൾ വൈകാരിക പ്രകടനങ്ങളെ ആവോളം അമർത്തിവെക്കാൻ പാടുപെടുന്ന സംസ്കാരങ്ങളായാണ് വിലയിരുത്തപ്പെടുന്നത്. എന്നാൽ ലാറ്റിൻ അമേരിക്കൻ മെഡിറ്ററേനിയൻ സംസ്കാരങ്ങളാവട്ടെ വൈകാരികപ്രകടനങ്ങൾക്ക് വലിയമൂല്യം കല്പ്പിക്കുന്നവരുമാണ്.

അക്കാദമിക് സാഹചര്യങ്ങളിൽ കുട്ടികളെ പഠനപ്രക്രിയകളിലേക്കെത്തിക്കുന്നതിനായി പലപ്പോഴും മിഠായി കൊടുത്തും മറ്റ് വസ്തുക്കൾ വാഗ്ദാനം ചെയ്തുകൊണ്ടും പെരുമാറുന്ന രക്ഷിതാക്കളും അധ്യാപകരും നമുക്കിടയിൽ സാധാരണമാണ്. എന്നാൽ ഇങ്ങനെയുള്ള ബാഹ്യ പ്രേരണകളിലൂടെ പഠനപ്രകിയ വഴി ഉണ്ടാവേണ്ടുന്ന വൈകാരിക ഉണർവിനെയും ആനന്ദത്തെയും സൃഷ്ടിക്കാൻ കഴിയില്ല. വൈജ്ഞാനിക വൃത്തികളിൽ നിന്ന് വേറിട്ട ഒന്നാണ് വൈകാരിക പ്രതികരണങ്ങൾ എന്ന് വിശ്വസിക്കുന്നതിനാലാണ് ഇങ്ങനെ സംഭവിക്കുന്നത്.

ഓരോരോ പഠനമേഖലയിലുമുള്ള താത്പര്യം, ജിജ്ഞാസ, അസ്വസ്ഥത, ഉത്സാഹം, അതിശയം എന്നിവയിലൂടെ സൗന്ദര്യം ആസ്വദിക്കാനുള്ള കഴിവാണ് ഉറപ്പാക്കപ്പെടേണ്ടത്. സൗന്ദര്യവത്തായ എന്ത് അനുഭവമുണ്ടായാലും ഇതിന് സമാനമായ അനുഭൂതികൾ തന്നെയാണ് മനസ്സിൽ നിർമ്മിക്കപ്പെടുന്നത്.

കടുത്ത ഉത്ക്കണ്ഠയുള്ള സന്ദർഭങ്ങളിൽ പഠനത്തിലുള്ള താത്പര്യം പോലും നിർവീര്യമാക്കപ്പെടാവുന്നതാണ്. താത്പര്യം, ജിജ്ഞാസ തുടങ്ങിയ വികാരങ്ങളുള്ള കുട്ടികൾക്ക് ആജീവനാന്തം ഒരു വിഷയത്തിൽ ശ്രദ്ധയൂന്നുന്നതിനും ഈ മേഖലയിൽ മികവ് കാട്ടാനും കഴിഞ്ഞേക്കും.

വിദ്യാഭ്യാസമേഖലയിൽ പ്രസക്തമായ യുക്തിബോധം, തീരുമാനങ്ങൾ കൈകൊള്ളാനുള്ള കഴിവ്, ഭാഷാശേഷി വർദ്ധിക്കുക തുടങ്ങിയവയൊക്കെ കേവലം പരിശീലനം വഴിയും കഠിനാധ്വാനം വഴിയും മാത്രം ഉണ്ടാക്കാൻ കഴിയുന്നവയാണെന്നതാണ് സാമാന്യ വിശ്വാസം.

എന്നാൽ ഇത്തരം ശേഷികളൊന്നുംതന്നെ നമ്മുടെ ശരീരത്തിന്റെയും മനസിന്റെയും ആന്തരികതാളത്തെ (Homeostasis) അവഗണിച്ചുകൊണ്ട് സൃഷ്ടിക്കാൻ കഴിയുന്നവയല്ല.

പോഷകാഹാരസമൃദ്ധമായ ഭക്ഷണവും, ശരിയായ ഉറക്കവും, രോഗാവസ്ഥയുമെല്ലാം എത്രമാത്രം പ്രധാനമാണോ അത്രതന്നെ സുപ്രധാനമാണ് ഏതൊരു വ്യക്തിക്കും ഉണ്ടായിരിക്കേണ്ട വൈകാരികവും അനുഭൂതിജന്യവുമായ ഭദ്രത. നമ്മുടെ ഏതൊരു ചിന്തയുടെയും അടിത്തറ പണിയുന്നതിൽ വികാരങ്ങൾക്കുള്ള പങ്ക് അതുല്യമാണ്.

ഒറ്റപ്പെട്ട ജീവി എന്ന നിലയിൽ നിന്നും മറ്റ് സഹജീവികളുടെ സഹായത്തോടുകൂടിയും, പിൻതുണയോടുകൂടിയും മാത്രമേ നിലനിന്നുപോകാൻ കഴിയുകയുള്ളൂ എന്നു വന്നതോടെയാണ് മനുഷ്യമസ്തിഷ്കത്തിൽ ഇത്രയും സങ്കീർണ്ണമായ മാറ്റങ്ങൾ വന്നു തുടങ്ങിയത്. അങ്ങനെയാണ് അന്യനെക്കൂടി പരിഗണിച്ചുകൊണ്ടുവേണം അവനവനെ മെച്ചപ്പെടുത്തേണ്ടത് എന്ന അവബോധം ആർജ്ജിച്ചെടുത്തത്. ഇതിന്റെ അനന്തരഫലമായി തന്നെയാണ് ഇന്നു കാണുന്ന ജീവിതത്തിന്റെ നാനാവിധമായ കെട്ടുപാടുകളും ഉണ്ടായിട്ടുള്ളത്. ഈ മാറ്റങ്ങൾ ഒരളവോളം ഓരോ വ്യക്തിയുടെയും പരിപോഷണത്തിനും (Flourishing) നിലനിൽപിനും ഗുണകരമായി മാറിയിട്ടുണ്ടെങ്കിലും മറ്റൊരർത്ഥത്തിൽ ഇത് വ്യക്തിയുടെ ആന്തരിക താളത്തെ അലോസരപ്പെടുത്തുകയും അപകടപ്പെടുത്തുകയും ചെയ്തിട്ടുണ്ട് എന്നത് അവഗണിക്കാനാവാത്ത യാഥാർഥ്യമാണ്. അതുകൊണ്ടാണ് കുടുംബത്തിലായാലും, ക്ലാസുമുറിയിലായാലും, മറ്റ് സാമൂഹ്യസംവിധാനങ്ങളിലായാലും ഒറ്റ തിരിഞ്ഞ വ്യക്തികൾ കടുത്ത വൈകാരിക സംഘർഷങ്ങൾക്ക് വിധേയരാവേണ്ടി വരുന്നത്.

ഏത് തരത്തിലുള്ള യുക്തിബോധവും പ്രവർത്തിക്കുന്നത് അതുണ്ടാക്കിയേക്കാവുന്ന വൈകാരിക പ്രത്യാഘാതങ്ങളെക്കൂടി വക വെച്ചുകൊണ്ടായിരിക്കണം. ഓരോ വ്യക്തിയും കൈക്കൊള്ളുന്ന തീരുമാനങ്ങൾ മറ്റുള്ളവരുടെ ജീവിതത്തിലും സ്വന്തം ജീവിതത്തിലും എന്തൊക്കെ ദൂരവ്യാപക ഫലങ്ങളാണുണ്ടാക്കുക എന്ന് മനസ്സിലാക്കാൻ വൈകാരിക ദാരിദ്ര്യമുള്ളവർക്ക് കഴിയാറില്ല.

സാമൂഹ്യമായി ലഭിക്കുന്ന അഭിപ്രായങ്ങളെയും, നിർദ്ദേശങ്ങളെയും ഉൾക്കൊള്ളാൻ കഴിയാതെ വരുമ്പോൾ നമ്മുടെ പഠനപ്രക്രിയപോലും തടയപ്പെടാവുന്നതാണ്. അതുകൊണ്ടാണ് നമ്മുടെ യുക്തി ചിന്തയെ ഉണർത്തുന്നതിൽ മുഖ്യ പങ്കുള്ള ഫ്രണ്ടൽ കോർട്ടക്സ് പോലുള്ള മസ്തിഷ്കഭാഗങ്ങൾക്ക് പ്രവർത്തന വൈകല്യങ്ങൾ ഉള്ളവർക്കുൾപ്പടെ ഒരളവോളം യുക്തിബോധം പ്രകടിപ്പിക്കാൻ കഴിയുന്നത്.

അനാരോഗ്യകരമായതും, അപകടകരവുമായ സാമൂഹ്യവിരുദ്ധ പെരുമാറ്റങ്ങൾ മുതൽ മറ്റുള്ളവരെ കൊല്ലുന്നതിനുപോലും മടിയില്ലാത്ത തരത്തിലുള്ള പെരുമാറ്റങ്ങൾക്ക് ഇത്തരക്കാരെ ഇരയാക്കുന്നത് വൈകാരിക ദാരിദ്ര്യം തന്നെയാണ്. ഒന്നുകിൽ ആദ്യകാല വളർച്ചാനുഭവങ്ങളിൽ നേരിട്ട കഠിനാനുഭവങ്ങളുടെ തുടർച്ചയായോ അതല്ലെങ്കിൽ ജന്മനാ ഉള്ള ജനിതക തകരാറുകൾ മൂലമോ ഇത്തരം സാഹചര്യങ്ങൾ ഉണ്ടാകാനിടയുണ്ട്.

തന്റെ ഭക്ഷണശകലം മറ്റുള്ളവർ തട്ടിയെടുക്കാതെ വഴിയോരത്ത്കൂടി തങ്ങളുടെ വാസ സ്ഥലം ലക്ഷ്യം വെച്ച് നീങ്ങുന്ന ഉറുമ്പുകളുടെ നീക്കത്തെയും, പലതരം വൈജ്ഞാനിക പ്രവൃത്തികളിലേർപ്പെടാൻ കെൽപ്പുള്ള നമ്മുടെയും നീക്കങ്ങളെ നിയന്ത്രിക്കുന്ന പ്രാചീന പ്രേരണകൾ ഒന്നുതന്നെയാണ്. ചില പ്രത്യേക വിഭാഗത്തിലുള്ള സാഹചര്യങ്ങളോടും, വസ്തുക്കളോടും നിശ്ചിതമായ പെരുമാറ്റങ്ങൾ പ്രകടിപ്പിച്ചുകൊണ്ട് മുന്നേറുകയെന്നതാണ് ഉറുമ്പിന്റെയും നമ്മുടെയും പെരുമാറ്റങ്ങളുടെ മൂലതത്വം.

ഉറുമ്പുമുതൽ മനുഷ്യൻവരെയുള്ള എല്ലാ ജീവികളുടെയും പെരുമാറ്റങ്ങളുടെ അടിത്തറ ഏറെക്കുറെ ഒന്നുതന്നെയാണ് എന്ന് കരുതുന്നതിൽ തെറ്റില്ല. ഓരോ ജീവിയുടെയും സ്വതസിദ്ധമായ ജീവിതതാളത്തിന് ഭംഗം വരാതെ അതിന്റെ നിലനില്പിന് ഭീഷണിയില്ലാത്ത വിധത്തിൽ കാര്യപ്രാപ്തി നേടുക എന്നതാണ് നമ്മളുൾപ്പെടെയുള്ള പല ജീവിവർഗ്ഗങ്ങളും ചെയ്യുന്നത്.

ഉറുമ്പുകൾ ചെയ്യുന്ന ഓരോ പ്രവൃത്തിയും അതിന്റെ സ്വന്തം ആവശ്യത്തിനിണങ്ങുന്ന വിധത്തിലും അതോടൊപ്പം അതുൾപ്പെടുന്ന കൂട്ടത്തിന്റെയും ഫലപ്രദമായ ജീവിതം കണ്ടെത്താൻ കൂടി സഹായിക്കുന്നവയാണ്. അതുകൊണ്ട് ഏതൊരു ജീവിയിലും പ്രവർത്തിക്കുന്ന വേദനയും ആനന്ദവും, ശിക്ഷയും പ്രകൃത്യാതന്നെ ആവിർഭവിച്ച ഉത്തരങ്ങളായി കാണാവുന്നതാണ്.

അനിശ്ചിതത്വവും, അസന്നിഗ്ദതകളും നിറഞ്ഞ ലോകത്തുണ്ടാവാനിടയുള്ള പ്രശ്നങ്ങളെ അഭിമുഖീകരിക്കുന്നതിനായി പ്രകൃതി കണ്ടെത്തിയ ഉത്തരങ്ങളായി വേണം വേദനകളെയും ആനന്ദത്തെയും അനുബന്ധ വികാരങ്ങളെയും പരിഗണിക്കേണ്ടത്.

സ്വപ്നത്തിന്റെ സമവാക്യങ്ങൾ

മനുഷ്യനൾപ്പെടെയുള്ള എല്ലാ മൃഗങ്ങളും ഉണർന്നിരിക്കുന്നപോലെ തന്നെ ഉറങ്ങുകയും ചെയ്യുന്നുണ്ട്. ഓരോ ജീവിവർഗ്ഗവും അവ ജീവിക്കുന്ന പരിസരം, ആവാസവ്യവസ്ഥ, ഭക്ഷണ സമ്പാദന രീതികൾ എന്നിവക്കിണങ്ങുന്ന രീതിയിലാണ് ഉറങ്ങാറുള്ളത്. സസ്തനി വിഭാഗത്തിൽപ്പെടുന്നവയും, ദീർഘകാലത്തെ വികാസപ്രക്രിയകളിലൂടെ കടന്നുപോവുകയും ചെയ്യേണ്ടുന്ന മൃഗങ്ങളുടെ വളർച്ചയെയും വികാസത്തെയു സ്വാധീനിക്കുന്ന ഒന്നാണ് ഉറക്കം.

കഴിക്കുന്ന ആഹാരം, മസ്തിഷ്ക വലുപ്പം, ശരീര വലുപ്പം, സമൂഹത്തിലെ/കൂട്ടത്തിലെ ഓരോരോ പദവികൾ എന്നിവയെല്ലാം അനുസരിച്ച് ഉറക്കത്തിന്റെ സമയത്തിലും വ്യത്യാസം കാണുന്നതായി രേഖപ്പെടുത്തപ്പെട്ടിട്ടുണ്ട്. ഉദാഹരണത്തിന്, ആഫ്രിക്കയിൽ കണ്ടുവരുന്ന ഒരിനം ആനകൾ 3-4 മണിക്കൂറിനും ഇടയിലാണ് ഉറങ്ങാറുള്ളത്. ചില മൃഗങ്ങളാവട്ടെ 18 മണിക്കൂർ വരെ ഉറങ്ങുന്നതായി കാണാം.

മനുഷ്യർക്കിടയിലും ഇത്തരത്തിലുള്ള വ്യത്യാസങ്ങൾ കാണാനാവും. ജനിതകമായ വ്യത്യാസങ്ങൾക്കനുസരിച്ച് പോലും ഉറക്കത്തിന്റെ സമയക്രമം മാറാവുന്നതാണെന്ന് പഠനങ്ങൾ ചൂണ്ടിക്കാണിച്ചിട്ടുണ്ട്. പകലുള്ള സമയങ്ങളിൽ പല തരത്തിലുള്ള ചിന്തകളിലും പ്രവർത്തനങ്ങളിലും ഏർപ്പെട്ടുകൊണ്ടാണ് മനുഷ്യർ മുന്നോട്ട് പോകുന്നത്. എന്നാൽ രാത്രികാലത്ത് ഉറക്കത്തിലേക്ക് പോകുന്നതോടെ ശരീരവും മനസ്സും പൂർണ്ണമായി നിശ്ചലമായി പോവുന്നു എന്ന് വിചാരിച്ചു പോവുക സ്വാഭാവികമാണ്.

യഥാർത്ഥത്തിൽ അത്തരമൊരു നിശ്ചലാവസ്ഥയായി ഉറക്കത്തെ കാണാൻ കഴിയുമോ എന്ന ചോദ്യം കാലങ്ങൾക്ക് മുമ്പ് തന്നെ പലരും ഉന്നയിച്ചിട്ടുണ്ട്. തത്വശാസ്ത്രത്തിൽ പ്രഗദ്ഭരായി കരുതപ്പെടുന്ന പ്ലാറ്റോ, അരിസ്റ്റോട്ടിൽ സോക്രട്ടീസ് തുടങ്ങിയവരും നരവംശശാസ്ത്രം, മനഃശാസ്ത്രം എന്നീ മേഖലകളിലുള്ളവരും ഇത്തരം ചോദ്യങ്ങൾ പല രീതിയിൽ ഉന്നയിക്കുകയുണ്ടായി.

ഈ മേഖലയിൽ ഏതാനും വർഷങ്ങൾക്കുള്ളിൽ നടന്നിട്ടുള്ള ശാസ്ത്രീയമായ പഠനങ്ങളിലൂടെ ഏറെക്കുറെ തൃപ്തികരമായ വിശദീകരണങ്ങൾ ലഭിച്ചിട്ടുണ്ട് എന്നത് അംഗീകരിക്കാതെ വയ്യ. ഉറക്കത്തെക്കുറിച്ച് ആലോചിക്കാനിടവരുമ്പോഴൊക്കെയും സ്വപ്നങ്ങളും നമ്മുടെ മനസ്സിലേക്കെത്തുക സ്വാഭാവികമാണ്.

ഓരോ വ്യക്തിയുടെയും മാനസിക വളർച്ച പുരോഗമിക്കുന്നതിനനുസരിച്ച് സ്വപ്നങ്ങളും കൂടുതൽ സങ്കീർണ്ണമായി വരുക സാധാരണമാണ്. ഓരോ വ്യക്തിയുടെയും ജീവിതാനുഭവങ്ങൾക്കും, അറിവുകൾക്കും, ഓർമ്മകൾക്കും എല്ലാം സങ്കീർണ്ണതകൾ ആർജിക്കുന്നതിന്റെ അടിസ്ഥാനത്തിൽ കൂടിയാണ് സ്വപ്നങ്ങൾക്കും ബഹുവിധമാനങ്ങൾ കൈവരുന്നത്.

ഇത്തരത്തിൽ ഉണ്ടാവുന്ന ചില സ്വപ്നങ്ങൾക്ക് നിശ്ചിത വ്യക്തിയുടെ സ്വകാര്യമായ പ്രത്യേകതകളുടെയും, സമീപനങ്ങളുടെയും, ചിന്തയുടെയും നിലവാരത്തെ ഭാഗികമായെങ്കിലും അടയാളപ്പെടുത്താൻ കഴിഞ്ഞേക്കും. എന്നാൽ, മറ്റ് ചില സ്വപ്നങ്ങൾക്കാവട്ടെ ആ വ്യക്തി ജീവിക്കാനിടവരുന്ന സാമൂഹ്യ സാഹചര്യങ്ങളെയും, മൂല്യസംവിധാനങ്ങളെയും പ്രതിഫലിപ്പിക്കാൻ കഴിയും.

ചലനവുമായി ബന്ധപ്പെട്ട കാര്യങ്ങൾ സാധിച്ചെടുക്കുന്നതിന് വേണ്ടി മാത്രമാണ് ബോധമണ്ഡലത്തിന്റെ ഇടപെടൽ പ്രധാനമായും പ്രസക്തമായിത്തീരുന്നത്. ഉറക്കം എപ്പോഴും നിശ്ചലാവസ്ഥയിൽ സംഭവിക്കുന്നതിനാൽ ഉറക്കത്തിൽ ബോധപൂർവ്വമുള്ള ചിന്തകൾ ഒരു ബാധ്യതയായി തീരാം. ആയതിനാൽ, ഉറക്കത്തെ നമ്മുടെ നിലനിൽപ്പിനെ പിന്തുണയ്ക്കുന്ന ഒരു അനുകൂല സ്വഭാവം കൂടിയായി കാണാവുന്നതാണ്. (adaptive behaviour). ഇതുകൊണ്ടുകൂടിയാവണം ധ്യാനം പോലുള്ള ചില മാനസിക വൃത്തികളിലേർപ്പെടുമ്പോഴും ചലനമില്ലാതെ നിശ്ചലമാകുന്നത് മൂലം ചിത്തവൃത്തികളെ നിരോധിക്കാൻ കഴിയുമെന്ന് പറയുന്നതും. ഇങ്ങനെ നോക്കിയാൽ ധ്യാനം പോലും ഒരു തരത്തിലുള്ള ഉറക്കമായി കാണാവുന്നതാണ്.

അരിസ്റ്റോട്ടിലിനെയുൾപ്പെടെയുള്ള തത്വശാസ്ത്രജ്ഞരെയും കുഴക്കിയ ചോദ്യങ്ങളും ഇതൊക്കെതന്നെയായിരുന്നു. ഉണർന്നിരിക്കുകയാണ് ഏതൊരു ജീവിയുടെയും ആത്യന്തികവും മെച്ചപ്പെട്ടതുമായ നില എന്നതുകൊണ്ട് തന്നെ ഉണർന്നിരിക്കുന്ന അവസ്ഥയ്ക്കാണ് മുൻതൂക്കം നൽകേണ്ടത് എന്നതായിരുന്നു അരിസ്റ്റോട്ടിലിന്റെ പക്ഷം.

നദിയിലെ ചിറ്റോളങ്ങൾ എന്നപോലെയാണ് (ripples) ഉറക്കത്തിലെ ഇന്ദ്രിയാനുഭവങ്ങൾ എന്നും അതുകൊണ്ട് തന്നെ ഇങ്ങനെയുണ്ടാകുന്ന അനുഭവങ്ങളൊക്കെ വിചിത്രവും ദുർഗ്രഹവും ആകുന്നതോടൊപ്പം ഇവയൊക്കെ ഒരുതരത്തിലുള്ള കബളിപ്പിക്കലാണെന്നും അരിസ്റ്റോട്ടിൽ വിശ്വസിച്ചു.

ഉണർന്നിരിക്കുമ്പോഴാണ് ഏതൊരാൾക്കും വളരാനും സ്വയം മെച്ചപ്പെടുന്നതിനും കഴിയുന്നത്. എന്നാൽ ചെടികൾക്ക് സൂര്യപ്രകാശവും, വെള്ളവും കിട്ടിയാൽ മാത്രമേ സ്വയം വളരാൻ കഴിയൂ എന്നത് പോലെ മനുഷ്യർക്ക് ഉണർന്നിരിക്കുന്നതുപോലെ തന്നെ ഉറക്കവും അത്യന്താപേക്ഷിതമാണ്. ഉറക്കത്തെ കുറിച്ച് ചിന്തിക്കുമ്പോഴൊക്കെയും സ്വപ്നങ്ങളെക്കുറിച്ച് ആലോചിക്കാൻ നമ്മൾ നിർബ്ബന്ധിതരാകാറുണ്ട്. സ്വപ്നങ്ങൾ ദൈവത്തിൽ നിന്നുള്ള സന്ദേശങ്ങളാണെന്നായിരുന്നു മുൽകാലങ്ങളിൽ വിശ്വസിച്ചുപോന്നത്. മധ്യകാല യൂറോപ്പിൽ സ്വപ്നങ്ങളെ ചെകുത്താന്റെ പ്രലോഭനമായിട്ടാണ് കരുതിപോന്നിരുന്നത്.

ഇസ്ലാംമതപ്രവാചകനായ മുഹമ്മദ് നബിക്കും സ്വപ്നങ്ങൾ വഴിയാണ് ദൈവം പ്രത്യക്ഷപ്പെട്ടതെന്ന് വിശ്വസിക്കപ്പെടുന്നു. അദ്ദേഹത്തിന്റെ ശിഷ്യന്മാരുടെ സ്വപ്നങ്ങളും മുഹമ്മദ് വ്യാഖ്യാനിച്ചതായി പറയപ്പെടുന്നുണ്ട്. അറേബ്യൻ സംസ്കാരത്തിൽ സ്വപ്നവ്യാഖ്യാനം വ്യാപകമായിരുന്നതായും ചരിത്രരേഖകളിൽ കാണാം.

സ്വപ്നങ്ങളെക്കുറിച്ചുള്ള സമഗ്രമായ കൃതികൾ രചിക്കുന്നതിൽ രണ്ടാം നൂറ്റാണ്ടിലെ ഇറ്റാലിയൻ തത്വശാസ്ത്രജ്ഞനായ ആർടിമീഡിയസ് (Artemedius) പ്രമുഖനായിരുന്നു. ഇദ്ദേഹത്തിന്റെ അഭിപ്രായത്തിൽ ഒരേ പോലെയുള്ള സ്വപ്നം തന്നെ ഓരോ സാഹചര്യത്തിനും, അത് ഉണ്ടാവുന്ന വ്യക്തിയുടെ സ്വഭാവങ്ങൾക്കുമൊത്ത് വ്യത്യാസപ്പെട്ടിരിക്കും.

പത്തൊൻപതാം നൂറ്റാണ്ടായതോടെയാണ് മൗറിയെപ്പോലുള്ള ചിന്തകരുൾപ്പടെ ശാരീരികമായ ഉത്തേജനങ്ങൾക്ക് സ്വപ്നത്തിലുള്ള പങ്കിനെക്കുറിച്ച് ചിന്തിക്കാൻ തുടങ്ങിയത്. പകൽ സമയത്ത് ഓരോരോ കാര്യങ്ങളെയും കാര്യകാരണ ബന്ധത്തിന്റെ അടിസ്ഥാനത്തിൽ നോക്കികാണാനുള്ള ശ്രമത്തിന്റെ തുടർച്ചയായി തന്നെയാണ് സ്വപ്നങ്ങളുടെ വ്യാകരണം നിർമ്മിക്കപ്പെടുന്നത്. സ്വപ്നങ്ങളിൽ പ്രത്യക്ഷമാകുന്ന

സംഭവങ്ങളും, വൈകാരികാനുഭവങ്ങളും, ചിന്തകളും ഉൾപ്പെടെയുള്ള എല്ലാം ഇപ്രകാരം പല വിധത്തിലുള്ള പരസ്പര ബന്ധങ്ങളെ നില നിർത്താൻ ശ്രമിച്ചു കൊണ്ടിരിക്കും. സ്വപ്നങ്ങളിൽ പ്രത്യക്ഷമാകുന്ന സംഭവങ്ങളും, വൈകാരികാനുഭവങ്ങളും, ചിന്തകളും ഉൾപ്പെടെയുള്ള എല്ലാം ഇപ്രകാരം പല വിധത്തിലുള്ള പരസ്പര ബന്ധങ്ങളെ നില നിർത്താൻ ശ്രമിച്ചു കൊണ്ടിരിക്കും. സ്വപ്നാനുഭവങ്ങളിൽ ഉണ്ടാവുന്ന വിചിത്രമായ പൊരുത്തമില്ലായ്മകൾക്ക് കാരണമായി വർത്തിക്കുന്നത് ഈ ഘട്ടത്തിൽ മസ്തിഷ്കത്തിലെ വ്യത്യസ്ത ഭാഗങ്ങൾ അവയുടെ പ്രവർത്തനത്തിൽ കാണിക്കുന്ന പൊരുത്തക്കേടുകൾ നിമിത്തമാണെന്നാണ് ഇദ്ദേഹത്തിന്റെ പക്ഷം. ഇത് കൂടാതെ, നമ്മൾ കാലങ്ങളായി മറന്നു പോയ സംഭവങ്ങളെയും, സ്ഥലങ്ങളെയും ഓർമ്മയിലേക്ക് കൊണ്ട് വരുന്നതിൽ സ്വപ്നങ്ങൾക്കു സാധിച്ചേക്കും എന്നും അദ്ദേഹം കരുതുകയുണ്ടായി.

പകൽ സമയത്തുണ്ടാകുന്ന വൈകാരികതകളുടെയും, അനുഭവങ്ങളുടെയും പ്രച്ഛന്നരൂപമായാണ് (disguised form) സ്വപ്നങ്ങൾ പ്രത്യക്ഷപെടുന്നതെന്നും ഈ കാലഘട്ടത്തിലുള്ള പലരും വിശ്വസിച്ചുപോന്നു. അബോധം (unconscious) എന്ന ആശയത്തിന് പ്രാധാന്യം കിട്ടി തുടങ്ങിയതും ഈ കാലയളവിൽ തന്നെയായിരുന്നു.

എന്നാൽ, സിഗ്മണ്ട് ഫ്രോയ്ഡ് എന്ന ജർമ്മൻ ചിന്തകന്റെ ഈ രംഗത്തുള്ള ചിന്തകൾ അതുവരെയുണ്ടായിരുന്ന തത്വശാസ്ത്രപരമായ ആലോചനകളിൽ നിന്നുള്ള കടുത്ത വിച്ഛേദം തന്നെയായിരുന്നു. ഒട്ടുമിക്ക നാഡീവ്യവസ്ഥയുമായി ബന്ധപ്പെട്ട രോഗങ്ങൾ ഉണ്ടാകുന്നത് അടിച്ചമർത്തപ്പെട്ട മോഹങ്ങളും, ബോധപൂർവ്വമുണ്ടാകുന്ന ആഗ്രഹാഭിലാഷങ്ങളും, തമ്മിലുള്ള സംഘർഷങ്ങളുടെ ഫലമാണെന്ന കണ്ടെത്തലാണ് ഇതിൽ ഏറെ ശ്രദ്ധ പിടിച്ചുപറ്റിയത്.

പ്രകൃതിശാസ്ത്രങ്ങൾ അനുവർത്തിക്കുന്ന വിശകലനരീതികളും, സമ്പ്രദായങ്ങളും മാനസിക ലോകത്തെക്കുറിച്ച് പഠിക്കുന്നതിന് വേണ്ടി ഉപയോഗപ്പെടുത്തണമെന്ന സമീപനമായിരുന്നു മറ്റ് ചിന്തകരിൽ നിന്ന് ഫ്രോയ്ഡിനെ വേറിട്ട് നിർത്തിയത്. സ്വപ്നത്തെക്കുറിച്ച് ഇദ്ദേഹം നടത്തിയ വിശകലനങ്ങൾ ഇന്നും മനഃശാസ്ത്രമേഖലയിൽ ഏറെ ചർച്ചകൾക്കും വിവാദങ്ങൾക്കും ഇടയാക്കുന്നുണ്ട്.

ഉറങ്ങാനുള്ള താത്പര്യത്തിന്റെയും, അബോധത്തിൽ (ലീനമായി കിടക്കുന്ന) പൂർത്തീകരണം കാത്തുകിടക്കുന്ന മോഹങ്ങളുടെയും, ആഗ്രഹാഭിലാഷങ്ങളുടെയും പ്രകടിതരൂപമായാണ് സ്വപ്നങ്ങൾ ഉണ്ടാകുന്നത് എന്നാണ് ഇദ്ദേഹം കരുതിയത്. ഇതിലേറെയും കുട്ടിക്കാലത്ത്

പലതരത്തിലുള്ള ദമനപ്രക്രിയകളിലൂടെ (repression) അബോധത്തിൽ അടിഞ്ഞുകൂടിയവ ആയിരിക്കാം എന്നും ഇദ്ദേഹം കരുതുകയുണ്ടായി.

പകൽ സമയത്ത് നേരിടാനിടയുള്ള സാമൂഹ്യമായ മൂല്യങ്ങളുടെയും, മറ്റ് വിലക്കുകളുടെയും തടസങ്ങളേതുമില്ലാതെ സ്വപ്നങ്ങൾക്ക് സ്വയം ആവിഷ്കാരം നേടാനാവും എന്നാണ് ഫ്രോയ്ഡ് കരുതിയത്. സ്വപ്നങ്ങൾക്ക് ചിന്തയുടെ ബോധമണ്ഡലത്തിൽ നിന്ന് ഭിന്നമായ വേറിട്ട ഒരു രൂപമാണ് എന്നതായിരുന്നു ഫ്രോയ്ഡിന്റെ സമീപനം.

ഇദ്ദേഹത്തെ തുടർന്നുവന്ന കാൾ ഗുസ്താവ് യുങ് (Carl Gustav Jung) ആവട്ടെ ഇതിൽ നിന്നും അല്പം വ്യത്യസ്തമായ നിലപാടുകളാണ് കൈക്കൊണ്ടത്. ഇദ്ദേഹത്തിന്റെ പ്രഖ്യാതമായ സമഷ്ടിഗത അബോധം (collective unconscious) മനുഷ്യരാശിയുടെ തുടക്കത്തോടുകൂടി തന്നെ മസ്തിഷ്കത്തിൽ ആവിർഭവിച്ച സ്മൃതികളും, സഹജപ്രേരകണകളും ഉള്ളടങ്ങുന്നതാണ്. ഫ്രോയഡ് വിഭാവന ചെയ്ത അബോധം മൃഗതൃഷ്ണകളുടെയും, ലൈംഗിംക ചോദനകളുടെയും ഉറവിടമാണെങ്കിൽ യുങ് അബോധത്തെ കാണുന്നത് ആത്മീയ ഉള്ളടക്കവും കൂടിയുള്ള ഒന്നായിട്ടാണ്. ആധുനിക മനുഷ്യരുടെ മനസ്സ് ആവിർഭവിക്കുന്നത് പ്രാചീനമായ മനുഷ്യരുടെ പ്രാകൃതമായ വാസനകളുടെയും, നിലനിൽപ്പിനെ സംബന്ധിച്ച ആധികളുടെയുമെല്ലാം തുടർച്ചയായിട്ടാണെന്നാണ് യുങ് വിശ്വസിച്ചത്. ഓരോരുത്തരുടെയും സ്വപ്നങ്ങൾ മറ്റുള്ളവരുമായി പങ്കുവെക്കാനുദ്ദേശിക്കുന്ന വിവരങ്ങൾ കൂടി അടങ്ങിയതാണെന്ന് ഇദ്ദേഹം കരുതുകയുണ്ടായി. ഓരോ മനുഷ്യന്റെയും വ്യക്തിത്വ വികാസത്തിൽ തന്നെ സ്വപ്നങ്ങർക്ക് സുപ്രധാനമായ പങ്കുണ്ടെന്നും യുങ് വിശ്വസിച്ചു.

ഓരോ വ്യക്തിയും മറ്റു വ്യക്തികളുമായി സ്ഥാപിക്കുന്ന ബന്ധങ്ങൾക്കിടയിലുണ്ടാവുന്ന സംഘർഷങ്ങളെ പരിഹരിക്കുക എന്നതാണ് സ്വപ്നങ്ങളുടെ ധർമ്മം എന്നാണ് ഫ്രഞ്ച് എന്ന ചിന്തകൻ തന്റെ പ്രശ്നപരിഹാര സിദ്ധാന്തത്തിലൂടെ (problem solving theory of dreams) പറയാൻ ശ്രമിക്കുന്നത്. പകൽ ജീവിതത്തിൽ നേരിടുന്ന പ്രശ്നങ്ങളോട് സാധർമ്മ്യം പുലർത്തുന്ന കാര്യങ്ങളെ വാമൊഴി ഭാഷയുടെ പരിമിതികൾക്കപ്പുറത്ത് വെച്ച് അവതരിപ്പിക്കുക കൂടിയാണ് സ്വപ്നങ്ങൾ ചെയ്യുന്നതെന്നാണ് ഇദ്ദേഹം കരുതിയത്.

എൺപതുകളുടെ തുടക്കത്തോടെയാണ് ഡി.എൻ.എ ഹെലിക്സ് കണ്ടെത്തുന്നതിൽ മുൻപന്തിയിലുണ്ടായിരുന്ന ഫ്രാൻസിസ് ക്രിക്കും, മിച്ചിൽസണും സ്വപ്നങ്ങളെ സംബന്ധിച്ച് ഏറെ വ്യത്യസ്തമായ കാഴ്ചപ്പാടുകൾ അവതരിപ്പിച്ചത്. നിയോ കാർട്ടക്സിനകത്ത് പ്രത്യക്ഷപ്പെടുന്ന

ചില അനാവശ്യമായ ഓർമ്മകളിലും മറ്റുമുള്ള പരസ്പര ബന്ധങ്ങളെ നീക്കം ചെയ്യുന്നതിനുള്ള പ്രക്രിയായി സ്വപ്നത്തെ കാണാവുന്നതാണെന്നായിരുന്നു ക്രിക്കിന്റെ സമീപനം.

സ്വപ്നങ്ങളെക്കുറിച്ച് ഇത്തരത്തിലുള്ള ഒട്ടനവധി കഴ്ചപ്പാടുകളും ചിന്തകളും ഇതിനകം തന്നെ അവതരിപ്പിക്കപ്പെട്ടിട്ടുണ്ട്. ഓരോ വ്യക്തിയുടെയും മാനസിക വളർച്ച പുരോഗമിക്കുന്നതിനൊത്ത് സ്വപ്നങ്ങളും സങ്കീർണത കൈവരിക്കാവുന്നതാണ്.

അനുഭവങ്ങൾക്കും, ഓർമ്മകൾക്കും, അറിവിനും എല്ലാം ഉണ്ടാകുന്ന സങ്കീർണതകളുടെ തന്നെ തുടർച്ചയായി വേണം ഇതിനെയും കാണേണ്ടത്. ചില സ്വപ്നങ്ങൾ അതത് വ്യക്തികളുടെ സമീപനങ്ങളെയും ചിന്താപരമായ നിലവാരത്തെയും കുറിക്കുന്നവയാണെങ്കിൽ മറ്റ് ചിലത് പ്രസ്തുത വ്യക്തി ജീവിതം കരുപ്പിടിപ്പിക്കുന്ന സാമൂഹ്യ സാഹചര്യങ്ങളെയും മൂല്യ സംവിധാനങ്ങളെയും പ്രതിനിധാനം ചെയ്യേന്നും വരാം.

ശാസ്ത്രീയമായ പരിശോധനയുടെ വെളിച്ചത്തിൽ ഉറക്കത്തെ രണ്ട് പ്രധാന ഘട്ടങ്ങളായി വേർതിരിക്കാറുണ്ട്. കണ്ണുകൾ വളരെ വേഗത്തിൽ ചലിക്കുന്ന ഒരു ഘട്ടവും, കൺപോളകൾക്കകത്ത് കണ്ണുകൾ താരതമ്യേന നിശ്ചലമായി തുടങ്ങുന്ന NREM (Non Rapid Eye Movement) എന്ന ഒരു ഘട്ടവും ആയാണ് ഈ ഇരുഘട്ടങ്ങൾ പെരുമാറുന്നത്. ഈ രണ്ടുഘട്ടങ്ങളിലും സ്വപ്നങ്ങൾ ഉണ്ടാകാവുന്നതാണ്.

കണ്ണുകളുടെ ദ്രുതചലനഘട്ടത്തെ (Rapid Eye Movement) കണ്ണുകൾ സ്വയം മാറിമറിയുന്ന ഘട്ടമായാണ് അറിയപ്പെടുന്നത്. കണ്ണുകളുടെ വേഗത്തിലുള്ള ചലനഘട്ടത്തെ അപേക്ഷിച്ച് ചലനമില്ലാത്ത ഘട്ടത്തിലുണ്ടാവുന്ന സ്വപ്നങ്ങൾക്ക് വ്യക്തിയുടെ ചിന്തകളുമായി ബന്ധമുള്ളതായി കണ്ടെത്തിയിട്ടുണ്ട്.

എന്നാൽ REM ഘട്ടത്തിലുണ്ടാവുന്ന സ്വപ്നങ്ങൾക്കാവട്ടെ ഏറെയും ഭാവനാപരമായ ഉള്ളടക്കമാണ് കണ്ടുവരുന്നത്. ഒരു ഫാന്റസി സിനിമ കാണുന്ന പോലെയുള്ള വിചിത്രമെന്ന് തോന്നിക്കുന്ന സ്വപ്നങ്ങളാണ് NREM ഘട്ടത്തിൽ പ്രത്യക്ഷപ്പെടാറുള്ളത്. (കൺചലനമില്ലാത്ത) REM ഘട്ടത്തിൽ ഏകദേശം ഒരു മണിക്കൂറിനകം തന്നെ നാഡീകോശങ്ങളിലുണ്ടാവുന്ന രാസമാറ്റങ്ങൾ നിമിത്തം മസ്തിഷ്കത്തിന്റെ കീഴടരുകൾ (Brain stem) ഉയർന്നതരം മസ്തിഷ്ക പ്രവർത്തനങ്ങൾ നടക്കുന്ന സ്ഥലങ്ങളിലേക്ക് സന്ദേശങ്ങൾ അയക്കുക പതിവാണ്.

പകൽ ജീവിതത്തിൽ ഉണ്ടാകുന്ന ദൃശ്യാനുഭവങ്ങളുടെയും മറ്റും ഫലമായി ഉത്തേജിതമാകുന്ന മസ്തിഷ്ക ഭാഗങ്ങളിൽ തന്നെയാണ്

REM ഘട്ടത്തിലുണ്ടാണ്ടാവുന്ന സ്വപ്നാനുഭവങ്ങളുടെ തുടർന്നുണ്ടാകുന്ന പ്രവർത്തനങ്ങളും നടക്കുന്നത്. ഈ ഘട്ടത്തിൽ ദൃശ്യാനുഭവങ്ങളെ സാധ്യമാക്കുന്ന മസ്തിഷ്ക ഭാഗങ്ങളും അനുഭവങ്ങളെകുറിച്ചുള്ള ഓർമ്മകൾ ശേഖരിച്ചു വെയ്ക്കുന്ന ഭാഗങ്ങളും പ്രവർത്തനനിരതമായിരിക്കും.

സെറിബ്രൽ കാർട്ടക്സിൽ ശേഖരിക്കപ്പെട്ട അനുഭവങ്ങളെയും, ഓർമ്മ കളെയും പ്രവർത്തന നിരതമാക്കിക്കൊണ്ടാണ് കീഴ്മസ്തിഷ്കത്തിന്റെ മുർകൈയിൽ വിഭ്രമിക്കുന്ന തരത്തിലുള്ള സ്വപ്നങ്ങൾ സാധ്യമാകുന്നത്. ഇത്തരത്തിൽ ശേഖരിക്കപ്പെട്ട ഓർമ്മകളെയും അനുഭവങ്ങളെയും എല്ലാം ഒരു ആഖ്യാനമാക്കി (Narrative) എടുത്തുകൊണ്ടാണ് ഇവ സ്വപ്നങ്ങളായി രൂപം മാറുന്നത്.

വികാരോത്തേജന കേന്ദ്രമായ അമിഗ്ദലയുടെ പ്രവർത്തനഫല മായാണ് ഇതിനകം തന്നെ വിഷ്വൽ കോർട്ടക്സിൽ (Visual Cortex) (ദൃശ്യാനുഭവങ്ങളെ പ്രവർത്തനക്ഷമമാക്കുന്ന മസ്തിഷ്കഭാഗം) ശേഖരി ക്കപ്പെട്ട ദൃശ്യാനുഭവങ്ങളെ ഉപയോഗപ്പെടുത്തിക്കൊണ്ട് വൈകാരി കതയേറിയ അനുഭവങ്ങൾ സൃഷ്ടിക്കാൻ REM ഘട്ടത്തിലുണ്ടാവുന്ന സ്വപ്നങ്ങൾക്ക് കഴിയുന്നത്.

ഈ ഘട്ടത്തിൽ അമിഗ്ദല ഉത്തേജിതമാകുന്നതിനാൽ തന്നെ രക്ത ത്തിലേക്ക് കൂടിയ അളവിൽ അഡ്രിനാലിൻ (adrinalin) പുറപ്പെടുവിക്കു ന്നതിനെ തുടർന്ന് ഹൃദയമിടിപ്പ് ഉൾപ്പെടെ മാറാനിടവരുകയും ചെയ്യാം. (ചില പ്രതിസന്ധി ഘട്ടങ്ങളിൽ കൂടിയ അളവിൽ ഓക്സിജൻ പേശിക ളിലേക്ക് എത്തിക്കുന്നതിനും, കൂടാതെ രക്തധമനികളെ മതിയായ തോതിൽ സങ്കോചിപ്പിച്ചുകൊണ്ട് ശ്വാസകോശത്തിലേക്കും ഹൃദയത്തി ലേക്കും രക്തമെത്തിക്കുന്നതിനും സഹായിക്കുന്നതിൽ അഡ്രിനാലിൻ എന്ന ഹോർമോണിന്റെ പങ്ക് വളരെ വലുതാണ്). കണ്ണുകളുടെ വേഗ ത്തിലുള്ള ചലന ഘട്ടത്തിലുണ്ടാകുന്ന ഒട്ടു മിക്ക സ്വപ്നങ്ങളിലും ശരീര ചലനവും, ദൃശ്യാനുഭവങ്ങളും ഉണ്ടാകാറുണ്ട്. രണ്ട് മണിക്കൂറിലധികം ഇത്തരം സ്വപ്നങ്ങളിലൂടെ കടന്നുപോകുന്നവർക്ക് ബുദ്ധിപരമായ ചില പ്രവർത്തനങ്ങൾ വിജയകരമായി പൂർത്തീകരിക്കാൻ കഴിയുന്നതായും രേഖപ്പെടുത്തിയിട്ടുണ്ട്.

എന്നാൽ, വിഷാദാവസ്ഥക്കും മറ്റും കീഴ്പ്പെട്ടിട്ടുള്ളവർക്ക് ആർ. ഇൗ. എം ഘട്ടത്തിലുള്ള സ്വപ്നങ്ങൾ മൂലം അവരുടെ അത്തരം അവസ്ഥകൾ തീവ്രമാകുന്നതായാണ് കണ്ടിട്ടുള്ളത്. മനുഷ്യരെപോലെ തന്നെ മറ്റ് ജീവികളും സ്വപ്നാനുഭവങ്ങളിലൂടെ കടന്നുപോകുന്നുണ്ട്. മാനസികാനു ഭവങ്ങളിൽ മനുഷ്യരുടേതിന് സമാനമായ ഒട്ടേറെ പ്രത്യേകതകളുള്ള ജീവികളാണ് ഡോൾഫിനുകൾ. എന്നാൽ ഇതിനു വിപരീതമായി

മനുഷ്യരുമായി ഒരു സമാനതയുമില്ലാത്തതും, തെരുവോരങ്ങളിലും മറ്റ് തുറന്ന ഇടങ്ങളിലും കണ്ടുവരുന്നതുമായ ബ്രൗൺനിറമുള്ള എലികളുടെ ഉറക്കവും സ്വപ്നാനുഭവവും ഏറിയ പങ്കും മനുഷ്യരുടേതിന് സമാനമാണെന്നാണ് പഠനങ്ങൾ ചൂണ്ടിക്കാട്ടുന്നത്.

പട്രീഷ്യാ ചർച്ച്‌ലാന്റ് (Patricia Churchland) എന്ന ചിന്തകയുടെ അഭിപ്രായത്തിൽ ഗാഢനിദ്രയിൽ ബോധമണ്ഡലം അപ്രത്യക്ഷമാകുകയും സ്വപ്നത്തിൽ അത് വീണ്ടും പ്രത്യക്ഷമാവുകയുമാണ് ചെയ്യുന്നത്. എന്നാൽ ഇങ്ങനെ സ്വപ്നത്തിൽ പ്രത്യക്ഷപ്പെടുന്ന 'ബോധ'മാവട്ടെ അംഗീകൃതമാതൃകകൾക്കനുസരിച്ചുള്ള ഒന്നല്ല എന്നുകൂടി ചർച്ച് ലാൻഡ് കൂട്ടി ചേർക്കുന്നുണ്ട്.

ഒരു പ്രവൃത്തിയും ചെയ്യാതെ നിശ്ചലമായി നമ്മൾ ഒരിടത്ത് ഇരിക്കുമ്പോൾ കാലുകൾ അനങ്ങാതെ ഇരിക്കുന്നത്പോലെ, നമ്മുടെ ശരീരം നിശ്ചലമായി ഒരു സ്ഥലത്ത് കിടക്കുമ്പോൾ ബോധത്തിന്റെ സാന്നിധ്യം ആവശ്യമില്ലാത്തപോലെ തന്നെയാണ് ഉറക്കത്തിൽ ബോധം അപ്രത്യക്ഷമാകുന്നതായി അനുഭവപ്പെടുന്നത്. സ്വപ്നത്തെ ഉറക്കത്തിന്റെ ഒരു പാർശ്വഫലമായി കാണുകയാണ് കൂടുതൽ അഭികാമ്യമായിട്ടുള്ളത്.

ചിന്തിക്കാനായി വികസിച്ചുവന്ന മസ്തിഷ്ക പ്രവർത്തനങ്ങളുടെ അനുബന്ധ ഫലമായി മാത്രമേ സ്വപ്നങ്ങളെ കാണേണ്ടതുള്ളൂ. ഉറക്കത്തിലും ഈ ചിന്താപ്രവർത്തനം പൂർണമായും പ്രവർത്തനരഹിതമാകാത്തതിനാൽ, സ്വപ്നാനുഭവത്തിന് വിധേയമാകുന്ന മനുഷ്യരുടെയും മറ്റ് മൃഗങ്ങളുടെയും അതിജീവനക്ഷമതയെ ബാധിക്കാതിടത്തോളം ഇത് നിരുപദ്രവകരാണെന്ന് കരുതാതെ വയ്യ.

പകൽജീവിതത്തിൽ ചെയ്തുകൂട്ടുന്ന പ്രവർത്തനങ്ങൾ, കടന്നുപോകുന്ന അനുഭവങ്ങൾ എന്നിവ ബാക്കി വെക്കുന്ന ശബ്ദകോലാഹലം (noise) മാത്രമാണ് സ്വപ്നങ്ങൾ എന്ന ഒരു കാഴ്ചപ്പാടും നിലവിലുണ്ട്. പ്രപഞ്ചരൂപീകരണത്തിന്റെ ഘട്ടത്തിൽ ഉണ്ടായ ശബ്ദകോലാഹലങ്ങൾ ഇന്നും പശ്ചാത്തല വികിരണമായി (cosmic micro background radiation) നിലനിൽക്കുന്നു എന്നത് പ്രപഞ്ചത്തിന്റെ നിലവിലുള്ള വ്യവസ്ഥയ്ക്ക് കോട്ടം തട്ടിക്കുന്നില്ലെന്ന് കരുതുന്നതിന് സമാനമായി ഇതിനെ കാണാവുന്നതാണ്.

മനുഷ്യവംശത്തിന്റെ തുടക്കകാലങ്ങളിൽ ഉറക്കം ഒട്ടേറെ അപകടങ്ങൾ വിളിച്ചുവരുത്താൻ ഇടയുള്ളത് കൂടിയായിരുന്നു എന്ന് അനുമാനിക്കാവുന്നതാണ്. ശത്രുമൃഗങ്ങളിൽ നിന്നും മറ്റ് അപകടങ്ങളിൽ നിന്നും സുരക്ഷിതത്വമുറപ്പിക്കുന്നതിന് ഉറക്കം ഒരു വലിയ പരിമിതി തന്നെയായിരുന്നു. അതുകൊണ്ട് തന്നെയാവണം സ്വപ്നങ്ങളുടെ രൂപത്തിൽ

വേഷപ്രച്ഛന്നമായ ബോധം നമ്മുടെ മനസ്സിനെ പ്രവർത്തന നിരതമാക്കുന്നത്.

മനോവിശ്ലേഷണ സമ്പ്രദായമനുസരിച്ച് സ്വപ്നങ്ങൾ മനുഷ്യരുടെ ആഴത്തിലുള്ള ചിന്തകളുടെയും, അനുഭൂതികളുടെയും, അഗ്രഹാഭിലാഷങ്ങളുടെയും പ്രകടിതരൂപങ്ങളാണ്. ഉണർന്നിരിക്കുന്ന അവസ്ഥയിൽ ശ്രദ്ധകിട്ടാതെ പോകുകയോ അതല്ലെങ്കിൽ ഒളിച്ചുവെക്കപ്പെടുകയോ ചെയ്യുന്ന ഓരോ വ്യക്തിയുടെയും സ്വകാര്യാനുഭവങ്ങളാണ് സ്വപ്നത്തിന്റെ ഭാഷ കൈവരിക്കുന്നത് എന്നാണ് മനോവിശ്ലേഷണ വിശകലനങ്ങൾ സ്ഥാപിക്കാൻ ശ്രമിച്ചത്.

സ്വപ്നങ്ങൾ ഓരോ വ്യക്തിയുടെയും അബോധത്തിലേക്കുള്ള രാജകീയപാത തുറന്നിടുന്നുണ്ടെന്നാണ് ഫ്രോയ്ഡും യുങ്ങും ഒരേപോലെ വിശ്വസിച്ചത്. മനസ്സിന്റെ ആഴങ്ങളിൽ ഒളിച്ചുവെക്കപ്പെട്ട ചിന്തകൾ സ്വപ്നത്തിൽ പ്രതിഫലിപ്പിച്ചുകൊണ്ട് അവനവനെക്കുറിച്ച് കൂടുതൽ മെച്ചപ്പെട്ട ധാരണ രൂപീകരിക്കാനും അത് വഴി ഉറക്കത്തിന് പുറത്തുള്ള ജീവിതത്തെ ശരിയായ രീതിയിൽ പ്രയോജനപ്പെടുത്താനും കഴിയുമെന്നാണ് ഫ്രോയ്ഡ് ഉൾപ്പെടെയുള്ള അക്കാലത്തെ മനോവിശ്ലേഷണ പദ്ധതി അനുവർത്തിച്ചവർ കരുതിയത്.

സ്വപ്നങ്ങൾ ഒരു തരത്തിലല്ലെങ്കിൽ മറ്റൊരു തരത്തിൽ വ്യക്തികളുടെ ആത്മപ്രകാശനമാവാം എന്ന ധാരണ ഫ്രോയ്ഡ് മുതൽ ആഡ്ലർ വരെയുള്ള പല ചിന്തകരും കരുതാൻ ഇടവന്നിട്ടുണ്ട്. എല്ലാ സ്വപ്നങ്ങളെയും കാര്യകാരണ ബന്ധങ്ങൾക്കുള്ളിൽ വ്യാഖ്യാനിച്ചെടുക്കാമെന്ന അമിത ശുഭാപ്തിവിശ്വാസമാവണം സ്വപ്നങ്ങൾക്കത്രയും നിശ്ചിതമായ വ്യാഖ്യാനങ്ങൾ ചമയ്ക്കാൻ ഫ്രോയ്ഡിനെ ഉൾപ്പെടെയുള്ള മനോവിശ്ലേഷക ചിന്തകരെ പ്രേരിപ്പിച്ചത്. മനോവിശ്ലേഷണ സിദ്ധാന്തങ്ങൾ പരിമിതമായ തോതിൽ ശാസ്ത്രീയമായ ഇടപെടലിനുള്ള വലിയശ്രമം നടത്തിയെങ്കിലും ആധുനിക ലൈംഗികശാസ്ത്രങ്ങളുടെയോ മനോവിജ്ഞാന ശാസ്ത്രങ്ങളുടെയോ നിരീക്ഷണങ്ങളുമായി ചേർന്നുപോകുന്നതിൽ ഇത് ഒട്ടേറെ പരിമിതികൾ നേരിടുന്നുണ്ട്.

സ്വപ്നങ്ങളെക്കുറിച്ച് നിലവിലുള്ള മനോവായനാസിദ്ധാന്തം (theory of mind) അനുസരിച്ച് പരിശോധിച്ചാൽ സ്വപ്നങ്ങൾ മുഖേന ഓരോ വ്യക്തിക്കും അയാളെക്കുറിച്ചും, മറ്റുള്ളവരെക്കുറിച്ചുമുള്ള ധാരണകൾ രൂപപ്പെടുത്താനും അതിലൂടെ മറ്റുള്ളവരുമായി ഗുണകരമായ രീതിയിൽ സഹകരിച്ച് ജീവിക്കാനും കഴിയും. ഉറക്കത്തിൽപോലും നമ്മുടെ പകൽജീവിതത്തിൽ നിന്നും പൂർണമായ വിടുതിനേടിക്കൊണ്ട് നിലനിൽക്കാൻ കഴിയില്ല എന്നു തന്നെയാണ് ഈ സമീപനം ഉറപ്പിച്ചു

പറയുന്നത്. നമ്മളെക്കുറിച്ചും, മറ്റുള്ളവരുമായി ഉണ്ടാവാനിടയുള്ള പരസ്പരമുള്ള ബന്ധങ്ങളിലൂടെ കിട്ടുന്ന നേട്ടങ്ങളെക്കുറിച്ചെന്നപോലെ, കോട്ടങ്ങളെക്കുറിച്ചും ഉള്ള ആകുലതകൾ ഉറക്കത്തിൽ മാറ്റൊലി കൊള്ളുന്നതാണ് സ്വപ്നങ്ങൾ എന്ന് കരുതാവുന്നതാണ്.

ഇതിനകം സൂചിപ്പിച്ച പോലെ REM ഘട്ടത്തിലുണ്ടാകുന്ന സ്വപ്നങ്ങൾ മസ്തിഷ്കത്തിന്റെ കീഴ്ഭാഗം ഉണ്ടാക്കുന്ന വൈദ്യുത സിഗ്നലുകളിൽ ചില ക്രമങ്ങൾ നിർമ്മിച്ചുകൊണ്ട് ഉയർന്ന തരം പ്രവർത്തനങ്ങൾക്ക് കാരണമാകുന്ന ഭാഗങ്ങളിലേക്ക് അയക്കുന്നുണ്ടെങ്കിലും, ഈ ഭാഗങ്ങൾ ഇത്തരം സിഗ്നലുകളെ വെറും ശബ്ദകോലാഹലമായി (noise) എടുക്കുന്നതിനാൽ ഭാഗികമായി മാത്രം മനസ്സിലാക്കത്തക്ക രീതിയിലുള്ള ആഖ്യാനങ്ങൾ നിർമ്മിക്കാൻ മാത്രമേ ഇവക്ക് കഴിയുകയുള്ളൂ. ഇപ്രകാരം നിരീക്ഷിച്ചാൽ, സ്വപ്നങ്ങൾ ഒന്നുകിൽ (Theory of Mind) ബാഹ്യചുറ്റുപാടുകളിൽ നിന്നുണ്ടാവുന്ന ഉത്തേജനങ്ങളുടെ ബാക്കിപത്രമായോ അതല്ലെങ്കിൽ അവനവനെക്കുറിച്ചോ, മറ്റുള്ളവരെക്കുറിച്ചോ ഉള്ള ചിന്തകളുടെ അനന്തരഫലമായോ കാണാവുന്നതാണ്.

ഉറക്കത്തിലാകുമ്പോഴുള്ള മസ്തിഷ്കപ്രവർത്തനങ്ങൾ അത്രയൊന്നും ചിട്ടപ്പെടുത്തപ്പെട്ടതല്ലാത്തതിനാൽ അതിലൂടെ നിർമ്മിക്കപ്പെടുന്ന ആഖ്യാനങ്ങളും സമഗ്രമാവുക അസാധ്യമാണ്. ഉറക്കമില്ലാതെ സ്വപ്നങ്ങളില്ലെങ്കിലും ഉറക്കത്തിന് ഇത്തരമൊരു മാനസികാനുഭവം നിർബ്ബന്ധമാവാത്ത സന്ദർഭങ്ങളും ഉണ്ടാവാറുണ്ട്.

കേന്ദ്രനാഡിവ്യവസ്ഥയ്ക്ക് തകരാറുകൾ സംഭവിച്ചതിനെ തുടർന്ന് നൂറുകണക്കിനാളുകൾ സ്വപ്നങ്ങളില്ലാതെ ഉറങ്ങുകയും അവരുടെ ദൈനംദിന പ്രവൃത്തികൾ നിർബാധം തുടരുന്നതായും രേഖപ്പെടുത്തപ്പെട്ടിട്ടുണ്ട്.

ചുറ്റുപാടിൽ നിന്ന് ലഭിക്കുന്ന ഏതൊരനുഭവത്തെയും അർത്ഥവത്താക്കി എടുക്കുക എന്നതാണ് മാനസിക പ്രവർത്തനത്തിന്റെ മുഖ്യധർമ്മം. എന്നാൽ അടുക്കും ചിട്ടയുമില്ലാതെ സ്വീകരിക്കപ്പെടുന്ന വിവരങ്ങളെപ്പോലും ഭാഗികമായെങ്കിലും അർത്ഥവത്തെന്ന് തോന്നിപ്പിക്കുന്ന രീതിയിലുള്ള ആഖ്യാനം ഉണ്ടാക്കുക എന്നതുകൂടി ഇതിന്റെ പ്രവർത്തനപരിധിയിൽ വരുന്നുണ്ട്. ഒരു തരത്തിലുമുള്ള ചിട്ടയുമില്ലാതെ നമ്മുടെ മനസ്സിൽ വന്നുപോകുന്ന ചിന്തകൾ, അനുഭൂതികൾ എല്ലാം ഉറക്കത്തിൽവെച്ച് പല വിധത്തിലുള്ള പുനസംയോജനത്തിന് (recombination) വിധേയമായികൊണ്ട് സ്വപ്നങ്ങളിൽ കടന്നുവരുക സാധാരണമാണ്. ഇത്തരം അനുഭവങ്ങളൊക്കെയും ഓരോ വ്യക്തിയുടെയും ജീവിതത്തിനകത്തെ നേരനുഭവങ്ങളുടെ കൂടി ഭാഗമായതുകൊണ്ടുതന്നെ സ്വപ്നങ്ങളെയും ഒരു

പരിധിവരെ ആത്മപ്രകാശനത്തിന്റെ സൂചനകളായും എടുക്കാവുന്ന താണ്. മസ്തിഷ്കവും മനസ്സും ഉറക്കത്തിൽ നടത്തുന്ന ഒരു തരത്തിലുള്ള നിശ്ശബ്ദവിനിമയമായിക്കൂടി സ്വപ്നങ്ങളെ കാണാവുന്നതാണ്.

നമ്മളിൽ ഓരോരുത്തരിലുമുള്ള വൈകാരികമായ അനുഭവങ്ങ ളിലൂടെയും, വൈജ്ഞാനിക അനുഭവങ്ങളിലൂടെയും സൃഷ്ടിക്കപ്പെട്ട ജീവിതചരിത്രവും, പലതിനെക്കുറിച്ചും വെച്ചുപുലർത്തുന്ന കാഴ്ചപ്പാടുകളും സ്വപ്നങ്ങളുടെ ഉള്ളടക്കം നിർമ്മിക്കാൻ കഴിയുന്ന ഘടകങ്ങളാണ്.

മനുഷ്യജീവിതത്തിന്റെ വലിയൊരു ഭാഗം വിചിത്രമായ സ്വപ്നങ്ങൾ അനുഭവിക്കാനിടവരുന്ന REM ഘട്ടത്തിലുള്ള (കണ്ണിന്റെ ദ്രുതചലനഘ ട്ടം) നിദ്രക്ക് വിധേയമാണ്. ഇങ്ങനെയല്ലാത്ത ഘട്ടത്തിലും സ്വപ്നങ്ങൾ ഉണ്ടാകുമെങ്കിലും, ഈ ഘട്ടത്തിലുണ്ടാവുന്ന സ്വപ്നങ്ങളിലേറെയും പകൽവെട്ടത്തിൽ അസ്വസ്ഥതകൾക്ക് ഇട നൽകേണ്ടതില്ലാത്ത കാര്യങ്ങളെക്കുറിച്ചുള്ള അനാവശ്യ ആകുലതകളാണെന്ന് കരുതപ്പെ ടുന്നു. ഇത്തരത്തിലുണ്ടാകുന്ന സ്വപ്നങ്ങൾ ചിലപ്പഴൊക്കെ നിരന്തരമായി ആവർത്തിച്ചെന്നും വരാം.

ഉറങ്ങാൻ കിടക്കുന്നതിന് മുമ്പ് ഓഫീസിലെ റെജിസ്റ്റർ മേശയിൽ വെച്ച് പൂട്ടിയിട്ടുണ്ടാവുമോ അതല്ല ഇത് വൈകുന്നേരം ചായ കഴിക്കാൻ കയറിയ കടയിൽവെച്ച് മറന്നു കാണുമോ എന്നുള്ള തരത്തിലുള്ള അകാരണ ആധികളാവാം ഈ ഘട്ടത്തിലുള്ള സ്വപ്നങ്ങളെ അസ്വസ്ഥ മാക്കുന്നത്.

അന്ധരായിട്ടുള്ളവരിലും മറ്റും REM ഘട്ടത്തിലെ സ്വപ്നങ്ങൾ ഉണ്ടാ വാമെങ്കിലും അവയിലൊന്നും ദൃശ്യബിംബങ്ങൾ കാണാറില്ല. എന്നാൽ ചില വ്യക്തികൾക്ക് 2/3 വയസ്സിനകത്ത് വല്ല അപകടവും നേരിട്ടതിനെ തുടർന്ന് കാഴ്ചനഷ്ടപ്പെടാനിടയായാൽ അവർക്കുണ്ടാകുന്ന സ്വപ്നങ്ങളിൽ ഭാഗികമായ തോതിൽ ദുർബ്ബലമായ ദൃശ്യാനുഭവങ്ങൾ ((weak visual experiences) ഉണ്ടാകുന്നതായി രേഖപ്പെടുത്തപ്പെട്ടിട്ടുണ്ട്. എന്നാൽ ഏഴോ എട്ടോ വയസ്സിനുശേഷം ഇത്തരത്തിൽ വല്ലവിധേനയും കാഴ്ച നഷ്ടമാവാനിടയായാൽ അവർക്കുണ്ടാകുന്ന സ്വപ്നങ്ങളിൽ ഇപ്രകാര ത്തിലുള്ള പോരായ്മകളേതും ഉണ്ടാകാറില്ല.

ഉറക്കത്തിലുള്ള നടത്തം പോലുള്ള അനുഭവങ്ങളുണ്ടാവാറുള്ളത് NREM ഘട്ടത്തിലാണ് (കണ്ണുകൾ താരതമ്യേന നിശ്ചലമായിരിക്കുന്ന ഘട്ടം)

ശിശുക്കളിലും, കുട്ടികളിലുമുണ്ടാകുന്ന REM ഘട്ടത്തിലെ സ്വപ്നങ്ങൾ മുതിർന്നവരുടേതിനെ അപേക്ഷിച്ച് അത്രയേറെ വിചിത്രമാവാറില്ല.

പുരുഷന്മാർക്കിടയിലും സ്ത്രീകൾക്കിടയിലുമുണ്ടാകുന്ന REM ഘട്ടത്തിലെ സ്വപ്നങ്ങളിൽ പ്രത്യക്ഷപ്പെടുന്ന ആൾരൂപങ്ങളിൽ ലിംഗപരമായ ചില മാനങ്ങൾ കണ്ടെത്താൻ കഴിയും. സ്ത്രീകളെ അപേക്ഷിച്ച് പുരുഷന്മാർ ഈ ഘട്ടത്തിൽ കാണുന്നത് തങ്ങളോട് പ്രത്യക്ഷമായോ പരോക്ഷമായോ അക്രമാസക്തമായി പെരുമാറുന്ന മറ്റ് പുരുഷന്മാരെയായിരിക്കും. എന്നാൽ, സ്ത്രീകളിലാവട്ടെ പുരുഷന്മാരും സ്ത്രീകളും ഇടവിട്ട് പ്രത്യക്ഷപ്പെടുന്നതായി കണ്ടേക്കാം. ലൈംഗിക നിർധാരണ തത്വവുമായി (theory of sexual selection) ചേർത്തുവെച്ചാൽ മാത്രമേ ഈ വ്യത്യാസത്തിൽ ഉൾച്ചേർന്ന പുരുഷന്മാർക്കിടയിലെ ലൈംഗികമായ തെരഞ്ഞെടുപ്പിന് വേണ്ടി നടക്കുന്ന മത്സരത്തെ തിരിച്ചറിയാൻ സാധിക്കുകയുള്ളൂ.

സ്ത്രീകളാൽ തെരഞ്ഞെടുക്കപ്പെടുന്നതിനായി പുരുഷന്മാർക്ക് പരസ്പരം മത്സരിക്കേണ്ടി വരുന്നുണ്ട്. അതുകൊണ്ട് തന്നെ REM ഘട്ടത്തിൽ നടക്കുന്ന സ്വപ്നങ്ങൾക്ക് പരിണാമചരിത്രത്തിൽ തന്നെ ഏറെ പ്രസക്തിയുണ്ട് എന്ന് മനസ്സിലാക്കാവുന്നതാണ്.

കണ്ണുകൾ താരതമ്യേന നിശ്ചലമായ ഉറക്ക ഘട്ടത്തിലുള്ള സ്വപ്നങ്ങളെ അപേക്ഷിച്ച് അക്രമണോൽസുകമായ ദൃശ്യാനുഭവങ്ങളും, ശരീരചലനങ്ങളും ഏറെയും കണ്ടു വരുന്നത് കണ്ണുകളുടെ ദ്രുതചലന ഘട്ടത്തിലുള്ള സ്വപ്നങ്ങളിലാണ്. ഇതുകൂടാതെ നിഷേധാത്മകരീതിയിലുള്ള വൈകാരിക ഘടകങ്ങൾ മുഴച്ചുനിൽക്കുന്നതും ഇത്തരം സ്വപ്നങ്ങളിൽ തന്നെയാണ്.

ശരീരത്തിൽ പകൽനേരങ്ങളിൽ നടക്കുന്ന അനവധി പ്രവർത്തനങ്ങൾ ഉറക്കത്തിന്റെ വേളകളിൽ വിശേഷിച്ച് ആർ ഈ എം ഘട്ടത്തിൽ വലിയ തോതിലുള്ള ഒത്തു തീർപ്പുകൾക്ക് വിധേയമാകാറുണ്ട്. പുരുഷന്മാരിൽ കണ്ടു വരുന്ന ലിംഗോദ്ധാരണവും, സ്ത്രീകളിൽ ഭഗശ്നികയിൽ ഉണ്ടാകുന്ന അസാധാരണമായ ഉത്തേജനവും ഇത്തരം പ്രവർത്തനങ്ങളുടെ അനന്തരഫലങ്ങളാണ്.

വൈകാരിക ക്രമീകരണം (emotional regulation) എളുപ്പമാകുന്നതിന് ഒരളവോളം REM ഘട്ടത്തിലെ സ്വപ്നങ്ങൾ സഹായകരമാകാം. മുൻമസ്തിഷ്കത്തിലെ അമിഗ്ദല ഉൾപ്പെടെയുള്ള ഇടങ്ങളിൽ വലിയ തോതിൽ മാറ്റങ്ങൾ ഉണ്ടാക്കുന്നതിന് REM ഘട്ടത്തിലെ സ്വപ്നങ്ങൾ കാരണമാകാവുന്നതാണ്. പകൽ സമയങ്ങളിൽ വൈകാരിക നിയന്ത്രണത്തിനുതകുന്ന രീതിയിൽ അമിഗ്ദല (amygdala) യുടെ പ്രവർത്തനങ്ങളെ നിയന്ത്രണ പരിധിയിൽ കൊണ്ടുവരാനായി നടക്കുന്ന മാനസിക പ്രവർത്തനങ്ങൾക്ക് സമാനമായ രീതിയിലുള്ള പ്രക്രിയയാണ് REM

ഘട്ടത്തിലെ സ്വപ്നങ്ങൾ വഴിയുണ്ടാവുന്നത്. ഇതുകൂടാതെ വൈകാരിക പ്രസക്തമായ ഓർമ്മകൾ അമിഗ്ദലയുടെയും ഹിപ്പോകാമ്പസ്സിന്റെയും (Hippocampus) സമ്പർക്ക മേഖലകൾക്കകത്ത് പുനഃസൃഷ്ടിക്കപ്പെടു ന്നതും ഈ ഘട്ടത്തിൽ ഉണ്ടാകുന്ന സ്വപ്നങ്ങളിൽ തന്നെയാണ്.

മറ്റൊരു പ്രക്രിയയിലൂടെ നമ്മുടെ ശ്രദ്ധയെയും, ഉത്സാഹത്തെയും, ജാഗ്രതാവസ്ഥയെയും സൃഷ്ടിക്കാൻ ശേഷിയുള്ള നൊറിപിനിഫൈൻ (Norepinephrine) എന്ന രാസഘടകത്തിന്റെ അഭാവത്തിൽ മസ്തി ഷ്കത്തിൽ ശേഖരിക്കപ്പെട്ട ഓർമ്മകൾ തിരിച്ചെടുത്തു കൊണ്ട് അവയെ ദീർഘകാല ഓർമ്മകളിൽ ശേഖരിക്കപ്പെടുന്നതിൽ നിന്ന് തടയുകയും, ഇതുവഴി ഉണ്ടാവാനിടയുള്ള മാനസിക സംഘർഷങ്ങളിൽ നിന്ന് സ്വത ന്ത്രമാക്കുന്നതിനും ഇത്തരം സ്വപ്നങ്ങൾ ഉപകരിച്ചേക്കാം.

മനുഷ്യരോട് പലകാര്യങ്ങളിലും സമാനതകൾ വെച്ചുപുലർത്തുന്ന ഡോൾഫിനുകളുടെ സ്വപ്നങ്ങളെക്കുറിച്ച് റഷ്യൻ ശാസ്ത്രകാരനായ ലെവ് മുഖമെത്രാവും (Lev Mukhametov) കൂട്ടരും 1970 കളിൽ നടത്തിയ പഠന ത്തിൽ ഡോൾഫിനുകളിൽ REM ഘട്ടത്തിലുണ്ടാവുന്ന സ്വപ്നങ്ങളെ അടയാളപ്പെടുത്തുന്ന മസ്തിഷ്ക തരംഗങ്ങൾ കാണാൻ കഴിയില്ലെന്നാണ് രേഖപ്പെടുത്തിയത്. ഡോൾഫിനുകളുടെ മസ്തിഷ്കത്തിലെ ഒരർധഗോളം മാത്രമാണ് ഒരു സമയത്ത് ഉറക്കത്തിന് വിധേയമാകുന്നത്. ഇങ്ങനെ ഏതാണ്ട് ഓരോ മൂന്നു മണിക്കൂറുകൾക്കിടക്കും ഇടതും വലതും അർധ ഗോളങ്ങൾ മാറിമാറിയാണ് ഇവ ഉറക്കത്തിലാഴുന്നത്.

തങ്ങളുടെ ജീവൻ അപകടപ്പെടുത്താനിടയുള്ള ഭീമൻ തിമിംഗലങ്ങ ളിൽ നിന്നും മറ്റും കുഞ്ഞുങ്ങളെയും തങ്ങളെയും സംരക്ഷിക്കാനുതകുന്ന തരത്തിൽ വികസിച്ചുവരുന്ന ഒരു അനുകൂലന സ്വഭാവം (adaptive behaviour) കൂടിയായി ഈ ഒറ്റക്കണ്ണുറക്കത്തെ കാണാവുന്നതാണ്. എന്നാൽ ഉറക്ക് ഗുളികകൊടുത്ത് ഡോൾഫിനുകളെ പഠനവിധേയമാ ക്കിയപ്പോൾ ഇരുമസ്തിഷ്കഭാഗങ്ങളും ഉറക്കത്തിന് വിധേയമാവുകയും കൂടാതെ അവർ സമുദ്രാന്തർഭാഗത്തേക്ക് മുങ്ങിതാഴുന്നതായും കാണു കയുണ്ടായി.

ഡോൾഫിനുകളുടെ ശ്വാസോച്ഛ്വാസപ്രക്രിയ പൂർണമായും സ്വേച്ഛാ പരമായി (voluntary) നടക്കുന്ന പ്രവർത്തനമാണെന്നും, നമ്മുടേതു പോലെ ശ്വസനം അനിച്ഛാപൂർവ്വമായ പ്രവർത്തനമല്ല എന്നും ഇതുമൂലം മനസ്സിലാക്കാൻ കഴിഞ്ഞിട്ടുണ്ട്. അക്കാരണത്താൽ തന്നെ ഏതെങ്കിലും ഒരു മസ്തിഷ്കഭാഗം ഉണർന്നിരുന്നാൽ മാത്രമേ ഇവർക്ക് ശ്വസനപ്രക്രിയ അനായാസം തുടരാൻ കഴിയുകയുള്ളൂ. എന്നാൽ, മനുഷ്യരുടെ ശ്വസനം അനിച്ഛാപൂർവ്വം നടക്കുന്നതാണെങ്കിലും സ്വേച്ഛാപരമായ രീതിയിൽ

ശ്വസിക്കുന്നതിനും നമുക്ക് ഒരു പരിധിവരെ സാധ്യമാണ്. നീന്തുന്ന സമയങ്ങളിലും സംസാരിക്കുന്ന സമയങ്ങളിലുമൊക്കെ ഈ ശേഷി പ്രകടമാണ്.

താറാവുകളിലും ചിലയിനം ദേശാടന പക്ഷികളിലും ഒരു മസ്തിഷ്ക പാളി ഉപയോഗിച്ചുള്ള ഉറക്കം കണ്ടു വരുന്നുണ്ട്. ഇര പിടിയന്മാരിൽ നിന്ന് രക്ഷ നേടുന്നതിന് ഇത് ഉപകരിക്കുന്നുണ്ട്. ഒരു കൂട്ടം താറാവുകൾ കുളത്തിലോ മറ്റോ ഉറങ്ങാൻ ഇടവരുമ്പോൾ കുളത്തിന്റെ വക്കോട് ചേർന്നുള്ള താറാവുകൾക്കിടയിൽ ഏതെങ്കിലും ഒരു കണ്ണടച്ചുള്ള ഉറക്കമാണ് കണ്ടു വരാറുള്ളത്. ഇങ്ങനെ ഉള്ള അവസരങ്ങളിൽ ഇവ മാറി മാറി കുളത്തിന്റെ അരികിൽ ഉറങ്ങുന്നു എന്നുള്ളത് മേൽ സൂചിപ്പിച്ച പ്രകാരം രൂപപ്പെട്ടു വന്ന ശത്രുക്കൾക്കെതിരെ ഉള്ള പ്രതിരോധത്തിന്റെ ഭാഗം കൂടിയാവാം.

പൂച്ചപോലുള്ള മൃഗങ്ങളിൽ വളർച്ചയുടെ ആദ്യഘട്ടങ്ങളിൽ REM ഘട്ടം ഉണ്ടാകാറുണ്ട്. ഈ ഘട്ടത്തിൽ ഇവയ്ക്കുണ്ടാകുന്ന 90% ത്തോളവും REM ഉറക്കഘട്ടം തന്നെയാണ്. ഗിനിപന്നികളെപോലെയുള്ള മൃഗങ്ങൾ ജനിക്കുന്നതോടെ തന്നെ ആപേക്ഷികമായ പക്വത ആർജ്ജിക്കുന്നത് നിമിത്തം മുതിർന്ന പന്നികളെപോലെ തന്നെ കുട്ടികളും ഒരേ തോതിലുള്ള REM നിദ്രക്ക് വിധേയരാവുന്നുണ്ട്.

മനുഷ്യകുഞ്ഞുങ്ങളാവട്ടെ ഉറക്കത്തിന്റെ പകുതിയിലേറെ REM ഘട്ടത്തിലുള്ള ഉറക്കത്തിലാണ്. ഇത് മൂന്നുമാസത്തോളം പ്രായമാകുന്നതോടെ 33% ആയും പ്രായപൂർത്തിയാകുന്നതോടെ 25% കുറഞ്ഞുവരികയാണ് പതിവ്. ഉറക്കത്തിന്റെ ചരിത്രത്തിൽ ഏറെ പഴക്കം ചെന്ന ഒന്നാണ് ആർ ഇ എം ഘട്ടം.

എങ്കിലും, NREM ഘട്ടത്തിലുള്ള ഉറക്കം ശരീരത്തിന്റെ പ്രാഥമിക ധർമ്മങ്ങൾക്കായുള്ള ഊർജ്ജം നിലനിർത്തത്തക്കരീതിയിൽ സന്തുലിതത്വം നിലനിർത്തുന്നതിനുകൂടി സഹായകരമാകുന്നുണ്ട്. ശരീരവളർച്ചക്കിണങ്ങുന്ന പിറ്റിയൂറ്ററി ഹോർമോണുകളുടെ വളർച്ചയെയും മറ്റും കുട്ടികളിലെന്നപോലെ മുതിർന്നവരിലും NREM നിദ്ര ത്വരിതഗതിയിലാക്കുന്നുണ്ട്. മസ്തിഷകത്തിലെയും കണ്ണിലെ റെറ്റിനയിലെയും പ്രോട്ടീൻ സംയോജനത്തെ എളുപ്പമാക്കുന്നതിനും NREM ഘട്ടം ഉപകരിക്കുന്നുണ്ട്. REM ഘട്ടത്തിലുള്ള ഉറക്കംമൂലം മസ്തിഷ്ക കോശങ്ങളിലെ നാഡീകോശങ്ങൾക്കിടയിലുള്ള പരസ്പര സമ്പർക്കങ്ങൾക്ക് ആക്കം കൂട്ടികൊണ്ട് പഠനപ്രക്രിയകളെ അനായാസമാക്കാൽ കഴിയുമെന്നും പഠനങ്ങൾ സാക്ഷ്യപ്പെടുത്തുന്നുണ്ട്.

പകൽ സമയത്ത് ഉണ്ടാകുന്ന ആവശ്യമായതും അല്ലാത്തതുമായ അനുഭവങ്ങളെ ക്രോഡീകരിച്ച് കൊണ്ട് പുതിയ വിവരങ്ങളെ സ്വീകരിക്കാൻ മനസ്സിനെ ഒരുക്കി നിർത്തുക എന്ന ധർമ്മം കൂടി അനുഷ്ഠിക്കുന്നതിൽ ഉറക്കത്തിനുള്ള പങ്ക് വലുതാണ്. ജോർജ് എലിയാസ് മുള്ളർ തന്റെ വിദ്യാർത്ഥിയായിരുന്ന അഫോൺസ് പൈൽസ്കാർ എന്നിവർ ഉറക്കം വഴി ഓർമ്മകൾ എങ്ങനെയാണ് ഇപ്രകാരം ക്രോഡീകരിക്കപ്പെടുന്നത് എന്ന് കണ്ടെത്തുകയായുണ്ടായി. പിയാനോ, ഗിറ്റാർ തുടങ്ങിയ സംഗീത ഉപകരണങ്ങൾ ഉപയോഗിക്കാനാവശ്യമായ പ്രവർത്തനയോഗ്യമായ ഓർമ്മകൾ ക്രോഡീകരിച്ചെടുക്കുന്നതിൽ ഉറക്കത്തിനുള്ള പ്രാധാന്യത്തെ കുറിച്ച് കനേഡിയൻ മനഃശാസ്ത്രജ്ഞനായ കാർലൈൽ സ്മിത്ത് തന്റെ ഗവേഷണങ്ങളിലൂടെ സ്ഥിരീകരിക്കുകയുണ്ടായി. മനുഷ്യരിലെ ശ്രദ്ധാശേഷിയെ വർദ്ധിപ്പിക്കുന്നതിനും ഹ്രസ്വകാല ഓർമ്മകളുടെ സഹായത്താൽ ഉണ്ടാകുന്ന മാനസിക പ്രവർത്തനങ്ങൾക്കും പഠനശേഷി വർദ്ധിപ്പിക്കുന്നതിനും സഹായകരമായ രാസഘടകങ്ങൾ നിർമ്മിക്കാനും NREM ഘട്ടത്തെ അപേക്ഷിച്ച് REM ഘട്ടത്തിന്റെ സാധ്യതകൾ ഏറെയാണ്.

നമ്മുടെ ഉറക്കശീലങ്ങൾ പല ഘടകങ്ങളെ ആശ്രയിച്ചായിരിക്കും നിശ്ചയിക്കപ്പെടുന്നത്. കാലാവസ്ഥാമാറ്റങ്ങൾ വരെ ഇതിൽ ഒരു നിർണ്ണായക ഘടകമാകാവുന്നതാണ്. മനുഷ്യരിലെന്നതുപോലെ മറ്റ് ആൾക്കുരങ്ങ് വിഭാഗങ്ങളിലും സാമൂഹ്യചുറ്റുപാട് ഉറക്കത്തെയും സ്വപ്നങ്ങളെയും സ്വാധീനിക്കുന്ന ഘടകങ്ങൾ തന്നെയാണ്.

സമീപത്ത് കിടക്കുന്ന മറ്റൊരാൾ ഉറങ്ങാതിരുന്നാലും നമുക്ക് ഉറങ്ങാൻ കഴിയണമെന്നില്ല. REM ഘട്ടത്തിലുള്ള ഉറക്കത്തിൽ താപക്രമീകരണ റിഫ്ളക്സുകൾ പോലും അലസമായി പ്രവർത്തിച്ചു കാണുന്നത് അടുത്തുകിടക്കുന്ന മറ്റൊരാളിന്റെ ശരീരോഷ്മാവ് സ്വീകരിച്ചുകൊണ്ട് ചൂട് സംരക്ഷിച്ചുനിർത്താനുള്ള ഉള്ളൊരുക്കമായി കാണാവുന്നതാണ്.

ഒട്ടുമിക്ക സസ്തനികളിലും ലൈംഗികോത്തേജനം നടക്കുന്നതും REM ഘട്ടത്തിലുണ്ടാകുന്ന സ്വപ്നങ്ങളിൽ തന്നെയാണ്. ഇത് ഒരുവേള മസ്തിഷ്കത്തിന്റെ കീഴടരിന്റെ (Brain stem) ഉത്തേജനം നിമിത്തമുള്ള അനന്തരഫലമാവാം. ലൈംഗിക പങ്കാളികൾ സഹശയിക്കുമ്പോഴും അമ്മയും കുഞ്ഞും ഒരുമിച്ച് കിടക്കുമ്പോഴുമെല്ലാം ഇരുവരുടെയും ജൈവതാളം (bio-rhythm) പരസ്പരം ഒന്നുചേരുകയാണുണ്ടാകുക.

പൗരാണിക സമൂഹങ്ങളിൽ കുഞ്ഞുങ്ങളും മുതിർന്നവരുമെല്ലാം കൂട്ടായി ഉറങ്ങുക പതിവായിരുന്നു. കഴിഞ്ഞ 100ഓളം വരർഷങ്ങൾക്കുള്ളിൽ മാത്രമാണ് യൂറോപ്പിലും അമേരിക്കയിലും എല്ലാം ഒറ്റ തിരിഞ്ഞ് ഉറങ്ങാൻ തുടങ്ങിയത്.

മനുഷ്യചരിത്രത്തിൽ തന്നെ ഉറക്കം ഒരു സാമൂഹ്യ പെരുമാറ്റമായി കൂടിയാണ് നിലനിന്നത്. ഉറക്കത്തിന്റെ തുടക്കം വരെ പ്രകാശിപ്പിക്കാൻ പറ്റാതെ പോയ വൈകാരിക സന്ദർഭങ്ങളിൽ രൂപപ്പെട്ട ആത്മപരിശോധനകളുടെ പ്രച്ഛന്ന രൂപങ്ങളായും സ്വപ്നങ്ങൾ പ്രത്യക്ഷപ്പെടാവുന്നതാണ്. അത് ചിലപ്പോൾ മറ്റൊരാളോടുള്ള പ്രണയവും, വെറുപ്പും, പകയും ഒക്കെ ആകാവുന്നതാണ്. ഇത്തരത്തിൽ പ്രകാശനം നിഷേധിക്കപ്പെടുന്ന വൈകാരികമായ ആത്മപരിശോധനകളെ സ്വപ്നങ്ങളിലൂടെ പ്രകടമാക്കുക വഴി ഇവയെ പകലനുഭവങ്ങളിൽ നിർവ്വീര്യമാക്കി തീർക്കാനും ഇത് മൂലം കഴിയും. പകൽജീവിതത്തിൽ നേരിടാനിടയുള്ള വൈകാരികോത്തേജനം ആവശ്യമായി വരുന്ന സന്ദർഭങ്ങളെ നേരിടുന്നതിനായി മസ്തിഷ്കത്തിനും അതിന്റെ വൈകാരികോത്തജന പ്രവർത്തനങ്ങളെ നിയന്ത്രിക്കുന്ന ലിംബിക് വ്യവസ്ഥക്കും (limbic system) ഊർജ്ജം സൂക്ഷിച്ചുവെക്കാൻ കൂടി ഇത് അവസരം നൽകുന്നുണ്ട്. അല്ലാത്ത പക്ഷം ആവശ്യമുള്ള സന്ദർഭങ്ങളിൽ ഉചിതമായ രീതിയൽ വൈകാരികമായി പ്രതികരിക്കാൻ കഴിഞ്ഞില്ലെന്നു വന്നേക്കാം.

സ്വപ്നാനുഭവവുമായി ഏറെ ബന്ധപ്പെട്ട് കിടക്കുന്ന REM ഘട്ടം വാസ്തവത്തിൽ വികസിച്ചു വന്നിട്ടുള്ളത് ഭ്രൂണത്തിനകത്തും, നവജാതശിശുവിലും സഹജാവബോധത്തിലധിഷ്ഠിതമായ പെരുമാറ്റങ്ങളെ ചിട്ടിപ്പെടുത്തുന്നതിന് വേണ്ടി കൂടിയാവണം.

ഇന്ദ്രിയലബ്ധമായ അനുഭവങ്ങളോട് സാധർമ്മ്യം പുലർത്തുന്ന രീതിയിൽ സ്വപ്നങ്ങൾ പ്രത്യക്ഷപ്പെടുന്നത് നിമിത്തം REM ഘട്ടത്തിൽ സ്വപ്നങ്ങളിൽ ഉള്ളടങ്ങിയ വിവരങ്ങളെ തക്കതായ രീതിയിൽ പൂരിപ്പിച്ചെടുക്കാൻ കഴിയും. സഹജവാസനകളിലധിഷ്ഠിതമായ പെരുമാറ്റങ്ങളെ കൂടുതൽ സ്വതന്ത്രമായി പ്രകടിപ്പിക്കുന്നതിന് ഇണങ്ങുന്ന രീതിയിലാണ് REM ഘട്ടത്തിലെ സ്വപ്നങ്ങൾ പരിണമിച്ചു വന്നിട്ടുള്ളത്. പുറത്തുള്ള ചുറ്റുപാടിൽ നിന്നുള്ള വിവരങ്ങളെ സ്വീകരിച്ചുകൊണ്ട് പ്രവർത്തിക്കത്തക്ക വിധമാണ് നമ്മുടെ നിയോ കോർട്ടക്സ് പ്രവർത്തിക്കുന്നത്, അതുകൊണ്ട് തന്നെ കേൾവിയും കാഴ്ചയും സ്പർശവും എല്ലാം തന്നെ ഇതിന്റെ പ്രവർത്തന പരിധിയിൽ വരുന്നവയാണ്. കൂടുതൽ വസ്തുനിഷ്ഠമായ വിവരങ്ങളെ ആശ്രയിച്ചു പ്രവർത്തിക്കുക എന്നതാണ് ഇതിന്റെ പ്രവർത്തനത്തെ നിയന്ത്രിക്കുന്നത്. ഇത്തരം പ്രവർത്തനങ്ങൾ ശരിയാംവണ്ണം നടക്കുന്നതിന് മസ്തിഷ്കത്തിന് അതിന്റെ സഹജപ്രവണതകളാൽ പ്രവർത്തനമുറപ്പിക്കുന്ന പദ്ധതികളെ (set patterns) ആവശ്യമായി വരാം. ഈ ആവശ്യം നിറവേറ്റുന്നതിന് വേണ്ടിയാവണം ഇന്ദ്രിയ സംബന്ധിയായ സാധർമ്മ്യ മാതൃകകൾ (sensorial analogues) സ്വപ്നങ്ങൾ വഴി നിർമ്മിക്കപ്പെടുന്നത്.

പകലാനുഭവങ്ങളുമായി ഏറെ സാമ്യതകളുള്ള ഇന്ദ്രിയാനുഭവങ്ങളെ നിർമിച്ചു കൊണ്ടാണ് ഈ സാധർമ്യം നില നിർത്തപ്പെടുന്നത്. ഇത്തരം സ്വപ്നങ്ങൾ യഥാർത്ഥമാണോ എന്ന് സംശയിച്ചുപോകുന്നതിന് ഇടയാക്കുന്നതും ഇക്കാരണം കൊണ്ടുതന്നെയാണ്.

ജനിതകമായ ഘടകങ്ങളാൽ പോലും ക്രമീകരിക്കപ്പെട്ട ഉത്തേജന മാതൃകകളെ സാധ്യമാക്കുക എന്നത് കൂടിയാണ് REM ഘട്ടത്തിലെ സ്വപ്നങ്ങളുടെ ധർമ്മമായി മാറിയത്. ഏതൊരു മൃഗമായാലും അതിന്റെ REM ഘട്ടത്തിലുണ്ടാവുന്ന ഉറക്കം നഷ്ടപ്പെടുന്നതോടെ അതിന്റെ സ്വയം പ്രവർത്തനം പകലാനുഭവങ്ങളുമായി ഏറെ സാമ്യതകളുള്ള ഇന്ദ്രിയാനുഭവങ്ങളെ നിർമിച്ചു കൊണ്ടാണ് ഈ സാധർമ്യം നില നിർത്തപ്പെടുന്നത്. സ്വയം പ്രവൃത്തിക്കുന്ന നാഡീ വ്യവസ്ഥ (Autonomic Nervous System) അമിതമായി ഉത്തേജിതമാകുന്നത് കാരണം സഹജവാസനകളെയും, സഹജപ്രേരണകളാലുണ്ടാവിനിടയുള്ള ലൈംഗികത, അക്രമവാസന എന്നിവയെയും നിയന്ത്രണ പരിധിയിൽ നിർത്താനാവാതെ വരികയും ചെയ്തേക്കാം എന്നാണ് ഈ മേഖലയിൽ നടക്കുന്ന പഠനങ്ങൾ തെളിയിച്ചിട്ടുള്ളത്. REM ഘട്ടത്തിലുണ്ടാവുന്ന മസ്തിഷ്കതരംഗങ്ങൾ ഉണർന്നിരിക്കുമ്പോഴുള്ളതിന് സമാനമായ രീതിയിൽ പെരുമാറുന്നതിനാൽ ഈ ഘട്ടത്തെ വിരോധാഭാസഘട്ടം (paradoxical phase) എന്നുകൂടി വിശേഷിപ്പിക്കപ്പെടാറുണ്ട്.

ദൃശ്യാനുഭവങ്ങളെ സൃഷ്ടിക്കുന്ന നാഡീകോശങ്ങൾക്കിടയിലെയും വികാരോത്തേജന കേന്ദ്രങ്ങളെയും പ്രവർത്തനനിരതമാക്കിക്കൊണ്ട് ആത്മാവബോധത്തെ സജീവമാക്കിയെടുക്കുന്നതിന് REM ഘട്ടത്തിലുണ്ടാവുന്ന സ്വപ്നങ്ങൾ ഉപകരിച്ചേക്കാം. എന്നാൽ ചിന്തയെ ഉദ്ദീപിപ്പിക്കുന്നതിനും തത്ഫലമായുണ്ടാകുന്ന പ്രവർത്തനങ്ങൾ ഉണ്ടാകുന്നതിനും കാരണമായ മസ്തിഷ്കപ്രവർത്തനങ്ങൾ REM ഘട്ടത്തിൽ താരതമ്യേന ദുർബ്ബലമായിരിക്കും. ആയതിനാൽ, ആവശ്യമെന്ന് തോന്നുന്ന കാര്യങ്ങൾ സംഭവിച്ചാൽ പോലും അവയെ യാഥാർത്ഥ്യവുമായി മാറ്റുരച്ച് നോക്കാനുള്ള ശേഷി REM ഘട്ടത്തിൽ പ്രത്യക്ഷപ്പെടുന്ന സ്വപ്നങ്ങൾക്ക് ഉണ്ടാവാറില്ല.

പകൽ വെട്ടത്തിൽ നമ്മൾ അനുഭവിക്കാനിടവരുന്ന എന്തിനെയും ചില പരസ്പര ബന്ധങ്ങളുടെ അടിസ്ഥാനത്തിൽ ഗ്രഹിച്ചെടുത്തുകൊണ്ടാണ് ഉറങ്ങാത്ത നേരങ്ങളിൽ മനസ്സ് പ്രവർത്തിക്കുന്നത്. എന്നാൽ ഇതിന് വിപരീതമായി REM ഘട്ടത്തിൽ ഉണ്ടാകുന്ന സ്വപ്നാനുഭവങ്ങളിലുള്ള പരസ്പര ബന്ധങ്ങൾ ഇതിൽ നിന്ന് ഭിന്നമായ രീതിയിലാണ് പെരുമാറുന്നത്.

വ്യത്യസ്ത സമയത്തും, വ്യത്യസ്ത സ്ഥലത്തും നടക്കുന്ന കാര്യങ്ങളെ പരസ്പരം കോർത്തെടുത്തുകൊണ്ട് തന്നെയാണ് ഈ ഘട്ടത്തിലുണ്ടാവുന്ന സ്വപ്നങ്ങ്ള് ആഖ്യാനം ചെയ്യപ്പെടുന്നതെങ്കിലും, പകൽ വെട്ടത്തിലുള്ള തരത്തിലുള്ള കാര്യകാരണബന്ധം ഇവിടെ ലംഘിക്കപ്പെടാറുണ്ട്. മനുഷ്യരും മൃഗങ്ങളും ദൃശ്യബിംബങ്ങൾ മുഖേന മാത്രം ചിന്തിക്കാൻ തുടങ്ങിയ കാലത്തിന്റെ ഓർമ്മപ്പെടുത്തൽ കൂടിയായി REM ഘട്ടത്തിലുണ്ടാവുന്ന സ്വപ്നങ്ങളെ പരിഗണിക്കാവുന്നതാണ്. ഇത്തരത്തിൽ ബിംബങ്ങളെ അടിസ്ഥാനമാക്കി നടത്തുന്ന ചിന്ത REM സ്വപ്നങ്ങളിൽ വ്യക്തതയില്ലാത്ത ചിത്രങ്ങൾക്കിടക്കുള്ള പരസ്പരബന്ധങ്ങളെയാണ് അവതരിപ്പിക്കപ്പെടാറുള്ളത്.

നമുക്ക് ചുറ്റിലുമുള്ള കാര്യങ്ങളെക്കുറിച്ചുള്ള അവബോധമാണ് മനുഷ്യമനസ്സിൽ പ്രവർത്തിക്കുന്ന പ്രാഥമിക ബോധമായി നിലനിൽക്കുന്നത്. എന്നാൽ, ഇത്തരത്തിലുള്ള സ്വപ്നങ്ങൾ ഉണ്ടാകുന്ന ഘട്ടങ്ങളിൽ അതത് സമയങ്ങളിൽ നേരിടുന്ന യാഥാർത്ഥ്യങ്ങളെ സംബന്ധിച്ചുള്ള ബിംബങ്ങൾ നിർമ്മിക്കുകയാണ് മനസ്സ് ചെയ്യുന്നത്. ഈ ഘട്ടത്തിൽ പ്രവർത്തനക്ഷമമാകുന്ന ബോധത്തെയാണ് നോബൽ സമ്മാനിതനായ ജറാൾഡ് എഡിൽമാൻ (Gerald Mauric Edilman) പ്രാഥമിക ബോധം എന്നു വിളിക്കുന്നത്.

ദ്വിതീയ ബോധമാവട്ടെ (secondary consciouness) ഇന്നലെകളിലെ അനുഭവങ്ങളെ പുനഃസൃഷ്ടിച്ചുകൊണ്ട് നാളെയെക്കുറിച്ച് വിഭാവന ചെയ്യുന്നതിനുകൂടി പ്രാപ്തിയുള്ളതാണ്. ഈ കഴിവ് നമുക്ക് ഉള്ളതായി സ്വയം അറിയാൻകൂടി കഴിയുമെന്നതാണ് ഈ അവസ്ഥയുടെ പ്രത്യേകത. ഉണർന്നിരിക്കുമ്പോൾ ഓരോരുത്തർക്കും അവരവരുടെ മുൻകാല ജീവിതാനുഭവങ്ങളെ ഓർമ്മകളിലേക്ക് തിരിച്ചെത്തിക്കാനും അതുവഴി ഇന്നലെ പ്രവർത്തിച്ചതിൽ നിന്ന് ഭിന്നമായി നാളെ എങ്ങനെ പ്രവർത്തിക്കാമെന്ന് തീരുമാനിക്കാനും കഴിയും.

ഇത്തരം കാര്യങ്ങൾ സാധിക്കുന്നതിനായി ഓരോ വ്യക്തിക്കും അവനവനെക്കുറിച്ചുള്ള ആത്മാവബോധം നിർബന്ധമാണ്. ഈ അവസ്ഥയിൽ നമുക്ക് ബോധമുണ്ടെന്നതിനുപരി സമാന്തരമായ മറ്റൊരവസ്ഥ സ്വപ്നരൂപത്തിൽ നിലനിൽക്കാമെന്നുമുള്ള അറിവുമുണ്ട്. സ്വപ്നാവസ്ഥയിൽ വ്യക്തികൾക്ക് നഷ്ടമാകുന്നത് ഈ രണ്ടാം ഘട്ടത്തിൽ ഉപോത്പന്നംപോലെ പ്രവർത്തിക്കുന്ന ബോധമാണെന്ന് മാത്രം.

ഇന്നലെകളുടെ അനുഭവങ്ങളെ അവലോകനം ചെയ്തുകൊണ്ട് ഭാവിയെക്കുറിച്ച് വിഭാവന ചെയ്യുക ഇവിടെ അസാധ്യമാണ്. സ്വപ്നാവസ്ഥയിൽ നിരന്തരമായ വർത്തമാനകാലാനുഭവത്തിലൂടെ (continous present) കടന്നുപോവാൻ മാത്രമേ നമുക്ക് സാധ്യമാവുകയുള്ളൂ.

സ്വപ്നങ്ങളിൽ പ്രത്യക്ഷമാകുന്ന ദൃശ്യാനുഭവങ്ങൾ/ബിംബങ്ങൾ അബോധതലങ്ങളിൽ സൂക്ഷിക്കപ്പെടുന്നതുമൂലം ഉണർന്നിരിക്കുന്ന നേരങ്ങളിൽ നേരിടാനിടയുള്ള അപകട സാഹചര്യങ്ങളെ തരണം ചെയ്യുന്നതിനുകൂടി ഇവ പ്രയോജനപ്പെടാവുന്നതാണ്.

നിരന്തരമായി വാഹനമോടിക്കുമ്പോൾ മനസ്സിൽ നടക്കുന്ന പ്രക്രിയക്ക് ഏറെക്കുറെ സമാനമായ രീതിയിലാണ് ഇത് നടക്കുന്നത്. വാഹനം ഓടിക്കുന്നതിലുള്ളടങ്ങിയ നടപടിക്രമങ്ങൾ അബോധപരമായ ഓർമ്മയായി സൂക്ഷിക്കപ്പെടുന്നത് കാരണമാണ് ഇത് സാധ്യമാകുന്നത്. ചിട്ടയോടെ ഉള്ളതും അനുക്രമമായി ഉണ്ടാകുന്നതുമായ സംഭവങ്ങളെയും, പ്രതിഭാസങ്ങളെയും യുക്തിഭദ്രമായി മനസ്സിലാക്കുന്നതിനുവേണ്ടിയാണ് പ്രാഥമിക ബോധത്തിന്റെ ഉപോത്പന്നമായി മാറിയ രണ്ടാം ബോധം (secondary conscious) പ്രവർത്തിക്കുന്നത്. ഇതിന്റെ പിൻബലത്തിൽ മാത്രമേ സംഭവിക്കാനിടയുള്ള കാര്യങ്ങളെ സംബന്ധിച്ചുള്ള പ്രവചനങ്ങളും മറ്റും നടത്താൻ കഴിയുകയുള്ളൂ. സ്വപ്നമാവട്ടെ ഇതിന് സമാന്തരമായതും, അവ്യക്തമായ പരസ്പര ബന്ധങ്ങളുള്ള അനുഭവങ്ങളെ മനസ്സിലാക്കുന്നതിനും ഉപകരിക്കുന്ന രീതിയിൽ മനുഷ്യരിലെന്നപോലെ തന്നെ മറ്റ് മൃഗങ്ങളിലും ആവിർഭവിച്ചു വന്നിട്ടുള്ള മാനസിക അനുഭവമായി കരുതാവുന്നതാണ്.

സ്വപ്നങ്ങളുടെ കൂട്ടത്തിൽ തന്നെ പെടുത്താവുന്നവയാണ് പകൽ സ്വപ്നങ്ങൾ എന്നറിയപ്പെടുന്ന മനസികാവസ്ഥകൾ. മനസ്സ് ഇത്തരം അവസ്ഥകളിൽ നിയന്ത്രണമില്ലാതെ പല വഴികളിലൂടെ സഞ്ചരിക്കുകയാണ് പതിവ്. ഒന്നിന് പിറകെ ഒന്നായി പലതിലേക്കും മനസ്സ് ഈ ഘട്ടത്തിൽ വ്യാപരിക്കുമെങ്കിലും അവക്കിടയിൽ കുറഞ്ഞ സമയത്തേക്കുള്ള ചില തുടർകഥകൾ രൂപപ്പെടാവുന്നതാണ്. ഉദാഹരണത്തിന്, ഒരു വ്യക്തി അയാൾ പഠിച്ച സ്കൂളിനെ കുറിച്ച് പൊടുന്നനെ ഓർക്കാൻ ഇടവരുകയും അപ്പോൾ തന്നെ ആ പ്രദേശത്തുണ്ടായിരുന്ന ഐസ്ക്രീം വില്പനക്കാരനെക്കുറിച്ച് ഓർക്കാനിടയാവുകയും അയാൾ പല തവണ പണം വാങ്ങിക്കാതെ തന്നെ തനിക്ക് ഐസ്ക്രീം തന്നതിനെക്കുറിച്ചും ഒക്കെ ഓർത്തു പോകാം. കാര്യമായി ശ്രദ്ധ കൊടുത്തു ചെയ്യേണ്ടുന്ന ഒരു പ്രവർത്തിയും ഏറ്റെടുക്കാനില്ലാതെ വരുമ്പോഴാണ് ഇത്തരം പകൽകിനാവുകൾ ഏറെയും ഉണ്ടാകാറുള്ളത്. ഇത് മനുഷ്യരുടെ അടിസ്ഥാന പ്രവർത്തന മാതൃകയാണെന്നാണ് വിലയിരുത്തപ്പെടുന്നത് (Default Mode Network). മനസ്സിന്റെ മൂലരൂപത്തിലുള്ള ക്രമീകരണമായാണ് (Default Mode Network) ഇത് വിശദീകരിക്കപ്പെടുന്നത്. ആർ. ഇ.എം. ഘട്ടത്തിലുണ്ടാവുന്ന സ്വപ്നങ്ങൾക്കും അടിസ്ഥാനമായി

വർത്തിക്കുന്നത് മനസ്സിന്റെ ഈ പ്രാരംഭ പ്രവർത്തന മാതൃകയാണ്. പകൽ സ്വപ്നങ്ങൾ മനസികാരോഗ്യത്തിന് ഗുണകരമല്ല എന്നും ഒരു പ്രത്യേക കാര്യത്തിൽ ശ്രദ്ധ കേന്ദ്രീകരിക്കുന്നതിന് ഇത് തടസ്സം സൃഷ്ടിക്കാം എന്നുമായിരുന്നു ഏറെക്കാലം കരുതപ്പെട്ടിരുന്നത്. എറിക് ഷ്യമാക്കർ ഉൾപ്പെടെയുള്ള പല മനഃശ്ശാസ്ത്രജ്ഞരും നടത്തിയ പഠനങ്ങളിലൂടെയാണ് പതിവ് ധാരണകൾക്ക് വിപരീതമായി ഇത്തരത്തിലുള്ള സ്വപ്നങ്ങൾക്ക് സർഗാത്മകമായ ഭാവനകളെയും സൃഷ്ടിപരമായ ചിന്തകളെയും ഉല്പാദിപ്പിക്കാൻ കഴിയും എന്ന് തിരിച്ചറിയപ്പെട്ടത്. മറ്റുള്ളവരെ അപേക്ഷിച്ച് പകൽസ്വപ്നങ്ങൾ കാണുന്ന സ്കൂൾ വിദ്യാർത്ഥികൾ ക്ലാസ് മുറിയിൽ വെച്ച് അധ്യാപകർ കൊടുക്കുന്ന പഠനപ്രവർത്തനങ്ങൾ മറ്റു കുട്ടികളെ അപേക്ഷിച്ച് വളരെ വേഗത്തിൽ ചെയ്തു തീർക്കാൻ കഴിയുന്നവർ കൂടിയാണെന്നാണ് കണ്ടെത്തപ്പെട്ടത്. എങ്കിലും ഇതിന് അപവാദങ്ങൾ ഇല്ലെന്നും ഉറപ്പിച്ചു പറയാനാവില്ല.

മസ്തിഷ്കം അതിന്റെ ആവിർഭാവം കുറിച്ചത് തന്നെ ചുറ്റുപാടുമുണ്ടാകുന്ന അനുഭങ്ങളിൽ നിശ്ചിതമായ ക്രമങ്ങൾ കണ്ടെത്തുടുത്തു കൊണ്ട് ജീവിതം സാധ്യമാക്കുന്നതിനു വേണ്ടിയാണ്. വാമൊഴിയെ അടിസ്ഥാനമാക്കിയുള്ള ഭാഷ വികസിച്ച് വരുന്നതിനു വളരെ മുൻപ് മറ്റു മനുഷ്യരുടെ എന്ന പോലെ മൃഗങ്ങളുടെയും പെരുമാറ്റത്തിലുള്ള ക്രമങ്ങൾ മനസിലാക്കേണ്ടത് അത്യന്താപേക്ഷിതമായിരുന്നു. എന്നാൽ ഓരോ ജീവിയും മറ്റുള്ളവയുമായി ബന്ധപ്പെടുമ്പോൾ പല അവസരങ്ങളിലും മേൽ സൂചിപ്പിച്ച തരത്തിലുള്ള ചിട്ടയോ ക്രമമോ നിലനിർത്തിക്കൊള്ളണമെന്നില്ല.

ഒരു മുഖം തിരിച്ചറിയുന്നതിനായി ആ മുഖത്തിലെ കണ്ണുകൾ, കാതുകൾ, മൂക്ക്, എന്നിവ നിശ്ചിത ക്രമത്തിലായിരിക്കണം. എന്നാൽ, എല്ലാ കാര്യത്തിലും ഇത്തരത്തിലുള്ള നിശ്ചിതത്വം പാലിക്കപ്പെടണമെന്നില്ല. ഇങ്ങനെയുണ്ടാകുന്ന വ്യത്യസ്തങ്ങളായ ക്രമരാഹിത്യങ്ങളും, അവ്യക്തതകളും എല്ലാം സ്വപ്നങ്ങളിൽ കടന്നു വരാവുന്നതാണ്. നമുക്ക് പരിചയമുള്ള പുരാണങ്ങളിലെയും മറ്റും കഥാപാത്രങ്ങളിൽ ഇത്തരത്തിലുള്ള ഒട്ടേറെ അവ്യക്തതകളും പരിചിതമായ ക്രമങ്ങളെയും നിശ്ചിതത്വങ്ങളെയും ചോദ്യം ചെയ്യുന്ന ഘടകങ്ങളും കാണാൻ കഴിയും. ഹിന്ദുമത വിശ്വാസികൾ ആരാധിച്ചു വരുന്ന നാലു കൈകളുള്ള വിഷ്ണു, ലക്ഷ്മി ദേവി, കൂടാതെ പത്തു തലയുള്ള രാവണൻ തുടങ്ങിയ സങ്കല്പങ്ങളൊക്കെ മുഖങ്ങളെ കുറിച്ചും കൈകളെക്കുറിച്ചും നമുക്ക് പരിചയമുള്ള നിശ്ചിത രൂപങ്ങളെയും ക്രമങ്ങളെയും ചോദ്യം ചെയ്യുന്നവ കൂടിയാണ്. ഇത്തരത്തിലുള്ള സങ്കല്പങ്ങളെ ആരാധിച്ചു ശീലമില്ലാത്ത സമൂഹങ്ങളിൽ ഇവ സ്വപ്നത്തിൽ വരുമ്പോഴുള്ള അർത്ഥവും ഏറെ വ്യത്യസ്തമായിരിക്കും.

ഈ അർത്ഥത്തിൽ നോക്കിയാൽ സ്വപ്നങ്ങൾക്ക് സാംസ്കാരികമായ മാനങ്ങൾ കൂടി ഉണ്ടായിരിക്കും എന്ന് കരുതേണ്ടി വരും. ക്രിസ്തീയ സമൂഹത്തിൽ സർപ്പം വിലക്കപ്പെട്ട രതിയുടെ പഴം തിന്നാൻ ഹവ്വയെ പ്രലോഭിപ്പിച്ചത്തിന്റെ ഓർമയാണെങ്കിൽ, ഇന്ത്യൻ സമൂഹത്തിലെ ഹൈന്ദവ വിശ്വാസത്തിലധിഷ്ഠിതമായ സംസ്കാരത്തിൽ അതെ സർപ്പം മനുഷ്യർ പിന്നിട്ട വനവാസ ജീവിതത്തിൽ പാമ്പുകൾ ഉയർത്തിയ വെല്ലു വിളിയെ തുടർന്ന് രൂപപ്പെട്ട ആദിമ ഭീതിയായാണ് പ്രകടമാകുന്നത്. സിഗ്മണ്ട് ഫ്രോയ്ഡ് നടത്തിയ പഠനത്തിന് സമാനമായ രീതിയിൽ ഇന്ത്യൻ സാമൂഹ്യ സന്ദർഭത്തിൽ മനസിനെ കുറിച്ച് പഠിക്കാൻ ശ്രമിക്കുന്ന സുധീർ കാക്കറിന്റെയും മറ്റും അന്വേഷണങ്ങൾ ഈ സന്ദർഭത്തിൽ വെച്ച് മനസ്സിലാക്കേണ്ടതാണ്.

സ്വപ്നങ്ങളുടെ യുക്തിയും യുക്തിരാഹിത്യവും ഒരേപോലെ പഠനാർഹമാണെന്നാണ് ശാസ്ത്രലോകം ഏകസ്വരത്തിൽ അംഗീകരിക്കുന്നത്. ഉറക്കം എന്ന അനുഭവം ഉള്ളവയും നിരന്തരം മാറി കൊണ്ടിരിക്കുന്ന ആവാസവ്യവസ്ഥകളിൽ ജീവിക്കേണ്ടിവരുകയും ചെയ്യുന്ന ഒട്ടുമിക്ക ജീവികളിലും സ്വപ്നം എന്ന പ്രതിഭാസം അതിന്റേതായ സവിശേഷതകളോടെ നിലനിൽക്കുന്നുണ്ട്. ഇനിയും വരാനിരിക്കുന്ന ശാസ്ത്രീയമായ പഠനങ്ങളിലൂടെ മാത്രമേ ഇതിനെ കുറിച്ചുള്ള പൂർണമായ വ്യക്തത ഉണ്ടാക്കി എടുക്കാൻ കഴിയുകയുള്ളൂ.